高职高专机电类
工学结合模式教材

模具制造技术

宁同海 主　编
苏玉珍　杨　锋　副主编

清华大学出版社
北京

内 容 简 介

本书根据模具制造全过程各环节所需依序而编写,包括模具制造任务的接受、模具图样的读审、模具零件材料的选用、模具零件毛坯的制作、模具零件的切削加工、模具零件的电加工、模具其他加工技术、模具零件钳工的加工、模具的装配、模具的调试与验收,共十大环节,形成十个项目。

本书既可作为高职高专模具设计与制造专业教材,也可作为有关技术人员的参考资料和模具工职业技能培训教材。

图书在版编目(CIP)数据

模具制造技术/宁同海主编.--北京:清华大学出版社,2014(2023.9重印)

高职高专机电类工学结合模式教材

ISBN 978-7-302-32648-9

Ⅰ. ①模… Ⅱ. ①宁… Ⅲ. ①模具－制造－高等职业教育－教材 Ⅳ. ①TG76

中国版本图书馆 CIP 数据核字(2013)第 122392 号

责任编辑:贺志洪　刘翰鹏
封面设计:傅瑞学
责任校对:袁　芳
责任印制:杨　艳

出版发行:清华大学出版社
　　　　　网　　　址:http://www.tup.com.cn,http://www.wqbook.com
　　　　　地　　　址:北京清华大学学研大厦 A 座　　　邮　　编:100084
　　　　　社 总 机:010-83470000　　　　　　　　　邮　　购:010-62786544
　　　　　投稿与读者服务:010-62776969,c-service@tup.tsinghua.edu.cn
　　　　　质量反馈:010-62772015,zhiliang@tup.tsinghua.edu.cn
　　　　　课件下载:http://www.tup.com.cn,010-62795764
印 装 者:天津鑫丰华印务有限公司
经　　销:全国新华书店
开　　本:185mm×260mm　　　印　张:24.25　　　字　数:556 千字
版　　次:2014 年 7 月第 1 版　　　　　　　　印　次:2023 年 9 月第 6 次印刷
定　　价:69.00元

产品编号:041921-03

高等职业技术教育是一种技术性、应用性很强的教育模式,它以为企业培养"面向生产、建设、管理、服务第一线需要的上得去、留得住、用得上,实践能力强,具有良好职业道德的高技能人才"的目标为教学宗旨。本书作为高职教育教材,力求顺应上述特点,同企业合作,以培养学生对知识的综合应用能力和解决问题的能力为编写宗旨。

本书以模具制作过程为导向,突出任务驱动,紧扣核心培养,形成的主要特色是:贯穿一条主线、注重两个结合、协调三个统一、理顺四个关系、突出五个重点。

(1) 贯穿一条主线

以模具制作生产过程为主线,教学内容的安排顺序与一副模具实际加工过程相吻合,内容选取与模具制作所需技能实现"知识对接"。

(2) 注重两个结合

为了专业知识的连贯和系统,教学内容安排一是注重模具设计与制作的结合,例如首先增加了模具图样读图和审核;二是注重制作与使用的结合,突出增加了调模试模和验收的内容。

(3) 协调三个统一

协调三个统一即协调教、学、做三统一,使之形成一体化的教学体系,在各项目、任务中,既有系统的基础知识,又有必做的具体任务,还有课外学习的详细要求。

(4) 理顺四个关系

① 毛坯的制作与材料、热处理的关系。

② 标准件与二次加工的关系。

③ 普通加工与数控加工、电加工的关系。

④ 模具装配与调模试模的关系。

(5) 突出五个重点

根据模具加工的关键工序,全书突出了五个重点内容,即模具图样读审、零件加工工艺的制订、数控加工、电加工、模具装配与试模。

本书参考学时为180学时,主要内容有模具制造任务的接受、模具图样的读审、模具零件材料的选用、模具零件毛坯的制作、模具零件的切削加工、模具零件的电加工、模具其他加工技术、模具零件钳工的加工以及模具的装配、模具的调试与验收等。本书可作为高职高专模具类专业教材,也可作为中、高级模具工的培训教材。

　　本书是省级精品课的配套教材,由河北机电职业技术学院模具教研室与有关企业合作编写。全书由宁同海教授主编并统稿。项目 1 和项目 10 由宁同海编写;项目 3 和项目 4 由苏玉珍编写;项目 5 由张小丽、于国英编写;项目 6 和项目 7 由杨锋编写;项目 8 由张勇编写;项目 9 由王涛编写;项目 2 由任立军编写。全书由河北长征汽车有限公司苏新义、黄骅北方模具有限公司姜志强等企业人士主审。

　　本书在编写过程中参阅了国内外同行的教材、资料与文献,在此谨致谢意! 由于编者的水平有限,书中难免有不足之处,恳请读者批评、指正。

编　者

2014 年 2 月

目◆录

模具制造任务的接受

　　本课程的任务是研究模具制造的工艺过程和加工技术。什么是模具？模具是制造业中不可或缺的特殊基础装备,主要用于高效大批量生产工业产品中的有关零部件的制造,是装备制造业的重要组成部分。模具与其他机械产品相比加工技术有何特点？模具的制造任务包含哪些内容？模具的市场交易是如何进行的？是我们首先要了解的内容。作为一名模具制作工,要全面了解模具制作任务及完成任务的工作过程。

任务 1.1　了解模具制造任务的形成过程

1. 模具在工业生产中的地位

　　模具生产过程集精密制造、计算机技术、智能控制和绿色制造为一体,既是高新技术载体,又是高新技术产品。由于使用模具批量生产制件具有高生产效率、高一致性、低耗能耗材,以及有较高的精度和复杂程度,因此已越来越被国民经济各工业生产部门所重视,被广泛应用于机械、电子、汽车、信息、航空、航天、轻工、军工、交通、建材、医疗、生物、能源等制造领域,在为我国经济发展、国防现代化和高端技术服务中起到了十分重要的支撑作用,也为我国经济运行中的节能降耗作出了重要贡献。模具工业是重要的基础工业。工业要发展,模具须先行。没有高水平的模具就没有高水平的工业产品。模具又是一个国家的工业产品保持国际竞争力的重要保证之一。

2. 模具在市场交易过程的特殊性

　　模具作为重要的装备制造业的基础,已由附属主机厂的部门走向市场,发展成为独立的工业体系,参与市场交易。由于模具的复杂性和多样性、不重复性,使其不同于其他大多数商品的批量生产,市场销售的形式完全采取"面对面交易",订单订货、单件生产。

　　(1) 模具作为产品的市场交易过程

　　① 用户根据产品制件的图样特点,寻找合适的模具制造商。

② 用户与模具制造厂家进行商业谈判即签订双方认可的订单合同。

③ 模具生产制作。

④ 模具验收与交货。

⑤ 模具在规定期间的使用验证及付清余款。

在这样一个完整的交易过程中,签订合同和模具验收是用户必经的两个关键环节。而模具的生产制作则是模具制造厂家的主要环节。

（2）交易的特殊性

模具的交易过程是"一对一"的,模具和客户是"对号入座"的,因而模具与其他大多数工业产品的区别如下:

① 生产的模具是"有主的"。

② 所做模具要满足"合同条款"的各项要求。

3. 模具制造协议

定做合同是模具交易过程的纲领性文件,只要符合中华人民共和国合同法,就会受到法律的保护。

（1）模具定做合同的主要内容

① 订货、制作、验收模具的依据。

② 模具的价格及付款的形式。

③ 模具的生产周期及交货日期和地点。

④ 模具的寿命要求及生产使用效率。

⑤ 模具的精度、操作方便性及安全性等方面的要求。

合同的一个重要附加文件就是制件图样,一个表达清晰、尺寸及要求完整、双方认可的制件图样,既是制作模具的依据,又是模具验收的重要文件。

（2）合同双方重点关注的问题

① 制品的复杂程度和模具解决的结构方案。

② 模具的价格及工期。

③ 模具的制造手段及加工难度。

4. 模具制造流程

接受模具订单后,制造企业要完成模具制造任务,主要经过以下 4 个环节。

① 设计。要根据制件特点和合同要求,设计出结构合理的模具图样。

② 零件加工。按时完成模具零件的加工任务。

③ 钳工装配及调整。

④ 试模及验收交付使用。

模具的设计是整个模具制造的第一关,由模具设计相关课程完成教学任务,本课程主要完成模具制造相关内容的教学,依据模具制作的工作过程,将制模过程细分为模具图样读审、材料选用及备料、毛坯制作、零件加工、模具装配、试模验收 6 个阶段。

在整个制造过程中,要坚持"保证质量,降低成本,提高效率,把握工期"。

总之,模具制造过程是一个系统工程,各个环节都至关重要,必须坚持细微入手,层层把关,力争出好模,造好产品。

任务 1.2　接受模具制造任务

1.2.1　模具制造任务书项目实例

黄骅××模具公司与客户商谈轴盖制件模具制作业务时达成如下协议。

制模委托协议书

甲方:南皮××空调配件厂

乙方:黄骅××模具公司

1. 甲方委托乙方制作轴盖成型模具一套,轴盖制件图见附件。

2. 经乙方技术人员核算提出模具方案,甲方同意采用一副三复合模具完成制件的成型加工。

3. 经甲乙双方商定,甲方付乙方合同款××××元,付款形式为现金结算,分三次付款,首付 40%,模具验收合格后提货时付 50%,货到甲方后一个月付清余款。

4. 制模工期为 10 个工作日,乙方收到甲方首付款日开始计算;除经甲方认可的特殊情况外,制模工期每延迟一天,甲方则扣除合同款的 3%。若合同期满后 30 天内乙方仍无法交付合格模具,则乙方向甲方赔偿五倍合同款。

5. 模具寿命要求为 10 万件。

6. 本模具使用设备为甲方的 J23-100 压力机,模具设计需要的该机参数由乙方提供。

7. 模具验收的标准

(1) 用该模具冲压的样件符合甲方提供的制件图;

(2) 整模按《冲压模具标准》验收,工作零件材质及硬度按相应标准验收。

8. 未尽事宜双方协商解决。

甲方:　　　　(签字)

乙方:　　　　(签字)

2010 年 7 月 28 日

附件　制件图(见图 1-1)

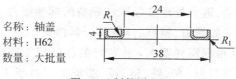

名称:轴盖
材料:H62
数量:大批量

图 1-1　制件图

1.2.2　工作任务　模具工对模具制造任务要充分理解和接受

模具设计完成后,要交由项目主管或模具制作工实施加工制作。要求模具工对制作任务要充分理解,要做到心中有数,有条不紊。

（1）任务分析

只有正确理解完成该模具的限定条件才能较好地完成制模任务。由甲乙双方达成的协议可获得如下信息。

① 由零件图分析可知，该模具工作零件形状比较简单。

② 该模具属于小型冲压模具。

③ 模具工期为10个工作日，要注意留试模时间。

④ 模具寿命为大批量。

⑤ 模具验收标准属正常要求。

（2）任务实施步骤

① 认真阅读制件图，分析制件的材质、料厚、精度、难点及关键。

② 查阅资料——H62的强度和塑性指标。

③ 查阅《冷冲模验收标准》，对照标准，提出制模注意事项。

④ 核对企业设备能力及现有生产任务（车间的设备数量、种类、精度、现有生产任务、工人状况等）。

（3）任务结论

通过上述分析和工作，应明确给出以下问题的结论。

① 本企业设备能力和工人能力是否足够？

② 该模具的精度和寿命能否保证？

③ 经过调配，工期能否保证？

（4）模具制造任务的接受

在企业，上述任务主要由生产主管或项目主管来完成和回答。他们应对本企业的设备、人员和生产状况了如指掌，只有得到他们的认可，协议规定的模具制造任务才可能达到真正意义的接受。

通过本课程的全面学习和经过一定的实践锻炼，学员就能顺利完成本任务，具备生产主管或项目主管的业务素质。

（5）模具制造的流程

模具的制造流程一般如下所述。

① 通读模具设计图样，掌握模具结构特点及作用原理。

② 准备坯料。根据材料明细，计算出各零件所需材料重量。依据本厂实际来选用材料和备料，并进行锻造、退火处理或领取已制备的标准坯件。同时，根据图样要求，领取模具所需的标准零件，如螺钉、销钉、弹簧及卸料橡皮。

③ 零件的粗加工。根据图样要求，将备好的坯件按工艺图样所制定的工艺路线，送机械加工车间粗加工，进行刨、车、铣、钻、镗、磨加工。对于工作成型零件，其六面均应进行磨削，相邻各面要互为直角。

④ 钳工划线。对磨削平面后的坯件，钳工应按图样进行划线，并点好样冲孔以便于加工。

⑤ 精加工成型。按工艺图样及工艺顺序，进行精加工成型。通常采用数控加工、电加工等现代加工技术。

⑥ 装配。经精加工成型的模具零件，应按图样逐件进行检查，合格后，装配钳工按总装配图进行部件装配和总装配，使其符合图样要求。

⑦ 试模与调整。装配后的模具，应进行试模和调整，直到制出合乎图样及样品的零件并达到能批量生产的目的为止。

⑧ 验收、打刻、入库。经试模合格的模具，按编号进行打刻，经外观检查无误后，填写合格证书并随试制出的合格零件(6~10 件)及图样交库、备存、使用。

本课程的教学内容，就是沿着模具制造的上述流程，逐项展开的。将流程中的每一步提炼成项目教学内容，再通过若干任务，将基本知识和基本实践技能有机地连在一起，形成模具制造的完整知识体系。

课外实践任务及思考

1. 试制订模具制造协议书范本。

2. 试制订模具制造任务书范本。

3. 思考：

(1) 模具制造协议对甲乙双方的约束有哪些？

(2) 确定模具制造周期时应考虑哪些因素？

4. 到校外实训基地了解有关模具制造协议。

模具图样的读审

模具制作协议签订后,第一阶段工作就是模具设计,模具的设计质量是做好模具的基础。技术人员完成模具设计图样后,有关人员就要对图样进行仔细审核,模具工要认真读图,读懂图,理解设计者的设计思想和意图,研究透图样,才有可能继续落实制模任务。

任务 2.1 审 图

审图的意义在于保证模具设计质量,避免由于设计的错误,造成模具不可修正或报废的重大损失。模具图样的审核重点在制件的成型工艺、模具的工作原理、结构合理性以及对零件尺寸的核对。虽然借助模具数字化技术 CAD/CAM/CAE,能较好完成模具设计任务,但由于目前大多数企业仍存在二维图、三维图混合使用现状,对模具图的设计方案审核仍是不可或缺的。

2.1.1 了解审图目标

图 2-1 所示为挡圈落、冲、翻复合模具装配图。挡圈是某机器一个零件,用在机器的轴承密封毡圈固定中,其作用是挡住轴承密封件,防止毡圈轴向窜动,属于大批量生产的一个典型零件。挡圈的材质是 08 钢。根据供需双方达成的协议,该模具采用复合模,即制件的内孔和外形在一副模具内一次冲压即可完成,选用设备 JB23-63。

2.1.2 审图者的资历及责任

在企业,负责审图的技术人员应具有以下基本素质。

(1)具有认真、细致、严谨、负责的工作作风。

(2)具有扎实丰富的模具设计与制造专业素质和深厚的实践功底。

(3)具备一定的技术权威。

根据上述要求,一般企业负责审图的人员是技术总监(或总设计师)、

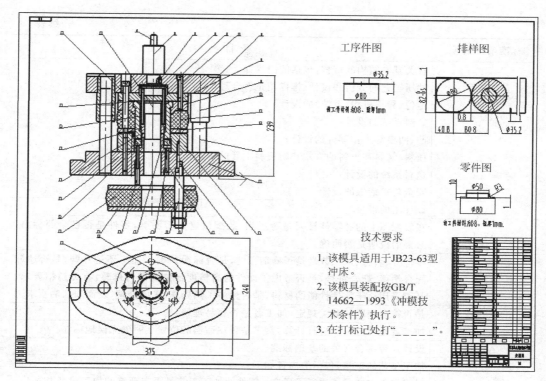

工序件图　　排样图

零件图

技术要求

1. 该模具适用于JB23-63型冲床。
2. 该模具装配按GB/T 14662—1993《冲模技术条件》执行。
3. 在打标记处打"_____"。

图 2-1　挡圈落、冲、翻复合模装配图

生产总管(或总工艺师)。其职责就是从模具结构和制造成本并重考虑模具设计的合理性,以保证该模具设计的质量。

2.1.3　审图的重点、方法与步骤

审图是保证设计质量重要的关键环节。即便是在推崇无图化生产的当今(有图无纸),对模具的CAD审核仍是不可或缺的环节。

1. 图纸审核的国家标准

除了要执行有关绘图标准外,更重要的是要依据模具设计的审核项目有关国家标准进行逐项审查,见表 2-1。

表 2-1　冲模设计的审核项目(摘自 GB/T 14662—2006)

标准条目编号	条 目 内 容
A1	冲模质量及冲件、压力机方面的审核
A1.1	冲模各零件及冲件的材质、硬度、精度、结构是否能符合用户的要求;模具的压力中心是否与压力机的压力中心相重合;卸料机构能否正确工作;冲件能否卸出
A1.2	是否对影响冲件质量的各因素进行了研究;是否注意到在不妨碍使用和冲件工艺等前提下尽量简化加工;冲压工艺参数的选择是否正确,冲件是否会产生变形(如翘曲、回弹等)
A1.3	冲压力(包括冲裁力、卸料力、推件力、顶件力、弯曲力、压料力、拉伸力等)是否超过压力机的负荷能力;冲模的安装方式是否正确

标准条目编号	条 目 内 容
A2	有关基本结构的审核,包括的内容如下: 冲压工艺的分析和设计、排样图是否合理; 定位、导正机构(系统)的设计; 卸料系统的设计; 凸、凹模等工作零件的设计; 压料、卸料和出料的方式和防废料上冒的措施; 送料系统的设计; 安全防护措施的设计
A3	设计图的审核
A3.1	在装配图上的各零件排列是否适当,装配位置是否明确,零件是否已全部标出,必要的说明是否明确
A3.2	零件号、名称、加工数量是否确切标注,是否标明是本厂加工还是外购,是否遗漏配合精度、配合符号,是否考虑了冲件的高精度部位能进行修整,有无超精要求,是否采用适于零件性能的材料,是否标注了热处理、表面处理、表面加工的要求
A3.3	是否符合制图的有关规定,加工者是否容易理解
A3.4	加工者是否可以不进行计算,数字是否在适当的位置上明确无误地标注
A3.5	设计是否符合有关的基础标准
A4	加工工艺的审核,包括的内容如下: 对于加工方式是否进行了研究;零件的加工工艺是否与现有的加工设备相适应,现有的加工设备是否能满足要求;与其他零件配合的部位是否明确了标注;是否考虑了调整余量;有无便于装配、分解的撬杠槽、装卸孔、牵引螺钉等标注;是否标注了在装配时应注意的事项;是否把热处理或其他原因所造成的变形控制在最小限度

2. 重点

(1) 制件的成型方案。结合企业的设备,判断所设计的方案是否最佳。

(2) 模具的工作原理及结构设计。结合企业的加工设备、技术能力和成本,判断模具结构是否合理,能否完成制件成品制作任务。

(3) 模具零件的设计审核。包含选材、尺寸及精度的核对,标准化程度等。

3. 方法和步骤

(1) 制件图审核。

① 审核的重点是尺寸是否齐全、合理。

② 精度和表面质量要求。

③ 工艺性审核。

④ 材料的性能对成型工艺的影响。

(2) 模具装配图的审核。

① 模具的工作原理。

② 模具主要零件的结构。

③ 主要零件的配合性质。

④ 冲压设备选用的校核。

（3）模具零件图的审核。

① 工作零件的成型尺寸计算是否正确。

② 各个配合零件的配合尺寸及配合性质是否正确。

③ 零件的结构工艺性是否合理。

2.1.4 审图任务分析

结合图 2-1 挡圈落、冲复合模，审图的具体内容分析如下。

1. 制件图（见图 2-2）

挡圈结构简单，仅有 5 个尺寸，分别是外圆 $\phi80$、内圆 $\phi50$、高度 10、圆弧 $R3$、料厚 1mm。精度等级为未注公差，冲裁件取 IT13 级，材料为 08 钢（08 钢的塑性好，变形抗力低，易于冲压成型），无其他要求。

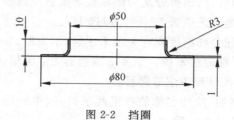

图 2-2 挡圈

2. 装配图审核

（1）冲压方案的审查。主要内容包括以下几项。

① 凸凹模最小壁厚的校核。落、翻凸凹模壁厚 $\delta=(80-48)/2=16$，翻、冲凸凹模壁厚 $\delta=(50-36)/2=7$，查冲压手册料厚 1mm 的凸凹模最小壁厚为 2.7，对照标准，得出结论，合理。

② 计算冲压力，校核所选设备能力是否满足

$$P_冲 = F_冲 + F_卸 + F_推 \tag{2-1}$$

$$P_翻 = 1.1\pi(D-d)t\sigma_s \tag{2-2}$$

$$P = P_冲 + P_翻 \tag{2-3}$$

式中，P 为冲压力（kN）；$P_冲$ 为冲裁力（kN）；$P_翻$ 为翻孔力（kN）；$F_冲$ 为冲裁力，落料、冲孔冲裁力之和（kN）；$F_卸$ 为卸料力（kN）；$F_推$ 为推件力（kN）；D 为翻边后直径（按中线算）；d 为坯料预制孔直径；t 为材料厚度；σ_s 为材料屈服点。

本部分计算，要结合模具设计手册进行。由于

$$1.3P \leqslant 630\text{kN}$$

故能力满足。

③ 行程、闭合高度的校核。经查阅有关资料，JB23-63 压力机的行程 $S=100\text{mm}$，最大闭合高度 400mm，符合该模具的要求。

（2）排样图审核。本例已采用复合冲裁，冲压工位只有一个，因而排样简单，只需校核料宽和步距。

料宽计算公式为

$$B_{-\Delta} = D + 2a \tag{2-4}$$

式中，$B_{-\Delta}$ 为条料公称宽度（mm）；D 为零件垂直于送料方向的尺寸（mm）；a 为最小搭边值（mm，查模具设计手册）；Δ 为条料宽度公差，与下料方式有关。

步距计算公式为

$$L = d + b \tag{2-5}$$

式中，L 为步距（mm）；d 为零件在送料方向上的尺寸（mm）；b 为工件间最小搭边值（mm）（查模具设计手册）。

（3）模具结构合理性的审核。主要内容包括：凸凹模采用正装或倒装方案、卸料方案、废料及制件的推出方案、条料的定位及导向方案、选用的标准模架是否合理等。

（4）主要零件的配合性质及精度的审核。

① 冲孔凸模、落料凹模、凸凹模分别与固定板的配合应选过渡配合 H7/k、m、n6。

② 凸模工作部位制造公差应选 h6，凹模应选 H7。

③ 其他有关零件的配合和精度查有关技术手册，本书略。

（5）标题栏和零件明细表的审核。主要审核内容是：明细表至少应有序号、代号、零件名称、数量、材料、标准代号和备注等栏目。

在填写零件名称一栏时，应使名称的首尾两字对齐，中间的字则均匀插入，零件名称应尽量与行业或国家相应标准一致。

在填写图号一栏时，应给出所有零件图的图号。数字序号一般应与序号一样以主视图画面为中心依顺时针旋转的方向为序依次编定。由于模具装配图一般算作图号 00，因此明细表中的零件图号应从 01 开始计数。标准件的代号应填写该件标准代号，没有零件图的零件则没有图号。

备注一栏主要标标准件规格、热处理、外购或外加工等说明。一般不另注其他内容。

要重点审核零件的材料选择是否合理，热处理要求是否得当，零件的数量是否正确。代号归类是否正确，标准件、外购件是否明确。

审图结束后，应在相应审图栏签名和日期。

3. 零件图审核

零件图是模具加工的依据，必须保证图纸的设计质量，才有可能制造出符合模具功能和质量要求的零件，因而必须认真审核每一个零件的图纸。

零件图审核的重点是零件的尺寸和精度、零件的制造工艺性。

零件图工艺分析经常遇到的工艺性问题如下：

（1）图纸尺寸的标注方法是否方便编程？构成工件轮廓图形的各种几何元素的条件是否充要？各几何元素的相互关系（如相切、相交、垂直和平行等）是否明确？有无引起矛盾的多余尺寸或影响工序安排的封闭尺寸？

（2）零件尺寸所要求的加工精度、尺寸公差是否都可以得到保证？

（3）内槽及缘板之间的内转接圆弧是否过小？

（4）零件铣削面的槽底圆角或腹板与缘板相交处的圆角半径 r 是否太大？

（5）零件图中各加工面的凹圆弧（R 与 r）是否过于零乱，是否可以统一？

（6）零件上有无统一基准以保证两次装夹加工后其相对位置的正确性？

（7）分析零件的形状及原材料的热处理状态，会不会在加工过程中变形？

现以图 2-1 挡圈落、冲、翻复合模的主要零件图为例说明审核零件图的方法和步骤。

（1）翻、冲凸凹模（见图 2-3）。翻、冲凸凹模是该模具主要的工作零件，决定着挡圈的内圆 $\phi50$ 尺寸。该零件材质为 Cr12，热处理硬度是 $60\sim64$HRC。

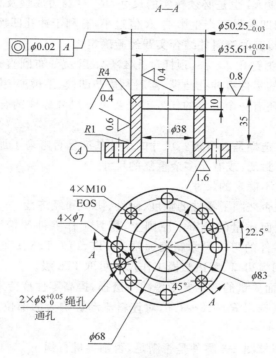

图 2-3　翻、冲凸凹模

① 零件形状、结构、尺寸的校审。该零件形状可分为由凸凹模组成的筒形工作部分和由孔系组成的盘类固定部分构成，主要应校核的尺寸是凸凹模工作尺寸 $\phi50.25_{-0.11}^{0}$、$\phi35.6$ 和孔系的中心距 $\phi68$ 及各孔的孔径、分布。上述尺寸要与相应的配合零件、装配固定零件 0 对应验证。特别是凸凹模的两个工作尺寸，要通过预冲孔、冲孔凹模、翻边凸模计算来核对。同时要验证冲裁间隙是否恰当。

预冲孔计算公式：

$$d = D - 2(H - 0.43R - 0.72t) \tag{2-6}$$

式中，d 为预冲孔直径（mm）；D 为翻边孔的中径（mm）；H 为制件的高度（mm）；R 为制件圆角半径（mm）；t 为料厚（mm）。

冲孔凹模计算公式：

$$d_凹 = (d_{min} + x\Delta + Z_{min}) + \delta_凹 \tag{2-7}$$

式中,$d_凹$ 为冲孔凹模直径(mm);d_{min} 为预冲孔最小直径(mm);x 为系数,$x=0.5\sim1$;Δ 为预冲孔公差;Z_{min} 为最小冲裁合理间隙;$\delta_凹$ 为凹模公差。

翻边凸模计算公式:

$$d_凸 = (d_{min} + 0.75\Delta) - \delta_凸 \tag{2-8}$$

式中,$d_凸$ 为翻边凸模直径(mm);d_{min} 为制件孔最小直径(mm);Δ 为制件孔公差;$\delta_凸$ 为凸模公差。

通过上述公式计算,核实关键成型尺寸,若图样有误,要查明原因,予以纠正。

翻边凸模顶部圆弧 $R4$ 也是必须核实的尺寸,$R4$ 对翻边成型及材料的变形流动影响很大,同时还对冲孔的凹模强度产生影响,R 值过小,有利于冲孔凹模但对翻边成型不利,R 过大则反之。要查阅有关资料并结合实践经验确定。

螺纹孔 $4\times M10$、销钉孔 $2\times\phi8$、顶杆过孔 $4\times\phi7$ 以及分布圆直径要与相应配合零件一一核实。与之关联的零件有冲孔凸模、落料翻边凸凹模、下模座、推件块以及推杆等。

关于尺寸的校审还有一个重要的任务就是要审查尺寸标注的合理性,主要应考虑的问题是:

- 尺寸设计基准选择是否合理? 尺寸的设计基准是否考虑了加工工艺因素。
- 尺寸标注是否封闭,或有无多余重复的尺寸。
- 是否有遗漏或不确定的尺寸。
- 尺寸的确定是否兼顾了零件的强度、刚性、协调和经济性。

② 零件精度及表面质量的校审。原则上,模具工作零件的精度比制件相应尺寸高3级左右,冲模工作零件的刃口尺寸精度通常为IT6、IT7、IT8、IT9 级,由于本冲压制件精度不高,所以冲孔凹模刃口、翻边凸模工作尺寸可取 IT8 级。

冲模工作零件表面质量的选用要考虑减少磨损,提高零件疲劳寿命等因素,一般情况下,工作面的表面质量选用 $Ra\,0.8\sim1.6$,对坯料流动影响大的部位,为减少划痕,也可选用 $Ra\,0.4$。

根据上述原则,审核图 2-3 零件是否满足,否则要进行纠正。

③ 零件材质及热处理硬度的校审。零件材质和热处理硬度要求是保证模具使用寿命的重要基础,在充分考虑模具寿命的前提下,要结合企业的备料和用料习惯选材。

④ 零件加工工艺性校审。零件加工工艺性校审就是要审查按图加工的可行性和经济性,主要审核内容是:

- 对于加工方式是否进行了研究。
- 零件的加工工艺是否与现有的加工设备相适应。
- 现有的加工设备是否能满足要求。
- 与其他零件配合的部位是否明确作了标注。
- 是否考虑了调整和修磨余量。
- 有无便于装配、分解的撬杠槽、装卸孔、牵引螺钉等标注。
- 是否标注了装配时注意事项。
- 是否考虑了热处理对零件的精度影响,把热处理或其他原因所造成的变形控制在最小限度。

零件各种加工方法工艺性分析内容将在后续课程展开学习。

（2）落料、翻边凸凹模（见图2-4）

落、翻凸凹模是该模具又一个主要工作零件，其外形落料凸模决定着挡圈的外形 $\phi80$ 落料尺寸。内孔翻边凹模与凸模配合决定着之间的翻边外圆，该零件材质为 Cr12，热处理硬度是 60～64HRC。

请读者按照上述零件审核内容和步骤对图 2-4 落料、翻边凸凹模零件图样进行校审。

审核时提醒注意以下几项。

（1）与其他零件配合的尺寸要一一对照核实。

（2）把零件分为若干基本单元——圆柱体，核实圆柱体的直径、高度以及位置尺寸是否遗漏。

（3）工作尺寸 $\phi79.53$、$\phi51.65$ 计算是否正确，尺寸公差、形位公差、表面粗糙度是否合理等。

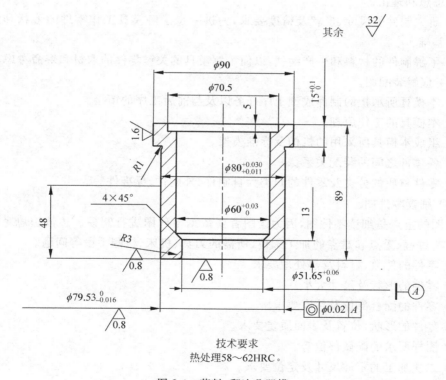

图 2-4　落料、翻边凸凹模

任务 2.2　读　　图

读图就是理解图，研究透图，其目的是为模具制造做准备，为"按图施工"打基础。只有过了这一关，才能准确无误地制作模具，理解了设计者的设计意图，加工才可能达到图样的要求。零件图样是加工制作的依据,一切非标准件,或虽是标准件但仍需进一步加工的零件均须绘制零件图。导柱、导套及螺钉、销钉等零件是标准件也不需进一步加工,因此可以不画零件图样。

本任务要完成如何识读模具装配、零件图样,以及通过模具装配、零件图样可以获得哪些信息的实践和认知。

读图和审图出发点不同,审图侧重的是对模具的工作原理、零件的结构和尺寸设计等的审查,而读图除了兼有审核职责外,更主要的责任是结合图样考虑工艺。

2.2.1　读图的步骤、方法及要求

1. 读图的步骤

(1)研读制件图。

① 研读制件图,目的是了解该模具的加工对象,以便根据制件,分析和理解模具设计的指导思想和理由。

② 研究制件的尺寸、形状及精度要求,为进一步了解模具工作零件的形状和尺寸精度打下基础。

③ 了解制件的材料和生产纲领,以便了解模具的关键零件的取材和寿命考虑。

(2)理解装配图。

① 本模具所承担的制件成型工序任务以及与前后工序的衔接。

② 本模具的工作原理。

③ 组成本模具所采用的机构及标准模架。

④ 各零件之间的装配关系。

⑤ 零件材质的分类及零件的归类为自制件、外购件、标准件等。

(3)细读零件图。

读图的重点是细读零件图,因为读图者要依据零件图进行制模。边读边思考该零件制作工艺过程、重点和难点的加工部位、所需的刀具、机床、检测手段等问题。

① 零件的件数、材料及热处理要求。

② 零件的形状及尺寸大小。

③ 零件的配合部位及精度要求。

④ 零件的形状、位置及表面质量要求。

⑤ 图样要求的配做部位等。

⑥ 二次加工的零件尺寸及定位要求。

2. 方法及要求

(1)制件图、装配图和工作零件图三者要反复对照读。

(2)相互配合及有关联装配尺寸的零件要注意放在一起细读。

(3)有配做要求的零件配做部位要对照读。

(4)读图时若发现某零件工艺性不好要及时反馈并与设计者沟通。

3. 零件分类

对零件分类,有利于生产安排和管理。

(1) 零件毛坯的分类:铸造毛坯(见表 2-2);锻造毛坯(见表 2-3);圆钢毛坯(见表 2-4);板材毛坯(见表 2-5)。

(2) 标准件明细表(见表 2-6)。

(3) 自制件明细表(见表 2-7)。

(4) 外购件明细表(见表 2-8)。

表 2-2　铸造毛坯表

序号	代号	零件名称	材料	件数	铸造方法及要求

企业名称:　　　　　　　　　　　　　　　　　　　制表人:　　年　月　日

表 2-3　锻造毛坯表

序号	代号	零件名称	材料	件数	锻造方法及要求

企业名称:　　　　　　　　　　　　　　　　　　　制表人:　　年　月　日

表 2-4　圆钢毛坯表

序号	代号	零件名称	材料	件数	直径及长度/mm

企业名称:　　　　　　　　　　　　　　　　　　　制表人:　　年　月　日

表 2-5　板材毛坯表

序号	代号	零件名称	板厚及材料/mm	件数	长×宽尺寸/mm

企业名称:　　　　　　　　　　　　　　　　　　　制表人:　　年　月　日

表 2-6　标准件明细表

序号	标准代号	零件名称	材料	件数	规格

企业名称:　　　　　　　　　　　　　　　　　　　制表人:　　年　月　日

表 2-7　自制件明细表

序号	代号	零件名称	材料	件数	毛坯种类	热处理要求

企业名称：　　　　　　　　　　　　　　　　　　　　制表人：　　年　　月　　日

表 2-8　外购件明细表

序号	代号	零件名称	材料	件数	供货要求	供应商

企业名称：　　　　　　　　　　　　　　　　　　　　制表人：　　年　　月　　日

2.2.2　典型塑料注塑模具图识读任务

图 2-5 是一副简单的两板式塑料注射模具——按键注射模具，该模具采用一模四腔；平衡时浇注系统，浇口为典型的侧浇口；推管推出制件，制件上不留推出痕迹。

1. 读装配图

从装配图可以清楚地看出各零件的装配关系。本模具制造的关键问题是如何保证顶杆、推管、型芯、动模板制件的配合关系，既要保证在模具工作温度下不溢料，变形小，又要保证相互运动无卡滞现象。

动模和定模的连接导向是依靠导柱 12 来完成，而动模和顶出机构的连接导向则由回程杆 6 和顶管 8、拉料杆 9、顶杆 1 共同完成。图中的俯视图主要反映了型腔，导柱 12、回程杆 6、型芯 11 等零件的相对位置及排布，以及冷却水孔的配布方式。

本副模具共由 18 种零件组装而成，读图后，请读者将其分类列表。

2. 读主要零件图

（1）定模

图 2-6 所示定模板主要是由平面和孔系组成，板的零件外轮廓净尺寸为 $120 \times 120 \times 20$，分型面的表面质量要求为 $\overset{0.8}{\triangledown}$，4 个导柱孔 $16^{+0.018}_{0}$，模板中心与浇口套配合的孔 $12^{+0.018}_{0}$ 均为 IT7 级，通过钻、铰加工即可实现，4 个型腔 $\phi9.5^{+0.03}_{-0.03}$、$3.5^{+0.03}_{-0.03}$ 尺寸较小，加工精度容易得到保证，主要问题是要求镜面抛光。另外 4 个导柱孔及型腔的位置要求高，避免合模后，定、动模型腔产生错移。

（2）动模

图 2-7 所示动模板与定模板基本类似，均属于板类零件，主要加工内容是面和孔以及型腔，重要的是要保证分型面表面质量要求 $\overset{0.8}{\triangledown}$，4 个导向孔 $\phi16^{+0.018}_{0}$ 及位置的精度。特别是 4 个型腔的位置要求与定模一样，合模后不能错移，型腔内 $\phi7.5^{+0.015}_{0}$ 的孔与型芯配合，使用中不能溢料。分型面上的流道及浇口是最后加工，采用的是侧浇口，加工时要为修模试模留余地。

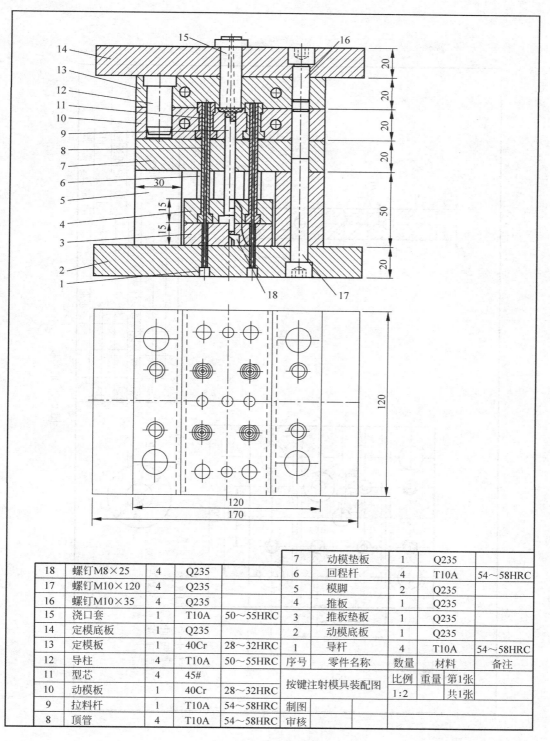

18	螺钉M8×25	4	Q235	
17	螺钉M10×120	4	Q235	
16	螺钉M10×35	4	Q235	
15	浇口套	1	T10A	50~55HRC
14	定模底板	1	Q235	
13	定模板	1	40Cr	28~32HRC
12	导柱	4	T10A	50~55HRC
11	型芯	4	45#	
10	动模板	1	40Cr	28~32HRC
9	拉料杆	1	T10A	54~58HRC
8	顶管	4	T10A	54~58HRC

7	动模垫板	1	Q235	
6	回程杆	4	T10A	54~58HRC
5	模脚	2	Q235	
4	推板	1	Q235	
3	推板垫板	1	Q235	
2	动模底板	1	Q235	
1	导杆	4	T10A	54~58HRC
序号	零件名称	数量	材料	备注
按键注射模具装配图		比例 1:2	重量	第1张 共1张
制图				
审核				

图 2-5 按键注射模具

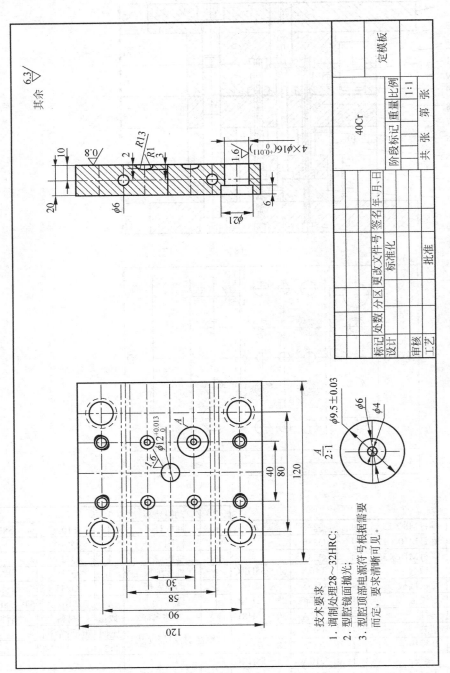

技术要求
1. 调制处理28～32HRC;
2. 型腔面镜面抛光;
3. 型腔顶部电源符号根据需要而定,要求清晰可见。

图 2-6 定模板

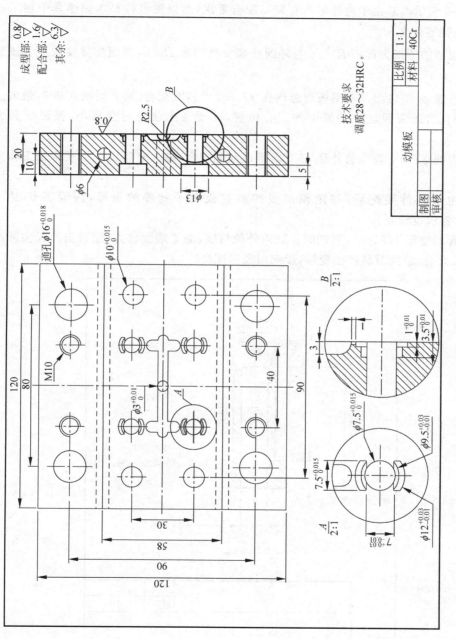

图 2-7　动模板

为保证合模质量,动、定模分别加工时都要以板的中心要素为基准,也可以采用配做的方法加工导柱导向孔和 4 个型腔。

（3）型芯

图 2-8 所示型芯由于内外形均有较高配合要求,所以说该件是本副模具中加工难度较大的关键零件之一。

① 成型的顶部为球面 $R13.5$ 与外圆柱相交处倒圆 $R0.5$,表面质量要求 $\overset{0.8}{\triangledown}$,该部位加工难度不大。

② 外圆 $\phi7.5^{+0.015}_{+0.006}$ 与动模板型腔内孔 $\phi7.5^{+0.015}_{0}$ 过渡配合,最大间隙 0.009,最大过盈 0.015,该配合既要保证在动模中的定心位置,又要考虑装配时变形小,保证配合面不溢料。

③ 内圆 $\phi5^{+0.012}_{0}$ 与顶管外径 $\phi5^{-0.02}_{-0.032}$ 形成间隙配合,最大间隙 0.044,要保证工作时不溢料。

④ 由于该件装配后,与定模形成的型腔决定了制件的顶厚,因而其长度尺寸 $22.5^{+0.05}_{-0.05}$ 要求也较高。

⑤ 管的壁厚 1.25mm,要同时保证内外径精度,加工难度较大,而且当外径实际配合过盈在最大时,装配时易产生变形,影响内径的配合。

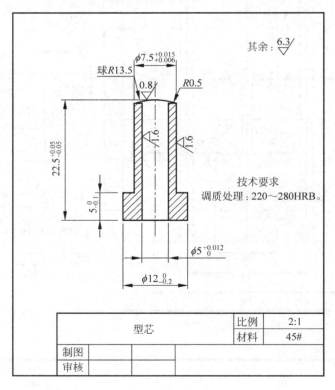

图 2-8　型芯

课外实践任务及思考

1. 对往届模具专业毕业生毕业设计、课程设计图样进行读图及审核,并完成读图报告及零件分类。

2. 到校企合作企业请教模具技术人员,借阅存档的模具图完成读审任务。

3. 思考如下问题。

(1) 模具装配图规定及习惯性画法有哪些?

(2) 读图与审图的联系与区别有哪些?

(3) 模具装配图读审重点是什么?

(4) 模具零件图读审重点是什么?

(5) 试总结模具标准件、自制件、外购件分类的依据。

4. 查阅以下标准。

(1) 国家制图标准;

(2) 国家极限配合与公差有关标准;

(3) 冷冲模有关国家标准;

(4) 塑料模有关国家标准。

模具零件材料的选用

生产管理者审图后,下一个环节就是备料。模具工根据零件图所标注的材料,要对每个零件材质进行核对,并提出相应的规格、尺寸、牌号进行备料,有时还要进行材料的替换。因而必须熟悉材料的特性,才能做到既满足使用要求,又充分考虑到加工性能、节约成本、提高生产效率。

任务 3.1 金属材料的选用

模具材料按使用的类别可分为金属材料和非金属材料。当前使用最多的是金属材料,特别是钢铁材料——模具钢。金属材料在模具制造中得到广泛使用是由于其具备许多优良的性能,能够满足模具恶劣服役条件的要求。金属材料的性能一般分为使用性能和工艺性能。使用性能是指金属材料在使用过程中所表现的特性,包括物理性能、化学性能和力学性能;工艺性能是指金属在加工过程中所表现出来的特性,包括铸造性能、锻造性能、热处理性能、焊接性能和切削加工性能。使用性能是选用材料和决定零件尺寸的主要依据,而工艺性能则是确定零件加工方法的主要依据。只有深入和全面了解金属材料的各种性能,才能合理地选择和正确地使用金属材料,制造出质量高、成本低、经久耐用的模具。

3.1.1 金属材料的机械性能及工艺性能

1. 金属材料的机械性能

机械性能即力学性能,是指金属在力的作用下所显示的有关性能,金属力学性能的高低,表征着金属抵抗各种机械损害作用能力的大小,是评定金属材料质量的主要判据,也是金属制件设计时选材和进行强度计算的主要依据。金属的力学性能主要有强度、塑性、硬度、韧性和疲劳强度等,这些性能决定于材料的成分和组织。

模具钢作为金属材料的一部分,其性能是由模具钢的成分和热处理后的组织决定的。各类模具因工作的条件不同,对模具材料的性能要求也不同,从而对模具的材料和加工过程提出不同的要求,以满足使用要求。对各类模具钢提出的性能要求包括弹性和刚度、强度、塑性、硬度、韧性、疲劳强度和耐磨性等。其中硬度和耐磨性是影响模具寿命的重要因素。

硬度是材料表面抵抗局部塑性变形、压痕或划裂的能力。通常材料的强度越高,硬度也越高。工程上常用的硬度指标有布氏硬度、洛氏硬度和维氏硬度等,如图 3-1 所示。

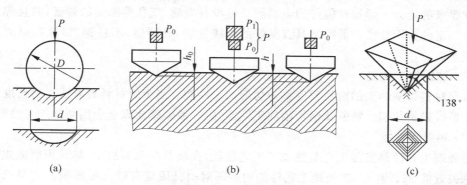

图 3-1 硬度试验示意图
(a) 布氏硬度;(b) 洛氏硬度;(c) 维氏硬度

模具在服役时,成型坯料与模具表面产生相对滑动和流动,在模具和坯料之间产生很大的摩擦力,从而使模具受到切应力作用,逐渐在模具表面造成机械破损即磨损。冷作模具多数因磨损而报废,因此对冷作模具最基本的要求之一就是耐磨性。

冷作模具材料的耐磨性指标可采用常温下的磨损量或相当耐磨性来表示。热作模具的型腔表面由于高温而软化,同时还要经常受高温氧化腐蚀和脱落下的氧化铁屑的研磨,因此热作模具的磨损属于热磨损,需要特殊的热磨损实验方法才能测出其热磨损抗力。

在模具中磨损主要包括磨料磨损、粘着磨损、氧化磨损与疲劳磨损。

2. 金属材料的工艺性能

金属材料的工艺性能是指金属在制造机械零件和工具的过程中,适应各种冷、热加工的性能,也就是金属采用某种加工方法制成成品的难易程度。它包括铸造性能、压力加工性能、焊接性能、切削加工性能和热处理性能等。

(1) 铸造性能

金属及合金铸造成优良铸件的能力称为铸造性能。衡量铸造性能的依据有流动性、收缩性和偏析等。

① 流动性。液体金属充满铸型型腔的能力称为流动性。它主要受金属化学成分和浇注温度的影响。流动性好的金属容易充满整个铸型,获得尺寸精确、轮廓清晰的铸件。

② 收缩性。铸件在凝固和冷却过程中,其体积和尺寸减少的现象称为收缩性。铸件收缩不仅影响尺寸,还会使铸件产生缩孔、疏松、内应力、变形和开裂等缺陷。

③ 偏析。合金中合金元素、夹杂物或气孔等分布不均匀的现象称为偏析。偏析严重时可能使铸件各部分的力学性能产生很大差异,降低了铸件的质量。

（2）压力加工性能

金属材料在压力加工（锻造、轧制等）下成型的难易程度称为压力加工性能。它与材料的塑性有关，塑性越好，变形抗力越小，金属的压力加工性能就越好。

（3）焊接性能

焊接性能是指金属在限定的施工条件下被焊接成按规定设计要求的构件，并满足预定服役要求的能力。焊接性能好的金属能获得没有裂缝、气孔等缺陷的焊缝，并且焊接接头具有一定的力学性能。低碳钢具有良好的焊接性能，高碳钢、不锈钢、铸铁和铝的焊接性能较差。

（4）切削加工性能

金属材料切削加工的难易程度称为切削加工性能。当金属材料具有适当的硬度和足够的脆性时较易切削。铸铁比钢切削加工性能好，一般碳钢比高合金钢切削加工性能好。

（5）热处理性能

热处理工艺性能实际上也是热加工工艺性能，在模具失效事故中，热处理所造成的因素占总失效的 52％左右，热处理工艺性能的好坏对模具质量有较大的影响。它要求热处理变形小、淬火温度范围宽、过热敏感性小、脱碳敏感性低、淬火开裂倾向低等，特别要求要有足够的淬硬性和淬透性。

3.1.2 碳素钢

钢和铸铁都是以铁和碳为主的合金，其区别在于碳的含量多少，理论上将 $w_C <$ 2.11％的铁碳合金称为钢，$w_C > 2.11％$的称为铸铁。钢又分为碳素钢和合金钢。

1. 碳素钢的分类

碳素钢是以铁碳合金为主，而其他元素作为杂质存在的材料，也称作非合金钢，分类方法很多，下面只介绍几种常用的分类方法。

（1）按含碳量分类

① 低碳钢：$w_C \leq 0.25％$。

② 中碳钢：$w_C = 0.25％ \sim 0.60％$。

③ 高碳钢：$w_C > 0.60％$。

（2）按钢的用途分类

① 碳素结构钢：主要用于制造各类工程构件及各种机器零件。它多属于低碳钢和中碳钢。

② 碳素工具钢：主要用于制造各种刀具、量具和模具。这类钢中碳的含量较高，一般属于高碳钢。

（3）按质量等级分类

按钢中有害杂质硫、磷含量可分为以下 4 类。

① 普通钢（$w_S = 0.035％ \sim 0.050％$，$w_P = 0.035％ \sim 0.045％$）。

② 优质钢（w_S、$w_P \leq 0.035％$）。

③ 高级优质钢（$w_S = 0.020％ \sim 0.030％$，$w_P = 0.025％ \sim 0.030％$）。

④ 特级优质钢($w_S \leqslant 0.015\%$，$w_P \leqslant 0.025\%$）。

碳素钢中常存杂质元素有硅、锰、硫、磷，它们的存在对钢铁的性能有较大影响。

2. 碳素钢的牌号、性能及用途

（1）碳素结构钢

碳素结构钢分为通用结构钢和专用结构钢两类。通用结构钢牌号由代表屈服点的拼音字母 Q、屈服点数值（单位为 MPa）和规定的质量等级符号、脱氧方法等符号组成。质量等级分 A、B、C、D、E 表示硫、磷含量不同，其中 A 级质量最低，E 级质量最高；脱氧方法用 F（沸腾钢）、B（半镇静钢）、Z（镇静钢）、TZ（特殊镇静钢）表示，牌号中的 Z 和 TZ 可以省略。例如 Q235AF，表示屈服点 $\sigma_S = 235$ MPa，质量为 A 级的沸腾碳素结构钢。专用结构钢牌号一般由代表钢屈服点的符号 Q、屈服点数值及规定的代表产品用途的符号等组成。例如压力容器用钢牌号表示为 Q235R。

碳素结构钢，价格低廉，工艺性能（焊接性、冷变形成型性）优良，用于制造一般工程结构、普通机械零件以及日用品等。通常热轧成扁平成品或各种型材（圆钢，方钢、工字钢、钢筋等），一般不经热处理，在热轧态直接使用。表 3-1 列出了碳素结构钢的牌号、化学成分、力学性能和用途。

表 3-1 碳素结构钢的牌号、化学成分、力学性能和用途

牌号	等级	化学成分（质量分数）/%					脱氧方法	拉伸试验			应用举例
		w_C	w_{Mn}	w_{Si}	w_S	w_P		σ_S/ (N/mm²)	σ_b/ (N/mm²)	δ_5 /%	
				不大于							
Q195	—	0.06～0.12	0.25～0.50	0.30	0.050	0.045	F,Z	(195)	315～390	33	用于制作钉子、铆钉、垫块及轻负荷的冲压件
Q215	A	0.09～0.15	0.25～0.55	0.30	0.050	0.045	F,bZ	215	335～410	31	
	B				0.045						
Q235	A	0.14～0.22	0.30～0.65	0.30	0.050	0.045	F,bZ	235	375～460	26	用于制作小轴、拉杆、连杆、螺栓、螺母、法兰等不太重要的零件
	B	0.12～0.20	0.30～0.70		0.045						
	C	≤0.18			0.040	0.040	Z				
	D	≤0.17	0.35～0.80	0.30	0.035	0.035	TZ				
Q255	A	0.18～0.28	0.40～0.70	0.30	0.050	0.045	Z	255	410～510	24	用于制作拉杆、连杆、转轴、心轴、齿轮和键等
	B				0.045						
Q275	—	0.28～0.38	0.50～0.80	0.35	0.050	0.045	Z	275	490～610	20	

（2）优质碳素结构钢

优质碳素结构钢牌号由两位阿拉伯数字或阿拉伯数字与特性号组成。以两位阿拉伯数字表示平均碳的质量分数（以万分之几计）。沸腾钢和半镇静钢在牌号尾部分别加符号 F 和 B，镇静钢一般不标符号。较高含锰量的优质碳素结构钢，在表示平均碳的质量分数的阿拉伯数字后面加锰元素符号。例如，$w_C = 0.50\%$、$w_{Mn} = 0.70\% \sim 1.00\%$ 的钢，其牌号表示为 50Mn。高级优质碳素结构钢,在牌号后加符号 A,特级优质碳素结构钢在牌号后加符号 E。

优质碳素结构钢主要用来制造各种机械零件,一般须经热处理后使用,以充分发挥其性能潜力。优质碳素结构钢的牌号、化学成分、力学性能和用途见表 3-2 和表 3-3。

表 3-2　优质碳素结构钢的牌号、化学成分和力学性能

牌号	化学成分(质量分数)/%			力 学 性 能						
				σ_S	σ_b	δ_5	ψ	α_K	HBS	
				/ (N/mm²)		/ %		/(J/cm²)	热轧钢	退火钢
	w_C	w_{Si}	w_{Mn}	不小于					不大于	
08F	0.05～0.11	≤0.03	0.25～0.50	175	295	35	60	—	131	—
8	0.05～0.12	0.17～0.35	0.35～0.65	195	325	33	60	—	131	—
10F	0.07～0.14	≤0.07	0.25～0.50	185	315	33	55	—	137	—
10	0.07～0.14	0.17～0.37	0.35～0.65	205	335	31	55	—	137	—
15F	0.12～0.19	≤0.07	0.25～0.50	205	355	29	55	—	143	—
15	0.12～0.19	0.17～0.37	0.35～0.65	225	375	27	55	—	143	—
20	0.17～0.24	0.17～0.37	0.35～0.65	245	410	25	55	—	156	—
25	0.22～0.30	0.17～0.37	0.50～0.80	275	450	23	50	88.3	170	—
30	0.27～0.35	0.17～0.37	0.50～0.80	295	490	21	50	78.5	179	—
35	0.32～0.40	0.17～0.37	0.50～0.80	315	530	20	45	68.7	197	—
40	0.37～0.45	0.17～0.37	0.50～0.80	335	570	19	45	58.8	217	187
45	0.42～0.50	0.17～0.37	0.50～0.80	355	600	16	40	49	229	197
50	0.47～0.55	0.17～0.37	0.50～0.80	375	630	14	40	39.2	241	207
55	0.52～0.60	0.17～0.37	0.50～0.80	380	645	13	35	—	255	217
60	0.57～0.65	0.17～0.37	0.50～0.80	400	675	12	35	—	255	229
65	0.62～0.70	0.17～0.37	0.50～0.80	410	695	10	30	—	255	229
70	0.67～0.75	0.17～0.37	0.50～0.80	420	715	9	30	—	269	229
75	0.72～0.80	0.17～0.37	0.50～0.80	880	1080	7	30	—	285	241
80	0.77～0.85	0.17～0.37	0.50～0.80	930	1080	6	30	—	285	241
85	0.82～0.90	0.17～0.37	0.50～0.80	980	1130	6	30	—	302	255
15Mn	0.12～0.19	0.17～0.37	0.70～1.00	245	410	26	55	—	163	—
20Mn	0.17～0.24	0.17～0.37	0.70～1.00	275	450	24	50	—	197	—
25Mn	0.22～0.30	0.17～0.37	0.70～1.00	295	490	22	50	88.3	207	—
30Mn	0.27～0.35	0.17～0.37	0.70～1.00	315	540	20	45	78.5	217	187
35Mn	0.32～0.40	0.17～0.37	0.70～1.00	335	560	18	45	68.7	229	197
40Mn	0.37～0.45	0.17～0.37	0.70～1.00	355	590	17	45	58.8	229	207
45Mn	0.42～0.50	0.17～0.37	0.70～1.00	375	620	15	40	49	241	217
50Mn	0.47～0.55	0.17～0.37	0.70～1.00	390	645	13	40	39.2	255	217
60Mn	0.57～0.65	0.17～0.37	0.70～1.00	410	695	11	35	—	269	229
65Mn	0.62～0.70	0.17～0.37	0.90～1.20	430	735	9	30	—	285	229
70Mn	0.67～0.75	0.17～0.37	0.90～1.20	450	785	8	30	—	285	229

表 3-3 优质碳素结构钢的用途

牌 号	用 途 举 例
10、10F	用来制造锅炉管、油桶顶盖、钢带、钢丝、钢板和型材,用于制造机械零件
20、20F	用于不经受很大应力而要求韧性的各种机械零件,如拉杆、轴套、螺钉、起重钩等;也用于制造在 6.0MPa(60 大气压)、450℃ 以下非腐蚀介质中使用的管子等;还可以用于心部强度不大的渗碳与碳氮共渗零件,如轴套、链条的滚子、轴以及不重要的齿轮、链轮等
35	用做热锻的机械零件,冷拉和冷顶锻钢材,无缝钢管,机械制造中的零件,如转轴、曲轴、轴销、拉杆、连杆、横梁、星轮、套筒、轮圈、钩环、垫圈、螺钉、螺母等;还可以用来铸造汽轮机机身、轧钢机机身、飞轮等
40	用来制造机器的运动零件,如辊子、轴、曲柄销、传动轴、活塞杆、连杆、圆盘等
45	用来制造蒸汽涡轮机、压缩机、泵的运动零件;还可以用来代替渗碳钢制造齿轮、轴、活塞销等零件,但零件需经高频或火焰表面淬火,并可用做铸件
55	用于制造齿轮、连杆、轮圈、轮缘、扁弹簧及轧辊等,也可用做铸件
65	用于制造气门弹簧、弹簧圈、轴、轧辊、各种垫圈、凸轮及钢丝绳等
70	用于制造弹簧

为适应某些专业的特殊用途,对优质碳素结构钢的成分和工艺做一些调整,并对性能作补充规定,从而派生出锅炉与压力容器、船舶、桥梁、汽车、农机、纺织机械、焊条等一系列专业用钢,并已制定了相应的国家标准。

（3）碳素工具钢

碳素工具钢牌号一般由代表碳的符号 T 与阿拉伯数字组成,其中阿拉伯数字表示平均碳的质量分数（以千分之几计）。对于较高含锰量或高级优质碳素工具钢,牌号尾部表示同优质碳素结构钢。例如 T12 钢,表示 $w_C=1.2\%$ 的碳素工具钢。

碳素工具钢生产成本较低,加工性能良好,可用于制造低速、手动刀具及常温下使用的工具、模具、量具等。在使用前要进行热处理。常用碳素工具钢的牌号、成分、硬度及用途见表3-4。

表 3-4 常用碳素工具钢的牌号、成分、硬度及用途

牌号	化学成分（质量分数）/%					硬 度			用途举例
	w_C	w_{Si}（不大于）	w_{Mn}（不大于）	w_S（不大于）	w_P（不大于）	退火状态 HBS（不大于）	试样淬火		
							淬火温度 t/℃ 和淬火介质	HRC（不小于）	
T7	0.65~0.74	0.35	≤0.40	0.030	0.035	187	800~820,水	62	用做能承受冲击、硬度适当,并有较好韧性的工具,如扁铲、手钳、大锤及木工工具等

续表

牌号	化学成分(质量分数)/%					硬　度			用途举例
	w_C	w_{Si} (不大于)	w_{Mn} (不大于)	w_S (不大于)	w_P (不大于)	退火状态 HBS (不大于)	试样淬火		
							淬火温度 t/℃ 和淬火介质	HRC (不小于)	
T8	0.75～0.84	0.35	≤0.40	0.030	0.035	187	780～800,水	62	用做能承受冲击、要求较高硬度与耐磨性的工具,如冲头、压缩空气工具及木工工具等
T9	0.85～0.94	0.35	≤0.40	0.030	0.035	192	760～780,水	62	用做硬度高、韧性中等的工具,如冲头等
T10	0.95～1.04	0.35	≤0.40	0.030	0.035	197	760～780,水	62	用做不受剧烈冲击,要硬度高、耐磨的工具,如冲模、钻头、丝锥、车刀等
T11	1.05～1.14	0.35	≤0.40	0.030	0.035	207	760～780,水	62	
T12	1.15～1.24	0.35	≤0.40	0.030	0.035	207	760～780,水	62	用做不受冲击,要求硬度高、极耐磨的工具,如锉刀、精车刀、量具、丝锥等
T13	1.25～1.35	0.35	≤0.40	0.030	0.035	217	760～780,水	62	用做刮刀、拉丝模、锉刀、剃刀等

　　(4)铸造碳素钢

　　许多形状复杂的零件,很难通过锻压等方法加工成型,用铸铁时性能又难以满足需求,此时常常选用铸钢铸造获取铸钢件,所以,铸造非合金钢在机械制造尤其是重型机械制造业中应用非常广泛。铸造非合金钢的牌号根据 GB/T 5613—1995 的规定,有两种表示方法:以强度表示的铸钢牌号,由铸钢代号 ZG 与表示力学性能的两组数字组成,第一组数字代表最低屈服点,第二组数字代表最低抗拉强度值。例如 ZG200—400,表示 $\sigma_S(\sigma_{0.2})$ 不小于 200MPa,σ_b 不小于 400MPa;另一种用化学成分表示的牌号在此不作介绍。工程用铸造碳素钢的牌号、成分、力学性能及应用见表 3-5、表 3-6。

表 3-5　工程用铸造碳素钢的牌号、成分及力学性能

牌　号	最高化学成分(质量分数)/%					力学性能(最小值)					
						σ_S 或 $\sigma_{0.2}$ /MPa	σ_b /MPa	δ/%	根据合同选择		
	w_C	w_{Si}	w_{Mn}	w_S	w_P				ψ/%	冲击韧度	
										A_{KU}/J	α_{KU}/(J/cm²)
ZG200—400	0.20	0.50	0.80	0.04	0.04	200	400	25	40	30	60
ZG230—450	0.30	0.50	0.90			230	450	22	32	25	45
ZG270—500	0.40	0.50	0.90			270	500	18	25	22	35
ZG310—570	0.50	0.60	0.90			310	570	15	21	15	30
ZG340—640	0.60	0.60	0.90			340	640	10	18	10	20

注：1. 摘自 GB/T 5613—1995《铸钢牌号表示方法》和 GB/T 11352—1989《一般工程用铸造碳素钢件》。

2. 表中 A_{KU}—— 冲击吸引力(U 型)；α_{KU}—— 冲击韧度(U 型)。

3. 表中所列各牌号性能适应于厚度为 100mm 以下的铸件。

表 3-6　铸造碳素钢的应用

牌　号	应 用 举 例
ZG200—400	用于受力不大,要求韧性的各种机械零件,如机座、变速箱壳等
ZG230—450	同上,如外壳、轴承盖、底板、阀体等
ZG270—500	用做轧钢机机架、轴承座、连杆、箱体、曲轴、缸体、飞轮、蒸汽锤等
ZG310—570	用做载荷较高的零件,如大齿轮、缸体、制动轮、辊子等
ZG340—640	用做起重运输机中的齿轮、联轴器及重要的机件

3.1.3　合金钢

碳素钢虽然工艺性能良好,价格低廉,但还存在着一些不足,如淬透性低、回火稳定性差、强度和屈强比较低、不能满足特殊性能要求等。

为了改善碳素钢的力学性能或使之获得某些特殊性能,有目的地在其中加入一定量的一种或几种元素,由此而获得的钢,就称为合金钢,加入钢中的这些元素就称为合金元素。

1. 合金元素在钢中的作用

合金元素影响钢中组织转变的因素主要是化学成分和加热、冷却条件。因此钢中的相变既可以通过不同的热处理来控制,也可以通过改变化学成分来改变其发生,得到所需要的组织。在相同的热处理条件下,调整钢的化学成分,可以达到控制相变、改变组织形态的目的。为了改善钢的性能,在冶炼时根据需要,特意加入一些元素,这些元素称为合金元素。在钢铁材料中合金元素的分类方法很多,根据对强韧化性能的影响不同,合金元素也可分为两类：一类是影响相变的合金元素,如 Mn、Mo、Cr 等,通过降低相变温度,细化晶粒,并细化相变过程中或相变后析出的微合金碳、氮化物；另一类是形成碳化物和氮化物的微合金化元素,如 V、Nb、Ti 等,根据它们在钢中存在形式的不同,将对钢的性能产生不同的影响。

2. 低合金钢

低合金钢是一类可焊接的低碳低合金工程结构用钢,钢中合金元素总质量分数不超过 5%(一般不超过 3%)。

(1)低合金钢的分类及牌号

常用的低合金钢有低合金高强度结构钢,低合金耐候钢(Q355 NHC),低合金专业用钢等。

(2)低合金高强度结构钢用途及性能特点

低合金高强度结构钢是结合我国资源条件(主要加入锰这种我国富有的元素)而发展起来的优良低合金钢之一。由于产品质量的不断提高和生产成本的降低,被广泛用于建筑、桥梁、船舶、车辆、铁道、高压容器及大型军事工程等方面。低合金高强度结构钢的性能特点是:具有良好的综合力学性能;良好的耐大气、海水、土壤腐蚀的能力;良好的焊接性能和冷成型性能;加工性能与低碳钢相近,变形抗力低,热轧后不会因冷却而产生裂纹。

常用低合金高强度结构钢的化学成分、力学性能及主要用途见表 3-7。

表 3-7　常用低合金高强度结构钢的化学成分、力学性能及主要用途

牌　号		化学成分(质量分数)/%				钢材厚度/mm	力学性能			冷弯试验	用途举例
新标准	旧标准	C	Si	Mn	其他		σ_b/MPa	σ_s/MPa	δ/%	a—试件厚度 d—芯棒直径	
Q295	09Mn2	≤0.12	0.20~0.60	1.40~1.80	—	4~10	450	300	21	180℃ ($d=2a$)	油槽、油罐、机车、车辆、梁柱等
Q345	14MnNb	0.12~0.18	0.20~0.60	0.80~1.20	0.15~0.50Nb	≤16	500	360	20		油罐、锅炉、桥梁等
	16Mn	0.12~0.20	0.20~0.60	1.20~1.60	—	≤16	520	350	21		桥梁、船舶、车辆、压力容器、建筑结构等
	16MnCu	0.12~0.20	0.20~0.60	1.25~1.50	0.20~0.35Cu	≤16	520	350	21		桥梁、船舶、车辆、压力容器、建筑结构等
Q390	15MnTi	0.12~0.18	0.20~0.60	1.25~1.50	0.12~0.20Ti	≤25	540	400	19	180℃ ($d=3a$)	船舶、压力容器、电站设备等
	16MnV	0.12~0.18	0.20~0.60	1.25~1.50	0.04~0.14V	≤25	540	400	18		船舶、压力容器、桥梁、车辆、起重机械

3. 机械结构用合金钢

机械结构用合金钢主要用于制造各种机械零件,大多需经热处理后才能使用。

(1) 机械结构用合金钢的分类及牌号

机械结构用合金钢按用途及热处理特点可分为合金渗碳钢、合金调质钢及合金弹簧钢。这些钢的牌号由"数字(两位)+元素符号+数字"组成。其中,前两位数字是以平均万分数表示的碳的质量分数,元素符号表示钢中所含的合金元素,元素符号后的数字是以名义百分数表示的该元素的质量分数。若合金元素的平均质量分数 $w_{Me} < 1.5\%$,则只标元素符号,不标注其质量分数;当其平均质量分数 $w_{Me} \geqslant 1.5\%$、$w_{Me} \geqslant 2.5\%$、$w_{Me} \geqslant 3.5\%$、…时,则在元素后相应标注出数字 2、3、4、…。如 20CrNi3 表示 $w_C \approx 0.2\%$、$w_{Cr} \approx 0.75\%$、$w_{Ni} \approx 2.95\%$ 的合金结构钢。钢中若含有 V、Ti、B、Mo 及稀土(RE)等合金元素,即使质量分数很低,但起重要作用,仍在钢中标出。高级优质钢和特级优质钢分别在牌号后加 A 和 E;保证淬透性钢的代号为 H,如 45H、40CrAH。

(2) 合金渗碳钢

① 用途及性能要求。许多机械零件如汽车、拖拉机上的变速齿轮与内燃机上的凸轮轴、活塞销等,在工作时,表面受到强烈摩擦、磨损,同时又承受较大的交变载荷,特别是冲击载荷的作用。要求零件表面具有优异的耐磨性和高的疲劳强度,心部具有较高强度和足够的韧性。为满足上述性能要求,常选用合金渗碳钢。合金渗碳钢通常是指经渗碳淬火、低温回火后使用的低碳合金结构钢。常用合金渗碳钢:低淬透性的有 15、20Mn2、20Cr、20MnV、20CrV;中淬透性的有 20CrMn、20CrMnTi、20Mn2TiB、20SiMnVB;高淬透性的有 18Cr2Ni4WA、20Cr2Ni4A、15CrMn2SiMo。

② 成分特点。控制 $w_C = 0.1\% \sim 0.25\%$,以保证淬火后零件心部有足够的塑性和韧性;加入能提高淬透性和阻止奥氏体长大的元素,如 Cr、Ni、Mn、B、V、Ti、W、Mo 等,以提高钢的韧性和强度。

(3) 合金调质钢

① 用途及性能要求。合金调质钢是经调质处理后使用的合金钢,主要用于制造在重载荷作用下同时又受冲击载荷作用的一些重要零件,如机床主轴、汽车拖拉机的后桥半轴、柴油机发动机曲轴、连杆、高强度螺栓等。要求具有高强度、高韧性相结合的良好综合力学性能,此外,还应有良好的淬透性,以保证零件整个截面上性能均匀一致。常用合金调质钢:低淬透性的有 45、40Cr、40MnB、40MnVB;中淬透性的有 38CrSi、30CrMnSi、35CrMo、38CrMoAl;高淬透性的有 37CrNi3、40CrMnMo、25Cr2Ni4WA、40CrNiMoA。

② 成分特点。合金调质钢中 $w_C = 0.25\% \sim 0.5\%$,以 $w_C = 0.4\%$ 居多。Mn、Si、Cr、Ni、B 的主要作用是增大钢的淬透性,获得高而均匀的综合力学性能,特别是高的屈强比,提高钢的强度;V 的主要作用是细化晶粒;Mo 和 W 的主要作用是减轻或抑制第二类回火脆性;Al 的主要作用是加速合金调质钢的氮化过程。

(4) 合金弹簧钢

① 用途及性能要求。合金弹簧钢主要用于制造各种机械和仪表中的弹簧,如汽车、拖拉机的减振弹簧和螺旋弹簧,大炮缓冲弹簧,钟表发条,模具中的卸料弹簧等。弹簧一般都在交变应力作用下工作,常产生疲劳破坏,也可能因弹性极限较低,过量变形或永久

变形而失去弹性。因此,要求弹簧钢应具有高的弹性极限、屈服点及高的屈服比;高的疲劳强度;足够的塑性和韧性;良好的耐热性和耐蚀性;较高的表面质量,不允许有脱碳、裂纹、夹杂等缺陷的存在。常用弹簧钢有:碳素弹簧钢 65、85、65Mn 和合金弹簧钢 55Si2Mn、60Si2Mn、50CrVA、60Si2CrVA、50SiMnMoV。

② 成分特点。合金弹簧钢中 $w_C=0.45\%\sim0.7\%$,以保证得到高的疲劳强度和屈服点。主要加入的合金元素是 Mn、Cr、Si 等,主要作用是强化碳素体,提高钢的淬透性、弹性极限及回火稳定性,使之回火后沿整个截面获得均匀的回火托氏体组织,具有较高的硬度和强度。

4. 合金工具钢和高速工具钢

(1) 合金工具钢和高速工具钢的分类和牌号

① 合金工具钢的分类和牌号。现行标准(GB/T 1299—2000)将合金工具钢按用途分为量具刃具用钢、耐冲击工具用钢、冷作模具用钢、热作模具用钢、无磁工具钢和塑料模具用钢,但各类钢的实际应用界限并不明显。

合金工具钢的编号原则与合金结构钢相似,只是碳的质量分数的表示方法不同。当平均 $w_C\geqslant1\%$ 时,不予标出;当 $w_C<1\%$ 时,则牌号前的一位数字是以名义千分数表示的碳的质量分数。由于合金工具钢都属于高级优质钢,故不在牌号后标出"A"字母。例如,CrMn 表示碳的平均 $w_C\geqslant1\%$,平均 $w_{Cr,Mn}<1.5\%$ 的合金工具钢;9SiCr 表示碳的平均 $w_C\approx0.9\%$,平均 $w_{Si,Cr}<1.5\%$ 的合金工具钢。

② 高速工具钢的分类和牌号。常用高速钢可分为通用型高速钢(钨系高速钢和钼系高速钢)和高性能高速钢(高碳高速钢、钴高速钢、铝高速钢等)。高速工具钢的牌号表示方法与合金工具钢相似,只是高速工具钢不论碳的质量分数是多少,牌号中均不标出,合金元素的表示方法与合金结构钢相同。例如 W18Cr4V 表示 $w_C=0.7\%\sim0.8\%$、$w_W\approx18\%$,$w_{Cr}\approx4\%$,$w_V<1.5\%$ 的高速工具钢。

(2) 合金工具钢

合金工具钢分为量具刃具钢和合金模具钢。

① 量具刃具钢。

• 量具钢。用途及性能要求:量具钢主要用于制造各种测量工具,如卡尺、千分尺、块规、样板等。工作时,主要受摩擦、磨损,承受外力很小,但有时也会受到碰撞。因而要求量具用钢必须具有高的硬度(60~65HRC)、耐磨性和足够的韧性,高的尺寸精度与稳定性,一定的淬透性,较小的淬火变形和良好的耐蚀性,良好的磨削加工性,以便达到很低的表面粗糙度要求。

• 低合金刃具钢。用途及性能要求:刃具钢主要用于制造各种金属切削刃具,如钻头、车刀、铣刀等。工作时,不仅要承受压力、弯曲、振动与冲击,还要受到工件和切屑强烈的摩擦作用。由于切削发热,刃部温度可达 500~600℃。因此,刃具钢除要求具有足够的强度和韧性外,还要求高硬度(>60HRC)、高耐磨性和高的热硬性。

常用量具刃具钢有:9Mn2V 主要用于小冲模、剪刀、冷压模、量规、样板、丝锥、板牙、铰刀;9SiCr 用于板牙、丝锥、钻头、冷冲模、冷轧辊;Cr06 用于剃刀、锉刀、量规和块规;

CrWMn用于长丝锥、拉刀、量规、形状复杂高精度冲模。

② 合金模具钢。

- 冷作模具钢。用途及性能要求：冷作模具钢是指制造在冷态下变形的模具，如冷冲模、冷镦模、拉丝模、冷轧辊等，从用途出发，对性能的基本要求是：高的硬度和耐磨性。在冷态下冲制螺钉、螺帽、硅钢片、面盆等，被加工的金属在模具中产生很大的塑性变形，模具的工作部分承受很大的压力和强烈的摩擦，要求有高的硬度和耐磨性，通常要求硬度为58～64HRC，以保证模具的耐磨性和使用寿命；较高的强度和韧性，冷作模具在工作时，承受很大的冲击和负荷，甚至有较大的应力集中，因此要求其工作部分有较高的强度和韧性，以保证尺寸的精度并防止崩刃；良好工艺性能，要求热处理的变形小，淬透性高。

常用冷作模具钢的牌号、热处理、性能及用途见表3-8。

表3-8　常用冷作模具钢的牌号、热处理、性能及用途

牌　号	交货状态硬度 HBS	淬　火		硬度HRC (不小于)	用途举例
		温度/℃	淬火介质		
9Mn2V	≤229	780～810	油	62	冲模、冷冲模
CrWMn	207～255	800～830	油	62	形状复杂、高精度的冲模
Cr12	217～269	950～1000	油	60	冷冲模、冲头、拉丝模、粉末冶金模
Cr12MoV	207～255	950～1000	油	58	冲模、切边模、拉丝模

- 热作模具刚。用途及性能要求：热作模具钢是用来制造使热态金属或合金在压力下成型的模具，如各种热锻模、热挤压模和压铸模等。这种模具是在反复受热和冷却的条件下进行工作的，所以比冷作模具有更高要求。对热作模具钢的性能要求是：要求综合力学性能好。由于模具的承载很大，要求有高的强度，而模具在工作时还承受很大的冲击，所以要求韧性也好，即要求综合力学性能好；抗热疲劳能力高。压铸模具工作时的型腔温度高达400～600℃，而且又经反复加热冷却，因此要求模具在高温下保持高的强度和韧性的同时，还能承受反复加热冷却的作用；淬透性高。对尺寸大的热作模具，要求淬透性高，以保证模具整体的力学性能好；同时还要求导热性好，以避免型腔表面温度过高。

常用热作模具钢的成分、热处理、性能及用途见表3-9。

表3-9　常用热作模具钢的成分、热处理、性能及用途

牌　号	主要化学成分(质量分数)/%						热处理			用途举例
	C	Si	Mn	Cr	Mo	其他	淬火温度/℃	回火温度/℃	硬度HRC	
5CrMnMo	0.50～0.60	0.25～0.60	1.20～1.60	0.60～0.90	0.15～0.30	—	820～850 油	490～640	30～47	中型锻模
5CrNiMo	0.50～0.60	≤0.40	0.50～0.80	0.50～0.80	0.15～0.30	Ni1.40～1.80	830～860 油	490～660	30～47	大型锻模

续表

牌 号	主要化学成分(质量分数)/%						热处理			用途举例
	C	Si	Mn	Cr	Mo	其他	淬火温度/℃	回火温度/℃	硬度HRC	
3Cr2W8V	0.30～0.40	≤0.40	≤0.40	2.20～2.70	—	W7.50～9.00 V0.20～0.50	1075～1125 油	600～620	50～54	高压力压模、螺钉或铆钉热压模、压铸模

- 塑料模具钢。塑料模具是用来在不超过200℃的低温加热状态下,将细粉或颗粒状塑料压制成型的。或熔融状态下的塑料充腔成型。工作时,模具持续受热、受压,并受到一定程度的摩擦和有害气体的腐蚀。因此,要求塑料模具钢具有如下性能:在200℃时具有足够的强度和韧性,较高的耐磨性和耐蚀性;具有良好的加工性、抛光性、焊接性及热处理工艺性能。

目前常用的塑料模具及其用钢见表3-10。

表 3-10 常用的塑料模具及其用钢

模具类型及工作条件	推荐用钢
中、小模具,精度要求不高,受力不大,生产批量小	45、40Cr、T10(T10A)、10、20、20Cr
受磨损较大,受较大动载荷,生产批量较大的模具	20Cr、12CrNi3、20Cr2Ni4、20CrMnTi
大型复杂的注射成型模或挤压成型模,生产批量大	4Cr5MoSiV、4Cr5MoSiV1、4Cr3Mo3SiV、5CrNiMnMoVSCo
热固性成型模,要求高耐磨、高强度的模具	9Mn2V、CrWMn、GCr15、Cr12、Cr12MoV、7CrSiMnMoV
耐腐蚀性、高精度模具	2Cr13、4Cr13、9Cr18、Cr18MoV、3Cr2Mo、Cr14Mo4V、8Cr2MnWMoVS、3Cr17Mo
无磁模具	7Mn15Cr2Al3V2WMo

（3）高速工具钢

用途及性能要求:高速工具钢简称高速钢,曾称锋钢,主要用于制造尺寸大、负荷重、工作温度高的各种高速切削刃具,如车刀、铣刀、拉刀、滚刀等。在切削过程中,既要承受压力、振动与冲击,还要受到工件和切削强烈的摩擦以及由此产生的高温。因此,高速钢应具有很高的硬度及耐磨性;高的热硬性;足够的强韧性以及良好的淬透性。常用高速钢有:钨系 W18Cr4V（18-4-1）;钨钼系 CW6Mo5Cr4V2、W6Mo5Cr4V2（6-5-4-2）、W6Mo5Cr4V3(6-5-4-3);超硬性 W18Cr4V2Co8、W6Mo5Cr4V2Al。

5. 特殊性能钢

特殊性能钢具有特殊物理或化学性能,用来制造除要求有一定的力学性能外,还要具有一定特殊性能的零件。工程中常用的特殊性能钢有不锈钢、耐热钢、耐磨钢等。

（1）不锈钢

我们通常所说的不锈钢是不锈钢和耐酸钢的总称。所谓"不锈钢"是指能抵抗大气、蒸汽和水等弱腐蚀介质的钢;而"耐酸钢"是指在酸、碱、盐等强腐蚀介质中耐蚀的钢。一般说,不锈钢不一定耐酸,但耐酸钢大都有良好的耐蚀性能。

① 不锈钢的牌号表示方法。不锈钢的牌号由"数字＋合金元素符号＋数字"组成。前一组数字是以名义千分数表示的碳的质量分数,合金元素的表示方法与其他合金钢相同。当 $w_C \leqslant 0.03\%$ 或 0.08% 时,在牌号前分别冠以"00"与"0"。如 3Cr13 表示 $w_C \approx 0.3\%$,$w_{Cr} \approx 13\%$ 的不锈钢;00Cr19Ni11 表示 $w_C \leqslant 0.03\%$、$w_{Cr} \approx 19\%$、$w_{Ni} \approx 11\%$ 的不锈钢;0Cr19Ni9 表示 $w_C \leqslant 0.08\%$、$w_{Cr} \approx 19\%$、$w_{Ni} \approx 9\%$ 的不锈钢。另外,当 $w_{Si} \approx 1.5\%$,$w_{Mn} \approx 2\%$ 时,牌号中不予标出。

② 用途及性能要求。不锈钢是用来抵抗大气腐蚀或抵抗酸、碱、盐等化学介质腐蚀的,主要用来制造在各种腐蚀介质中工作的零件或构件,如化工装置中的各种管道、阀门和泵、医疗手术器械、防锈刀具和量具等。除要求耐蚀外,还应具有适当的力学性能,良好的冷、热加工性能和焊接性能。常用不锈钢有:铁素体型 1Cr17、00Cr30Mo2,马氏体型 1Cr13、3Cr13、7Cr17、11Cr17;奥氏体型 1Cr18Ni9、0Cr19Ni9、00Cr19Ni10 奥氏体铁素体型 0Cr26Ni5Mo2、00Cr18Ni5Mo3Si2。

（2）耐热钢

耐热钢是指在高温下具有高的热稳定性和热强性的特殊性能钢,包括抗氧化钢和热强钢。抗氧化钢是指在高温下抗氧化或抗高温介质腐蚀而不破坏的钢;热强钢是指在高温下有一定抗氧化能力并具有足够强度而不产生大量变形或断裂的钢。

① 用途及性能要求。耐热钢主要用来制造石油化工的高温反应设备和加热炉、火力发电设备的汽轮机和锅炉、汽车和船舶的内燃机、飞机的喷气式发动机以及火箭、原子能装置等高温条件下工作的构件或零件。这些零、构件一般在 450℃ 以上,甚至高达 1100℃ 以上温度下工作,并且承受静载、交变或冲击负荷的作用。因此,要求耐热钢必须具有良好的抗蠕变能力,良好的高温抗氧化性和高温强度,一定的韧性以及优良的加工性能和适当的物理性能,如热膨胀系数小,导热性好等。

② 成分特点。耐热钢中 $w_C = 0.1\% \sim 0.2\%$,以防 C 和 Cr 生成碳化物,产生晶间腐蚀;耐热钢中不可缺少的合金元素是 Cr、Si 或 Al,特别是 Cr。它们可在钢的表面生成 Cr_2O_3、Al_2O_3、SiO_2 等具有结构紧密的高熔点的氧化膜,保护钢不受高温气体的继续腐蚀。但 Si 和 Al 能使钢变脆,要限制其含量,与 Cr 配合使用。在钢中加入 Cr、Mo、Nb、V、W、Ti 及 N 等元素,可提高钢的再结晶温度,形成细小弥散的碳化物,造成弥散强化,从而提高钢的高温强度。

常用耐热钢有:珠光体型 15CrMo、12CrMoV;马氏体型 1Cr13、4Cr9Si2、1Cr11MoV、1Cr12WMoV;奥氏体型 1Cr18Ni9Ti、0Cr25Ni20。

（3）耐磨钢

① 用途及性能要求。耐磨钢是指具有高耐磨性的钢种。在各类耐磨材料中,高锰钢是具有特殊性能的耐磨钢,主要用于工作过程中承受高压力、严重磨损和强烈冲击的零件,如坦克、车辆履带板、挖掘机铲斗、破碎机颚板和铁轨分道叉、防弹板等。由于高锰钢极易产生加工硬化,使切削加工困难,故大多数高锰钢零件是采用铸造成型的。铸造高锰钢的牌号有 ZGMn13-1、ZGMn13-2、ZGMn13-3 和 ZGMn13-4。

② 成分特点。高锰钢一般要求 $w_C=1.0\%\sim1.3\%$，以保证钢的耐磨性和强度。Mn 是扩大奥氏体区的元素，它和 C 配合，保证完全获得奥氏体组织，提高钢的加工硬化率。Mn 和 C 的含量比值约为 $10\sim12$($w_{Mn}=11\%\sim14\%$)。此外还有适量的 Si 和含量尽量低的 P。

3.1.4　铸铁

与钢相比，铸铁的强度、塑性和韧性较差，不能进行锻造，但其铸造性能好，具有良好的减振性和减摩性，加工性能好，成本低，适合制造一些拉深模、压型模、玻璃模、塑料模及模具相关配件。

1. 铸铁的分类

(1) 按碳存在的形式分类

① 灰铸铁。碳全部或大部分以游离状态石墨的形式存在，断口呈黑灰色。

② 白口铸铁。碳除少量溶入铁素体外，其余的碳以渗碳体的形式存在，断口呈亮白色。

③ 麻口铸铁。碳以石墨和渗碳体的混合形态存在，断口呈黑白相间的麻点。

(2) 按石墨的形态分类

① 普通灰铸铁。石墨呈片状，如图 3-2(a)所示。

② 蠕墨铸铁。石墨呈蠕虫状，如图 3-2(b)所示。

③ 可锻铸铁。石墨呈棉絮状，如图 3-2(c)所示。

④ 球墨铸铁。石墨呈球状，如图 3-2(d)所示。

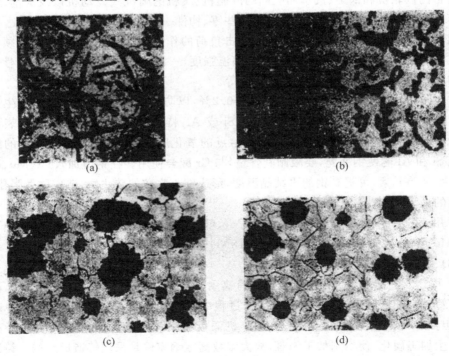

(a)　　　　　　　　　　　　(b)

(c)　　　　　　　　　　　　(d)

图 3-2　铸铁中石墨形状

（3）按化学成分分类

① 普通铸铁。如普通灰铸铁、蠕墨铸铁、可锻铸铁、球墨铸铁。

② 合金铸铁。又称为特殊性能铸铁，如耐磨铸铁、耐热铸铁、耐蚀铸铁等。

2. 铸铁的组织与性能

（1）铸铁的组织

石墨化程度不同，所得到的铸铁类型和组织也不同，通常铸铁的组织可以认为是由钢的基体与不同形状、数量、大小及分布的石墨组成的。

（2）铸铁的性能特点

铸铁基体组织的类型和石墨的数量、形状、大小和分布状态决定了铸铁的性能。

① 石墨的影响。石墨的硬度仅为 $3\sim5$HBS，σ_b 约为 20MPa，塑性和韧性极低，伸长率 δ 接近于零，导致铸铁的力学性能如抗拉强度、塑性、韧性等均不如钢；石墨数量越多，尺寸越大，分布越不均匀，对力学性能的削弱就越严重。片状石墨对基体的削弱作用和应力集中程度最大，球状石墨对基体的割裂作用最小，团絮状石墨的作用居于二者之中。

石墨的存在，使铸铁具有优异的切削加工性能和良好的铸造性能；石墨有良好的润滑作用，并能储存润滑油，使铸铁有很好的耐磨性能；石墨对振动的传递起削弱作用，使铸铁有很好的抗振性能；大量石墨的割裂作用，使铸铁对缺口不敏感。

② 基体组织的影响。对同一类铸铁来说，在其他条件相同的情况下，铁素体相的数量越多，塑性越好；珠光体的数量越多，则抗拉强度和硬度越高。

由于片状石墨对基体的割裂作用，所以只有当石墨为团絮状、蠕虫状或球状时，改变铸铁基体组织才能显示出对性能的影响。

3. 普通灰铸铁

普通灰铸铁俗称灰铸铁。其生产工艺简单，铸造性能优良，在生产中应用最为广泛，约占铸铁总量的80%。

灰铸铁的牌号及用途：灰铸铁的牌号由"HT＋数字"组成。其中 HT 是"灰铁"二字汉语拼音字首，数字表示 ϕ30mm 单铸试棒的最低抗拉强度值（MPa）。

常用灰铸铁的牌号、力学性能及用途见表 3-11。

表 3-11 常用灰铸铁的牌号、力学性能及用途

牌 号	铸件壁厚 /mm	最小抗拉强度 σ_b/MPa	硬度 HBS	显 微 组 织		用途举例
				基体	石墨	
HT100	2.5～10	130	最大不超过170	F＋P(少)	粗片	低载荷和不重要的零件，如盖、外罩、手轮、支架、重锤等
	10～20	100				
	20～30	90				
	30～50	80				
HT150	2.5～10	175	150～200	F＋P	较粗片	承受中等应力（抗弯应力<100MPa）的零件，如支柱、底座、齿轮箱、工作台、刀架、端盖、阀体、管路附件及一般无工作条件要求的零件
	10～20	145				
	20～30	130				
	30～50	120				

续表

牌　号	铸件壁厚 /mm	最小抗拉强度 σ_b/MPa	硬度 HBS	显微组织		用途举例
				基体	石墨	
HT200	2.5～10	220	170～200	P	中等片状	承受较大应力(抗弯应力＜300MPa)和较重要零件,如气缸体、齿轮、机座、飞轮、床身、缸套、活塞、刹车轮、联轴器、齿轮箱、轴承座、液压缸等
	10～20	195				
	20～30	170				
	30～50	160				
HT250	4.0～10	270	190～240	细珠光体	较细片状	
	10～20	240				
	20～30	220				
	30～50	200				
HT300	10～20	290	210～260	索氏体或托氏体	细小片状	承受高弯曲应力(＜500MPa)及抗拉应力的重要零件,如齿轮、凸轮、车床卡盘、剪床和压力机的机身、床身、高压液压缸、滑阀壳体等
	20～30	250				
	30～50	230				
HT350	10～20	340	230～280			
	20～30	290				
	30～50	260				

从表中可以看出,灰铸铁的强度与铸件的壁厚有关,铸件壁厚增加则强度降低,这主要是由于壁厚增加使冷却速度降低,造成基体组织中铁素体增多而珠光体减少。因此,在根据性能选择铸铁牌号时,必须注意到铸件的壁厚。

4. 球墨铸铁

球墨铸铁是将铁液经球化处理和孕育处理,使铸铁中的石墨全部或大部分呈球状而获得的一种铸铁。将球化剂加入铁液的操作过程叫球化处理。为防止铁液球化处理后出现白口,必须进行孕育处理。经孕育处理的球墨铸铁,石墨球数量增加,球径减小,形状圆整,分布均匀,显著改善了其力学性能。

球墨铸铁的牌号、力学性能及用途举例见表 3-12。

表 3-12　球墨铸铁的牌号、力学性能及用途

牌　号	基体组织	力学性能				用途举例
		σ_b /MPa	$\sigma_{0.2}$ /MPa	δ /%	硬度 HBS	
		不小于				
QT400—18	铁素体	400	250	18	130～180	承受冲击、振动的零件,如汽车、拖拉机的轮毂、驱动桥壳、差速器壳、拨叉,农机具零件,中低压阀门,上、下水及输气管道,压缩机上高低压气缸,电动机机壳,齿轮箱,飞轮壳等
QT400—15		400	250	15	130～180	
QT450—10		450	310	10	160～210	

续表

牌 号	基体组织	力学性能				用途举例
		σ_b /MPa	$\sigma_{0.2}$ /MPa	δ /%	硬度 HBS	
		不小于				
QT500—7	铁素体＋珠光体	500	320	7	170～230	机器座架、传动轴、飞轮,内燃机的液压泵齿轮、铁路机车齿轮、铁路机车车辆轴瓦等
QT600—3	珠光体＋铁素体	600	370	3	190～270	载荷大、受力复杂的零件,如汽车、拖拉机的曲轴、连杆、凸轮轴、气缸套,部分磨床、铣床、车床的主轴,机床蜗杆、涡轮,轧钢机轧辊、大齿轮,小型水轮机主轴,气缸体,桥式起重机大小滚轮等
QT700—2	珠光体	700	420	2	225～305	
QT800—2	珠光体或回火组织	800	480	2	245～335	
QT900—2	贝氏体或回火马氏体	900	600	2	280～360	高强度齿轮,如汽车后桥螺旋锥齿轮,大减速器齿轮,内燃机曲轴、凸轮轴等

5. 合金铸铁

合金铸铁就是在铸铁熔炼时有意加入一些合金元素,从而改善铸铁的物理、化学和力学性能,如耐热、耐蚀及高耐磨性或获得某些特殊性能的铸铁。合金铸铁主要用于制作冷作模具中的薄板冷冲压模具、拉深模具等,如汽车车身冲压模具。

（1）耐磨铸铁

耐磨铸铁按其工作条件大致可分为两类:一种是在有润滑条件下工作的减摩铸铁,常用的减摩铸铁有珠光体基体的灰铸铁和高磷铸铁。高磷铸铁中 P 形成磷共晶体,硬而耐磨,并以断续网状分布在珠光体基体上,形成坚硬的骨架,使铸铁的耐磨性显著提高,常用做车床、铣床、镗床等的床身及工作台,其耐磨性比孕育铸铁 HT250 提高一倍;另一种是在无润滑、受磨料磨损条件下工作的抗磨铸铁,常用的抗磨铸铁有冷硬铸铁、抗磨白口铸铁和中锰球墨铸铁。抗磨白口铸铁,适用于在磨料磨损条件下工作,广泛用来做轧辊和车轮等耐磨件。中锰球墨铸铁,具有更高的耐磨性和耐冲击性,强度和韧性也得到进一步改善,广泛用于制造在冲击载荷和磨损条件下工作的零件,如犁铧、球磨机磨球及拖拉机履带板等。

（2）耐热铸铁

耐热铸铁的牌号由"RT＋元素符号＋数字"组成。其中 RT 是"热铁"二字汉语拼音字首,元素符号后数字是以名义百分数表示的该元素的质量分数。如 RTSi5 表示的是 $w_{Si} \approx 5\%$ 的耐热铸铁。若牌号中有 Q 则表示球墨铸铁。

常用耐热铸铁的牌号、成分、使用温度及用途见表 3-13。

表 3-13 几种常用耐热铸铁的牌号、成分、使用温度及用途

牌 号	化学成分（质量分数）/%						使用温度/℃	用途举例
	C	Si	Mn	P	S	其 他		
RTSi5	2.4～32	4.5～5.5	<1.0	<0.2	<0.12	Cr 0.5～0.1	≤850	烟道挡板、换热器等
RQTSi5	2.4～32	4.5～5.5	<0.7	<0.1	<0.03	RE 0.015～0.035	900～950	加热炉底板、化铝电阻炉坩埚等
RQTA122	1.6～2.2	1.0～2.0	<0.7	<0.1	<0.03	Al 21～24	1000～1100	加热炉底板、渗碳罐、炉子传送链构件等
RTA15Si5	2.3～2.8	4.5～5.2	<0.5	<0.1	<0.02	Al>5.0～5.8	950～1050	
RTCr16	1.6～2.4	1.5～2.2	<1.0	<0.1	<0.05	Cr 15～18	900	退火罐、炉棚、化工机械零件等

（3）耐蚀铸铁

耐蚀铸铁不仅具有一定的力学性能，而且要求在腐蚀性介质中工作时有较高的耐腐蚀能力。在铸铁中加入 Si、Al、Cr、Mo、Ni、Cu 等合金元素，可显著提高其耐蚀性。耐蚀铸铁广泛应用于石油化工、造船等工业中，用来制作经常在大气、海水及酸、碱、盐等介质中工作的管道、阀门、泵类、容器等零件。但各类耐蚀铸铁都有一定的适用范围，必须根据腐蚀介质、工作条件合理选用。

任务 3.2 了解钢的改性处理工艺

3.2.1 解读 Fe-C 相图

1. 金属的结晶及晶体结构

（1）金属是晶体内部的原子具有规则排列的固态物质；晶体具有一定的熔化温度，如铁的熔点是 1538℃；晶体的性能随着晶粒排列方向不同而改变。

（2）金属的结晶。液态金属缓慢冷却到凝固温度，使金属中的原子由不规则排列过渡到有规则排列的固态，这个过程即为结晶。

（3）晶体结构。晶体中的原子规则排列的方式称为晶体结构，理想的晶体结构有以下三种。

① 体心立方晶格，见图 3-3。

② 面心立方晶格，见图 3-4。

③ 密排六方晶格，见图 3-5。

（4）金属的同素异构。有些金属在固态下存在两种以上的晶格形式，这些金属在加热和冷却过程中，随着温度的变化，其晶格形式也要变化。

金属在固态下随温度的改变，由一种晶格转变为另一种晶格的现象称为同素异构转变。转变过程也是一个形核和晶核长大的过程。同素异构的转变属于固态相变。

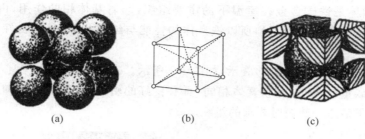

图 3-3　体心立方晶格

（a）刚性小球模型；（b）质点模型；（c）晶胞原子数

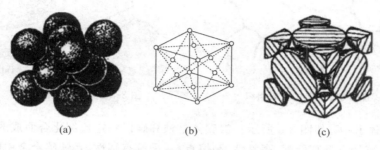

图 3-4　面心立方晶格

（a）刚性小球模型；（b）质点模型；（c）晶胞原子数

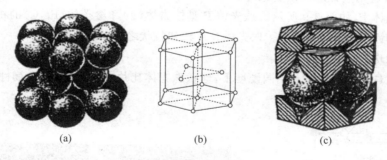

图 3-5　密排六方晶格

（a）刚性小球模型；（b）质点模型；（c）晶胞原子数

2. 铁碳合金的基本组织

铁碳合金是以铁和碳为基本组元的二元合金，其组织是随成分和温度的不同而变化的，但归纳起来仍然是固溶体、金属化合物和机械混合物三种。

（1）固溶体。组成合金的各组元在液态时能互相溶解形成均匀的单相液体，凝固后仍能相互形成均匀的单相固体，这种单相固体称为固溶体。

（2）金属化合物。合金组元发生相互作用而形成的一种新相，可用分子式表示。

（3）机械混合物。有多种形式共存。

① 铁素体。用符号 F（或 α）表示，如图 3-6 所示。碳溶解在 α-Fe（体心立方晶格）间

隙固溶体,铁素体是铁碳合金在室温下的主要组织,起着基体相的作用,由于含碳量低(727℃时容碳量仅为 0.0218%),所以铁素体的性能与纯铁相似,具有良好的塑性,较低的强度和硬度。

② 奥氏体。用符号 A(或 γ)表示,如图 3-7 所示。碳溶解在 γ-Fe(面心立方晶格)固溶体,727℃含碳量 0.77%,与铁素体相同,具有良好的塑性,较低的强度和硬度,是绝大多数钢在高温下锻造和轧制时要求的组织。

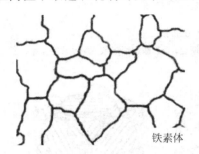

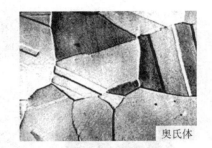

图 3-6 铁素体显微组织　　　　　　　图 3-7 奥氏体显微组织

③ 渗碳体 Fe_3C,如图 3-8 所示。渗碳体是铁和碳以一定比例化合而成的亚稳定的金属化合物,性能特点是高硬度、高脆性、高熔点,几乎没有塑性,是铁碳合金中的强化相,通过不同的热处理方法,可以改变铁素体在铁碳合金中的形态、大小、多少及分布,从而改变材料的性能,这是热处理的重要原理。

④ 珠光体 P,如图 3-9 所示。珠光体 P 是铁素体(F)和渗碳体(Fe_3C)的机械混合物,比铁素体硬度、强度高,塑性差。珠光体有片状和粒状之分。

- 片状珠光体:片层相间。
- 粒状珠光体(球状):相同硬度下,球状珠光体比片状珠光体塑性、韧性好。

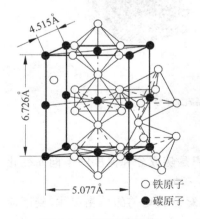

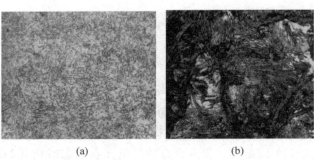

图 3-8 渗碳体的结构　　　　　　图 3-9 珠光体显微组织
(a) 粒状;(b) 片状

⑤ 莱氏体 Ld,如图 3-10 所示。莱氏体 Ld 是含碳量 4.3%的铁碳合金,在 1148℃发生共晶转变而从液相中同时析出的 A 和 Fe_3C 的机械混合物。莱氏体 Ld 和 Fe_3C 力学性

能相似。硬度高,塑性和韧性差。

图 3-10 莱氏体显微组织

3. 解读铁碳合金相图(见图 3-11)

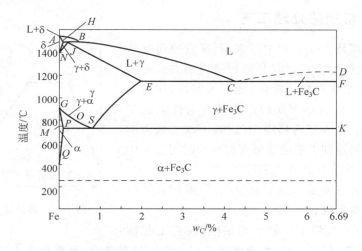

图 3-11 简化 Fe—Fe₃C 相图

(1) 纵坐标——温度(℃),横坐标——含碳量(%)。

(2) C 点(共晶点):共晶转变(液态合金结晶两种固相的转变)以上是液态,1148℃下平衡条件下发生共晶转变,同时结晶出 E 点成分(A+Fe₃C)——结晶过程。

S 点(共析点):共析转变(一种成分的固相,在一恒温下同时析出两个不同的固相)727℃固态下的转变。

E 点:奥氏体的最大固熔点(1148℃时含碳 2.11%)。

P 点:铁素体的最大固熔点(727℃时含碳 0.021%)。

(3) 液相线 ACD;固相线 $AECF$;共晶转变线 ECF;共析转变线 PSK。

GS 线:碳从奥氏体中开始析出铁素体的析出线;

ES 线:碳在奥氏体中的固溶线;

PQ 线:碳在铁素体中的固溶度曲线;

GP 线:含碳量小于 0.0218% 的铁碳合金的奥氏体平衡冷却时完全转变成铁素体的温度终止线。

（4）铁碳合金分类。铁碳合金可分为如下几类。

① 工业纯铁。含碳量小于 0.0218% 的铁碳合金。

② 钢。含碳量在 $0.0218\%\sim2.11\%$ 之间的铁碳合金，可分为以下几种。

- 亚共析钢：$0.0218\%\sim0.77\%$。
- 共析钢：0.77%。
- 过共析钢：$0.77\%\sim2.11\%$。

③ 白口铸铁含碳量。$2.11\%\sim6.69\%$ 称为白口铸铁。

（5）由图看性能、组织、转变。

① 含碳量不同，组织不同，性能也不同。

② 温度不同，组织也不同。

③ 热加工温度取值范围可分为铸、锻、热处理。

3.2.2　常规热处理工艺

钢的热处理是工业生产中最常用、最方便而且非常经济、有效的改性方法。它是采用适当的方式对钢材或工件（作为工作对象的零件，也称为制件）进行加热、保温和冷却，以获得预期的组织结构与性能的工艺。其特点是：只改变内部组织机构，不改变表面形状与尺寸。其热处理工艺通常可在温度—时间坐标中用曲线来表示，称为热处理工艺曲线，如图 3-12 所示。制定热处理工艺主要是确定加热温度、保温时间和冷却速度三个基本参数。

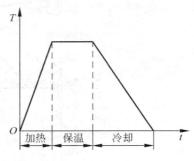

图 3-12　热处理工艺曲线

热处理的目的，除了消除毛坯缺陷，改善工艺性能，以利于进行冷、热加工外，更重要的是充分发挥材料潜力，显著提高力学性能，进而提高产品质量，延长使用寿命。据统计，机床工业中 $60\%\sim70\%$ 的零件需要进行热处理；在汽车、拖拉机工业中，$70\%\sim80\%$ 的零件需要进行热处理；各类工具（刀具、量具、模具等）几乎 100% 需要热处理。因此，热处理在机械制造业中占有十分重要的地位。

根据热处理的目的、要求和工艺方法的不同，热处理工艺一般分为以下三类。

① 常规热处理。常用的有正火、退火、淬火、回火和调质。

② 表面热处理。常用的有表面淬火和回火。

③ 化学热处理。常用的有渗碳、渗氮、碳氮共渗。

1. 钢在加热和冷却时组织的转变

（1）钢在加热时组织的转变

热处理由加热、保温、冷却三个基本环节组成，在大多数热处理工艺中，钢加热的主要目的是获得奥氏体组织。

① 奥氏体组织是以晶粒的大小、粗细表示，大小直接影响工件的性能。

② 影响奥氏体成长的因素。

- 温度。主要影响奥氏体的形核长大速度加快。

- 成分。含碳量的增加会加快奥氏体的转化和均匀化。大多数合金元素的加入,使奥氏体的转化温度提高,需要较长的时间保温。加热温度、保温时间、加热速度、化学成分控制晶粒长大。

(2) 钢在冷却时组织的转变

同一种钢,经过加热和保温,获得成分均匀、晶粒细小的奥氏体后,若以不同的冷却速度进行冷却,室温时得到的机械性能是不相同的,如共析钢,加热到780℃保温后随炉冷却(退火),硬度为180HBS左右,在空气中冷却(正火),硬度为300HBS左右,在水中冷却(淬火),硬度为60HRC左右,这是由于钢的内部组织随冷却速度的不同而发生了变化。

奥氏体冷却时温度、时间、相变三者之间关系如下:

① 珠光体型转变。转变温度高,时间长,片状混合物。

② 贝氏体型转变。转变温度较低,时间长,含碳量具有一定过饱和,即分散的渗碳体所组成的机械混合物。

③ 马氏体型转变。转变温度低,时间快,性硬而脆。

2. 钢的热处理性能

钢对热处理的适应性能主要体现在淬透性和淬硬性。

(1) 淬透性

在规定条件下,决定钢的淬硬深度和硬度分布的特性,即钢淬火时淬硬层深度大小的能力,表示钢接受淬火的能力。主要取决于钢的化学成分、合金元素含量和淬火前的组织状态,它保证了大尺寸模具的强韧性及断面性能的均匀性。

(2) 淬硬性

在理想条件下,淬火所能达到的最高硬度的能力,主要取决于钢的含碳量,它保证了模具的硬度和耐磨性。

3. 钢的常规热处理工艺

(1) 退火

① 定义。将金属或合金加热到适当温度,保温到一定时间,然后缓慢冷却(随炉冷却)。实质是加热奥氏体化后,进行珠光体形转变。退火后组织:亚共析钢是铁素体+片状珠光体,共析钢和过共析钢则是粒状珠光体。

② 退火目的。

- 降低钢的硬度,提高塑性,以利于切削加工和冷变形成型。

- 细化晶粒,消除因铸、锻、焊引起的组织缺陷,均匀钢的组织和成分,改善钢的性能或为以后的热处理作组织准备。

- 消除钢中的内应力,以防止变形和开裂。

③ 常用的退火工艺及应用。

- 完全退火。将亚共析钢加热至临界相变点 Ac3 以上 20～30℃,保温足够时间奥氏体化后,随炉缓慢冷却,从而得到接近平衡的组织,这种热处理工艺称为完全退火。所谓"完全"是指退火时钢的内部组织全部进行了重结晶。通过完全退火来细化晶粒,均匀组织,消除内应力,降低硬度,便于切削加工,并为加工后零件的淬火做好组织准备。

完全退火主要用于亚共析成分的各种碳钢和合金钢的铸、锻件及热轧型材,有时也用于焊接结构。一般作为一些不重要工件的最终热处理,或作为某些工件的预备热处理。

- 球化退火。最常用的两种工艺是普通球化退火和等温球化退火。普通球化退火是将钢加热到临界相变点 Ac1 以上 20~30℃,保温适当时间,然后随炉缓慢冷却,冷到 500℃ 左右出炉空冷。等温球化退火是与普通球化退火工艺同样的加热保温后,随炉冷却到略低于临界相变点 Ar1 的温度进行等温,等温时间为其加热保温时间的 1.5 倍。等温后随炉冷至 500℃ 左右出炉空冷。和普通球化退火相比,等温球化退火不仅可缩短周期,而且可使球化组织均匀,并能严格控制退火后的硬度。

球化退火主要用于过共析的碳钢及合金工具钢。其主要目的在于降低硬度,改善可加工性,并为以后淬火做好组织准备。

- 去应力退火。去应力退火又称低温退火,这种退火主要用来消除铸件、锻件、焊接件、热轧件、冷拉件等的残余应力。如果这些应力不予消除,将会引起钢件在一定时间以后,或在随后的切削加工过程中产生变形或裂纹。
- 再结晶退火。又称中间退火,是指经冷塑性加工后的金属加热到在结晶温度以上,保温,使变形的晶粒再结晶均匀化,以消除变形强化和残余应力,以便冷变形加工。材料冷轧时的变形速度越大,则内应力越高,越处于不稳定状态,再结晶温度越低;材料的含碳量和磷硫杂质越高,再结晶温度越高;加热速度越快,再结晶温度越高。
- 扩散退火。又称均匀化退火,是为了减少金属铸锭、铸件或锻坯的化学成分的偏析和组织的不均匀性,将其加热到高温,长时间保温,然后进行缓慢冷却,以化学成分和组织均匀化为目的的退火工艺。

（2）正火

① 加热温度与退火基本相同,保温适当时间后,在静止的空气中冷却,正火冷却速度比退火快,故正火钢组织比较细,强度、硬度比退火钢高。

② 正火工艺的应用。

- 低碳钢。改善切削性能,以防粘刀。
- 中碳钢。在要求不高场合直接用做最终处理工艺。
- 过共析钢。消除网状渗碳体,改善组织。

③ 退火与正火的选择。

- 切削加工性。最佳加工硬度 170~280HBS,从加工角度低碳钢正火优于退火,高碳钢必用退火。
- 使用性能。对于亚共析钢工件来说,正火比退火具有较好的力学性能。如果工件的性能要求不高,则可用正火作为最终热处理。但当工件形状复杂时,由于正火冷却速度快,有引起开裂的危险,所以采用退火为宜。
- 经济性。正火比退火生产周期短,成本低。

（3）淬火

淬火是将钢加热到一定温度，保温一段时间后，在一定介质中快速冷却的热处理工艺。

① 淬火工艺。淬火工艺介绍如下：

- 淬火工艺过程。把工件加热到其临界相变点 Ac3 或 Ac1 以上 30～50℃的温度，经保温热透后，置入冷却液中迅速冷却，获得马氏体组织或下贝氏体组织，金属内部组织实现重结晶，细化晶粒，提高了钢的力学性能。
- 淬火的目的。用于提高工件的硬度和耐磨性，主要应用于模具中的凸模、凹模、凸凹模以及其他需要硬度高而且耐磨的零件。

② 淬火介质。

- 工件在冷却过程中会发生物态变化的介质——水、水溶液、油溶液。淬火时汽化，冷却快。
- 工件在冷却过程中不会发生物态变化的介质——熔盐、熔碱、熔融金属和气体等。冷却速度取决于温差。
- 常用介质。常用介质介绍如下。

水：急冷的淬火介质，适用于截面尺寸不大，形状简单的碳素工具钢。

盐水和碱水：易腐蚀，用于碳钢和低合金结构钢的淬火。

油：矿物质油、机油。冷却慢，不变形，不开裂，适合合金钢。

（4）回火

回火是将经过淬火处理的工件加热到临界相变点 Ac1 以下的适当温度保持一定时间，随后用符合要求的方法冷却，以获得所需的组织和性能的热处理工艺。

① 回火目的。回火的目的如下：

- 降低脆性，消除或减少内应力。
- 通过适当回火的配合来调整硬度，减小脆性，得到所需要的韧性、塑性，获得工件所要求的力学性能。
- 稳定工件尺寸。
- 对于退火难以软化的某些合金钢，在淬火（或正火）后常采用高温回火，使钢中碳化物适当聚集，将硬度降低，以利切削加工。

② 回火分类。根据各种零件的性能要求不同，回火温度高低也不同，按回火温度高低将其分为：

- 低温回火（150～250℃）。回火后组织为回火马氏体，主要目的是消除淬火应力，使钢的塑性有所改善，保持硬度一般为 55～64HRC，有高的耐磨性。主要用于高碳钢、渗碳钢、高频淬火工件。
- 中温回火（350～500℃）。回火后硬度一般为 40～50HRC，回火后保持了较高的硬度、强度和韧性外，使钢的弹性极限达到了极限，因而主要用于弹簧件。
- 高温回火（500～650℃）。回火后硬度一般为 25～35HRC，回火后具有一定的硬度和强度，也具有良好的塑性和韧性，具备良好的综合机械性能，淬火后高温回火即为调质。主要用于重要的结构零件。

3.2.3 表面处理

模具表面质量对模具使用寿命、制件外观质量等方面均有较大的影响。在模具制造的最后阶段,通常要进行研磨与抛光处理,以及运用表面处理技术,以延长模具使用寿命,提高工件的加工质量,降低模具使用成本,提高生产效率。

通过表面处理,可以改变模具表层的成分和组织,可使模具具有内部韧、表面硬、耐磨、耐热、耐蚀、抗疲劳、抗粘结的优异性能。对于改善模具的综合性能、节约合金元素、大幅度降低成本、充分发挥材料的潜力,以及更好地利用模具新材料都是十分有效的,可提高模具使用寿命几倍乃至几十倍。相对于模具制造的总费用来说,表面强化工艺成本较低,对模具寿命具有事半功倍效果。

表面处理技术应用于模具,可达到如下目的。

(1) 提高模具表面硬度、耐磨性、耐蚀性和抗高温氧化性能,大幅度提高模具的使用寿命。

(2) 提高模具表面抗擦伤能力和脱模能力,提高生产率。

(3) 采用碳素工具钢或合金钢,经表面涂层或合金化处理后,可达到甚至超过高合金化模具材料甚至硬质合金的性能指标,不仅可以大幅度降低材料成本,而且可以简化模具制造加工工艺和热处理工艺,降低生产成本。

(4) 可用于模具的修复。尤其是电刷镀技术,可在不拆卸模具的前提下完成对模具的修复,且能保证修复后的工作面仍能达到表面粗糙度要求,因而备受工程技术人员的重视。

(5) 可用于模具表面的纹饰,以提高其塑料制件的档次和附加值。

应用于模具加工的表面处理技术非常广泛,包括表面淬火、化学热处理、表面涂覆以及近年来发展的一些先进的表面处理技术。

模具的表面淬火包括火焰加热表面淬火,感应加热表面淬火(高频、中频、工频),电接触加热表面淬火,电解液加热表面淬火,激光加热表面淬火,电子束加热表面淬火,真空淬火等方法。下面介绍前两种方法。

1. 火焰加热表面淬火

火焰加热表面淬火是利用氧-乙炔气体或其他可燃气体(如天然气、焦炉煤气、石油气等)以一定比例混合进行燃烧,形成强烈的高温火焰,将工件迅速加热至淬火温度,然后急速冷却(冷却介质最常用的是水,也可以用乳化液),使表面获得要求的硬度和一定的硬化层深度,而中心保持原有组织的一种表面淬火方法。

该方法适用于中碳钢 35、45 和中碳合金结构钢 40Cr 及 65Mn、灰铸铁、合金铸铁的表面淬火,是用乙炔-氧或煤气-氧混合气燃烧的火焰喷射快速加热工件。工件表面达到淬火温度后,立即喷水冷却。淬硬层深度为 2~6mm,否则会引起工件表面严重过热及变形开裂。

(1) 火焰加热表面淬火的优点

① 简单易行,设备投资少,热处理费用低。

② 方法灵活,适于多品种少量、成批局部表面淬火、大型零件的表面淬火。

(2) 火焰加热表面淬火的缺点

① 由于火焰淬火是手工操作,需目测加热钢材的颜色来确定钢材的温度,因此要求

操作者的技术熟练。

② 只适用于喷射方便的表面,薄壁零件不适合火焰淬火。

（3）火焰加热表面淬火加热方法

火焰加热表面淬火加热方法根据工件形状和表面淬火要求主要有以下几种。

① 固定法。工件与喷嘴均保持不动,先进行加热,达到淬火温度后,熄火后立即冷却。此法多用于局部淬火。

② 旋转法。利用固定的火焰喷嘴,将以一定速度旋转（一般转速为 75～150r/min）的工件表面加热,达到淬火温度后,关闭气门,喷水（或其他冷却剂）冷却。此法多用于回转体工件的表面淬火。

③ 连续淬火法。工件和喷嘴以一定速度相当运动,边加热边冷却,此法用于长形平面或曲面工件的表面淬火。

④ 联合法（或称混合法）。以喷嘴相对工件的中心线作平行直线运动,工件则绕轴线以一定的转速（75～150r/min）旋转,连续加热,随后冷却。此法主要用于长轴类工件的表面淬火。

2. 感应加热表面淬火

感应淬火就是利用电磁感应在工件内产生涡流而将工件进行加热,将工件表面加热到淬火温度,随后用水和其他冷却介质急速进行冷却的工艺过程。感应加热设备按电源频率分为工频、中频、高频和超声频。

（1）感应加热的原理及设备

感应加热原理及设备见图 3-13。

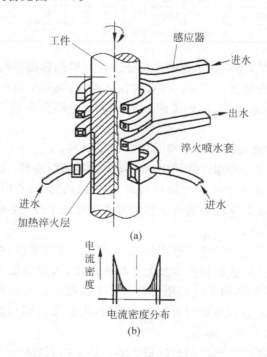

(a)

(b)

图 3-13　感应加热原理及设备示意图

感应器是感应加热的主要设备,感应器的选择要保证工件表面加热层温度均匀、电效率高、容易制造、安装操作方便等。

感应加热的基本方法为:同时加热法、连续加热法。

(2) 感应淬火工艺

感应加热温度的选择应根据钢种、原始组织及在相变区的加热速度进行确定。

① 零件硬化层深度需根据零件的服役条件来确定。表3-14列出了几种典型服役条件下零件表面硬化层深度的要求。

表3-14　几种典型服役条件下零件表面硬化层深度的要求

失效原因	工 作 条 件	硬化层深度及硬度值要求
疲劳	周期性弯曲疲劳或扭转疲劳	一般为2.0~12mm,中小型轴类可取半径的10%~20%,直径小于40mm取下限;过渡层为硬化层的25%~30%
磨损	滑动磨损且负荷较小	以尺寸公差为限,一般1~2mm,硬度55~63HRC,可取上限
	负荷较大或承受冲击载荷	一般在2.0~6.5mm,硬度55~63HRC,可取上限

② 电流频率是感应加热的主要工艺参数之一,需根据要求的硬化层深度来确定。为了提高劳动生产率,感应透入深度要大于淬硬层深度。电流频率与热透入深度的关系见表3-15。

表3-15　电流频率与热透入深度

工艺参数	频　段								
	高　频				超声频	中　频			
频率/kHz	500~600	300~500	200~300	100~200	30~40	8	4	2.5	1
热透入深度/mm	0.7~0.56	0.9~0.7	1.1~0.9	1.6~1.1	2.9~2.5	5.6	7.9	10	15.8

电流频率确定以后,感应加热速度取决于工件与被加热面积的比功率。因此,应按照频率和加热深度选择合理的比功率。淬硬层深度越大,比功率越小。工件淬火面积小、形状简单、淬硬层深度要求大的、原始组织细的中碳或中碳合金钢,可选择较高的比功率;反之则否。

③ 感应加热后的淬火冷却及冷却介质应根据材料、工件形状和大小、采用的加热方式和淬硬深度等因素综合考虑。常采用的冷却方式有喷射冷却、流水式冷却。

④ 感应零件的回火有加热炉中加热回火、感应加热回火、自回火。

采用空气炉或油浴炉中回火适于感应淬火冷透的工件、浸淬或连续淬火后的工件、薄壁件、形状复杂的工件。

采用感应加热回火适合于连续感应淬火的长轴或其他零件。这种回火方法,可以紧接在淬火后进行。回火的感应加热深度大于淬火深度,可以降低表面淬火过渡层中的残余拉应力。因此,感应加热回火应采用很低的频率或很小的比功率,延长加热时间,利用热传导使加热层增厚。感应加热回火的时间较短,因此要达到与炉中回火相同的硬度及其他性能时,回火温度应相应提高。

自回火就是利用感应淬火冷却后残留下来的热量而实现的短时间回火。采用自回火可简化工艺,并可在许多情况下避免淬火开裂。

（3）感应淬火的优点

感应淬火具有工艺简单、工件变形小、生产效率高、节省能源、环境污染少、工艺过程易于实现机械化和自动化等优点。

3.2.4　化学热处理

1. 化学热处理原理

化学热处理是将工件置于含有活性原子的特定介质中加热和保温,使介质中一种或几种元素(如 C、N、Si、B、Al、Cr、W 等)渗入工件表面,以改变表层的化学成分和组织,达到工件使用性能要求的热处理工艺。其特点是既改变工件表面层的组织,又改变化学成分。它可获得比表面淬火更高的硬度、耐磨性和疲劳强度,并可提高工件表层的耐蚀性和高温抗氧化性。常用的化学热处理方法包括渗碳、渗氮、碳氮共渗、渗硫、硫氮共渗、渗硼、硼氮共渗、渗铝、渗铬、渗硅、渗锌、盐浴渗金属等。

2. 各种化学热处理三个基本过程

（1）分解。由介质中分解出渗入元素的活性原子。

（2）吸收。工件表面对活性原子进行吸收。吸收的方式有两种,即活性原子由钢的表面进入铁的晶格形成固溶体,或与钢中的某种元素形成化合物。

（3）扩散。已被工件表面吸收的原子,在一定温度下,由表面往里迁移,形成一定的扩散层。

3.2.5　表面涂覆

1. 电镀

电镀是一门具有悠久历史的表面处理技术。它是应用电化学的基本原理,在电解质溶液中,将具有导电表面的制件作为阴极,以金属作为阳极,通过直流电,在制件表面沉积出牢固覆层的工艺过程。镀层可以是单金属或合金。金属经过电镀后,可改变其外观,具有优良的耐蚀性和耐磨性。因此,电镀已经成为金属表面处理的重要方法之一。

在模具上应用较多的是镀硬铬,镀铬层硬度为 $900\sim1200HV$,可有效提高耐磨性,且不引起工件变形,对形状复杂的塑料模具十分有利。镀层厚一般为 $0.03\sim0.30mm$,如果镀层厚度选择不合理,就会造成模具的过早损坏。

镀铬工艺一般是在模具淬火、回火后进行,镀层 $0.01\sim0.02mm$,镀后应在 $200\sim220℃$温度下保温 $2\sim4h$,进行去氢处理。然后再进行表面抛光处理,使模具表面粗糙度 $Ra<0.2\mu m$。模具经镀铬后具有更好的耐蚀性和耐磨性。

模具零件镀铬后的主要特点如下:

（1）镀铬表面有镜面般的表面粗糙度,脱模容易。

（2）镀层表面硬,耐磨性能好,表面不易划伤,镀层表面硬度为 $900\sim1000HV$。

（3）耐蚀性能强,除铬酸盐、稀硫酸等极少数化学品外,对多数其他化学品有耐蚀能力。

（4）光泽好，铬有漂亮的光泽，当这种光泽反映到制品上，特别是塑料制品上，可以增加产品的美观度，提高市场竞争力。

2. 刷镀

刷镀是依靠一个与阳极接触的垫或刷提供电镀所需要的电解液的电镀方法。刷镀工作原理与电镀是一样的，只是施镀方式不同。因此，刷镀是电镀的一种特殊形式，不用镀槽，故又称无槽镀或涂镀。

3. 化学镀

化学镀是将工件置于镀液中，金属离子通过获得由镀液中的化学反应而产生的电子，在工件表面上还原沉积而形成镀层。它从本质上说是一个无外加电场的电化学过程。

化学镀可获得单一金属层、合金镀层、复合镀层和非晶态镀层。与电镀、刷镀相比，化学镀的优点是：均镀能力和深镀能力好，具有良好的仿形性（即可在形状复杂的表面上产生均匀厚度的化学镀层）；沉积厚度可控，镀层致密与基体结合良好；设备简单，操作方便。复杂形状模具的化学镀，还可以避免常规热处理引起的变形。

化学镀现已在多种模具上获得应用。冷作模具钢 T10A 和 Cr12 钢表面分别镀覆非晶态 Co—P 和 Co—W—P 镀层，使硬度和耐磨性提高，在 $350 \sim 400 ℃$ 达到峰值。Cr12MoV 钢制拉深模，经化学镀 Ni—P 处理后镀层硬度为 60~64HRC，具有优良的耐磨性，高的硬度和小的摩擦系数，使用寿命从 2 万次提高到 9 万次。3Cr2W8V 钢制热作模具，经 4h 化学镀 Co—P，可获得 $12 \mu m$ 的镀层，再经 $450 ℃ \times 1h$ 的热处理，模具表面光亮，镀层与基体结合牢固，具有较高的硬度和良好的抗热疲劳性能。当报废模具的热磨损超差尺寸不太大，热裂纹不太深时，还可以采用此工艺进行修复，从而取得良好的经济效益。

3.2.6　先进表面处理技术

随着科技的进步发展，除了上述的表面处理技术外，近年来还发展了一些先进的表面处理技术：激光表面处理技术、电火花表面强化、TD 处理技术、堆焊技术、喷丸表面强化、热喷涂技术等。

1. 激光表面处理技术

激光表面处理技术是指一定功率密度的激光束以一定的扫描速度照射到工件的工作面上，在很短时间内，使被处理表面由于吸收激光的能量而急剧升温，当激光束移开时，被处理表面由基材自身传导而迅速冷却，使之发生物理、化学变化，从而形成具有一定性能的表面层，提高材料表面的硬度、强度、耐磨性、耐蚀性和高温性能等。

激光淬火硬化层深度一般为 0.3~1mm，硬化层硬度值一致。随工件正常相对接触摩擦运动，表面虽然被磨去，但新的相对运动接触面的硬度值并未下降，耐磨性仍然很好，因而不会发生常规表面淬火层由于接触磨损，磨损随之加剧的现象，耐磨性提高了 50%，工件使用寿命提高了几倍甚至十几倍。

2. 电火花表面强化

电火花表面强化技术通过火花放电的作用，把一种耐磨性好的导电材料（如 WC、TiC)溶渗在另一种导电材料的表面上，形成一个很硬的表面溶渗层，其厚度为 0.1～

0.16mm，以提高工件的耐蚀性和耐磨性。

电火花强化过程主要包括超高速淬火、渗氮、渗碳、电极材料的转移。

模具一定要在淬火、回火处理后再进行强化处理；操作要细心，电极沿被强化表面的移动速度要均匀，要控制好时间。模具经电火花强化处理后，表面产生残余拉应力，因此要补加一道低于回火温度 30～50℃ 的去应力处理。

3. TD 处理技术

TD 覆层处理（Thermal Diffusion Carbide Coating Process），国内又名熔盐渗金属、超硬化处理等，就是在一定的处理温度下将工件置于硼砂熔盐及其特种介质中，通过特种熔盐中的金属原子和工件中的碳、氮原子等的扩散，在工件表面产生化学反应而形成一层几微米至 $20\mu m$ 的钒、铌、铬、钛等金属碳化层。

4. 堆焊技术

堆焊技术主要用于制造双金属模具和损坏模具的修复。在碳素钢或铸钢基体的表面上，堆焊一层具有特殊性能的表面层，使其达到耐磨、耐热或耐腐蚀的目的，可以节省大量的贵重金属，提高材料的使用寿命，具有很大的经济效益。一些经常在特殊环境下工作的模具零件，其表面磨损很严重，有的甚至破碎或断裂。采用堆焊工艺进行修复，不仅可以节省大量的贵重材料，而且堆焊修复模具的使用寿命与新制造模具寿命相当，有的甚至比新模具的使用寿命还长。

常用的堆焊方法有氧乙炔焰堆焊、电弧堆焊、电渣堆焊、等离子弧堆焊等。用于防腐的堆焊材料有不锈钢、钴基合金、铜及铜合金、自熔性合金等。

5. 喷丸表面强化

喷丸强化是利用大量的珠丸（直径在 0.4～2mm）以高速打击已加工完毕的工件表面，使表面产生冷硬层和残余压应力，可以显著地提高零件的疲劳强度。珠丸可以是铸铁或沙石，喷丸所用设备是压缩空气喷丸装置和机械离心式喷丸装置，这些装置使珠丸能以 35～50m/s 的速度喷出。

对 3Cr2W8V 钢制热作模具，进行喷丸处理后的使用情况表明喷丸强化具有如下特点。

（1）由于喷丸处理后在金属表面产生残余压应力和晶格畸变，致使喷丸处理后强度能明显地减缓疲劳裂纹的萌生期或抑制其扩展速度。

（2）在喷丸过程中，金属表面的塑性变形和残余应力状态变化及重新分布，给残留奥氏体的转变提供了有利条件，残留奥氏体转变为马氏体，提高了模具表面硬度和抗冲击磨损能力，进而提高模具表层的屈服强度，可延缓疲劳裂纹萌生期，提高模具的疲劳强度。

（3）在经过圆形珠丸的高速、反复打击后的模具，削平了刀痕，改善了磨加工和电加工的表面粗糙度，在一定程度上提高了疲劳强度。

形变强化可以使模具表面产生冷作硬化，改善模具的表面粗糙度，有效去除电火花加工所产生的表面变质层，提高模具的疲劳强度、抗冲击磨损性能，从而提高模具使用寿命。主要适用于落料模、冷冲模、冷镦模和热锻模等以疲劳失效形式为主的模具。

任务 3.3　冷作模具零件的选材

3.3.1　冷作模具零件的选材要求

冷作模具钢在工作时,由于被加工材料的变形抗力比较大,模具的工作部分承受很大的压力、弯曲力、冲击力及摩擦力。因此,冷作模具钢应具有以下基本性能要求。

(1) 高硬度和高强度。以保证在承受高应力时不容易产生微量塑性变形或破坏。

(2) 高的耐磨性能。在高的磨损条件下能保证模具的尺寸精度,这点对拉深模和冷挤压模显得更加重要。

(3) 足够的韧性。以便在冲击载荷和动载荷下,不易发生工作刃的剥落或崩溃。

(4) 热处理变形要小。因大多数模具具有复杂的型腔和较高精度,热处理的变形很难用修磨加工来消除,此外有些冷变形模具还应有足够的耐热性能。

钢的高强度、高硬度和高耐磨性,要求有足够的含碳量,冷作模具钢中的碳质量分数一般在 0.6% 以上,硬度一般要求在 60HRC 左右。对于确定的冷作模具钢,在模具制造过程中主要通过恰当的热处理来确保模具的使用性能和使用寿命。

3.3.2　典型冷作模具材料的选用

1. 冲裁模模具材料的选用

(1) 薄板冲裁模具用钢。我国薄板冲裁模的主要用材有 T10A、CrWMn、9Mn2V、Cr12 及 Cr12MoV 钢等。其中 T10A 钢等碳素工具钢由于淬透性差、耐磨性低、热处理操作难度大、淬火变形、开裂难以控制等原因只适用于冲裁工件总数较少、冲压件形状简单、尺寸较小的模具。CrWMn 钢可用于冲压件总数多且形状复杂、尺寸较大的模具,但与 T10A 钢一样,耐磨性差,锻造控制不当时,易产生网状碳化物,模具易崩刃,与其他合金模具钢比较,CrWMn 钢热处理变形较大。Cr12 及 Cr12MoV 钢耐磨性较高,性能较前几种钢好,但该类钢存在碳化物不均匀现象,网状碳化物较严重,使用过程中易出现崩刃及断裂,因而使用寿命也并不高。为弥补上述老钢种的不足,近年来国内研制了许多新钢种,主要包括 6CrNiMnSiMoV(GD)、7Cr7Mo2V2Si(LD)、9Cr6W3Mo2V2(GM)钢等,使用效果显著。

(2) 厚板冲裁模具用钢。厚板冲裁模刃口承受的剪切力大,摩擦发热严重,易磨损。凸模易产生崩刃、折断等。因此模具选材要求耐磨,并有强韧性。一般批量较小时,可选 T8A 钢,但该钢在淬火加热时,过热敏感性大,尤其在模具尖角部分容易过热,使用时易产生崩刃,所以用 T8A 钢制作模具寿命不高。对于批量较大的厚板冲裁模可选用 W18Cr4V 钢或 W6Mo5Cr4V2 钢制作凸模,用 Cr12MoV 钢制作凹模,目前在一些企业已经使用了新钢种,如基体钢(LD、65Nb 钢等)、6CrNiMnSiMoV(GD)钢、6W6Mo5Cr4V 钢、7CrSiMnMoV 钢、马氏体时效钢(18Ni 钢)等,使模具寿命得到大幅提高。

2. 拉深模模具材料的选用

拉深模模具材料应根据制件批量大小和模具大小来选用,同时也应考虑拉深材料的类别、厚度和变形率。对于小批量生产,可选用表面淬火钢或铸铁;对于轻载拉深模,选用碳素钢 T10A 钢、高碳低合金钢(9Mn2V、CrWMn、GD)、基体钢(65Nb 钢)等;对于重载拉深模,可选用高耐磨冷作模具钢 Cr12、Cr12MoV、Cr12Mo1V1、Cr5Mo1V、GM 钢等。

3. 挤压模模具材料的选用

传统的冷挤压模模具材料有碳素工具钢(T10A 钢)、高碳低合金钢(CrWMn、60Si2Mn)、高耐磨冷作模具钢(Cr12、Cr12MoV)、冷作模具用高速钢(W18Cr4V、W6Mo5Cr4V2)等。这些材料在使用过程中都发现凸模易折断,凹模易胀裂,模具的使用寿命不高,这表明了模具材料的强韧性较差。新型模具钢如冷作模具用高速钢(W6Mo5Cr4V2)、高耐磨冷作模具钢(LD)、基体钢(65Nb、012Al、LM2、GD)、硬质合金和钢结硬质合金等可大大提高强韧性,提高模具的使用寿命。

4. 冷镦模模具材料的选用

冷镦模工作时,凸模必须承受强烈的冲击力,其最大压应力可达到 2500MPa,一般碳素工具钢或低合金工具钢是不能承受的,必须采用高强韧性合金工具钢制造。对模具寿命要求不高或轻载的冷镦凸模可采用 9SiCr、T10A、Cr12MoV、GCr15、60Si2Mn 钢制造,凹模可采用 T10A、Cr12MoV、GCr15 钢制造;对于重载、高寿命冷镦模,应采用高强韧性、高耐磨性新型模具钢,如 012Al、65Nb、LD、LM、18Ni、GM、6W6Mo5Cr4V 钢。这类钢强韧性很高,耐磨性稍差,经过表面强化处理就可以明显提高模具的耐磨性。

国内常用冷作模具材料见表 3-16。

表 3-16 常用冷作模具钢

类 别	钢 号
碳素工具钢	T7A、T8A、T9A、T10A、T11A、T12A、T13A、T7、T8、T9、T10、T11、T12、T13
高碳低合金钢	9SiCr、9Mn2V、9CrWMn、CrWMn、6CrWMoV、GCr15、Cr2、60Si2Mn、8Cr2MnWMoVS、6CrNiMnSiMoV、Cr2Mn2SiWMoV、4CrW2Si、5CrW2Si、6CrW2Si、Cr06、8MnSi
高耐磨冷作模具钢	7Cr7Mo2V2Si、Cr12、Cr12MoV、Cr4W2MoV、Cr8MoWV3Si、9Cr6W3Mo2V2、Cr12Mo1V1、Cr12V、Cr12Mo、Cr5Mo1V
冷作模具用高速钢	W18Cr4V、W6Mo5Cr4V2、W9Mo3Cr4V、6W6Mo5Cr4V
基体钢	6Cr4W3Mo2VNb、5Cr4Mo3SiMnVAl
无磁模具钢	7Mn15Cr2Al3V2WMo
硬质合金及钢结硬质合金	钨钴类硬质合金(YG3、YG6、YG8、YG3X、YG6X)、DT 合金

3.3.3 冷作模具材料选择的方法与步骤

冷作模具种类较多,形状结构差异较大,工作条件和性能要求不一样,因此冷作模具选择比较复杂,必须综合考虑才能合理选材。

冷作模具选材时,首先应满足模具的使用性能,同时兼顾材料的工艺性和经济性。具体选材可按下列步骤进行。

（1）按模具的大小考虑。模具尺寸不大时可选用高碳工具钢；尺寸较大时可选用高碳合金工具钢；尺寸大时可选用高合金耐磨钢。

（2）按模具形状和受力情况考虑。模具形状简单、不易变形、截面尺寸不大、载荷较小时，可选用高碳工具钢或高碳低合金钢；模具形状复杂、易变形、截面尺寸较大、载荷较大时可选用高耐磨性模具钢，如 Cr12、Cr12MoV、Cr6WV 和 Cr4W2MoV 等钢。

（3）按模具的使用性能考虑。通常要求冷作模具耐磨性很高，当淬火变形较小时，可选用高碳钢或高碳中铬钢，也可选用基体钢和高速钢制造；对载荷冲击较大的模具，可选用冲击韧度较高的中碳合金模具钢，如 GD、CH-1、H11、H13、5CrNiMo、4CrMnSiMoV 钢等。

（4）按模具的生产批量考虑。当模具压制产品的批量小或中等时，常选用成本较低的碳素工具钢或高碳低合金钢制造；当生产批量大，要求模具使用寿命长时，可选用高耐磨、高淬透性及变形小的高碳中铬钢、高碳高铬钢、高速钢、基体钢或高强韧性低合金冷作模具钢制造；当生产批量特别大，要求使用寿命特别长时，可选用硬质合金或钢结硬质合金制造。

（5）按模具的用途来选材。冷作模具包括冷拉、弯模、冷镦模、冷挤压模、冷冲裁模等，其用途不同，选择的钢材也不同。

综上所述，在选择模具材料时，应根据被加工工件的材料种类、尺寸和形状、模具受力情况、生产批量、复杂程度、精度要求及用途等因素，合理进行选材。

任务 3.4　塑料模具的选材

3.4.1　塑料模具零件的选材要求

塑料模具常常形状复杂，尺寸精度高，表面粗糙度值要求很低，因此模具材料不仅要求一定的综合力学性能，而且对机械加工性能、镜面抛光研磨性能、图案刻蚀性能、热处理变形和尺寸稳定性都有很高的要求。

1. 具有一定的综合力学性能

成型模具在工作过程中要承受温度、压力、侵蚀和磨损，因而要求材料的淬透性好，热处理后应具有较高的强韧性、硬度和耐磨性，并要求等向性好。

2. 具有优良的机械加工性能

塑料模具形状往往比较复杂，切削加工成本常占到模具的绝大部分，因而要求具有良好的可切削加工性、抛光性等。

3. 具有良好的热稳定性

注塑零件形状往往比较复杂，为了提高硬度，塑料模具往往需要热处理。对于必须在热处理后进行加工的模具，应选用热处理变形小的材料。另外还需要具有良好的热加工工艺性，尺寸稳定性好，在 150～250℃ 的温度下长期工作不变形。

4. 具有良好的耐蚀性

注塑 PVC 或加有阻燃剂等添加剂的塑料制品时，会分解出具有腐蚀性的气体，对模具的表面有一定的化学腐蚀作用。制作这类模具时，应选用具有一定抗腐蚀能力的钢材。

5. 具有良好的抛光性能和刻蚀性

为获得高品质的塑料制品，模具内型腔的表面必须进行抛光以减小表面粗糙度值。为了保证模具具有良好的电加工性和镜面抛光性、花纹图案刻蚀性，模具钢材料的纯洁度高，组织均匀、致密，无纤维方向性。

3.4.2　典型塑料模具选材任务

由于不同类型的塑料制品对模具钢的性能要求有差异，因此在不少国家已经形成范围很广的专用塑料模具钢系列，包括渗碳型塑料模具用钢、淬硬型塑料模具用钢、预硬型塑料模具用钢、时效硬化型塑料模具用钢以及耐蚀塑料模具用钢等。

1. 渗碳型塑料模具用钢

渗碳型塑料模具用钢主要用于冷挤压成型的塑料模具。为了便于冷挤压成型，这类钢在退火时必须有高的塑性和低的变形抗力，因此，对这类钢要求有低的或超低的碳含量，为了提高模具的耐磨性，这类钢在冷挤压成型后一般都进行渗碳和淬火、回火处理，表面硬度可达 58～62HRC。

此类钢国外有专用钢种，如瑞典的 8416 钢、美国的 P2 和 P4 钢等。国内常采用工业纯铁（如 DT1 和 DT2 钢），20、20Cr、12CrNi3A 和 12Cr2Ni4A 钢以及最新研制的冷成型专用钢 0Cr4NiMoV(LJ)钢。现介绍两个典型钢种。

（1）0Cr4NiMoV(LJ)钢。LJ 钢碳含量很低，因而塑性优异、变形抗力低。其中主加元素为铬，辅加元素为镍、钼、钒等，合金元素的主要作用是提高淬透性和渗碳能力，增加渗碳层的硬度和耐磨性以及心部的强韧性。

LJ 钢的实际应用：LJ 钢冷成型性与工业纯铁相近，用冷挤压法成型的模具型腔轮廓清晰、光洁、精度高。LJ 钢主要用来替代 10、20 钢及工业纯铁等冷挤压成型的精密塑料模具。由于渗碳淬硬层较深，基体硬度高，所以不会出现型腔表面塌陷和内壁咬伤现象，使用效果良好。

（2）12CrNi3A 钢。12CrNi3A 钢是传统的中淬透性合金渗碳钢，该钢碳含量较低，加入镍、铬合金元素以提高钢的淬透性和渗碳层的强韧性，尤其是镍，在产生固溶强化的同时，明显增加钢的塑韧性。与其他冷成型塑料模具钢相比，该钢的冷成型性属于中等。

12CrNi3A 钢主要用于冷挤压成型的形状复杂的浅型腔塑料模具，也可用来制造大、中型切削加工成型的塑料模具，为了改善切削加工性，模坯须经正火处理。

2. 淬硬型塑料模具用钢

常用的淬硬型塑料模具用钢有碳素工具钢、低合金冷作模具钢、Cr12 型钢、高速钢、基体钢和某些热作模具钢等。这类钢的最终热处理一般是淬火和低温回火（少数采用中温回火或高温回火），热处理后的硬度通常在 45HRC 以上。

碳素工具钢仅适于制造尺寸不大，受力较小，形状简单以及变形要求不高的塑料模具；低合金冷作模具钢主要用于制造尺寸较大，形状较复杂和精度较高的塑料模具；Cr12 型钢适于制造要求高耐磨性的大型、复杂和精密的塑料模具；热作模具钢适于制造有较高强韧性和一定耐磨性的塑料模具。

3. 预硬型塑料模具用钢

所谓预硬钢就是供应时已预先进行了热处理，并使之达到模具使用态硬度的钢。这类钢的特点是在硬度 30～40HRC 的状态下可以直接进行成型车削、钻孔、铣削、雕刻、精锉等加工，精加工后可直接交付使用，这就完全避免了热处理变形的影响，从而保证了模具的制造精度。

我国近年研制的预硬型塑料模具用钢大多数以中碳钢为基础，加入适量的铬、锰、镍、钼、钒等合金元素制成。为了解决在较高硬度下切削加工难度大的问题，通过向钢中加入硫、钙、铅、硒等元素来改善切削加工性能，从而制得易切削预硬型钢。有些预硬型钢可以在模具加工成型后进行渗氮处理，在不降低基体使用硬度的前提下使模具的表面硬度和耐磨性显著提高。下面介绍几种典型预硬型塑料模具用钢。

(1) 3Cr2Mo(P20)钢。3Cr2Mo 钢是引进的美国塑料模具钢常用钢号，也是 GB/T 221—2000 标准中正式纳标的一种塑料模具钢。最新的标注为 SM3Cr2Mo，SM 是塑料模具的简称。

P20 钢适于制造电视机、大型收录机的外壳及洗衣机面板盖等大型塑料模具，其切削加工性及抛光性均显著优于 45 钢，在相同抛光条件下，表面粗糙度比 45 钢低 1～3 级。

(2) 3Cr2NiMo(P4410)钢。3Cr2NiMo 钢是 3Cr2Mo 钢的改进型，是在 3Cr2Mo 钢中添加了质量分数为 0.8%～1.2% 的镍，国内试制的 P4410 钢实际成分与瑞典生产的 P20 钢改进型 718 钢一致。

P4410 钢在预硬态(30～36HRC)使用，可防止热处理变形，适于制造大型、复杂、精密塑料模具。该钢也可采用渗氮、渗硼等化学热处理，处理后可获得更高表面硬度，适于制作高精密的塑料模具。

(3) 8Cr2MnWMoVS(8Cr2S)钢。8Cr2MnWMoVS 钢属于易切削精密塑料成型模具钢，是为适应精密塑料模具和薄板无间隙精密冲裁模之急需而设计的，其成分设计采用了高碳、多元、少量合金化原则，以硫作为易切削元素。

8Cr2S 钢作为预硬钢适于制作各种类型的塑料模具、胶木膜、陶土瓷料模以及印制板的冲孔模。该钢种制作的模具配合精密度较其他合金工具钢高 1～2 个数量级，表面粗糙度低 1～2 级，使用寿命普遍高 2～3 倍，有的高十几倍。

(4) 5CrNiMnMoVSCa(5NiSCa)钢。5NiSCa 钢属于易切削高韧性塑料模具钢，在预硬态(35～45HRC)韧性和切削加工性良好；镜面抛光性能好，表面粗糙度低，可达 0.2～0.1μm，使用过程中表面粗糙度保持能力强；花纹蚀刻性能好，图案清晰、逼真；淬透性好，可制作型腔复杂、质量要求高的塑料模具。在高硬度(50HRC 以上)下，热处理变形小，韧性好，并具有较好的阻止裂纹扩展的能力。

5NiSCa 钢可用做型腔复杂、型腔质量要求高的注射模、压缩模、橡胶模、印制板冲孔模等。

4. 时效硬化型塑料模具用钢

时效硬化型塑料模具钢适用于制造预硬化钢的硬度满足不了要求,又不允许有较大热处理变形的模具。这种钢在调质状态进行切削加工,加工后通过数小时的时效处理,硬度等力学性能大大提高,时效处理的变形相当小,一般仅有 0.01%～0.03% 的收缩变形。若采用真空炉或辉光时效炉进行时效处理,则可在镜面抛光后再进行时效处理。时效硬化钢有低镍时效钢和马氏体时效钢两类。

我国现有的低镍时效硬化钢有 25CrNi3MoAl 钢、SM2 钢(Y20CrNi3IMnMo)、PMS 钢(10Ni3MnCuAl)和 06 钢(06Ni6Cr—MoVTiAl)等。

06 钢采用 850℃×8h 固溶处理后,硬度为 20～28HRC,切削性能和抛光性能都很好,经 500～550℃×4h 时效处理后,硬度为 43～48HRC,时效处理的变形很小,适用于制作高精度塑料模具、透明塑料模具等。

PMS 钢具有优良的镜面加工性能,模具表面粗糙度可达 $Ra\,0.05\mu m$,适用于制造要求高镜面、高精度的各种塑料模具,如光学镜片模具,磁带内外壳和电话机、石英钟、车辆灯具等塑料壳体模具等。SM2 钢,含 0.1% 左右的硫,切削加工性能得到了改善,是一种易切削型时效塑料模具钢。

5. 耐蚀型塑料模具用钢

加工聚氯乙烯塑料、氟化塑料、阻燃塑料等塑料制品时,分解出的腐蚀性气体对模具有腐蚀作用,要求模具材料有一定的耐蚀性,为此需在模具表面镀铬或直接选用 3Cr13、4Cr13、9Cr18、Cr18MoV、Cr14Mo、Cr14Mo4V、1Cr17Ni2、0Cr17Ni7Al 等不锈钢,但 Cr13 系不锈钢的热处理变形较大,切削加工性能差,使用范围小。

国内近年开发的 PCR(0Cr16Ni4Cu3Nb)钢属马氏体沉淀硬化不锈钢,在 1050℃固溶空冷后得到单一的板条马氏体,硬度为 32～35HRC,可以进行切削加工,经 460～480℃时效后,硬度为 42～44HRC,有较好的综合力学性能和抗蚀性能,在含氟、氯等离子的腐蚀性介质中耐蚀性明显优于不锈钢,适用于制造含氯、氟或加入阻燃剂的热塑性塑料的注射模具。

3.4.3　国内常见塑料模具材料

1. 已纳标的塑料模具专用钢

经过国内多年来的研制和吸收国外先进经验,形成的塑料模具钢专用系列已分别纳入有关技术标准中,包括:

(1) 国家标准:GB/T 1299—2000 合金工具钢。

(2) 原机电部行业标准:JB/T 6057—1992 塑料模具成型部分用钢及其热处理。

(3) 原冶金部行业标准:YB/T 094—1997 塑料模具用扁钢。

(4) 原冶金部行业标准:YB/T 129—1997 塑料模具钢模块。

2. 我国研制的已纳标的借用塑料模具钢

(1) GB/T 1299—2000《合金工具钢》中的冷作模具钢和无磁钢可用于制作最终淬硬的高耐磨塑料模具,如 Cr4W2MoV、6Cr4W3Mo2VNb、6W6、012Al、7Mn15Cr2Al3V2WMo 钢。

（2）JB/T 6058—1992《冲模用钢及其热处理》中的微变形高耐磨钢 7CrSiMnMoV 等。

3. 未纳入标准的新型塑料模具专用材料

为了满足不同用途模具的需要，近年来国内研制了多种新型塑料模具材料，如华中理工大学研制的大截面易切削预硬钢 P20BSCa、易切削预硬钢 P20SRe、易切削非调质微合金化钢 FT、冷挤压成型钢 LJ、塑料模具标准顶杆专用钢 TG2、低硫和低镍时效硬化高精密镜面塑料模具钢 25CrNi3MoAl；上海材料研究所研制的马氏体析出硬化型镜面塑料模具钢 PMS、马氏体时效析出硬化不锈钢 PCR 等。我国塑料模具钢牌号对照和特性见表 3-17。

表 3-17　我国塑料模具钢牌号对照和特性

GB/T 1299—2000	JB/T 6057—1992	YB/T 094—1997	YB/T 107—1997	YB/T 129—1997	相近于国外牌号	钢的类型和特性
	20				日 JIS-S20C	冷挤压、渗碳淬硬钢
	20Cr				美 AISI-5120	冷挤压、渗碳淬硬钢
	45	SM45	SM45	SM45	日 JIS-S45C	正火、调质钢
			SM48		日 JIS-S48C	正火、调质钢
		SM50	SM50	SM50	日 JIS-S50C	正火、调质钢
			SM53		日 JIS-S53C	正火、调质钢
		SM55	SM55	SM55	日 JIS-S55C	正火、调质钢
	40Cr				美 AISI-5140	调质钢、预硬化钢
		SM1CrNi3			美 ASTM-P6	冷挤压、渗碳淬硬钢
3Cr2Mo	3Cr2Mo	SM3Cr2Mo	SM3Cr2Mo	SM3Cr2Mo	美 ASTM-P20	预硬化钢（通用型）
	3Cr2NiMnMo	SM3Cr2NiMo	SM3Cr2Ni1Mo	SM3Cr2Ni1Mo	瑞典 ASSAB-718 德 GS-738	预硬化钢（大型、精密复杂、镜面抛光）
		SM2CrNi3MoAl1S			（我国研制）	易切削时效硬化钢（高精密、复杂）
		SM4Cr5MoSiV			美 ASTM-H11	调质钢、预硬化钢
		SM4Cr5MoSiV1			美 ASTM-H13	调质钢、预硬化钢
		SMCr12Mo1V1			美 ASTM-D2 德 GS-379	高碳高合金工具钢（高硬度、高耐磨）

续表

GB/T 1299—2000	JB/T 6057—1992	YB/T 094—1997	YB/T 107—1997	YB/T 129—1997	相近于国外牌号	钢的类型和特性
	2Cr13	SM2Cr13			日 IS-SUS420J1	耐腐蚀钢
	3Cr17Mo	SM3Cr17Mo			德 GS-316	耐腐蚀钢,高耐磨
	4 Cr13	SM4Cr13			德 GS-083	耐腐蚀钢,高耐磨
	1Cr18Ni9				美 AISI-302	冷挤压、高耐腐蚀钢
	5NiSCa				(我国研制)	
	8Cr2				(我国研制)	易切削预硬化高碳钢(精密、镜面抛光)
	T10(A)				日 JIS-SK4	高碳工具钢
	CrWMn				日 JIS-SK31	高碳工具钢
	9SiCr				德 DIN-90CrSi5	高碳工具钢
	9Mn2V				德 DIN-90MnV8	高碳工具钢

注：① 5NiSCa 钢是我国研制的高效新钢种,属易切削预硬化精密塑料模具钢。在预硬状态下(36～48HRC),具有良好的综合力学性能、耐磨性能、等向性能、可加工性能和镜面抛光性能。用于高精度模具,例如收录机、洗衣机等塑料模具,其质量和使用寿命达到进口模具的先进水平。

② 高碳钢是在退火态下粗加工,然后淬火、低温回火至高硬度,再精加工。获得高的耐磨性和精面抛光性。

3.4.4 塑料模具材料选择的方法与步骤

塑料的品种很多,可以分为热固性塑料和热塑性塑料两大类。其中热固性塑料又包括酚醛、密胺、聚酯等品种,以及在这些塑料中加入强化剂(如玻璃纤维、金属粉)改性而成的增强塑料。热塑性塑料的品种包括用途很广的通用塑料(包括聚乙烯、聚氯乙烯、聚丙烯、ABS 等),工程塑料(尼龙、聚碳酸酯等)各种增强塑料、阻燃塑料、氟化塑料、磁性塑料等。

由于上述各种塑料的品种不同,性能各异,而各种类型的塑料制品的尺寸、形状、复杂程度、尺寸精度、表面粗糙度和生产批量等各方面的要求不同,对塑料成型用模具的材料提出了不同的要求。因此,探索塑料模具制造过程中的材料选择问题,综合考虑其工作条件、失效、性能情况,合理地选用模具材料以提高模具使用寿命就显得极其重要。

除了考虑 3.4.1 小节塑料模具零件的选材要求外,在选择塑料模具材料时还要考虑以下因素。

1. 根据塑料制品种类和特性选用模具材料

用不同的塑料原料制造大小及形状不同的塑料制品时,应选用不同的塑料模具钢。

(1)对型腔表面要求耐磨性好、心部要求韧性好,但形状并不复杂的塑料注射模,可选用低碳结构钢和低碳合金结构钢。可采用冷挤压成型,大大减少了切削加工量,如 20 钢、20Cr 钢均属于此类钢;对大、中型且型腔复杂的模具,可选用 LJ 钢和 12Cr2Ni3A、12CrNi4A 等优质渗碳钢。这类钢经渗碳、淬火、回火处理后,型腔表面有很好的耐磨性,模体又有很好的强度和韧性。

(2) 对聚氯乙烯、氟塑料及阻燃 ABS 塑料制品,所用模具材料必须有较好的耐蚀性。因为这些塑料在熔融状态下会分解出 HCL、HF 和 SO_2 等气体,对模具型腔有一定的腐蚀性。这类模具中的成型零件常用耐蚀塑料模具钢,例如 PCR、AFC-77、18N、2Cr13、4Cr13 等。

(3) 对生产玻璃纤维做增强材料的塑料制品的塑料模或压缩模,要求有较高的硬度、高的耐磨性、高的抗压强度和较高韧性,以防止塑料模具型腔表面被过早磨损坏,或因模具受高压而发生局部变形,故常用淬硬模具钢制造并经淬火、回火后得到所需的力学性能。例如 T8A、T10A、Cr6WV、Cr12、Cr12MoV、9Mn2V、9SiCr、CrWMn、GCr15、65Nb 等淬硬性模具钢。

(4) 制造透明制品的模具,要求模具材料有良好的镜面抛光性能和高耐磨性能,所以采用预硬化型钢制造,如 P20、PMS、5NiSCa、8CrMn 等。

表 3-18 列出了根据塑料制品的种类选用塑料模具材料的举例。

表 3-18　根据塑料制品的种类选用塑料模具材料的举例

用　途		代表性塑料及制品		性能要求	选 择 材 料
通用性热塑性、热固性塑料	普通塑料制品	ABS 聚乙烯	电视机壳、音响设备、电扇扇叶、容器	高强度、耐磨损	SM55、40CrMn、P20、3Cr2NiMo、SM1、SM2、8Cr2S、5CrNiMnMoVS
	表面有花纹	ABS	汽车仪表盘、化妆品容器	高强度、耐磨损、蚀刻性	PMS、SM2、P20
	透明体	有机玻璃 AS	唱机罩、仪表罩、汽车灯罩	高强度、耐磨损、抛光性	5NiSCa、PMS、SM2、P20
增强塑料(热塑性)		POM、PC	工程塑料制件、电动工具外壳、汽车仪表盘	高耐磨性	8CrMn、65Nb、PMS、SM2
阻燃型塑料		ABS 加阻燃剂	显像管罩等	耐蚀性	PCR
增强塑料(热固性)		酚醛环氧树脂	齿轮、零件等	高耐磨性	65Nb、06Ni、8CrMn
聚氯乙烯		PVC	电话机、阀门、管件、门把手	强度、耐蚀性	PCR、38CrMoAlA
光学透镜		有机玻璃、聚苯乙烯	照相机镜头、放大镜	抛光性、耐蚀性	PMS、8CrMn、PCR

2. 根据塑料制品的生产批量选择模具材料

选择模具钢种类和塑料制品的生产批量大小有关,生产批量小,对模具的耐磨性及使用寿命要求不高。为了降低模具造价,不必选用高级优质模具钢,只选用普通模具钢即可满足使用要求。当生产批量大时，要求模具使用寿命长时，则选用高级优质模具钢。具体选择模具材料情况请参考表 3-19。

表 3-19　按塑料制品生产批量选择模具材料

生产批量/万件	选 择 材 料
≤20	SM45、SM50、SM55、40Cr
20～30	3Cr2Mo(P20)、5NiSCa、8Cr2S
30～60	3Cr2Mo(P20)、SM2、5NiSCa
60～80	SM3Cr2Mo、5NiSCa、SM1
80～150	SM2CrNi3MoAl1S、PMS
>200	65Nb、06Ni、SM2CrNi3MoAl1S 渗氮

3. 根据塑料制品的尺寸大小及精度要求选择模具材料

对大型、高精度的注射模具，当塑料制品的生产批量较大时，采用预硬化钢。由于模具型腔大，模具壁厚加大，因此对钢的淬透性要求高，热处理后要求变形小。预硬型模具钢在机械加工前进行了预硬热处理，机械加工后不再进行热处理，大大减少了热处理引起的变形。预硬化处理后的模具钢既有较高的硬度和耐磨性，又有高的强度和韧性。例如 SM3Cr2Mo、SM3Cr2NiMo、8CrMn、SM4Cr5MoSiV、SM1、PMS、42CrMo、40Cr、P4410 等模具钢都可选择。

4. 根据塑料制品形状的复杂程度选用模具材料

对于形状复杂的注射模具，为了减少模具热处理后产生变形和开裂的情况，选用加工性能好、热处理后变形小的模具材料，如 Cr12、SM3Cr2Mo、SM4Cr5MoSiV、SM2、PMS 等钢。如果塑料制品的生产批量小，可以选用 SM45、SM50、SM55 钢，经调质处理，使用效果也可以。

5. 塑料模具中其他零件的材料选用

塑料模具上的其他零件，如导柱、导套、衬套、顶杆、拉料杆、各种模板、顶出杆等，其抛光性、耐蚀性等要求较模具成型零件的要求低，一般可选择要求稍低的模具材料，经过合理的热处理即可，这样既能达到使用性能要求，又能降低模具成本。

表 3-20 是我国机械行业标准 JB/T 6057—1992《塑料模具成型部分用钢及其热处理技术条件》推荐的塑料模具成型零件用钢。

表 3-21 是我国钢铁行业标准 YB/T 694—1997 推荐的塑料模具钢的特点及用途，供模具制造时参考。

表 3-20　塑料模具成型零件用钢

渗碳型	淬火回火型	预硬化型	耐蚀型
20、20Cr	45、40Cr、T10A、CrWM、9SiCr、9Mn2V	5NiSCa、3Cr2Mo、3Cr2NiMnMo、8Cr2S	2Cr13、4Cr13、1Cr18Ni9Ti、3Cr17Mo

表 3-21　钢铁冶金行业标准推荐的塑料模具钢的特点及用途

牌　号	特点及用途
SM45	价格低廉、机械加工性能好。用于日用杂品、玩具等塑料制品模具
SM50	硬度比 SM45 高,用于性能要求一般的塑料模具
SM55	淬透性、强度比 SM50 高,用于较大型的、性能要求一般的塑料模具
SM1CrNi3	塑性好,用于冷挤压反印法压出型腔的塑料模具制件
SM3Cr2Mo	预硬化钢,用于型腔复杂,要求镜面抛光的模具
SM3Cr2NiMo	析出硬化钢,淬透性比 SM3Cr2NiMo 高,用于大型精密塑料模具
SM2CrNi3MoAl1S	预硬化钢,用于型腔复杂的塑料模具
SM4Cr5MoSiV	强度高、韧性好,用于玻璃纤维、金属粉末等复合强化塑料成型用模具
SM4Cr5MoSiV1	热稳定性、耐磨性比 SM4Cr5MoSiV 高,用于工程塑料、键盘等的模具制件
SMCr12MoV	硬度高、耐磨,用于齿轮、微型开关等精密模具
SM2Cr13	耐蚀,用于耐蚀母板、托板、安装板等模具
SM3Cr17Mo	耐蚀,用于 PVC 等腐蚀性较强的塑料成型模具
SM4Cr13	耐蚀、耐磨、抛光性好,用于唱片、透明罩等精密模具

塑料模具材料推荐采用牌号及硬度见表 3-22。

表 3-22　塑料模具材料推荐采用牌号及硬度

模具名称	使用条件	推荐使用牌号	代用牌号	硬度 HRC
胶木模	冷压型腔	20Cr	20、DT1、40Cr	52～56(渗碳)
	小型切断型腔	T10A、9Mn2V	T7A、MnCrWV	54～58
	大、中型模具	12CrNi3A、5CrMn	5CrNiMo	52～56
注塑模	冷压型腔	20Cr	20、DT1、40Cr	52～56(渗碳)
	高强度塑料	T10A、9Mn2V、12CrNi3A、5CrMnMo	T7A、MnCrWV、5CrNiMo	54～58 52～56
	软质塑料	T7A、40Cr	12CrNi3A	28～32
强磨损塑料模	玻璃	Cr12MoV	Cr12	60～62
	云母粉、石英砂	5CrW2Si		
	填料	(渗碳)		

任务 3.5　金属压铸模具的选材

压铸模用钢用于压力铸造和挤压铸造模具。根据被压铸材料的性质,分为锌合金压铸模、铝合金压铸模、铜合金压铸模。

3.5.1　金属压铸模具零件的选材要求

1. 与金属液体接触的零件材料的要求

良好的可锻性和可加工性能,具有较高的高温强度、高温硬度、耐回火性和冲击韧度。对高熔点合金,强度和硬度变化小。良好的导热性和抗热疲劳性。具有足够的高温抗氧化性。热膨胀系数小,以保证铸件的尺寸精度和模具配合部位的精度。高的耐磨性和良好的热处理变形率。

2. 滑动配合零件的要求

良好的耐磨性和适当的强度。适当的淬透性和较小的热处理变形率。

3. 模套和紧固零件的要求

模套和紧固零件应有足够的强度。

3.5.2　压铸模具常用热作模具钢

典型压铸模零件常用材料及硬度要求见表 3-23。

表 3-23　压铸模零件常用材料及硬度要求

零件名称	压铸合金		硬度及热处理		
	锌合金	铝、镁、铜合金	压铸锌合金	压铸铝、镁合金	压铸铜合金
型腔镶块、型芯等成型零件	3Cr2W8V、5CrNiMo、4CrW2Si	3Cr2W8V、4Cr5MoSiV	46～50HRC	48～52HRC	40～44HRC
浇道镶块、浇口套、分流锥等浇注系统零件,特殊要求的推出零件	3Cr2W8V、5CrMnMo、5CrNiMo		44～48HRC		
导柱、导套等导向零件滑块、楔紧块、斜销、弯销、推杆、复位杆等受力零件	T8A、T10A、9Mn2V		50～55HRC		
动模座板、定模套板、支撑板等结构零件	45、Q235		回火或调质 220～250HBW		
模座、模脚、垫块、动定模座板等零件	45、Q235、A3～A5		回火		

3.5.3　国内常见热作模具材料

热作模具钢主要用于制造高温状态下进行压力成型的模具,如热锻模、热挤压模具、压铸模具、热镦锻模具等。热作模具在工作时承受很大的载荷或冲击力,同时,被加工材料处于自身的再结晶温度以上,压力加工不会产生加工硬化,处于软状态。因此,热作模具钢的性能要求与冷作模具钢有显著差异。热锻模、压铸模和热挤压模的常规选材见表 3-24。

表 3-24　热作模具类型及其常规选材

模具类型	模具规格及工作条件	常用材料	硬度 HRC
热锻模	高度＜250mm 小型热锻模	5CrMnMo	39～47
	高度在 250～400mm 中型热锻模		
	高度＞400mm 大型热锻模	5CrNiMo	35～39
	高寿命热锻模	3Cr2W8V、4Cr5MoSiV、4Cr5MoSiV1、4Cr5W2VSi	40～45
	热镦模	3Cr2W8V、4Cr5MoSiV1、4Cr5W2VSi、基体钢	39～45
	精密锻造、高速锻模	3Cr2W8V	45～54
压铸模	压铸铝、镁、锌合金	4Cr5MoSiV、4Cr5MoSiV1、4Cr5W2VSi、3Cr2W8V	43～50
	压铸铜和黄铜	4Cr5MoSiV、4Cr5MoSiV1、4Cr5W2VSi、3Cr2W8V	35～40
热挤压模	挤压铜、钛、镍合金	4Cr5MoSiV、3Cr2W8V	43～47
	挤压铝、镁合金	4Cr5MoSiV、4Cr5W2VSi	46～50
	挤压铜及铜合金	3Cr2W8V	36～45

3.5.4　压铸模具材料选择的方法与步骤

目前常用的压铸金属材料主要有锌合金、铝或镁合金、铜合金和钢铁等四大类,它们的熔点、压铸温度、模具工作温度和硬度要求都各不相同。由于压铸金属的压铸温度越高,压铸模的磨损和损坏就越快。因此,在选择压铸模材料时,首先要根据压铸模的种类及其压铸温度的高低来决定;其次还要考虑生产批量大小和压铸件的形状、质量及精度要求等。

根据压铸不同类金属,对模具材料可进行以下选择。

(1)锌基合金压铸模具材料的选择。锌基合金的熔点很低,其压铸模具工作表面的温度一般不超过 400℃,可选用一般的合金结构钢制造模具,也可选用预硬型塑料模具钢,如 3Cr2Mo 等作为锌合金压铸模用钢。如果生产批量小,也可以选用 45 号钢。

如果压铸的锌合金批量很大,形状复杂,或者尺寸精度要求较高时,可选用一些热作模具钢,如 5CrNiMo、5CrMnMo、4CrMoSiV 等。

(2)铝、镁合金用压铸模用材料。铝合金的熔点随化学成分的不同,一般为 600～750℃,镁合金的熔点为 600～700℃,在进行这类合金压铸时,压铸模具的工作表面温度可达 500～600℃。型腔、喷嘴和芯棒的表面都承受剧烈的温度冲击。模具的表面容易产生疲劳裂纹。

另外铝合金在压铸过程中,容易黏附在模具表面,影响压铸生产的连续运行。液态铝合金对模具表面有较强的冲蚀作用。所以,制造铝、镁合金压铸模具时,要求模具材料在 600℃左右具有较高的耐回火性和抗冷热疲劳的性能,具有良好的抗高温高压高速的液态铝、镁合金的冲蚀性能和较高的强度和韧度。

4Cr5MoSiV1、4Cr5MoSiV 钢是国内外普遍应用的铝合金压铸模具用钢,性能较好。

为了改善铝合金黏附的情况,采用渗氮和低温碳氮共渗比较有效。

(3)铜合金压铸模具材料。液态铜合金的温度一般高达900~1100℃,模具型腔表面温度也高达750~850℃,所以铜合金压铸模的工作条件要比铝合金压铸模的更苛刻。

因此铜合金压铸模用材料必须具备很高的抗冷热疲劳性能、一定的韧性、良好的工艺性能。

铜合金压铸模材料一般选用3Cr2W8V、4Cr5MoSiV钢等。为了进一步提高模具使用寿命,采用热强性更好的模具钢,如H19,3Cr3Mo3Co3V等。

Y4钢是针对铜合金压铸模研制的新型热压铸模具钢,在铜合金压铸模的应用方面取得了明显效果,值得推广应用。

常用的压铸模材料选择及硬度要求见表3-25、表3-26。

表3-25　常用压铸模用材料的选择及硬度要求

待压铸材料	压铸模具用钢		
	生产批量/次		
	5×10^4	25×10^4	100×10^4
锌合金(尺寸25~50mm)	3Cr2Mo 35~40HRC	3Cr2Mo 35~40HRC	4Cr5MoSiV1 42~46HRC
锌合金(尺寸50~100mm)	3Cr2Mo 35~40HRC	3Cr2Mo 35~40HRC	4Cr5MoSiV1 42~46HRC
铝、镁合金	4Cr5MoSiV1、 4Cr5MoSiV、 4Cr5W2VSi 42~46HRC	4Cr5MoSiV1、 4Cr5W2VSi 42~46HRC	4Cr5MoSiV1、H10 42~46HRC
铜合金	H20、H21、3Cr2W8V、 H19 35~40HRC	Y4、3Cr2W8V、H21、 HM1	Y4、GH761

表3-26　压铸模成型零件材料选择及硬度要求

工作条件	推荐使用的材料		代用材料	硬度HRC	备注
	简单模具	复杂模具			
压铸铅或铅合金 (压铸温度<100℃)	45	40Cr	T8A、T10A	16~20	
压铸锌(压铸温度 400~450℃)	4CrW2Si、 5CrNiMo	3Cr2W8V、 4Cr5MoSiV、 4Cr5MoSiV1	4CrSi、 30CrMnSi、 5CrMnMo、 Cr12、T10A	48~52	分流锥、浇口 套、特殊要求 的顶杆等可采 用T8A、T10A
压铸铝合金、镁合金(压 铸温度650~700℃)	4CrW2Si、 5CrW2Si、 6CrW2Si	3Cr2W8V、HM1、 4Cr5MoSiV、 4Cr5MoSiV1、 4Cr5W2VSi	3Cr13、4Cr13	40~48	—

续表

工 作 条 件	推荐使用的材料		代用材料	硬度 HRC	备　注
	简单模具	复杂模具			
压铸铜合金（压铸温度 850～1000℃）	3Cr2W8V、4Cr5MoSiV、4Cr5MoSiV1、4Cr5W2VS1、HM1、3Cr3Mo3Co3V、YG30 硬质合金、TZM 钼合金、钨基粉末冶金材料		—	37～45	—
压铸钢、铁材料（压铸温度 1450～1650℃）	3Cr2W8V（表面渗铝）、钨基粉末冶金材料、钼基难熔合金（TZM）、铬锆钒铜合金、铬锆镁铜合金、钴铍铜合金		—	42～44	—

注：成型零件部分主要包括型腔（整体式或镶块式）、型芯、分流锥、浇口套、特殊要求的顶杆等，型腔、型芯的热处理，也可先调质到硬度为 30～35HRC，试模后，进行碳氮共渗至硬度≥600HV。

课外实践任务及思考

1. 常用碳素钢分类及用途有哪些？
2. 常用的模具零件的铸铁性能及牌号有哪些？
3. 常用合金钢分类及用途有哪些？
4. 什么是钢的淬透性？
5. 如何了解钢的淬硬性？
6. 钢的常规热处理工艺有哪些？
7. 淬火＋高温回火处理什么材料？
8. 淬火＋中温回火处理什么材料？
9. 淬火＋低温回火处理什么材料？
10. 冷作模具钢有哪几种？各有何特点？
11. 塑料模具钢有哪几种？各有何特点？
12. 热作模具钢有哪几种？各有何特点？
13. 模具选材依据是什么？
14. 典型冲压模具选材实践（实践环节完成）。
15. 典型塑料模具选材实践（实践环节完成）。
16. 金属压铸模具选材实践（实践环节完成）。

模具零件毛坯的制作

零件毛坯的制备,是由原材料转变为成品零件的第一步。毛坯的选择和制造的合理与否,在很大程度上决定了后续加工过程中工序的数量、材料的消耗、加工时间的长短等。因此,在模具制造中,选择毛坯的加工成型方法显得尤其重要。

通常模具零件的毛坯形式主要分为原型材、锻件、铸件和半成品件四种。

(1)原型材。原型材是指利用冶金材料厂提供的各种截面的棒料、板料或其他形状截面的型材,经过下料以后直接送往加工车间进行表面加工的毛坯。

(2)锻件。经原型材下料,再通过锻造获得合理的几何形状和尺寸的模具零件坯料,称为锻件。锻造的目的是提高模具零件的加工工艺性和使用寿命。

(3)铸件。熔炼金属,制造铸型,并将熔融金属浇入铸型,凝固后获得一定形状、尺寸和性能的毛坯或零件的成型方法称为铸造。采取铸造方法获得的金属零件或毛坯称为铸件。铸造是毛坯成型的主要工艺之一。模具零件中常见的铸件有冲压模具的上模座和下模座、大型塑料模的框架等。

(4)半成品件。随着模具向专业化和专门化方向发展以及模具标准化程度的提高,以商品形式出现的冷冲模架、矩形凹模板、矩形模板、矩形垫板等零件,以及塑料注射模标准模架的应用日益广泛。当采购这些半成品件后,再进行成型表面和相关部位的加工,对于降低模具成本和缩短模具制造周期都大有好处。这种毛坯形式应该成为模具零件毛坯的主要形式。

任务 4.1　棒料及板材下料

4.1.1　棒料、板材标准介绍

1. 板材

板材是平板状,矩形的,可直接轧制或由宽钢带剪切而成。钢板(包括带钢)的分类如下:

(1) 按厚度分为薄板(<4mm)、厚板(4～60mm)和特厚板(60～115mm)。

(2) 按生产方法分为热轧钢板和冷轧钢板。

(3) 按表面特征分为镀锌板(热镀锌板、电镀锌板)、镀锡板、复合钢板、彩色涂层钢板。

(4) 按钢种分为普通钢、优质钢、合金钢、弹簧钢、不锈钢、工具钢、耐热钢、轴承钢、硅钢和工业纯铁薄板等。

(5) 按用途分为桥梁钢板、锅炉钢板、造船钢板、装甲钢板、汽车钢板、屋面钢板、结构钢板、电工钢板(硅钢片)、弹簧钢板、模具用钢。

2. 棒料

一般指横截面形状为圆形、方形、六角形、八角形等简单图形、长度相对横截面尺寸来说比较大并且通常都是以直条状提供的一种材料产品。棒材一般都可进行机械加工。棒材的主要品种有直径为 $\phi12$～$\phi50$mm,定尺长度为 6～12m 的圆钢和螺纹钢。钢种主要有碳素结构钢、优质碳素结构钢、低合金钢、合金结构钢、铆螺钢、圆环链钢等。产品主要用于建筑、桥梁、公路、机械加工、水利、石油等行业。

4.1.2　下料方法

根据材料的形状和下料尺寸,有锯切下料;气割、等离子切割下料等。

1. 锯切下料

锯切下料分用锯切机下料和手工锯切下料两种方式。

(1) 锯切机下料。锯切机下料用于尺寸较大的毛坯下料,常用圆锯、曲线锯、高速带锯。锯切直径较大的棒料一般用高速带锯,小尺寸的型材可用圆锯、带锯,或曲线锯下料。

(2) 手工锯切下料。手工下料是由手带动锯来回运动进行锯切,效率较低。

2. 气割、等离子切割下料

用来切割金属的氧炔吹管的结构如图 4-1 所示。

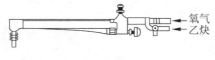

氧气
乙炔

图 4-1　气割割具图

气割的要求：气割时应用的设备器具除割具外均与气焊相同。气割过程是预热—燃烧—吹渣过程，但并不是所有金属都能满足这个过程的要求，只有符合下列条件的金属才能进行气割。

（1）金属在氧气中的燃烧点应低于其熔点。

（2）气割时金属氧化物的熔点应低于金属的熔点。

（3）金属在切割氧流中的燃烧应是放热反应。

（4）金属的导热性不应太高。

（5）金属中阻碍气割过程和提高钢的可淬性的杂质要少。

符合上述条件的金属有纯铁、低碳钢、中碳钢和低合金钢等。其他常用的金属材料，如铸铁、不锈钢、铝和铜等，则必须采用特殊的气割方法（例如等离子切割等）。目前气割工艺在工业生产中得到了广泛的应用。

等离子弧切割（见图4-2）是利用高温等离子电弧的热量使工件切口处的金属局部熔化（和蒸发），并借高速等离子的动量排除熔融金属以形成切口的一种加工方法。等离子弧切割的特点如下：

（1）切割速度快，生产率高。尤其在切割碳素钢薄板时，速度可达气割的5～6倍。

（2）应用面广。可切割任何黑色金属及有色金属，如使用非转移型弧时还能切割非金属，如混凝土、耐火砖等。

（3）切割面光洁平整，热变形小，切口窄，热影响区小，适合加工各种成型零件。

（4）切割厚板的能力不及气割，切口宽度和切割面斜角较大。

等离子切割机广泛运用于汽车、机车、压力容器、化工机械、核工业、通用机械、工程机械、钢结构等各行各业。

图4-2　等离子切割

气割、等离子切割下料主要用于板材下料；下料余量较大，同时要考虑硬化问题。气割下料一般在包括了机加工余量的下料尺寸上再加上气割割缝4～6mm、毛边余量4～5mm。

4.1.3　下料毛坯尺寸确定

型材毛坯是由型材坯件制造厂轧制成各种规格、尺寸系列的棒材、板材，供模具厂选购。型材毛坯的尺寸误差由制造厂在材料规格尺寸说明书中标明，供编制工艺规程、确定加工余量时参考使用。棒料根据模具零件理论尺寸,留一定的变形余量。板材根据板厚、材质、板材尺寸确定下料尺寸。

1. 棒料加工余量(见表 4-1)

表 4-1　热轧圆钢最小加工余量

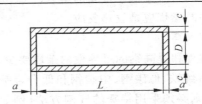

单位:mm

D	工件长度 L											
	～50		50～80		80～150		150～250		250～400		400～600	
	余量 2a、2c											
	2c	2a	2c	2a	2c	2a	2c	2a	2c	2a	2c	2a
～10	3.0	1.5	3.0	1.5	3.0	1.5	3.5	2.0	3.5	2.0	—	—
10～18	3.0	1.5	3.0	1.5	3.0	1.5	3.5	2.0	4.0	2.0	4.0	2.0
18～30	3.0	2.0	3.0	2.0	3.5	2.0	4.0	2.0	4.0	2.0	4.5	2.5
30～50	3.5	2.0	3.5	2.0	3.5	2.0	4.0	2.5	4.5	2.5	4.5	2.5
50～75	3.5	2.5	3.5	2.5	4.0	2.5	4.5	3.0	5.0	3.0	5.0	3.5
75～100	4.0	3.0	4.0	3.0	4.0	3.0	4.5	3.5	5.0	3.5	6.0	4.0

注:① 表中数值适用于淬火零件,若工件不需车去脱碳层,则直径余量可减少 20%～25%。

② 决定毛坯直径应根据国家的产品规格,选择相近尺寸。

2. 气割毛坯加工余量(见表 4-2)

表 4-2　气割毛坯加工余量　　　　　单位:mm

工件(板材)厚度	工件外形长度或直径			内孔
	～100	100～250	250～630	
	单面余量及公差			
～25	3±1	3.5±1	4±1	5±1
25～50	4±1	4.5±1	5±1	7±2
50～100	5±1	5.5±1	6±2	10±2

任务 4.2　铸造毛坯

4.2.1　模具零件铸造特点及金属铸造性能

1. 铸造的特点

(1) 成型方便且适应性强。铸造可制造形状复杂且不受工件尺寸和生产批量限制的铸件。绝大多数金属材料均能用铸造方法生产。对于一些不易锻压和焊接的合金件,铸造是一种较好的成型方法。

（2）铸造的力学性能较差。铸件组织粗大，内部常出现缩孔、缩松、气孔、砂眼等缺陷，化学成分不均匀，其力学性能不如同类材料的锻件高。由于铸造的工序多，而且部分工艺难以控制，因此质量不够稳定，废品率较高。铸造常用于制造承受静载荷以及受力不大的结构件，如箱体、车身、支架等。

（3）良好的经济性。铸造所用原材料来源广泛，并可直接利用废件、废料，成本较低；铸造一般不需要昂贵的设备，投资较少；铸件的形状和尺寸接近于零件，能够节省金属材料和切削加工工时。

近年来，由于科技的飞速发展，铸造领域中，采用了很多新工艺、新设备、新材料和新技术，实现了生产机械化、自动化，传统的铸造生产面貌发生了巨大变化，铸件的质量和生产率有了显著提高，劳动条件不断改善，铸造在工业生产中得到更广泛的应用。

2. 金属铸造性能

金属的铸造性能是指铸造成型过程中获得外形准确、内部健全铸件的能力，是材料的一项重要工艺性能。铸造性能通常用金属液的流动性、收缩率等衡量。

（1）流动性。流动性是指金属液本身的流动能力，流动性好坏影响到金属液的充型能力。

① 流动性对铸件质量的影响。流动性好的金属，浇注时金属液容易充满铸型的型腔，能获得轮廓清晰、尺寸精确、薄而形状复杂的铸件；还有利于金属液中夹杂物和气体的上浮排除。相反，金属的流动性差，则铸件易出现冷隔、浇不到、气孔、夹渣等缺陷。图 4-3 所示为冷隔。

② 常用金属的流动性。金属的流动性可用螺旋线长度来测定，图 4-4 为螺旋形试样。将金属液浇注入螺旋形铸型中，在相同的铸造条件下，获得的螺旋线越长，表明金属液的流动性越好。表 4-3 所示为常用合金的流动性。

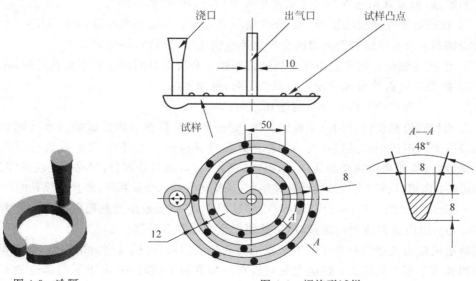

图 4-3 冷隔　　　　　图 4-4 螺旋形试样

表 4-3   常用合金的流动性

铸造合金		铸型材料	浇注温度/℃	螺旋线长度/mm
灰铸铁	$w_{(C+Si)}=6.2\%$	砂型	1300	1800
	$w_{(C+Si)}=5.2\%$	砂型	1300	1000
	$w_{(C+Si)}=4.2\%$	砂型	1300	600
硅黄铜		砂型	1100	1000
铝硅合金		金属型	700	750
锡青铜		砂型	1040	420
铸钢：$w_C=0.4\%$		砂型	1600	100
		砂型	1640	200

③ 影响流动性的因素。

- 合金的种类与化学成分。不同种类的合金具有不同的流动性，根据流动性试验测得的螺旋线长度，常用铸造合金中，灰铸铁的流动性较好，而铸钢的流动性较差。
- 浇注工艺条件。提高浇注温度可改善金属的流动性。浇注温度越高，金属保持液态的时间越长，其黏度也越小，所以流动性也就越好。因此适当提高浇注温度是改善流动性的工艺措施之一。

另外，铸型材料的导热性、铸型内腔的形状和尺寸等因素对流动性也有影响。

（2）收缩率。收缩是铸造合金从液态凝固和冷却至室温过程中产生的体积和尺寸的缩减，包括液态收缩、凝固收缩、固态收缩三个阶段。

液态收缩是金属液由于温度的降低而发生的体积缩减。

凝固收缩是金属液凝固（液态转变为固态）阶段的体积缩减。液态收缩和凝固收缩表现为合金体积的缩减，通常称为"体收缩"。

固态收缩是金属在固态下由于温度的降低而发生的体积缩减，固态收缩虽然也导致体积的缩减，但通常用铸件的尺寸缩减量来表示，故称为"线收缩"。

① 收缩对铸件质量的影响。液态收缩和凝固收缩若得不到补足，会使铸件产生缩孔和缩松缺陷；固态收缩若受到阻碍会产生铸造内应力，导致铸件变形开裂。

- 缩孔与缩松。缩孔是由于金属的液态收缩和凝固收缩部分得不到补足时，在铸件的最后凝固处出现的较大的集中孔洞，见图 4-5。

缩松是分散在铸件内的细小的缩孔。

缩孔和缩松都使铸件的力学性能下降，缩松还使铸件在气密性试验和水压试验时出现渗漏现象。生产中可通过在铸件的厚壁处设置冒口的工艺措施，使缩孔转移至最后凝固的冒口处，从而获得完整的铸件，如图 4-6 所示，冒口是多余部分，切除后便获得完整、致密的铸件；也可以通过合理地设计铸件结构，避免铸件局部金属积聚，来预防缩孔的产生。

- 变形与开裂。铸件凝固后继续冷却过程中，若固态收缩受到阻碍就产生铸造内应力，当内应力达到一定数值，铸件便产生变形甚至开裂。

铸造内应力主要包括收缩时的机械应力和热应力两种，机械应力是铸型、型芯等外力的阻碍收缩引起的内应力；热应力是铸件在冷却和凝固过程中，由于不同部位的不均衡收缩引起的内应力。

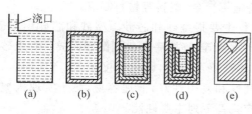

图 4-5　孔的形成过程

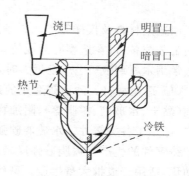

图 4-6　阀体的冒口补缩

生产中为减小铸造内应力,经常从改进铸件的结构和优化铸造工艺入手,如铸件的壁厚应均匀,或合理地设置冷铁等工艺措施,使铸件各部位冷却均匀,同时凝固,从而减小热应力;铸件的结构尽量简单、对称,这样可减小金属的收缩受阻,从而减小机械应力。

　　② 影响收缩率的因素。

　　• 合金的种类和成分。合金的种类和成分不同,其收缩率不同,铁碳合金中灰铸铁的收缩率小,铸钢的收缩率大。表 4-4 为常用铸造合金的线收缩率。

表 4-4　常用铸造合金的线收缩率　　　　　　　　　　单位:%

合金种类	灰铸铁	球墨铸铁	铸钢	铝硅合金	普通黄铜	锡青铜
自由收缩	0.7~1.0	1.0	1.6~2.3	1.0~1.2	1.8~2.0	1.4
受阻收缩	0.5~0.9	0.8	1.3~2.0	0.8~1.0	1.5~1.7	1.2

注:金属的体收缩约等于线收缩的 3 倍。

　　• 工艺条件。金属的浇注温度对收缩率有影响,浇注温度越高,液态收缩越大;铸件的结构和铸型材料对收缩也有影响,型腔形状越复杂,铸型材料的退让性越差,对收缩的阻碍越大,当铸件结构设计不合理,铸型材料的退让性不良时,铸件会因收缩受阻而产生铸造应力,容易产生裂纹。

4.2.2　常用的铸造方法

1. 砂型铸造

用型砂紧实成型的铸造方法称为砂型铸造,其生产过程如图 4-7 所示。

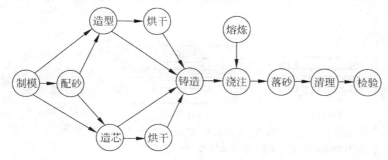

图 4-7　砂型铸造生产过程

　　用造型材料及模样等工艺装备制造铸型的过程称为造型。模样是造型过程中不可缺少的工艺装备，可在造型时形成铸型型腔，浇注后形成铸件外形。单件小批量生产时，模样通常用木材制成；生产批量大时，常用铸造铝合金、塑料等材料制成。

　　（1）造型材料。砂型铸造用的造型材料主要指型砂和芯砂。型砂和芯砂用原砂、粘结剂（黏土、水玻璃、树脂等）、附加物（煤粉、木屑等）等按一定比例配制而成。黏土砂应用最广，适用于各类铸件。水玻璃砂强度高，铸型不需烘干，硬化速度快，生产周期短，主要用于铸钢件的生产。树脂砂强度较高，透气性和复用性好，清理容易，便于实现机械化和自动化，适用于成批大量生产。型（芯）砂应具备下列主要性能。

　　① 强度。强度是指型（芯）砂抵抗外力破坏的能力。强度差，易造成塌箱、冲砂、砂眼等缺陷。

　　② 透气性。透气性是指紧实砂样的孔隙度。透气性不好，铸件易产生气孔缺陷。

　　③ 耐火性。耐火性是指型（芯）砂抵抗高温作用的能力。耐火性差，铸件易产生粘砂缺陷，影响铸件的清理和切削加工。

　　④ 退让性。退让性是指在铸件凝固冷却时，型（芯）砂能被压缩的能力。退让性差，铸件中的内应力将加大，使铸件变形甚至产生裂纹。

　　（2）造型方法。造型方法可分为手工造型和机器造型两类。手工造型是指全部用手工或手动工具完成的造型。手工造型有较大的灵活性和适应性，但生产效率低，劳动强度大，铸件质量不高，主要用于单件小批量生产。常用手工造型方法的特点和应用见表 4-5。机器造型是指用机器全部完成或至少完成紧砂操作的造型工序。机器造型可显著提高铸件质量和生产效率，改善劳动强度，但需要专用的设备、砂箱和模板，并且只能采用两箱造型，主要用于大批量生产。

表 4-5　常用手工造型方法的特点和应用

序号	造型方法	简　图	主要特点	应用范围
1	整模造型	下砂箱 (a) 造下砂型　　(b) 合型后	模样为整体，分型面为平面，铸型型腔全部在一个砂型内	最大截面在端部且为平面的铸件，如齿轮坯、轴承、皮带轮等
2	分模造型	1 2 3　　6 7 8 9 5 4 (a) 模样　　(b) 合型后 1—芯头；2—上半模；3—销钉；4—销孔；5—下半模；6—外浇道；7—芯子；8—芯子通气道；9—排气道	模样沿截面最大处分为两半，铸型型腔位于上、下两个砂型内	最大截面在中部的铸件，如水管、箱体、立柱等

续表

序号	造型方法	简　图	主要特点	应用范围
3	挖砂造型	(a) 挖出分型面　(b) 合型后	模样为整体，分型面为曲面。造型时，应将阻碍起模的型砂挖去后，再造型	单件小批量生产分型面不是平面的铸件，如手轮等

2. 特种铸造

特种铸造是指与砂型铸造不同的其他铸造方法。随着现代铸造技术的发展，特种铸造在铸造生产中占有相当重要的地位。常用的特种铸造方法有金属型铸造、压力铸造、离心铸造和消失模铸造等。

（1）金属型铸造。金属型铸造是指在重力作用下将金属液浇注入金属铸型获得铸件的方法。

① 金属型的结构。金属型是指用金属材料制成的铸型。根据分型面位置的不同，金属型可分为垂直分型式、水平分型式和复合分型式等，图 4-8 为垂直分型式金属型。它由定型和动型两个半型组成，分型面位于垂直位置。浇注时先使两个半型合紧，凝固后利用简单的机构使两个半型分离，取出铸件。

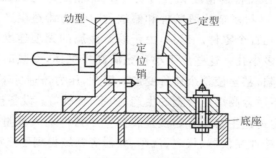

图 4-8　垂直分型式金属型

② 金属型的特点及应用。金属型铸造实现了"一型多铸"（几百次至几万次），节省了造型材料和工时，提高了生产率，改善了劳动条件。由于金属型本身的精度比较高，再加上其冷却快，从而使金属型铸件的精度高，力学性能好。但是金属型制造成本高，不适于小批量生产，同时，熔融金属在金属型中的流动性较差，易产生浇不到、冷隔等缺陷。金属型铸造主要适用于大批量生产形状简单的非铁金属铸件和灰铸铁件，如内燃机活塞、汽缸体、轴瓦、衬套等。

（2）压力铸造。压力铸造是指熔融金属在高压下高速充型，并在压力下凝固的铸造方法。常用压射比压为 5～150MPa，充型速度为 0.5～50m/s，充型时间为 0.01～0.2s。

① 压力铸造过程如图 4-9 所示。压力铸造使用的设备是压铸机，由动型、定型以及

压室等组成。可移动的压铸型部分叫动型。安装在压铸机固定板上且固定不动的压铸型部分叫定型,其中有浇注系统与压室相通。压铸型用耐热的合金工具钢制成,加工质量要求很高,需经严格的热处理。

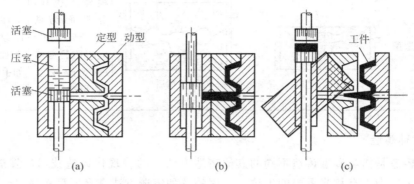

图 4-9　压力铸造

压铸的工艺过程是:首先是向型腔喷射涂料,动型与定型合紧,然后用活塞将压室中的熔融金属压射到型腔,待金属凝固后打开铸型并顶出铸件。

压铸机是压铸生产中的专用设备,分为热压室式和冷压室式两类。

② 压力铸造的特点及应用。压力铸造以金属型铸造为基础,又增加了高压下高速充型的功能,从根本上解决了金属的流动性问题。铸件的组织更细腻,其力学性能比砂型铸造提高 $20\%\sim40\%$。压铸件的精度和表面质量较高,精度可达 IT12～IT10,粗糙度 $Ra=3.2\sim0.8\mu m$。可铸出形状复杂的薄壁件和镶嵌件。压力铸造生产率高,易实现自动化,压铸机每小时可压铸几百个零件。但是,由于液态金属的充型速度快,排气困难,常常在铸件的表皮下形成许多小孔。这些皮下小孔充满高压气体,受热时因气体膨胀而导致铸件表皮产生突起的缺陷,甚至使整个铸件变形。因此,压力铸造件不能进行热处理。

此外,压力铸造不适合高熔点合金的生产,如钢、铸铁等;设备投资较大,主要适于大批量生产。目前,压力铸造主要用于非铁金属薄壁小铸件的大批量生产,例如,铝、镁、锌等非铁金属铸件。压铸件在仪器、仪表、汽车、兵器等领域得到了广泛应用。

(3) 离心铸造。离心铸造是指将金属液浇入绕着水平、倾斜或立轴回转的铸型,在离心力的作用下,凝固成铸件的铸造方法。离心铸造是在离心铸造机上进行的,其铸件轴线与铸型回转轴线重合。这类铸件多是简单的圆筒形,铸造时不用砂芯就可形成圆筒的内孔。

① 离心铸造过程。离心铸造过程如图 4-10 所示。离心铸造机根据轴线位置的不同分为立式、卧式、倾斜式三种,当铸型绕垂直轴回转时,金属液因重力作用,使铸件内垂直表面成抛物线状,即壁上薄下厚。铸型转速越慢,铸件高度越大,则其壁厚差越大,因此,不易铸造轴向长度较大的铸件。在这类铸造机上固定铸型和浇注都较方便。卧式离心铸造机的铸型沿水平轴旋转,铸型中液态金属的自由表面成圆柱形,铸件的壁厚也很均匀,因此,应用较广,主要用于铸造较长的壁厚均匀的中空铸件。

② 离心铸造的特点及应用。离心铸造时,在离心力的作用下,金属液充型能力得到

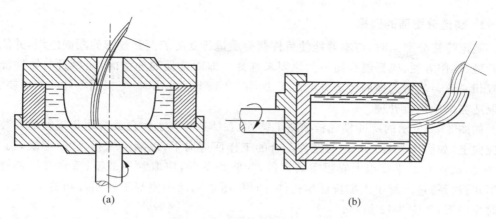

图 4-10 离心铸造

提高,可浇注流动性较差的铸件;在离心力的作用下,金属的结晶从外向内顺序进行,因而能获得组织致密的铸件,与砂型铸造相比,力学性能可提高 $10\%\sim20\%$;铸造圆形空心铸件时,不用型芯;还可铸造双金属铸件,如钢套内镶铜。

（4）消失模铸造。在模具业内,消失模铸造又称为实型铸造或气化模铸造,其原理是采用聚苯乙烯泡沫塑料模样代替普通模样,造型后模样不取出就浇入金属液,在液态金属热的作用下,模样气化、燃烧而消失,金属液取代了模样所占的位置,冷却凝固后即可获得所需要的铸件,图 4-11 所示为实型铸造工艺过程。

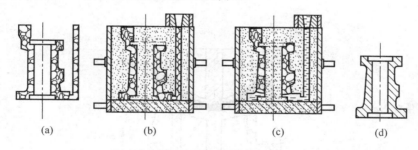

图 4-11 实型铸造工艺过程
（a）泡沫塑料模；（b）造型；（c）浇注；（d）铸件（无飞边、毛刺）

与砂型铸造相比,实型铸造具有以下特点:工序简单、生产周期短、效率高;由于造型后不起模、不分型,所以不必起模和修型,铸件尺寸精度高;劳动强度低,零件设计自由度大。但是采用这种铸造方法,模样只能用一次,模样易变形,并且模样气化、蒸发产生的气体会污染环境。实型铸造于 1962 年开始应用,应用范围比较广泛,主要用于形状结构复杂、难以起模或制作活块和外型芯较多的铸件。

4.2.3 铸造工艺性分析

常见模具零件毛坯的铸造工艺性分析。

1. 铸造分型面的选择

确定铸造分型面时,应本着能使铸件获得质量优良的表面和致密的断面组织,并能满足造型、操作方便、模型制作简便的原则来选择。即所选择的分型面,应尽量与铸件浇注位置相一致。当所选择的铸造分型面无法同时达到上述要求时,应根据零件的使用要求,采取适当措施进行处理。

如图 4-12 所示的冷冲模底板模座类铸件,在铸造时与工作台或滑块相接触的安装平面应向上,如图 4-12(a)所示,与镶件配合的工作面应向下,以减少气孔、砂眼等缺陷。而图 4-12(b)所示的平面很大或很重的铸件,为防止落砂,应取水平造型、垂直或倾斜浇铸的形式进行铸造。对于大型拉延模铸件,凸模、压边圈及凹模与工件相接触的工作面,铸造时应向下,如图 4-13 所示。

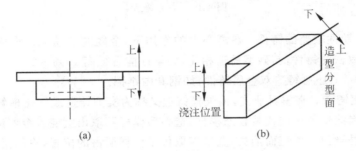

图 4-12　底板与模座类铸件分型面

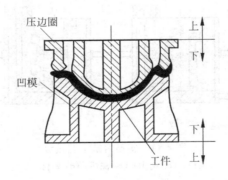

图 4-13　大型拉延模铸件分型面

2. 铸件收缩率的选用

在铸造冲模零件时,由于各类铸件所使用的金属材料不同,具体结构以及轮廓尺寸的差异,其收缩率也不同。为便于模型的制作,一般可作粗略的规定。如对底板、模座类铸件,铸铁毛坯收缩率一般可选用 1.0%,而铸钢件收缩率可选用 2.0%;在铸造大型拉延模时,铸铁件收缩率一般选用 1.0%,铸钢件收缩率一般选用 2.0%。

3. 机械加工余量的控制

铸件毛坯所留机械加工余量,主要与铸造工艺及造型方法和机械加工工艺有关。一般来说,手工砂型铸造机械加工余量可参照表 4-6 所示的数据选取。但对于工件表面采

表4-6　铸件的加工余量　　　　　　　　　　　　单位：mm

铸件最大尺寸	单面加工余量		铸件最大尺寸	单面加工余量	
	铸铁毛坯	铸钢毛坯		铸铁毛坯	铸钢毛坯
≤315	3～5	5～7	>500～800	6～8	8～10
>315～500	4～6	6～8	>800～1250	7～9	9～12

用精密铸造时，机加工余量可选为1～2mm。若模型制件很精确，又采用精密铸造时，其工作表面可只留打磨量即可。

4. 浇注系统的设置

（1）铸铁件浇注系统的设置。在设置铸铁件浇注系统时，应首先保证使铁水能平衡、分散地注入型腔，以减少对型壁的冲击，避免产生砂眼、气孔、缩松等缺陷。其次，应具有一定的挡渣能力，特别是球墨铸铁球化处理后产生熔渣较多，在流动中容易产生氧化渣，更应采取一定的措施。

模具铸铁件常用浇注系统形式的主要有闸门式、拔塞式、分型面分散注入式、底注式、倾斜底注式及阶梯注入式。在选择时，可根据铸件的大小、重量、体积来选择。

（2）铸钢件浇注系统的设置。因采用底注包浇注，对浇注系统的要求除挡渣作用较差外，其他要求和结构形式大体与铸铁件相同。但由于铸钢件的收缩率比铸铁件要大，因此，浇口的位置和形式应有利于钢水的补缩和不妨碍铸件的收缩。并且，由于钢水的熔点一般比铁水高，且流动性也比铁水差，所以钢件浇注系统在设计时，截面尺寸应大些。

5. 冒口及顶面覆盖物

在铸造时，为了有效地进行补缩，应设有冒口。铸钢、铸铁的冲模铸件，常采用边冒口及顶冒口两种形式，其中小件以边冒口为主。冒口的形状有圆柱形、圆锥形、球形、扁球形，冒口高度的确定，一般应以冒口重量与铸件重量的比值和冒口颈尺寸等计算得出。

在铸造时，为增强冒口补缩效果，除重点冒口外，明冒口上方应覆盖稻草灰等绝热物，其中铸铁冒口还可覆盖焦炭粉、硅铁粉等发热材料，在冒口完全凝固前应注意摇动冒口。

6. 铸型的种类及其造型材料

冷冲模模座类零件的铸型一般采用潮砂型、干砂型、水玻璃砂型三大类。其造型材料配比可依各加工厂经验和情况而定。对于大型拉延模模体，除选用干砂型铸造外，也可以采用金属型精密铸造方法。

7. 冷铁的使用

为使铸件致密，减少冒口容积，在铸造时可在铸型内适当安放内、外冷铁来调节各部分的冷却速度。一般情况下，模座类零件铸钢件可安放内冷铁及外冷铁；铸铁件只能安放外冷铁；而大型拉延模模体，只能安放内冷铁。在使用时应注意，冷铁表面不应有锈和油污。

8. 金属的熔炼与浇注

普通灰铸铁和球墨铸铁采用冲天炉熔炼，工艺上无特殊要求。

合金铸铁大多采用电炉(以酸性电炉为主)熔炼,熔炼中应注意以下几点。

(1) 配料时,碳应配在上限,硅应比下限低0.1%。

(2) 熔炼中,应严格控制炉温,防止过热,出炉温度应控制在1400℃左右。

(3) 为防止铸件出现白口,出炉时应在铁水包中冲入0.02%的硅铁粉作为孕育剂。

(4) 浇注温度应控制在1200~1300℃。

无论是合金铸铁、灰口铸铁还是球墨铸铁,浇注时应注意在包内挡好熔渣,做到快速充注铸型,待浇到冒口时,应缓慢充填,并尽可能做到向冒口内直接注入热铁水。

4.2.4　铸造毛坯图

为保证铸件的质量,提高生产率,降低成本,铸造生产需根据零件的结构特点、技术要求、生产批量和生产条件等进行铸造工艺设计,并绘制成图样。铸造工艺图是根据上述要求表示铸型分型面、浇冒口系统、浇注系统、浇注位置、型芯结构尺寸、控制凝固措施(冷铁、保温衬板)等的图样。它是按规定的工艺符号或文字、数字,将制造模样和铸型所需的资料,用红蓝线条直接绘在铸件图上或另绘在工艺图样上,是进行生产准备、指导铸件生产的基本工艺文件。

铸件图是指反映铸件实际形状、尺寸和技术要求的图样。它是根据铸造工艺图绘制的,用图形、工艺符号和文字标注。其内容包括切削余量、工艺余量、不铸出的孔槽、铸件尺寸公差、加工基准、铸件金属等级、热处理规范、铸件验收技术条件等。铸件图是铸造生产、技术检验、铸件清理和成品检验的依据,也是设计、制造工艺装备和切削加工的依据。图4-14是省略浇注系统的支撑台零件图、铸件图和铸造工艺图。

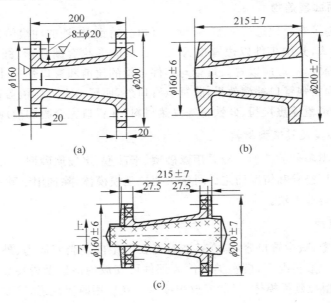

图 4-14　支撑台

(a) 零件图;(b) 铸件图;(c) 铸造工艺图

4.2.5 铸造缺陷分析

铸造生产工序多,很容易使铸件产生各种缺陷。通常落砂、清理完的铸件要进行质量检验,合格的产品入库,某些有缺陷的产品经修补后仍可使用的成为次品,严重的缺陷则使铸件成为废品。为保证铸件的质量,应首先正确判断铸件的缺陷类别,并进行分析,找出原因,以采取改进措施。铸件常见缺陷的产生原因及其防止方法见表4-7。

表4-7 铸件常见缺陷的产生原因及其防止方法

种类	缺陷名称	产 生 原 因	防 止 方 法
孔眼类	气孔 表面比较光滑,主要为梨形、圆形、椭圆形的孔洞	1. 型砂含水过多或起模、修型时刷水太多 2. 型砂紧实度过大或透气性差 3. 型芯排气孔堵塞或型芯未烘干 4. 金属液容器太多 5. 浇注系统不合理或铸件结构不合理,不利于排气等	提高铸型型芯的透气性,正确进行浇注
	缩孔和缩松 缩孔:形状极不规则,孔壁粗糙的孔洞,多出现在铸件最后凝固的部位。缩松:铸件断面上出现的分散而细小的缩孔	1. 浇注系统或冒口设置不当,补缩不良 2. 铸件结构不合理 3. 浇注温度过高,收缩太大 4. 熔融金属的成分不对	合理设置浇冒口系统;合理设计铸件结构,调整合金化学成分
	砂眼 铸件内部或表面带砂粒的孔洞	1. 型砂或芯砂强度低 2. 型腔内散砂未吹尽 3. 铸型被破坏 4. 铸件结构不合理	提高型砂强度;合理设计铸件结构;增强砂型紧实度
	渣眼 铸件浇注时上表面充满熔渣的孔洞,大小不一,成群出现	1. 金属液除渣不尽 2. 浇注时挡渣不良等	正确设计浇注系统;不中断浇注,避免熔渣进入型腔
裂纹类	热裂 断面严重氧化,无金属光泽,裂口沿晶界产生和发展,外形曲折而不规则	1. 铸件设计不合理 2. 浇注系统冒口设置不合理 3. 壁的厚薄相差太大、合金含硫过高、收缩不均 4. 型砂退让性差,金属液过热度大等	合理设计铸件结构;增加型砂和芯砂的退让性
	冷裂 长条形且宽度均匀的裂纹,裂口常穿过晶粒延伸到整个断面	1. 应力过大 2. 含磷过高 3. 铸件设计不合理等	

续表

种类	缺陷名称	产生原因	防止方法
表面类	粘砂　铸件表面粘附着一层砂粒和金属的机械混合物	1. 型砂耐火度不好,砂粒太粗 2. 浇注温度太高,型腔未刷涂料或刷得太薄 3. 型砂紧实度不够等	选用合适的型砂
	夹砂　铸件表面产生的疤片状金属突起物	1. 砂型烧烤过度 2. 砂型局部温度太高,粘土过多 3. 强度和透气性不好等	浇注时避免设置大的平面
	浇不到和冷隔　浇不到:铸件残缺或轮廓不完整,或虽完整但边角圆且光亮。冷隔:铸件上穿透或不穿透,边缘成圆角状的缝隙	1. 浇注温度过低 2. 浇注速度太慢或浇注时断流 3. 浇到截面太小或位置不当 4. 铸件设计不合理	提高浇注温度和速度,合理设计壁厚,保证足够的金属液
其他缺陷	错型　铸件的一部分与另一部分在分型面处相互错开	1. 合型时上下型未对准 2. 造型时上下模样未对准	尽量采用整模造型
	偏芯　型芯位置偏移,引起铸件内腔和局部形状位置偏错	1. 型芯变形或放置时偏位、不牢 2. 浇到位置不合适,金属液冲偏了型芯	尽可能采用整模造型

任务4.3　锻　造　毛　坯

　　模具零件的毛坯有的要经过锻造加工成型。其锻造的目的是能得到一定的几何形状,以达到节约原材料和节省加工时间,降低成本的目的。同时,材料通过锻造,可以使其内部组织细密、碳化物分布和流线分布合理,从而改善热处理性能和提高模具的使用寿命。

　　一般来说,对于冲模的结构零件,通过锻造可以得到一定几何形状的零件。而对于冲模的工作零件,尤其是要求热处理质量较高、使用寿命较长的零件,如冲模的凸模、凹模,除了要求能得到一定的几何形状,节约原材料降低加工工时外,还可以通过锻造时的反复多次镦粗、拔长、再镦粗来改善原材料性能。由此看来,冷冲模的工作零件毛坯,必须经过锻造加工。只有这样,才能充分发挥其材料的力学性能,延长其使用寿命。

4.3.1　锻造工艺特点及分类

1. 锻造工艺特点

　　(1) 能改善金属组织,提高力学性能。这是因为通过锻造可压合坯料疏松,提高金属致密度;能使金属坯料中的晶粒细化并使其均匀分布;能形成合理的锻造流线。

　　(2) 锻造件的形状和尺寸接近于零件。锻造与直接切削钢材的成型方法相比,不但节省了金属材料的消耗,而且节省了切削加工工时。

(3)生产率显著提高。锻压成型,特别是模锻成型的生产率,比切削加工成型高得多。

(4)在生产中有较强的适应性。从锻件重量上讲,可锻小至不到1g的小锻件,大至几十吨的大锻件;从形状上来说可简单、可复杂;从生产批量上来说,既可单件小批量生产,也可成批大量生产。

(5)锻造成型困难,对材料的适应性差。锻造是在固态下成型的,与铸造相比,金属的流动受到限制,一般需要采取加热等工艺措施才能实现。形状复杂的工件难以锻造成型,塑性差的金属材料也不能进行锻压。必须选择塑性优良的材料才能进行锻压。

另外,一般的锻造加工坯件的精度较低,设备费用较高,与铸造相比,难以生产有复杂外形和内腔的零件。

由于锻造的以上特点,大多数受力复杂,承载大的重要零件,常采用锻件毛坯。锻压在机器、汽车、拖拉机、电器、仪表、航空以及日用品工业中得到了广泛的应用。锻造加工是机械制造中的重要加工方法。

2. 锻造分类

锻造是指在加压设备及模具的作用下,使坯料铸锭产生局部或全部的塑性变形,以获得一定几何尺寸、形状和质量的锻件加工方法。其实质是利用固态金属的塑性流动性能来实现成型的。锻造在工业上应用很广,可分为自由锻、模锻等类型。

4.3.2 锻造工艺过程

用于锻造的材料,应具有良好的塑性,保证在锻造过程中产生较大的塑性变形而不被破坏。常用的金属材料中,铸铁塑性很差,不能锻造;非合金钢、低合金钢等材料塑性良好,可以锻造,但即使是塑性良好的金属材料,如果在常温下锻造成型,也只能得到有限的变形量,而且变形抗力较大,难以达到预期的成型目的。而只有通过锻前加热,才能够有效地提高材料的塑性,降低变形抗力,以改善材料的可锻性和获得良好的锻后组织。因此一般都需要首先加热锻件至某一温度。

1. 锻件的加热

(1)加热设备。锻造时加热的设备种类很多,根据热源的不同,通常可分为火焰加热炉和电加热炉。火焰加热炉又可根据所用燃料的不同,分为煤炉、油炉和煤气炉。有时也可见到简单易行的明火炉,这种炉子通常是为了与手工锻造相配合,直接使用烟煤、焦炭等固体燃料对坯料直接加热的。

(2)锻造温度范围。加热规范是加热时的操作制度,它规定了坯料装炉时炉温、预热、升温和保温阶段的时间以及加热到始锻温度的最高炉温等。

为了保证加热质量,在制定加热规范时,应当首先确定锻造温度范围。

各种金属材料锻造时所允许的最高加热温度称为该材料的始锻温度。坯料在锻造过程中,随着锻件热量的散失,锻件温度会不断下降,塑性逐渐变差。当温度降到一定数值后,锻件变形困难,易于锻裂,此时,应马上停止锻造,重新加热。各种金属材料必须停止锻造的温度称为该材料的终锻温度。

终锻温度与始锻温度之间的温度区间称为锻造温度范围。

各类钢的锻造温度范围列入表 4-8 中。

表 4-8　各类钢的锻造温度范围

钢 的 类 型	始锻温度/℃	终锻温度/℃
非合金结构钢	1280	700
优质非合金结构钢	1200	800
合金结构钢	1150～1200	800～850
非合金工具钢	1100	770
合金工具钢	1050～1150	800～850
耐热钢	1100～1150	850

2. 自由锻的基本工序

自由锻造时,锻件的形状和尺寸是通过运用一系列的基本变形工序使坯料逐步变形锻造而成的。自由锻的基本变形工序有镦粗、拔长、冲孔、弯曲、切割、锻接、错移、扭转等。

(1) 镦粗。是指使毛坯高度减小、横截面积增大的锻造工序。这种工序主要用于锻造齿轮坯、圆饼类锻件。镦粗在锻造空心锻件时,是冲孔前的预备工序。

镦粗主要有以下三种形式,如图 4-15 所示。

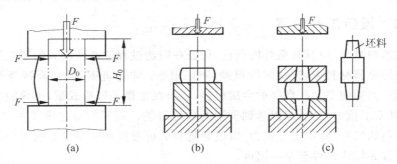

图 4-15　镦粗
(a) 整体镦粗;(b) 一端镦粗;(c) 中间镦粗

① 整体镦粗。是将加热后的坯料竖直放在砧面上,在上砧的锤击下,使坯料产生高度减小,横截面积增大的塑性变形。镦粗时,由于坯料的两个端面与上、下砧铁间产生的摩擦阻力有阻止金属流动的作用,因此圆柱形坯料镦粗后呈鼓形。当坯料高度 H_0 与直径 D_0 之比大于 2.5 时,不仅难以锻透,而且容易锻弯。

② 一端镦粗。将坯料加热后,一端放在漏盘或胎模内,限制这一部分的塑性变形,然后锤击坯料的另一端,使之镦粗成型。

③ 中间镦粗。坯料镦粗前,需先将坯料两端拔细,然后使坯料直立在两个漏盘中间进行锤击,使坯料中间部分锻粗。这种方法适用于锻造中间截面大,两端截面小的锻件。

(2) 拔长。指使毛坯横截面积减少,长度增加的锻造工序。这种工序主要用来生产轴类或轴心线较长的锻件,如光轴、台阶轴、曲轴、连杆、拉杆等。拔长的方法常见的有三种,如图4-16所示。

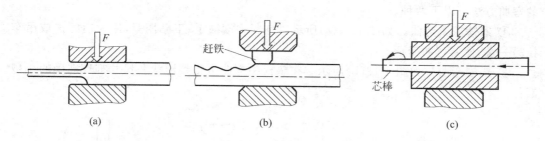

图4-16 拔长
(a) 平砧拔长；(b) 赶铁拔长；(c) 芯棒拔长

① 平砧拔长。当拔长量不大时,通常采用平砧拔长。图4-16(a)是平砧拔长示意图。高度为 H 的坯料由右向左送进,每次送进量为 l。为了使锻件表面平整,l 应小于砧宽 B。

② 赶铁拔长。当拔长量较大时,则常采用赶铁拔长,如图4-16(b)所示。一定直径的坯料由右向左送进,为了使锻件表面平整,每次送进量应小于赶铁宽,赶铁作用在锻件单位面积上的力要比抵铁大,因此,锻件表面不平整。

③ 芯棒拔长。通常适用于空心套类工作,如图4-16(c)所示。锻造时,先把芯棒插入冲好孔的坯料中,然后当作实心坯料进行拔长。为了便于取出心轴,心轴的工作部分应有 1∶100 左右的斜度,这种方法可使空心坯料长度增加,壁厚减小,而内径不变。

(3) 冲孔。是指在坯料上冲出透孔或不透过的锻造工序。冲孔的方法有两种,即：实心冲头冲孔和空心冲头冲孔,如图4-17所示。当孔径小于 400mm 时,常采用实心冲头冲孔。对于厚度小的坯料常采用实心冲头单面冲透孔；对于厚度大的坯料可用实心冲头先从一面冲不透孔,再从反面对准位置冲透。当孔径大于 400mm 时,常采用空心冲头冲孔。

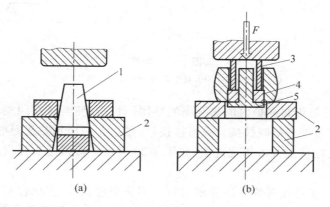

图4-17 冲孔
(a) 实心冲头冲孔；(b) 空心冲头冲孔
1—冲头；2—漏盘；3—上垫；4—空心冲头；5—心料

（4）弯曲。是指采用一定的工模具将毛坯弯成所规定的外形的锻造工序。与其他工序联合使用，可以得到各种弯曲形状的锻件，如角尺、弯板、吊钩等，如图 4-18 所示。常用的弯曲方法有以下两种。

① 锻锤压紧弯曲。如图 4-18（a）所示。坯料一端被上、下砧压紧，用大锤锤击或吊车拉另一端，使其弯曲变形。

② 垫模弯曲。如图 4-18（b）所示。在垫模中弯曲可得到形状和尺寸都较准确的小型锻件。

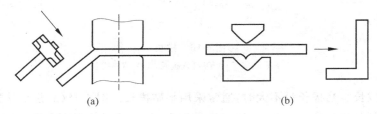

图 4-18　弯曲
（a）锻锤压紧弯曲；（b）垫模弯曲

（5）切割。是将坯料分成两部分的锻造工序。如图 4-19 所示。常用来切除锻件的料头、钢锭的冒口等。对于厚度不大的锻件常用剁刀进行单面切割；对于厚度较大的锻件需先从一面将剁刀垂直切入锻件，至快断开时，将锻件翻转，再用剁刀切断。局部切割后拔长可用做拔长的辅助工序，提高拔长效率，但会损伤锻造流线，降低锻件的力学性能。

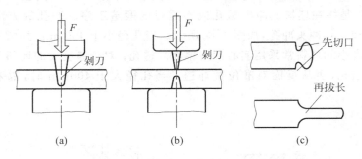

图 4-19　切割
（a）单面切割；（b）双面切割；（c）局部切割后拔长

（6）锻接。是将坯料在炉内加热至高温后用锤快击，使两者在固相状态下结合的方法。锻接时，首先要准备好咬接接口或搭接接口，然后在炉中加热至足够的温度，取出后摔掉氧化皮，放在砧铁上快击实现连接，如图 4-20 所示。锻接接头强度可达被连接材料的 70%~80%。

（7）错移。是指将坯料的一部分相对另一部分平移错开，但仍保持轴线平行的锻造工序，如图 4-21 所示，常用来锻造曲轴类锻件。错移时，先在错移部分切两小口，然后在切口两侧施以大小相等，方向相反且垂直轴线的冲击力或挤压力，实现错开。

（8）扭转。是将坯料的一部分相对于另一部分绕其共同轴线旋转一定角度的锻造工序，该工序多用锻造麻花钻、多拐曲轴和地脚螺栓等，如图 4-22 所示。由于扭转过程中金

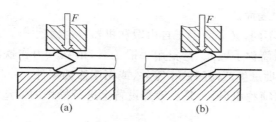

图 4-20　锻接

（a）咬接；（b）搭接

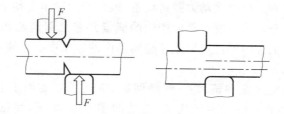

图 4-21　错移

属变形很大,受力复杂,因此,扭转部分应加热至足够高温度,
并缓冷。根据情况,多数时候还要进行退火处理。对于一些
扭转角度不大的小型坯料,可用锤击法。

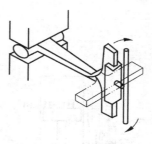

图 4-22　扭转方法图

　　对于一般锻件而言,需要采用几道工序才能锻造出来,而
基本工序的安排次序又是各种各样的。

3. 锻件的冷却、检验及热处理

　　热锻成型的锻件锻后冷却也是锻造生产的一个重要环
节。冷却时由于表层冷却快,心部冷却慢,金属表里冷却不一
致而形成的温差达到一定值时,会使锻件产生内应力、变形,
甚至裂纹,冷却速度过快还会使锻件表面层变硬,难以进一步地切削加工。锻件常用的冷
却方法有三种：低、中碳钢的小型锻件锻后常采用单个或成堆放在地上空冷；低合金钢
锻件及截面宽大的锻件则需要放入坑中,埋在砂、石灰或炉渣等填料中缓慢冷却；高合金
钢锻件及大型锻件的冷却速度更要缓慢,通常要随炉冷却。总之,锻件中碳及合金元素含
量越高,锻件体积越大,形状越复杂,冷却速度越要缓慢,防止造成锻件老化、变形或裂纹。

　　锻件冷却后应仔细进行质量检验,合格的锻件应进行去应力退火或正火或球化退火,
准备切削加工。变形较大的锻件还应矫正。技术条件允许焊补的锻件缺陷应焊补。

4.3.3　自由锻及毛坯计算

1. 自由锻的分类

　　只用简单的通用性工具,或在锻造设备的上下砧间直接使坯料变形而获得所需的几
何形状及内部质量的锻件,这种方法称为自由锻。自由锻造时,金属只有部分表面受到工

具限制,其余则为自由表面。

自由锻按其设备不同,又分为手工自由锻和机器自由锻。

(1)手工自由锻(简称手锻)。是指用手锻工具,依靠人力在铁砧上进行操作的锻造方法。一般只用于小批量生产简陋的小零件、或用于修理零件。

(2)机器自由锻(简称机锻)。是在锻造设备上进行操作的锻造方法。它是自由锻的基本方法。

2. 自由锻的设备

根据对坯料作用力的性质不同,自由锻所用设备有自由锻锤和自由锻水压机两类。

自由锻锤是一种冲击作用式动力锻造设备,锻锤产生冲击力使金属变形,吨位的大小用其落下部分的质量来表示。落下部分产生的能量并非全部消耗在坯料的变形上,而是有一部分消耗在锻造工具的弹性变形上和金属砧座的振动中。金属在锤上的一次变形时间为千分之几秒。

自由锻锤主要有空气锤和蒸汽-空气锤两种,空气锤主要用于生产小型的锻件。蒸汽-空气锤是自由锻锤的一种主要形式,其构造如图 4-23 所示,用压力为 $0.7 \sim 0.9$MPa 的蒸汽或压缩空气来实现驱动,可以不同能量锻打各种不同的锻件。

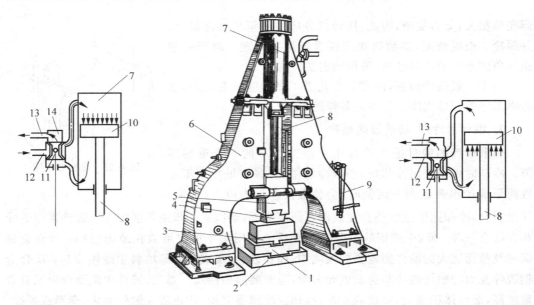

图 4-23　双拱式蒸汽-空气锤

1—砧垫;2—底座;3—下砧;4—上砧;5—锤头;6—机架;7—工作气缸;8—锤杆;9—操纵手柄;

10—活塞;11—滑阀;12—进气管;13—排气管;14—滑阀气缸

自由锻水压机是一种液压机,主要由固定系统和活动系统两部分组成。它作用在坯料上的静压力时间比自由锻锤作用在坯料上的冲击力时间长,更容易将坯料锻透,从而更好地改善锻件的内部质量。水压机是锻造大型锻件的主要设备,所锻钢锭的质量可达300 吨,是巨型锻件唯一的成型设备。锻造设备应根据实际生产情况进行选择。

3. 自由锻的特点及应用

自由锻工艺灵活,能够锻出不同形状的锻件,更改锻件品种时,生产准备时间较短。自由锻时,坯料只有部分表面与上、下砧接触而产生塑性变形,其余部分则为自由表面,因此自由锻所需变形力较小,要求锻造设备的吨位比较小。但是,自由锻方法生产率低,锻件精度也不高,不能锻造形状复杂的锻件,多用于单件小批量生产中的形状简单、精度要求不高的锻件。

4. 锻造毛坯及其加工余量

锻造毛坯是中、小型模具成型件毛坯的主要制造方法之一。锻造可改善成型件材料的金相组织结构和综合机械性能。表 4-9 和表 4-10 分别列出了圆形及矩形锻件的加工余量。

表 4-9　圆形锻件加工余量　　　　　　　　　　　单位:mm

锻件直径	直径的加工余量	锻件直径	直径的加工余量
≤50	3~6	>80~125	5~9
>50~80	4~7	>125~200	6~10

表 4-10　矩形锻件加工余量　　　　　　　　　　　单位:mm

锻件尺寸	单面加工余量	锻件尺寸	单面加工余量
≤100	2~2.5	>250~630	4~6
>100~250	3~5		

模具中有许多受力零件,为提高它们的力学性能,常采用锻件毛坯。因此锻件下料尺寸的计算就成了备料的一项重要的工作内容。

（1）计算步骤及公式。

① 计算坯料体积:

$$V_P = KV_d$$

式中,K 取 $1.05 \sim 1.10$（$1 \sim 2$ 火次时取 1.05,火次增加时取较大值）;V_d 为锻件体积。

② 计算圆棒料直径:

$$D_j = \sqrt[3]{0.637V_P}$$

③ 确定实用圆棒料的直径:

$$D \geqslant D_j$$

式中,D 应取现有棒料直径规格中与 D_j 最接近的尺寸。

④ 计算锯料长度:

$$L = 1.273 \frac{V_P}{D^2}$$

（2）圆形锻件下料尺寸确定实例。

例 4-1　某圆形凹模尺寸为:圆形直径 $d=80$mm,凹模厚度 $t=18$mm。

① 确定锻件尺寸:

根据零件形状及加工余量（查表 4-9）,确定该圆形凹模的锻件尺寸如下:

$$d = 86\text{mm} \quad t = 23\text{mm}$$

② 计算锻件体积 V_d：

$$V_d = \pi \times \left(\frac{86}{2}\right)^2 \times 23 = 133603(\text{mm}^3)$$

③ 计算坯料体积 V_P：

$$V_P = KV_d = 1.05 \times 133603 = 140283(\text{mm}^3)$$

④ 计算圆棒料体积 D_j：

$$D_j = \sqrt[3]{0.637 V_P} = \sqrt[3]{0.637 \times 140283} = 44.71(\text{mm})$$

⑤ 确定实用圆棒料的直径 D：

$$D \geqslant D_j, \quad D \text{ 取 } 45\text{mm}$$

⑥ 计算锯料长度 L：

$$L = 1.273 \frac{V_P}{D^2} = 1.273 \times \frac{140283}{45^2} = 88.2(\text{mm})$$

（3）矩形锻件下料尺寸计算实例

例 4-2 某模板的外形尺寸为 $l \times b \times H = 200\text{mm} \times 200\text{mm} \times 22\text{mm}$。式中，$l$ 为矩形模板的长度，b 为矩形模板的宽带，H 为矩形模板的厚度。

① 确定锻件尺寸。根据零件形状及加工余量确定该零件的锻件尺寸如下：

$$208\text{mm} \times 208\text{mm} \times 30\text{mm}$$

② 计算锻件体积 V_d：

$$V_d = 208 \times 208 \times 30 = 1297920(\text{mm}^3)$$

③ 计算坯料体积 V_P：

$$V_P = KV_d = 1.05 \times 1297920 = 1362816(\text{mm}^3)$$

④ 计算锯料（或气割）尺寸：矩形坯料如用圆形棒料锻造，则锯料尺寸计算方法同上例。如在矩形钢坯上锯割或气割而成，则选用与锻件尺寸较为接近的现有规格坯料进行加工。

例如现有 $H = 35\text{mm}$ 坯料，一侧长度定为 $L = 230\text{mm}$，则根据体积相等原理，可计算

另一侧的宽度尺寸 $= \dfrac{1362816}{35 \times 230} = 169(\text{mm})$。

锯料（或气割）尺寸为 $230\text{mm} \times 169\text{mm} \times 35\text{mm}$。

4.3.4 模锻介绍

模锻是利用模具使毛坯变形而获得锻件的锻造方法。在变形过程中，由于模膛对金属坯料流动的限制，因此锻造终了时能得到和模膛形状相符的锻件。模锻是成批大量生产锻件的主要锻造方法。其特点是，在锻压机器动力作用下，毛坯在锻模型槽中被迫流动成型，从而获得比自由锻质量更高的锻件。模锻所用的设备比较多，常用的有模锻锤、曲柄压力机、平锻机、螺旋压力机、水压机等。虽然模锻的设备种类很多，但是模锻的实质是一样的。

模锻可按锻压设备的不同分成两大类。

（1）使用自由锻设备——胎模锻造，型砧锻造，自由锻锤固定模锻造。

（2）使用模锻设备——模锻锤模锻，曲柄压力机模锻，摩擦压力机模锻，平锻机模锻，高速锤模锻，模锻液压机模锻等。其中模锻锤这种设备最老，通常把这种模锻称为锤上模锻。下面着重介绍锤上模锻。

锤上模锻用的锻模如图4-24所示。它由带有燕尾的上模和下模两部分组成。下模用紧固楔铁固定在模垫上，上模通过楔铁紧固在锤头上，与锤头一起做上下往复运动。上下模间的空腔即为模膛。

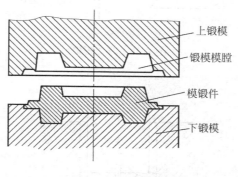

图 4-24 锤上模锻

锤上模锻是将模具固定在模锻锤上，使毛坯变形获得锻件的方法。其特点是将锻模分别紧固在锤头与砧座上，金属坯料在模膛中被迫流动成型。由于模锻锤的结构特点，保证了锻打时模膛的正确对准，因而锻件精度高。虽然锤上模锻已具有老化特征，但直到现今在国内外的锻造行业中，仍然占有非常重要的地位。这是因为锻锤与其他设备相比，具有工艺适应性广、生产效率高，设备造价低的优点。锤上模锻有多种不同的方式。按模间间隙方向与模具运动方向可分为开式模锻和闭式模锻。

（1）开式模锻（有飞边模锻）。开式模锻是指两模间间隙的方向与模具运动的方向相垂直，在模锻过程中间隙不断减小的模锻方式，如图4-25所示。将加热好的坯料直接放在固定模模膛内，然后固定模落下，两模间隙不断减小，变形开始时部分金属流入模膛与飞边槽之间狭窄通道（飞边桥口部），由于加工硬化，飞边桥口部分的阻力是逐渐增大的，这种阻力是保证金属充满模膛所必需的，因此开式模锻也叫有飞边模锻。变形结束时，多余金属仍会因变形力加大而挤出模膛流入飞边槽成为飞边。因此，开式模锻时，坯料的质量应大于锻件的质量。锻件成型后，使用专用模具将锻件上的飞边切去。

（2）闭式模锻。闭式模锻是指两模间间隙的方向与模具运动方向相平行。在模锻过程中间隙大小不变化的模锻方式，如图4-26所示。由于闭式模锻不设置飞边槽，所以也叫无飞边模锻。在坯料的变形过程中，模膛始终处在封闭状态，固定模与活动模之间的间隙不变，而且很小，不会形成飞边。由此可见，闭式模锻必须严格遵守锻件与坯料体积相等原则。否则，若坯料不足，模膛的边角处得不到补充；若坯料有余，则锻件高度将大于要求尺寸。

闭式模锻最大的优点是没有飞边损耗，金属坯料所处的受力状态有利于塑性变形。

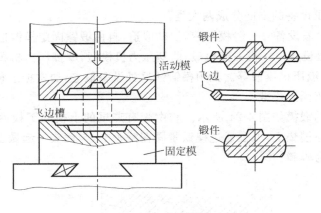

图 4-25　开式模锻

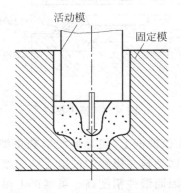

图 4-26　闭式模锻

但闭式模锻对锻件坯料体积计算要求十分精确,锻模寿命短,设备吨位要求高,因此,闭式模锻的应用不如开式模锻广泛。闭式模锻主要适于模锻低塑性合金材料。

　　锤上模锻主要用于大批量生产锻造形状比较复杂、精度要求较高的中、小型锻件。随着现代化大生产的发展,模锻生产越来越广泛地应用在国防工业和机械制造业中。

课外实践任务及思考

1. 常见模具零件毛坯的铸造工艺是什么?
2. 手工砂型铸造生产过程中应注意些什么?
3. 试比较几种特种铸造的性能。
4. 锻压加工的特点和适用范围是什么?

模具零件的切削加工

金属切削加工就是用金属切削的方法把工件毛坯上余量（预留的金属材料）切除，获得图样所要求的零件。金属切削加工是模具零件的主要加工方法。目前，模具成型工作零件切削加工向高、精的数控加工方向发展，但是，了解切削加工的基本概念是十分必要的。

任务 5.1　了解金属切削加工的基本概念

5.1.1　生产工艺过程

1. 生产过程和工艺过程

（1）生产过程。把原材料变成产品的各个有关劳动过程的总和称为生产过程。它包括零件的设计、生产技术的准备工作、原材料的运输与保管、零件的加工、零件的装配过程、检验过程以及成品件的上漆和包装等。图 5-1 为模具的生产过程简图。

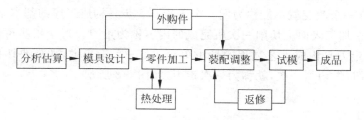

图 5-1　模具的生产过程简图

（2）工艺过程。在生产过程中凡直接改变生产对象的尺寸、形状、性能（包括物理性能、化学性能、机械性能等）以及相对位置关系的过程，统称为工艺过程。如锻造、铸造、冲压、焊接、热处理、机械加工等。其中应用机械加工的方法改变生产对象的形状、尺寸、位置关系的过程称为机械加工工艺过程。

（3）工艺规程。一个同样要求的零件，可以采用几种不同的工艺过程来加工，但其中总有一种工艺过程在给定的条件下是最合理的，人们把这种工艺过程的有关内容用文件的形式固定下来，用以指导生产，这个文件称为工艺规程。

2. 工艺过程的组成

不同零件的加工技术要求和结构特点是不同的，在不同的生产条件下，采用的加工方法和加工设备也是不同的，毛坯件变成零件是通过一系列的加工步骤才能完成的。

模具零件的机械加工工艺过程由若干工序组成，毛坯依次通过这些工序，加工成合乎图样规定要求的零件。

工序指一个（或一组）工人在一个工作地点（如一台机床或一个钳工台），对一个（或同时对几个）工件连续完成的那部分工艺过程，称为工序。区分工序的主要依据是工作地点固定和工作连续。工序是组成工艺过程的基本单元，也是制订生产计划、进行经济核算的基本单元。工序又可细分为安装、工位、工步、走刀等组成部分。

（1）安装。工件加工前，使其在机床或夹具中相对刀具占据正确位置并给予固定的过程，称为装夹。装夹包括定位和夹紧两过程。在同一工序中，工件在工作位置可能只装夹一次，也可能要装夹几次。在一个工序中应尽量减少安装次数，以免增加辅助时间和安装误差。

（2）工位。工位是指在一次装夹中，工件在机床上所占的每个位置上完成的那一部分工序。为了减少工件的安装次数，提高生产效率，常采用多工位夹具或多轴（或多工位）机床，使工件在一次安装后先后经过若干个不同位置顺次进行加工。图 5-2 为多工位连续加工。

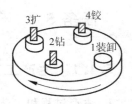

图 5-2　多工位连续加工

（3）工步。一个工序（或一次安装或一个工位）中可能需要加工若干个表面，也可能只加工一个表面，但却要用若干把不同的刀具轮流加工；或只用一把刀具但却要在加工表面上切多次，而每次切削所选用的切削用量不完全相同。

当加工表面、切削刀具、切削速度和进给量都不变的情况下所完成的那部分工序，称为工步。其中，只要有一个改变就不能称为同一个工步。工步是构成工序的基本单元。

（4）走刀。刀具在加工表面上切削一次所完成的内容称为走刀。每个工步可包括一次走刀或几次走刀。走刀是构成工艺过程的最小单元。在一个工步中，如果要切掉的金属层很厚，可分几次切，每切削一次，就称为一次走刀，如图 5-3 所示。

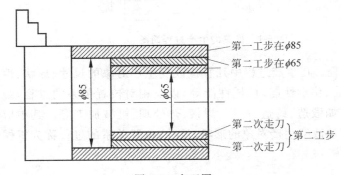

图 5-3　走刀图

5.1.2 生产纲领及生产类型

1. 生产纲领

生产纲领是指包括废品、备件在内的该产品年产量。零件的年生产纲领由下式计算：

$$N = Qn(1+a)(1+b)$$

式中，N 为零件的生产纲领（件/年）；Q 为产品的年产量（台/年）；n 为单台产品该零件的数量（件/年）；a 为备品率，以百分数计；b 为废品率，以百分数计。

2. 生产类型

不同的生产类型，其生产过程和生产组织、车间的机床布置、毛坯的制造方法、采用的工艺装备、加工方法以及工人的熟练程度等都有很大的不同，因此在制定工艺路线时必须明确该产品的生产类型。

在机械制造业中，根据年产量的大小和产品品种的多少，可以分为三种不同的生产类型：单件生产、成批生产、大量生产。

（1）单件生产。生产中，单个或少量地生产不同结构和尺寸的产品，很少重复或不重复，这种生产称为单件生产。一般新产品试制及大多数模具制造等均属于单件生产。

（2）成批生产。一年中分批地制造相同的产品，工作地点的加工对象周期性重复，称为成批生产（或批量生产）。模具中的标准模架、顶杆等经常采用成批生产。

（3）大量生产。同一产品的生产数量很大，大多数工作地点重复地进行某个零件的某道工序的加工，这种生产称为大量生产，如汽车、拖拉机、轴承等的生产多属于大量生产。

生产类型的划分，可根据生产纲领和产品及零件的特征或者按工作地点每月担负的工序数，参照表 5-1 确定。

表 5-1 生产类型与生产纲领的关系

生产类型	生产纲领/（件/年）		
	重型机械	中型机械	小型机械
单件生产	<5	<10	<100
小批生产	5～100	10～200	100～500
中批生产	100～300	200～500	500～5000
大批生产	300～1000	500～5000	5000～50000
大量生产	>1000	>5000	>50000

5.1.3 切削用量

切削用量是切削时各运动参数的总称，包括切削速度、进给量和背吃刀量（切削深度）。

1. 切削速度（v_c）

切削速度是刀具相对工件的最大线速度。它是衡量主运动大小的量，由下式计算：

$$v_c = \pi dn/1000$$

式中，v_c 为切削速度（m/s）；d 为工件待加工表面直径（mm）；n 为工件转速（r/s）。

2. 进给量（f）

进给量是主运动转一转或往复一个行程，刀具相对工件在进给方向上的位移（mm/r）。

进给速度（v_f）是单位时间内刀具相对工件在进给方向上的位移（mm/s）。

$$v_f = fn$$

式中，v_f 为进给速度（mm/s）；n 为主轴转速（r/s）。

3. 背吃刀量（a_p）

背吃刀量是已加工表面与待加工表面之间的距离（mm）。车外圆时有：

$$a_p = (d_w - d_m)/2$$

式中，d_w 为工件待加工表面的直径（mm）；d_m 为工件已加工表面直径（mm）。

切削速度 v_c、进给量 f、背吃刀量 a_p 称为切削用量三要素。

5.1.4 基准及其分类

基准是零件上用来确定其他点、线、面位置所依据的那些点、线、面。按其功用不同，基准可分为设计基准和工艺基准两大类。

1. 设计基准

设计基准是在零件图上所采用的基准。它是标注设计尺寸的起点。如图 5-4(a)所示的零件，平面 2、3 的设计基准是平面 1，平面 5、6 的设计基准是平面 4，孔 7 的设计基准是平面 1 和平面 4，而孔 8 的设计基准是孔 7 的中心和平面 4。在零件图上不仅标注的尺寸有设计基准，而且标注的位置精度同样具有设计基准，如图 5-4(b)所示的钻套零件，轴心线 O—O 是各外圆和内孔的设计基准，也是两项跳动误差的设计基准，端面 A 是端面 B、C 的设计基准。

2. 工艺基准

工艺基准是在工艺过程中所使用的基准。工艺过程是一个复杂的过程，按用途不同工艺基准又可分为定位基准、工序基准、测量基准和装配基准。

工艺基准是在加工、测量和装配时所使用的，必须是实在的。然而作为基准的点、线、面有时并不一定具体存在（如孔和外圆的中心线，两平面的对称中心面等），往往通过具体的表面来体现，用以体现基准的表面称为基面。例如图 5-4(b)所示钻套的中心线是通过内孔表面来体现的，内孔表面就是基面。

（1）定位基准。在加工中用做定位的基准，称为定位基准。它是工件上与夹具定位元件直接接触的点、线或面。

定位基准又分为粗基准和精基准。用做定位的表面，如果是没有经过加工的毛坯表面，称为粗基准；若是已加工过的表面，则称为精基准。

（2）工序基准。在工序图上，用来标定本工序被加工面尺寸和位置所采用的基准，称为工序基准。它是某一工序所要达到加工尺寸（即工序尺寸）的起点。如图 5-4(a)所示零件，加工平面 3 时按尺寸 H_2 进行加工，则平面 1 即为工序基准，加工尺寸 H_2 叫做工序尺寸。

　　工序基准应当尽量与设计基准相重合，当考虑定位或试切测量方便时，也可以与定位基准或测量基准相重合。

　　（3）测量基准。零件测量时所采用的基准，称为测量基准。如图 5-4（b）所示，钻套以内孔套在心轴上测量外圆的径向圆跳动，则内孔表面是测量基面，孔的中心线就是外圆的测量基准；用卡尺测量尺寸 l 和 L，表面 A 是表面 B、C 的测量基准。

　　（4）装配基准。装配时用以确定零件在机器中位置的基准，称为装配基准。如图 5-4（b）所示的钻套，$\phi40h6$ 外圆及端面 B 即为装配基准。

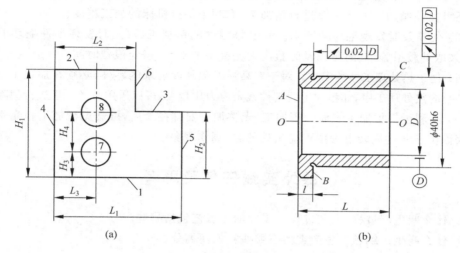

图 5-4　基准分析
（a）支撑块；（b）钻套

5.1.5　加工阶段的划分

1. 加工阶段的划分

　　零件在加工过程中，依据零件的加工要求和加工条件，可对加工阶段进行划分，一般分为粗加工、半精加工、精加工和光整加工四个阶段。

　　（1）粗加工。粗加工的主要目的是从毛坯上去除大部分加工余量，工件经过粗加工后只能达到较低的加工精度和表面质量（IT12 级以下，Ra 值 $50\sim12.5\mu m$）。当零件对表面质量和加工精度没有要求时，可以采用粗加工来提高生产效率。采用粗加工的另一个目的是确定精基准。

　　（2）半精加工。半精加工的主要目的是保证精加工时余量均匀，为精加工做好准备。同时它能完成次要表面的加工（IT12～IT10 级，Ra 值 $6.3\sim3.2\mu m$）。

　　（3）精加工。精加工的目的是使各主要表面达到规定的质量要求（IT10～IT7 级，Ra 值 $1.6\sim0.4\mu m$）。

　　（4）光整加工。光整加工主要的目的是提高加工精度和表面质量，主要应用于要求特别高的零件，如模具的工作零件。但光整加工一般不能纠正几何形状误差和相互位置误差。

2. 加工阶段划分的优点

（1）有利于保证零件的加工质量。粗加工时，由于夹紧力、切削力和切削热的原因容易引起零件的变形。通过划分加工阶段，零件的变形和加工误差可以通过后续的半精加工和精加工消除和修复，因而有利于保证零件最终的加工质量。

（2）有利于合理使用设备。划分加工阶段后，就可以充分发挥机床的优势。粗加工可以使用功率大精度低的机床，精加工可以使用功率小精度高的机床。同时，加工阶段的划分还可以使精加工机床一直进行精加工，有利于保持机床的加工精度。

（3）便于及时发现毛坯的缺陷。先安排零件的粗加工，可及时发现零件毛坯的各种缺陷，采取补救措施，同时可以及时报废无法挽救的毛坯，避免浪费时间。

（4）便于热处理工序的安排。对于有高强度和硬度要求的零件，必须在加工工序之间插入必要的热处理工序，如粗加工后工件残余应力比较大，可以采用时效处理进行消除。

（5）有利于保护加工表面。精加工、光整加工安排在最后，可避免精加工和光整加工后的表面由于零件周转过程中可能出现的碰、划伤现象。

课外实践任务及思考

1. 什么叫生产过程、工艺过程？零件加工工艺包括哪些内容？
2. 什么叫生产纲领？生产类型有哪些？如何划分？
3. 什么叫工序？区分工序的主要依据是什么？
4. 切削用量三要素是什么？
5. 什么叫设计基准、工艺基准？工艺基准按用途分为哪几类？试述它们的概念。
6. 工艺过程为什么要划分加工阶段？划分为哪几个阶段？各阶段的目的是什么？

任务 5.2　分析切削加工的质量问题

一副模具加工制造完成以后，是否符合设计和使用的要求，与组成该模具的各个零件的切削加工质量有关。在零件的切削加工中，如何合理地规定和保证零件的加工质量，就成了一个很重要的问题。模具零件的切削加工质量直接影响零件的尺寸及形位精度、表面质量和寿命。

5.2.1　模具零件加工质量要求

看模具零件加工质量如何，首先要了解模具零件加工的质量要求，即对零件加工精度和表面质量的要求。

1. 加工精度的要求

加工精度包括尺寸精度、形状精度和位置精度三个方面。而且它们之间有一定的联系，形状误差应限制在位置公差内，位置误差要限制在尺寸公差内。一般的尺寸精度要求高,相应的形状、位置精度要求也就更高。例如,不平的表面就不能测出准确的平行度和垂直度。零件加工精度具有以下三个方面的要求。

（1）尺寸精度。指模具零件的直径、长度和表面间的距离尺寸与理想尺寸的符合程度。图样上用尺寸公差来表示。标准公差等级分为 20 级。

（2）形状精度。形状精度是指模具零件的表面或线的实际形状和理想形状的符合程度。国家标准用直线度、平面度、圆度、圆柱度、线轮廓度和面轮廓度作为零件表面或线的形状精度评定项目,图样上用相应的形状公差来表示。形状公差等级分为 12 级。

（3）位置精度。位置精度是指加工后零件有关表面相互之间的实际位置和理想位置的符合程度。国家标准中用平行度、垂直度、倾斜度、同轴度、对称度、位置度、圆跳动和全跳动作为位置精度评定项目,图样上用相应的位置公差来表示。位置公差等级分为 12 级。

在生产实践中,任何一种机械加工方法,不论多么精密,都不可能将零件加工得绝对精确,同理想值完全相符。即使加工条件完全相同,加工出的零件精度也各不相同。另外,从机器的使用性能来看,也没有必要把零件做得绝对准确。零件加工后实际几何参数与理想值偏离程度称为加工误差。加工误差越小,加工精度越高。加工精度和加工误差是一个问题的两种不同角度的提法。只要加工误差的大小不影响机器的使用性能,就可以允许它存在。为此,为了保证模具零件的加工精度,图样上往往给出公差对加工误差加以限制。

2. 表面质量的要求

零件表面质量对其使用性能有很大的影响,主要表现在以下几个方面。

（1）对零件的耐磨性能的影响。零件表面粗糙度越低即表面越平整、光滑,则摩擦阻力越小,磨损就越小,因而耐磨,反之,则不耐磨。

（2）对零件耐腐蚀性能的影响。零件表面越粗糙,表面呈现的峰和谷间的凹坑越深,则积聚的腐蚀性物质越多,就越容易造成对零件表面的腐蚀。反之,则腐蚀性就相对减小。越平整、光滑的表面比之粗糙的表面不易生锈即是这个道理。

（3）对零件疲劳强度的影响。零件在交变载荷的作用下,其表面微观缺陷和峰谷处,容易引起应力集中,产生疲劳裂纹,造成零件的疲劳破坏。所以,减小零件的表面粗糙度可提高零件的疲劳强度。

（4）对配合精度、联接强度的影响。零件之间的配合精度是通过间隙值来控制其配合间隙的大小或通过过盈值来控制其过盈量的大小和配合的结合程度。有配合公差要求的表面如果表面粗糙,则会使配合表面迅速磨损。对间隙配合,使间隙增大,降低配合质量,失去其应有的作用;对过盈配合,会降低应有的过盈值,降低配合的牢固性和可靠性。

因此,对零件的重要表面要提出一定的表面质量要求。零件表面的精度要求将根据设计要求、工艺的经济指标等因素综合分析而确定。国家标准规定用表面粗糙度作为该项目评定指标。

成型件成型表面的质量要求:一般塑料模具成型件成型表面的粗糙度值 $Ra\,0.32\mu m$;有镜面要求的应达到 $Ra\,0.1\mu m$,有的光学镜片制品要求达到 $Ra\,0.05\mu m$。

3. 模具寿命的要求

对于模具而言,模具的使用寿命由制件的生产数量要求而决定。模具的加工质量要保证其寿命要求。

5.2.2　影响加工质量的因素

1. 影响加工精度的因素

（1）工艺系统的几何误差。由金属切削机床、刀具、夹具和工件构成的机械加工封闭系统称为切削加工工艺系统，其中金属切削机床是加工机械零件的工作机械，起支撑和提供动力作用；刀具起直接对零件进行切削加工作用；机床夹具用来对零件定位和夹紧，使之有正确的加工位置。

在机械加工过程中，工艺系统各环节中所存在的各种误差称为原始误差。工艺系统的几何误差包括加工原理误差、调整误差、机床误差、刀具误差、量具误差与测量误差、装夹误差与夹具误差、工艺系统的磨损。

① 加工原理误差。加工原理是指加工表面的形成原理。加工原理误差是由于采用了近似的切削运动或近似的切削刃形状所产生的加工误差。一般多为形状误差。如用阿基米德蜗杆滚刀切削渐开线齿轮；在数控机床上用直线插补或圆弧插补方法加工复杂曲面；在普通公制丝杠的车床上加工英制螺纹等，都会由于加工原理误差造成零件的加工表面形状误差。

② 调整误差。在机械加工的每一个工序中，为了保证加工的精度，总是要对机床、夹具和刀具进行这样或那样的调整工作，由于调整不可能绝对准确，因而产生调整误差。

依据调整方式的不同，误差的来源也不同。

- 采用试切法调整时，误差来源主要是测量误差、机床进给机构的位移误差和试切时与正式切削时因切削层的厚度不同而产生的误差。
- 采用调整法时，误差的来源除了采用试切法调整的误差来源外，还有定位机构误差、样件或样板误差和测量有限试件造成的误差。

③ 机床误差。机床误差是指在无切削负荷下，来自机床本身制造误差、安装误差和磨损。机床误差的项目很多，其中对工件加工精度影响较大的有机床主轴回转误差、机床导轨导向误差和机床传动链的误差。

- 机床主轴回转误差。主轴实际回转轴线对理想回转轴线漂移在误差敏感方向上的最大变动量称为主轴回转误差。主轴回转误差的主要形式有端面圆跳动、径向圆跳动、角度摆动三种。表 5-2 列出了机床主轴回转误差产生的加工误差。

表 5-2　机床主轴回转误差产生的加工误差

主轴回转误差的基本形式	车床上车削			镗床上镗削	
	内、外圆	端　面	螺　纹	孔	端　面
纯径向跳动	影响极小	无影响		圆度误差	无影响
纯轴向窜动	无影响	平面度误差 垂直度误差	螺距误差	无影响	平面度误差 垂直度误差
纯角度摆动	圆柱度误差	影响极小	螺距误差	圆柱度误差	平面度误差

- 机床导轨导向误差。机床导轨是机床主要部件的相对位置及运动的基准,导轨误差将直接影响加工精度。导轨误差的表现形式为导轨在垂直面内的直线度误差、导轨在水平面内的直线度误差、前后导轨的平行度(扭曲)、导轨与主轴回转轴线的平行度误差。
- 机床传动链的误差。指传动链始末两端执行元件间相对运动的误差。在车螺纹、插齿、滚齿等加工时,刀具与工件之间有严格的传动比要求。要满足这一要求,机床内联系传动链的误差必须控制在允许的范围内。

④ 刀具误差。由于刀具而引起的误差,包括刀具的制造误差、安装误差和磨损。机械加工中常用的刀具有一般刀具、定尺寸刀具、展成刀具和成型刀具。

一般刀具如普通车刀、单刃镗刀和面铣刀等的制造误差对加工精度没有直接影响,但磨损后对工件尺寸或形状精度有一定影响。

采用定尺寸刀具(如钻头、铰刀、键槽铣刀、圆孔拉刀等)时,刀具的尺寸误差直接影响被加工工件的尺寸精度。刀具的安装和使用不当,也会影响加工精度。

⑤ 量具误差与测量误差。计量器具误差主要是由示值误差、示值稳定性、回程误差和灵敏度四个方面综合起来的极限误差。计量器具误差会对被测零件测量精度产生直接的影响。

除量具本身误差之外,测量者的视力、判断能力、测量经验、相对测量或间接测量中所用的对比标准、数学运算精确度、单次测量判断的不准确等因素都会引起测量误差。

⑥ 装夹误差与夹具误差。利用夹具装夹工件进行加工时,造成工件加工表面之间尺寸和位置误差的因素主要有工件装夹误差包括定位误差 Δ_{DW} 和夹紧误差 Δ_{JJ}。夹紧误差是夹紧工件时引起工件和夹具变形所造成的加工误差。夹具对定位误差 Δ_{DW} 包括对刀误差 Δ_{DA} 和夹具位置误差 Δ_{JW}。对刀误差是刀具相对于夹具位置不正确所引起的加工误差,而夹具位置误差是由于夹具相对于刀具成型运动位置不正确所引起的加工误差。这些加工误差的大小与夹具的制造、安装和使用密切相关。

⑦ 工艺系统的磨损。在力的作用下,工艺系统各部分的有关摩擦表面之间不可避免地要产生磨损,使工艺系统原有精度遭到破坏,因而对零件的加工精度产生影响。例如,机床主轴部件的较大磨损将引起主轴回转精度的下降,造成工件的圆度误差;机床导轨的不均匀磨损将使运动部件直线运动精度及其与主轴回转运动间位置精度遭到破坏,引起工件的轴向形状误差;夹具定位元件和导引元件的磨损会造成定位误差、对刀误差和导向误差,影响工件被加工表面与定位基准面之间的尺寸精度和位置精度;在采用调整法加工时,刀具或砂轮的磨损将会扩大一批工件的尺寸分散范围。

(2)工艺系统的受力变形。切削过程中始终伴随着力的作用,包括切削力、传动力、夹紧力、重力等。在力的作用下,工艺系统不可避免地要产生变形,从而使刀具相对于工件的正确位置受到破坏,影响机械加工精度。

(3)工艺系统的受热变形。除了力的作用外,切削过程中还始终伴随着热的作用,包括切削热、摩擦热、辐射热等。在热的作用下,工艺系统同样不可避免地要产生变形,同样会使刀具相对于工件的正确位置受到破坏,造成加工误差。特别是对于精密加工和大件加工,由于工艺系统热变形所引起的加工误差常常占到加工总误差的 40%～70%。

（4）工件的内应力。当外部载荷去除以后，仍残存在工件内部的应力，称为内应力。

工件中的内应力往往处于一种不稳定的平衡状态，在外部某种因素的作用下，很易失去原有的平衡，以达到一种新的较稳定的平衡状态。内应力的重新分布过程中，工件将产生相应的变形，破坏原有的加工精度。

2. 影响表面质量的因素

影响加工表面粗糙度的因素很多，工艺因素主要有几何因素和物理因素两个方面。加工方式不同，影响加工表面粗糙度的因素也不相同。

（1）切削用量。在切削用量三要素当中，进给量和切削速度对表面粗糙度的影响比较显著，背吃刀量的影响比较小，不是主要因素。

进给量的影响主要体现在加工后切削层残留面积的高度，进而影响表面粗糙度。减小进给量可以降低残留面积的高度，从而减小表面粗糙度。但是需要注意的是不能没有限度地去减小，因为减小到一定程度时，塑性变形的影响会占据主导地位，再进一步减小进给量，表面粗糙度值不仅不会减小，还会增大。

切削速度提高后，切削过程中切屑和加工表面的塑性变形程度会降低，因而表面粗糙度值必会减小。此外，采用更高或更低的切削速度可以避开刀瘤和鳞刺产生的速度范围。

（2）刀具。刀具的影响包括刀具的材料、刀具的几何参数和刀具的刃磨。

（3）工件材料。对加工表面粗糙度影响较大的是材料的塑性和金相组织。例如积屑瘤的形成。切削金属材料时，切屑沿前刀面流动，由于高温、高压的摩擦力的缘故，与前刀面接触的切屑底层流动缓慢，形成滞流层。在一定条件下，滞流层停滞不前，脱离切屑黏附在前刀面上形成硬度很高的积屑瘤，如图5-5所示。随着加工的进行，积屑瘤不断增大，便在已加工表面划出一些划痕，使加工表面粗糙。另外塑性材料在较低的速度下切削时表面上形成的鳞刺，增大了表面粗糙度。

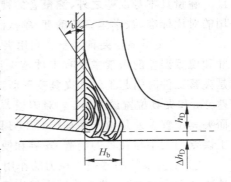

图 5-5　积屑瘤

（4）工艺系统的振动。加工时由于工艺系统的振动而在表面上形成波纹状痕迹。机械加工工艺系统的振动，是一种破坏正常加工过程的极其有害的现象。它影响加工精度、恶化加工表面质量、缩短机床和刀具的使用寿命，限制生产效率的提高。在精密和超精密加工中，哪怕是出现极微小的振动，也会给加工过程和工件质量带来严重危害。加工难切材料以及进行高速、强力切削或磨削时，振动的危害十分突出。机械加工中的振动分为强迫振动和自激振动两大类。

5.2.3　提高加工质量的措施

根据上述对影响模具零件加工质量因素的分析可知，提高加工质量的措施主要有：

（1）提高工艺系统各元素的精度，从根本上保证加工要求。

（2）提高工艺系统的刚性，以减少加工过程的力变形。

（3）合理选用切削用量，降低加工的热变形。

（4）合理安排工序及加工工艺路线，减少各工序之间的影响。

（5）提高表面质量的方法。

机械加工的表面质量，常用表面粗糙度和表面层的物理、力学性能来衡量。表面粗糙度是被加工表面的一种微观几何形状误差。表面层的物理、力学性能，包括表面层的加工硬化，金相组织变化和残余应力等。提高表面质量对提高零件耐磨性、零件疲劳强度、零件配合性质、零件表面耐腐蚀性的影响很大；此外，提高零件表面质量还有助于提高配合面接触刚度和密封性。

针对模具零件表面质量的影响因素提出以下改进方法。

（1）对零件进行相应的调质处理，使其得到均匀细密的结晶组织和较适宜的硬度。

（2）改进零件和刀具的安装定位的牢固性，减少加工中的振动，并选用刚度更好的设备进行加工。

（3）改进刀具的切削参数，并合理选择切削用量和切削液，适当增大刀具的前角，提高刀具的刃磨性，选用与工件材料亲和力小的刀具材料等。

（4）改进夹具的定位精度和刚度，减少加工定位误差。

（5）采用表面强化工艺如镀铬等可提高表面质量。

（6）采用超精加工、研磨、抛光等光整加工方法。这些加工方法能获得较好的表面质量。它们的共同特点是表面粗糙度小，Ra 值可达 $0.8\mu m$，加工时切削温度较低，不产生热影响，加工后表面残余应力很小。

（7）采用滚压、挤压、喷丸等强化工艺。这些加工方法能在零件表面层产生加工硬化和残余应力，并使表面粗糙度变小。但是，采用表面强化工艺时，应特别注意不要使加工硬化过度，以免表面层遭到破坏或引起表面微裂纹甚至起皮剥落。

课外实践任务及思考

1. 对校外实训基地有关模具图样进行加工质量要求分析。

2. 通过校外实训基地实训总结具体零件加工中提高加工质量的措施。

3. 思考。

（1）切削加工的质量问题包含哪几个方面？

（2）影响加工精度的因素有哪些？ 如何提高加工精度？

（3）影响表面质量的因素有哪些？ 如何提高表面质量。

（4）主轴回转运动误差分为哪三种基本形式？

（5）表面质量包括哪些主要内容？ 为什么零件的表面质量对零件的使用有重要意义？

任务 5.3 模具零件普通车床的车削加工

在模具制造中，导套、导柱、推杆、顶杆、浇口套、螺纹型芯、镶件、具有回转表面的凸模（型芯）、凹模（型腔）回转型面，以及内外螺纹等模具零件的粗加工或半精加工主要是在车床上完成的。掌握普通车床的车削加工,对于模具中具有回转表面零件的加工具有十分重要的意义。

5.3.1　车削工艺

1. 车削工艺特点

在零件的组成表面中,回转面用得最多,特别是轴套类零件表面的加工,主要在车床上进行加工。

车削加工工艺特点如下:

(1) 车削生产率高。

(2) 易于保证轴、盘、套等类零件各表面的位置精度。

(3) 适用于有色金属零件的精加工。

(4) 加工的材料范围广泛。硬度在 30HRC 以下的钢料、铸铁、有色金属及某些非金属(如尼龙),可方便地用普通硬质合金或高速钢车刀进行车削。淬火钢以及硬度在 50HRC 以上的材料属难加工材料,需用新型硬质合金、立方氮化硼、陶瓷或金刚石车刀车削。

2. 车削加工内容

车削是零件回转表面的主要加工方法之一。其主要特征是零件回转表面的中心线与车床主轴回转中心同轴,因此无论何种工件上的回转表面加工,都可以用车削的方法经过一定的调整而完成。车削适用于加工各种轴类、套筒类和盘类零件上的回转表面,例如车削内外圆柱面、圆锥面、环槽及成型回转表面,加工端面及加工各种常用的公制、英制、模数制和径节制螺纹,还能进行钻孔、铰孔、滚花等工作,如图 5-6 所示。

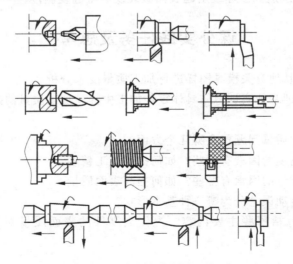

图 5-6　卧式车床能加工的表面

3. 车削加工精度和表面质量

车削加工因切削层厚度大、进给量大而成为外圆表面最经济最有效加工方法。尽管车削加工也能获很高加工精度和加工质量,但就其经济精度来看一般适宜外圆表面粗加工和半精加工。车削加工精度一般为IT8、IT7,表面粗糙度为 $6.3\sim1.6\mu m$。精车时,可达IT6、IT5,粗糙度可达 $0.4\sim0.1\mu m$。车削的生产率较高,切削过程比较平稳,刀具较简单。

4. 车削加工设备

(1) 车床主参数:床身上最大工件回转直径;最大车削长度。

(2) 常用车床种类。常用车床包括CA6140型卧式车床和立式车床。

① CA6140型卧式车床。CA6140型卧式车床,其结构具有典型的卧式车床布局,它的通用性程度较高,加工范围较广,适合于中、小型的各种轴类和盘套类零件的加工;能车削内外圆柱面、圆锥面、各种环槽、成型面及端面;能车削常用的米制、英制、模数制及径节制4种标准螺纹,也可以车削加大螺距螺纹、非标准螺距及较精密的螺纹;还可以进行钻孔、扩孔、铰孔、滚花和抛光等工作。

② 立式车床。立式车床适于加工直径大而高度小于直径的大型工件,按其结构形式可分为单柱式和双柱式两种。立式车床的主参数用最大车削直径的1/100表示。例如,C5112A型单柱立式车床的最大车削直径为1200mm。

由于立式车床的工作台处于水平位置,因此,对笨重工件的装卸和找正都比较方便,工件和工作台的重量比较均匀地分布在导轨面和推力轴承上,有利于保持机床的工作精度和提高生产率。

(3) 车床的型号及规格(以CA6140为例),如图5-7所示。

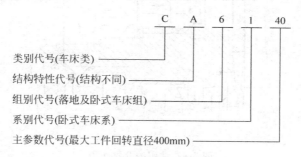

图5-7 车床CA6140型号编制

机床的主要技术规格如下(CA6140型卧式车床):

床身上最大工件回转直径	400mm
刀架上最大回转直径	210mm
最大工件长度	700mm、1000mm、1500mm
主轴中心至床身平面导轨距离	205mm
最大车削长度	650mm、900mm、1400mm
主轴孔径	48mm
主轴转速	
正转(24级)	$10\sim1400r/min$
反转(12级)	$14\sim1580r/min$

车刀纵向和横向进给量	共 64 种
纵向：一般进给量	0.08～1.59mm
小进给量	0.028～0.054mm
加大进给量	1.71～6.33mm
横向：一般进给量	0.04～0.79mm
小进给量	0.014～0.027mm
加大进给量	0.86～3.16mm
刀架纵向快速移动	4m/min

5.3.2　车刀的选用

车刀是金属切削加工中应用最为广泛的刀具之一，它直接参与车削加工过程。车刀由刀体和切削部分组成。按使用要求的不同，有不同的结构和不同材料制成的车刀。

1. 车刀的种类

车刀种类很多，一般按用途和结构进行分类。

（1）按用途分类，车刀可分为外圆车刀、内孔车刀、端面车刀、切断车刀、螺纹车刀等，如图 5-8 所示。

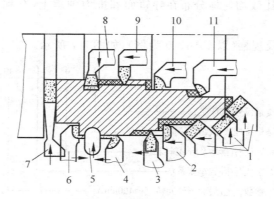

图 5-8　常用的几种车刀

1—45°弯头车刀；2—90°外圆车刀；3—外螺纹车刀；4—75°外圆车刀；
5—成型车刀；6—90°左外圆车刀；7—车槽刀；8—内孔车槽刀；
9—内外螺纹车刀；10—闭孔镗刀；11—通孔镗刀

（2）按结构分类，车刀可分为整体式车刀、焊接式车刀、机夹车刀和可转位车刀，如图 5-9 所示。

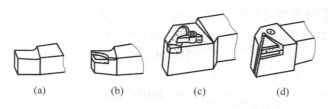

(a)　　　　(b)　　　　(c)　　　　(d)

图 5-9　车刀

（a）整体式车刀；（b）焊接式车刀；（c）机夹车刀；（d）可转位车刀

2. 车刀的组成

外圆车刀由刀杆和刀头组成,如图 5-10 所示。刀杆的作用是装夹和支撑,刀头的作用是切削,所以也称切削部分。切削部分的组成如下。

(1) 刀面

前刀面 A_γ:前刀面是与切削层金属相互作用,切屑流动所经过的表面。

主后刀面 A_α:主后刀面是刀具与工件上过渡表面相对的表面。它与前刀面相交组成主切削刃。

副后刀面 A'_α:副后刀面是刀具与工件上已加工表面相对的表面。它与前刀面相交组成副切削刃。

(2) 切削刃

主切削刃 S:前刀面与主后刀面的交线(实际是个区域)。

副切削刃 S':前刀面与副后刀面的交线(实际是个区域)。

(3) 刀尖

主切削刃与副切削刃的交点(实际是个区域)。

不同类型的刀具,其刀面和切削刃的数量也不完全相同,要具体分析。

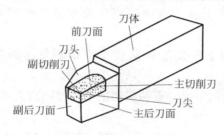

图 5-10　外圆车刀切削部分的组成

3. 刀具角度

刀具角度是确定刀具切削部分几何形状的重要参数,要确定刀具的角度,必须先确定用于定义和规定刀具角度的各种基准坐标平面,组成各种参考坐标系。以外圆车刀为例,在生产实践中最常用的坐标系是正交平面参考坐标系,如图 5-11(a)所示主要由三个平面组成。

(1) 基面。过切削刃选定点,垂直于该点假定主运动方向的平面,用 P_r 表示。

(2) 切削平面。过切削刃选定点,与切削刃相切,并垂直于刀具基面的平面。主切削平面用 P_s 表示,副切削平面用 P'_s 表示。

(3) 正交平面。过切削刃选定点同时垂直于刀具基面和切削平面的平面,用 P_o 表示。

这三个平面两两相互垂直,称为正交,故此坐标系叫做正交平面参考坐标系,在图中,过主切削刃选定点和过副切削刃选定点都可以建立正交平面参考坐标系,它们的基面同为平行刀具底面的平面。

(4) 正交平面参考系中的刀具角度如图 5-11(b)所示。

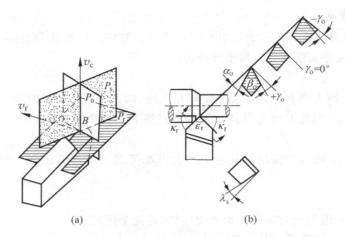

图 5-11　正交平面参考坐标系和正交平面参考坐标系的刀具角度

① 前角 γ_o：切削刃上选定点的基面与前刀面的夹角，在正交平面中的度量值；

② 后角 α_o：切削刃上选定点的切削平面与后刀面的夹角，在正交平面中的度量值；

③ 主偏角 κ_r：切削刃上选定点的切削平面与进给平面间的夹角，在基面中的度量值；

④ 刃倾角 λ_s：切削刃上选定点的基面与主切削刃间的夹角，在切削平面中的度量值；

⑤ 副后角 α_o'：副切削刃上选定点的副切削平面与副后刀面的夹角，在副正交平面中的度量值；

⑥ 副偏角 κ_r'：副切削刃上选定点的副切削平面与进给平面的夹角，在基面中的度量值。

由于车刀上主、副切削刃共用一个前刀面，所以，主切削刃上的 4 个基本角度确定后，副刀刃上的前角 γ_o' 和副刃倾角 λ_s' 也随之确定，图样上也不必标注。因此，一把外圆车刀有 6 个独立的基本角度，即主刀刃 4 个副刀刃 2 个。

4. 合理选用刀具参数

在切削加工中，合理选择刀具几何参数是保证加工质量、提高效率、降低成本的最有效的途径。

（1）合理刀具几何参数的概念。刀具合理几何参数是指，在保证加工质量和刀具寿命的前提下，使生产率最高、成本最低的刀具几何参数。它包含以下内容。

① 切削刃的形状：直线刃、折线刃、圆弧刃、波形刃、刀尖等。

② 切削刃的截面形状及参数：锋刃、倒棱刃、消振棱等。

③ 刀面形式及参数：断屑槽、卷屑槽、铲背等。

④ 刀具切削角度：前角、后角、主偏角、刃倾角、副偏角等。

以上几方面的内容是相互联系的，整体考虑进行合理选择，才能形成合理的刀具切削部分。

（2）选择刀具几何参数的一般原则。

① 考虑工件的具体情况。主要是工件材料的化学成分、制造方法、热处理状态、力学及物理性能（硬度、强度、塑性、韧性、导热系数、热容、熔点等），毛坯表面状况、工件形状、尺寸、精度、表面质量等。

② 考虑刀具材料和刀具结构。主要考虑刀具材料的成分、力学与物理性能（主要是硬度、冲击韧性、耐磨性、热硬性、导热系数和热容等），还有刀具的结构形式，是整体式、焊接式或机夹式等。

③ 注意刀具各几何参数之间的联系。刀具的刀刃、刀面和角度之间均是相互联系的，要综合考虑它们各自的作用和影响后，分别确定其合理的参数，绝不能孤立、片面地看问题，去追求某一个指标。

④ 考虑具体的加工条件。要考虑机床、夹具的情况，系统的刚性及功率的大小，切削用量及切削液的性能等。一般情况下，粗加工着重考虑刀具寿命来选择刀具的合理几何参数；精加工主要考虑保证加工质量要求；对于自动线用刀具，主要考虑切削的平稳性，有时需要考虑断屑问题；机床刚性和动力不足时，刀具要锋利，以减小切削力。

⑤ 处理好刀具锋利性同强度和耐磨性的关系。在保证刀具足够强度和耐磨性的前提下，力求刀具锋利；在提高刀具锋利性的同时，要设法强化刀尖和刀刃。

（3）刀具主要几何参数的选择。

① 前角的选择。前角影响切削变形、切削刃的锋利性、强度和受力性质、刀具的散热、切屑的形态和加工质量等。前角增大使变形减小，切削刃锋利、强度降低、散热体积减小，提高加工质量等。

② 后角 α_o 的选择。后角影响刀刃的强度、散热和锋利性、刀具的寿命，可减小切削中的摩擦。后角增大刀刃强度和散热性就会降低，增加刀刃的锋利性，可使摩擦减小。

③ 副后角 α_o' 的选择。副后角的值通常等于后角；切断刀、切槽刀、锯片铣刀的副后角受刀具切削部分强度的限制，只能取很小的值，通常取 $1°\sim2°$。

④ 主偏角 κ_r 的选择。主偏角 κ_r 的选择会影响切削残留面积的高度，即加工表面粗糙度。主偏角 κ_r 增大则残留面积的高度（即表面粗糙度）增大。对单件小批生产，由于一把刀需要加工多个表面，取通用性好的 $45°$ 或 $90°$。

刀具合理几何参数是相对的，它取决于实际的加工条件，不同的加工条件有不同的数值，且各参数之间存在着相互依赖、相互制约的关系。因此，选择刀具合理几何参数时，要联系实际，认真分析各参数之间的关系，以及对加工过程的影响，初步确定各参数匹配的方案，通过几次反复的实验、修订后才能确定。绝不能孤立地、片面地去追求某一个指标，否则会产生相反的效果。

5.3.3　车削工艺参数的确定

切削用量 v_c、进给量 f、背吃刀量 a_p 对生产率的影响是等同的，而对切削加工过程的影响是不同的。生产中应合理选择切削用量，在保证加工质量和合理的刀具耐用度的前提下，提高生产率，降低加工成本。

1. 粗加工时切削用量的选择

粗加工的主要目的在于尽快切除加工余量,以提高生产率,降低成本。所以,应选择较大的切削用量。但各切削用量参数对刀具的耐用度的影响不同,影响最大的是切削速度,其次是进给量,最小的是背吃刀量。所以,在粗加时,应优先考虑用大的背吃刀量,其次考虑用大的进给量,最后根据刀具耐用度选定合理的切削速度。

(1) 背吃刀量 a_p 的选择。背吃刀量 a_p 的选择按零件的加工余量和工艺系统刚度来定。在保留后续加工余量的前提下,应尽量将粗加工余量一次切除;若工艺系统刚度差,或加工余量过大,刀具强度不允许,可分多次走刀。但第一次走刀时背吃刀量 a_p 应尽量大些。在中等功率车床上,粗加工时可达 8~10mm,在留出精加工、半精加工余量的前提下,尽可能一次走刀切完。当采用不重磨刀具时,背吃刀量所形成的实际切削刃长度不宜超过总切削刃长度的 2/3。

(2) 进给量 f 的选择。考虑工艺系统刚度以及粗加工后表面残留高度是否能被精加工、半精加工余量切除等因素,当工艺系统刚度较好,精加工、半精加工有足够余量时,可选用较大的进给量,否则取小的进给量。

(3) 切削速度 v_c 的选择。在背吃刀量 a_p 和进给量 f 已定的基础上,按选定刀具的耐用度,通过查手册来确定切削速度 v_c。切削速度确定后,可以按工件最大部分直径 d_{max} 计算出车床主轴转速 n,即

$$n = \frac{1000 v_c}{\pi d_{max}}$$

一般粗加工时, $a_p = 2\sim6mm$, $f = 0.3\sim0.6mm$, $v_c = 1m/s$ 左右。

2. 半精加工、精加工时切削用量的选择

精加工的主要目的在于保证加工精度和表面质量,同时要兼顾刀具耐用度和生产效率。切削用量选择顺序和方法如下:

(1) 背吃刀量 a_p 的选择。在保证切除粗加工工序留下的残留高度及表面变质层的前提下,选择较小的背吃刀量。

(2) 进给量 f 的选择。考虑加工精度和表面粗糙度的要求,根据工件材料、表面粗糙度和刀尖圆弧半径,预选一个切削速度。再根据表 5-3 选取进给量。

表 5-3　硬质合金刀具半精车时的进给量

工件材料	表面粗糙度 $Ra/\mu m$	切削速度范围 /(m/s)	刀尖圆弧半径 r/mm		
			0.5	1.0	2.0
			进给量 $f/(mm/r)$		
碳钢、合金钢	>5~10	≤0.84	0.30~0.50	0.45~0.60	0.55~0.70
		>1.33	0.40~0.55	0.55~0.65	0.65~0.70
	>2.5~5	≤0.84	0.20~0.25	0.25~0.30	0.30~0.40
		>1.33	0.25~0.30	0.30~0.35	0.35~0.40
	>1.25~2.5	≤0.84	0.10~0.11	0.11~0.15	0.15~0.20
		>1.33	0.10~0.20	0.16~0.25	0.25~0.35

注:加工耐热钢及其合金、钛合金,切削速度大于 0.84m/s 时,表中进给量应乘以系数 0.7~0.8。

（3）切削速度 v_c 的选择。半精加工、精加工时，切削速度对刀具耐用度影响较大，为防止中速切削时产生积屑瘤，影响加工质量，硬质合金刀具选用较高的切削速度，高速钢刀具选用较低的切削速度。

5.3.4 导柱车削加工分析

导柱的加工属轴类零件的加工，构成导柱表面的基本表面都是外圆柱表面，车削是导柱表面粗加工、半精加工的主要方法。

1. 常见导柱技术要求

常见导柱技术要求如图 5-12 所示。

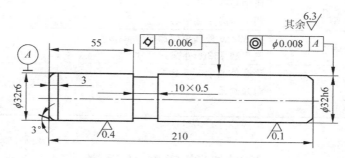

图 5-12 导柱

2. 导柱车削加工的装夹

导柱在车削加工过程中，常以其轴线作为定位基准，往往通过外圆柱面或两端的顶尖孔位定位基面来体现。其外圆的加工有三种装夹方式：用两顶尖孔定位装夹、用外圆柱面定位装夹、用外圆与顶尖孔相结合的定位装夹。

3. 导柱加工工艺路线

导柱的主要表面是配合面，尤其是与导套之间的配合面。该表面形状为外圆柱面，加工要求较高，一般要分粗车—半精车—热处理—粗磨—精磨几个加工阶段。精磨后，精度可达 IT7～IT6，表面粗糙度 Ra 值可达 $0.4～0.1\mu m$。如果精度要求较高，还需要进行研磨来提高表面质量。

导柱的加工工艺路线如表 5-4 所示。

表 5-4 导柱的加工工艺路线

工序号	工序名称	工序内容	设备
1	下料	按尺寸 $\phi 35mm \times 215mm$ 切断	锯床
2	车端面钻中心孔	车端面保证长度 212.5mm 钻中心孔 调头车端面保证 210mm 钻中心孔	卧式车床

续表

工序号	工序名称	工 序 内 容	设 备
3	车外圆	车外圆至 ϕ32.4mm 切 10mm×0.5mm 槽到尺寸 车端部 调头车外圆至 ϕ32.4mm 车端部	卧式车床
4	检验		
5	热处理	按热处理工艺进行,保证渗碳层深度 0.8～1.2mm,表面 硬度 58～62HRC	
6	研中心孔	研中心孔 调头研另一端中心孔	卧式车床
7	磨外圆	磨 ϕ32h6 外圆留研磨量 0.01mm 调头磨 ϕ32r6 外圆到尺寸	外圆磨
8	研磨	研磨外圆 ϕ32h6 达要求 抛光圆角	
9	检验		

课外实践任务及思考

1. 对图 5-13 所示导柱零件进行分析,写出加工工艺过程。材料为 T8A,小批生产。

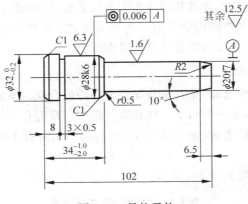

图 5-13　导柱零件

2. 思考。

(1) 外圆加工的装夹方式有哪些?

(2) 车削加工有哪些特点?

(3) 车床的结构有哪些组成? 常用的车床有哪些?

(4) 车刀的种类有哪些? 选择刀具的原则有哪些? 如何选用?

(5) 粗车时工艺参数如何选择?

任务 5.4　模具零件普通铣床的铣削加工

模具零件以板类零件为主,模具零件上的平面、各种沟槽和各种型腔、型孔主要应用铣削加工来完成。在模具零件的铣削加工中,立式铣床和万能工具铣床的立铣加工应用最为广泛。掌握普通铣床的铣削加工,对于模具中零件的平面、各种沟槽和各种型腔、型孔的加工具有十分重要的意义。

5.4.1　普通铣削工艺

1. 铣削加工的工艺特点

铣削是利用多刃回旋体刀具在铣床上对工件进行加工的一种切削加工方法。它可以加工水平面、垂直面、斜面、沟槽、成型表面、螺纹和齿形等,也可以用来切断材料,是平面加工的主要方法之一。铣削加工的典型加工方法如图 5-14 所示。

图 5-14　铣削的典型加工方法

与其他平面加工方法相比较,铣削的工艺特点是:

(1) 铣削的适应性广泛。

(2) 生产率高。

(3) 铣削加工范围广。

(4) 铣削力变化较大,易产生振动,切削不平稳。

(5) 铣刀与铣床结构比刨刀与刨床复杂,且铣刀的制造和刃磨也比刨刀复杂,故铣削成本比刨削高。

(6) 加工质量一般与刨削相近。

2. 铣削用量要素

铣削用量要素包括背吃刀量 a_p、侧吃刀量 a_e、铣削速度 v_c 和进给量,如图 5-15 所示。

(1) 背吃刀量 a_p。平行于铣刀轴线测量的切削层尺寸为背吃刀量 a_p,单位为 mm。端铣时,背吃刀量为切削层深度,而圆周铣削时,背吃刀量为被加工表面的宽度。

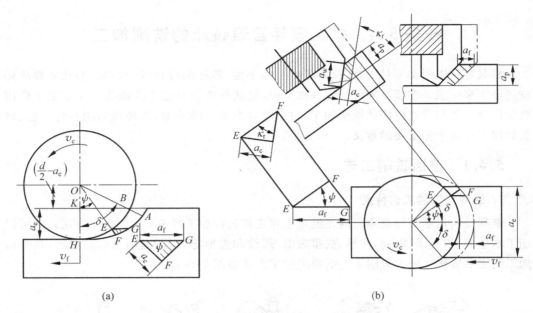

图 5-15　铣削切削层要素

(a) 圆柱形铣刀的切削厚度；(b) 面铣刀的切削厚度

（2）侧吃刀量 a_e。垂直于铣刀轴线测量的切削层尺寸为侧吃刀量 a_e，单位为 mm。端铣时，侧吃刀量为被加工表面宽度，而圆周铣削时，侧吃刀量为切削层深度。

（3）铣削速度 v_c。铣削速度是铣刀主运动的线速度，其值可按下式计算：

$$v_c = \frac{\pi d n}{1000}$$

式中，v_c 为铣削速度（m/min）；d 为铣刀直径（mm）；n 为铣刀转速（r/min）。

（4）铣削进给量。铣削时进给运动的大小有下列三种表示方法。

① 每齿进给量 a_f：每齿进给量是铣刀每转一个刀齿时，工件与铣刀沿进给方向的相对位移，单位为 mm/z。

② 每转进给量 f：每转进给量是铣刀每转一转时，工件与铣刀沿进给方向的相对位移，单位为 mm/r。

③ 进给速度 v_f：进给速度是单位时间内工件与铣刀沿进给方向的相对位移，单位为 mm/min。

三者之间的关系为：

$$v_f = fn = a_f zn$$

式中，z 为铣刀刀齿数目。

铣床铭牌上给出的是进给速度，调整机床时，首先应根据加工条件选择 a_f，然后计算出 v_f，并按 a_f 调整机床。

3. 铣削切削层要素

铣削时，铣刀相邻两个刀齿在工件上形成的加工表面之间的一层金属层称为切削层，切削层剖面的形状和尺寸对铣削过程有很大的影响。如图 5-15 所示,切削层要素有三个。

(1) 切削厚度 a_c。切削厚度是指相邻两个刀齿所形成的加工面间的垂直距离。由图 5-15 可知,铣削时,切削厚度是随时变化的。

(2) 切削宽度 a_w。切削宽度是指为主切削刃参加工作时的长度,如图 5-15 所示,直齿圆柱铣刀的切削宽度与铣削背吃刀量 a_p 相等。而螺旋齿圆柱铣刀的切削宽度是变化的。随着刀齿切入切出工件,切削宽度逐渐增大,然后又逐渐减小,因而铣削过程较为平稳。

(3) 平均切削总面积 Ac_{av}。铣刀每个刀齿的切削面积 $Ac=a_c a_w$,铣刀同时有几个刀齿参加切削,切削总面积等于各个刀齿的切削面积之和。铣削时,铣削厚度是变化的,而螺旋齿圆柱铣刀的切削宽度也是变化的,并且铣刀的同时工作齿数也在变化,所以铣削总面积是变化的。

5.4.2 铣刀

铣刀是多齿刀具,每一个刀齿都相当于一把车刀镶嵌在铣刀的回转表面上。通用规格的铣刀已经标准化,一般均由专业工具厂生产。铣刀的种类很多,一般按用途分类可分为加工平面用铣刀、加工沟槽用铣刀、加工成型面用铣刀。以下介绍几种常用铣刀。

1. 圆柱铣刀

圆柱铣刀如图 5-16 所示,螺旋形切削刃分布在圆柱表面,没有副切削刃,主要用在卧式铣床上铣平面。

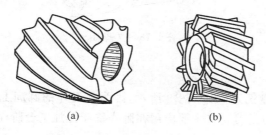

(a)　　　　　　(b)

图 5-16　圆柱铣刀

(a) 整体式;(b) 镶嵌式

2. 端铣刀

端铣刀如图 5-17 所示,主切削刃为圆柱或圆锥表面上的刃口,副切削刃为圆柱或圆锥的端面上的刃口。铣削时,铣刀的轴线垂直于被加工表面,因此适用于在立式铣床上铣削平面。

3. 立铣刀

立铣刀相当于带柄的小直径圆柱铣刀,圆柱上的切削刃为主切削刃,端面上的为副切削刃。因此,既可作圆柱铣刀用,又可以利用端部的副切削刃起端铣刀的作用。各种立铣刀如图 5-18 所示,使用时柄部装夹在立铣头主轴中,可以铣削窄平面、直角台阶、平底

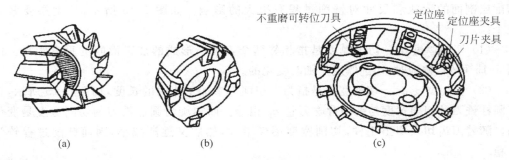

图 5-17　端铣刀
(a) 整体式刀片；(b) 镶焊接式硬质合金刀片；
(c) 机械式固定式可转位硬质合金刀片

槽等,应用十分广泛。另外,还有粗齿大螺旋角立铣刀、玉米铣刀、硬质合金波形刃立铣刀等,它们的直径较大,可以采用大的进给量,生产效率很高。

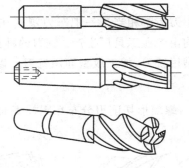

图 5-18　立铣刀

4. 三面刃铣刀

三面刃铣刀又称盘铣刀,如图 5-19 所示,因为在刀体的圆周上及两侧环形端面上均有刀刃,故称为三面刃铣刀。它主要应用在卧式铣床上加工台阶面和一端或两端贯通的浅沟槽。

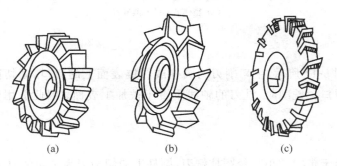

图 5-19　三面刃铣刀
(a) 直齿；(b) 交错齿；(c) 镶齿

5. 锯片铣刀

锯片铣刀如图 5-20 所示,锯片铣刀本身很薄,只有圆周上有刀齿,它主要用于切断工件和在工件上铣窄槽。为避免夹刀,其厚度由边缘向中心减薄,使两侧形成副偏角。

6. 键槽铣刀

键槽铣刀如图 5-21 所示,它主要用来铣轴上的键槽。外形与立铣刀相似,不同的是它在圆周上只有两个螺旋刀齿,其端面刀齿的刀刃延伸至中心,因此在铣两端不通的键槽时,可以作适量的轴向进给。

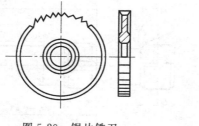 

图 5-20　锯片铣刀　　　　　　　图 5-21　键槽铣刀

7. 其他铣刀

其他铣刀还有角度铣刀、成型铣刀、T 形槽铣刀、燕尾槽铣刀。仿形铣和数控铣用的指状铣刀等,统称为特种铣刀,如图 5-22 所示。

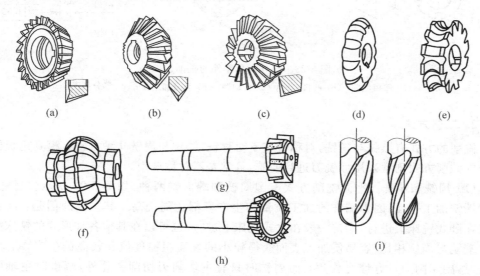

图 5-22　特种铣刀

(a)、(b)、(c) 角度铣刀;(d)、(e)、(f) 成型铣刀;
(g) T 形铣刀;(h) 燕尾槽铣刀;(i) 指状铣刀

5.4.3　铣削工艺方案的确定

1. 适用范围

铣削工艺主要用于以下类型模具零件的加工,如支撑板件、功能结构板件、模板等;某些三维立体型面,如成型模的凹模型腔和凸模的型面加工;圆柱形工件上设置的沟、槽或型孔加工,如传动轴上的键槽;圆柱形、套形、盘形工件的端面或圆周上设的沟、槽、齿、孔等均分的加工面,或在圆周面上设有的等分平面(正多边形)等,如图 5-23 所示。

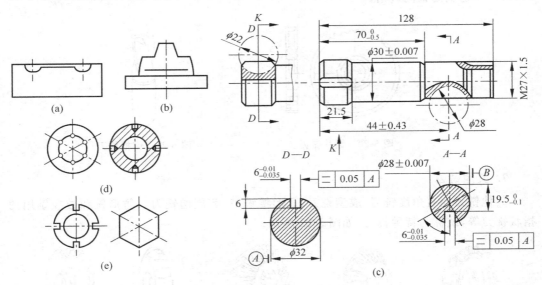

图 5-23　部分模具零件的铣削加工
(a) 凹模型腔;(b) 凸模型面;(c) 传动轴;(d) 等分加工面;(e) 等分平面

2. 工艺方法

铣削的方式有顺铣与逆铣,对称铣与不对称铣,端铣与周铣几种方式。模具用板件加工面的铣削方式则常采用面铣刀进行逆铣,且常是不对称铣削。

(1) 周铣和端铣。平面铣削方式有圆周铣和端面铣两种,如图 5-24 所示。目前,常采用端铣加工平面,因为端铣的加工质量和生产率都比周铣高。其主要原因是:周铣通常只在卧式铣床上进行,端铣一般在立式铣床上进行,也可以在其他各种形式的铣床上进行。端铣与周铣相比,容易使加工表面获得较小的表面粗糙度值和较高的生产率。因为端铣时,副切削刃具有修光作用;而周铣时只有主切削刃切削。此外,端铣时主轴刚性好,并且面铣刀易于采用硬质合金可转位刀片,因而所用切削用量大,生产效率高。

(2) 逆铣和顺铣。圆周铣有逆铣和顺铣两种铣削方式,如图 5-25 所示。逆铣时,铣刀的旋转方向与工件的进给方向相反;顺铣时,则铣刀的旋转方向与工件的进给方向相同。逆铣时,切屑的厚度从零开始渐增。实际上,铣刀的刀刃开始接触工件后,将在表面滑行一段距离才真正切入金属。这就使得刀刃容易磨损,并增加加工表面的粗糙度。逆铣时,铣刀对工件有上抬的切削分力,影响工件安装在工作台上的稳固性。

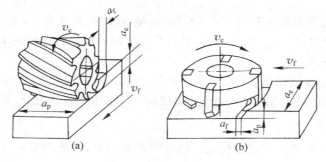

图 5-24　周铣和端铣

（a）周铣；（b）端铣

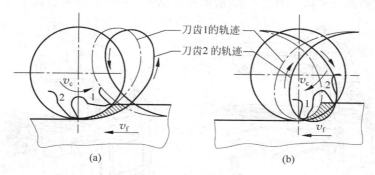

图 5-25　顺铣和逆铣

（a）逆铣；（b）顺铣

　　顺铣则没有上述缺点。但是,顺铣时工件的进给会受工作台传动丝杠与螺母之间间隙的影响。因为铣削的水平分力与工件的进给方向相同,铣削力忽大忽小,就会使工作台窜动和进给量不均匀,甚至引起打刀或损坏机床。因此,必须在纵向进给丝杠处有消除间隙的装置才能采用顺铣。但一般铣床上是没有消除丝杠螺母间隙的装置,只能采用逆铣法。另外,对铸锻件表面的粗加工,顺铣因刀齿首先接触黑皮,将加剧刀具的磨损,此时,也是以逆铣为妥。

　　（3）对称铣和不对称铣。工件位于铣刀中间时的铣削方式叫做对称端铣。铣削时,刀齿在工件的前半部分为逆铣,后半部分为顺铣。加工时,在铣削层宽度较大和铣刀齿数较少的情况下,会引起工件和工作台的轴向窜动,且对窄长工件易造成变形。

　　工件偏在铣刀一边时的铣削方式叫做非对称端铣。非对称端铣又依据顺铣和逆铣所占比例不同分为非对称逆铣和非对称顺铣两种。非对称逆铣铣削时,逆铣部分所占的比例大,不会拉动工作台引起轴向窜动。刀刃切入工件的切屑厚度由薄到厚,刀刃受到的冲击较小,并且刀刃开始切入时,无滑动阶段,有利于提高铣刀的耐用度。非对称顺铣铣削时,顺铣部分所占的比例大,易拉动工作台,引起轴向窜动。所以,在端铣时一般不采用非对称顺铣。

　　3. 铣削加工精度及表面质量

　　铣削平面时,一般分为粗加工、半精加工和精加工,这需要依据板件的质量要求来确定。在正常条件下,粗铣平面的平直度误差 0.15～0.3mm/m,表面粗糙度为 Ra 6.3～

$12.5\mu m$,半精铣的平直度误差为 $0.1\sim0.2mm/m$,表面粗糙度为 $Ra1.6\sim6.3\mu m$。精铣表面粗糙度 Ra 值可达 $3.2\sim1.6\mu m$,两平行平面之间的尺寸精度可达 IT9~IT7,直线度可达 $0.08\sim0.12mm/m$。

板件铣削时,每次的切削量不宜过大。铣削过程中,应随时检查,以便于随时修正调整。铣削后的零件,如需磨削来提高表面粗糙度等级时,一般应留有磨削余量,余量一般为 0.5mm。

4. 铣床

铣床是一种应用非常广泛的机床。铣床的类型很多,主要类型有立铣、工具铣床、龙门铣床、数控铣床等。

（1）卧式升降台铣床。图 5-26 为万能升降台铣床外形图。

（2）立式升降台铣床。如图 5-27 所示是常见的一种立式升降台铣床。

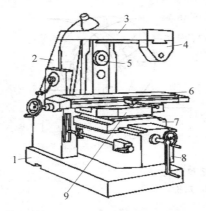
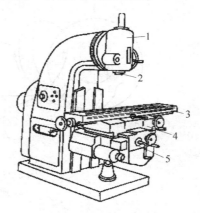

图 5-26　卧式升降台铣床外形图
1—底座;2—床身;3—悬梁;4—刀杆
支架;5—主轴;6—工作台;7—床鞍;
8—升降台;9—回转台

图 5-27　立式升降台铣床
1—铣头;2—主轴;3—工作台;4—床
鞍;5—升降台

（3）龙门铣床。图 5-28 是龙门铣床的外形图,它是一种大型铣床,主要用于加工大型工件上的平面和沟槽。

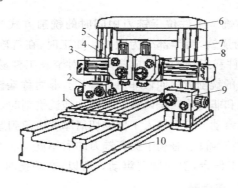

图 5-28　龙门铣床的外形图
1—工作台;2、9—水平铣头;3—横梁;4、8—垂直铣头;5、7—立柱;6—顶梁;10—床身

5.4.4　工艺参数的选定

铣削用量的选择应当根据工件的加工精度、铣刀的耐用度及机床的刚性进行选择,首先选定铣削深度,其次是每齿进给量,最后确定铣削速度。

1. 粗加工时铣削用量的选择

粗铣时,工件的加工精度要求不高,但加工余量较大,此时应当根据工艺系统刚性及刀具耐用度来选择铣削用量。一般选取较大的背吃刀量和侧吃刀量,使一次进给尽可能多地切除毛坯余量。在刀具性能允许的条件下,应以较大的每齿进给量进行切削来提高生产率。表5-5给出了粗铣时每齿进给量的推荐数值。

表 5-5　粗铣每齿进给量 f_z 的推荐

刀　具		工件材料	推荐进给量 f_z/mm
高速钢	圆柱铣刀	钢	0.10～0.50
		铸铁	0.12～0.20
	端铣刀	钢	0.04～0.06
		铸铁	0.15～0.20
	三面刃铣刀	钢	0.04～0.06
		铸铁	0.15～0.25
硬质合金铣刀		钢	0.10～0.20
		铸铁	0.15～0.30

2. 半精加工时铣削用量的选择

此时工件的加工余量一般在 0.5～2mm,并且无硬皮,加工后要降低表面粗糙度值,因此,应选择较小的每齿进给量和较大的切削速度。表5-6给出了铣削速度 v_c 的推荐使用值。

表 5-6　铣削速度 v_c 的推荐值

工件材料	铣削速度 v_c/(m/min)		说　明
	高速钢铣刀	硬质合金铣刀	
20	20～45	150～190	1. 粗铣时取小值,精铣时取大值
45	20～35	120～150	2. 工件材料强度、硬度高取小值,反之取大值
40Cr	15～25	60～90	3. 刀具材料耐热性好取大值,耐热性差取小值
HT150	14～22	70～100	
黄铜	30～60	120～200	
铝合金	112～300	400～600	
不锈钢	16～25	50～100	

3. 精加工时铣削用量的选择

精加工时加工余量很小,应当着重考虑刀具的磨损对加工精度的影响,因此宜选择较小的每齿进给量和较大的铣削速度进行铣削。

课外实践任务及思考

1. 对图 5-29 所示注塑模具定模板零件进行分析,写出加工工艺过程。

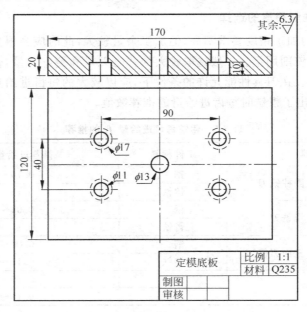

图 5-29　定模板

2. 思考。

(1) 铣削用量有哪些? 各表示什么意思?

(2) 铣削的特点有哪些?

(3) 铣刀的种类有哪些? 如何选用铣刀?

(4) 什么是顺铣和逆铣? 它们的区别是什么?

(5) 铣削的工艺参数如何选定?

任务 5.5　模具零件磨削加工

模具工作零件大多数要进行热处理,以便提高模具的寿命。为了消除热处理变形,进一步提高零件的精度,往往要采用磨削加工。

磨削是以砂轮或其他磨具对工件进行精加工和超精加工的切削加工方法。在磨床上采用各种类型的磨具为工具,可以完成内外圆柱面、平面、螺旋面、花键、齿轮、导轨和成型面等各种表面的精加工。磨削主要用于零件的精加工,目前也可以用于零件的粗加工甚至毛坯的去皮加工,可获得很高生产率。磨削加工在机械制造业中得到了越来越广泛的应用。磨削加工具有以下特点。

(1) 砂轮是由磨料和结合剂黏结而成的特殊多刃刀具。在砂轮表面每平方厘米面积

上有 $60\sim1400$ 颗磨料,每颗磨粒相当于一个刀齿。砂轮的磨削过程实际上是磨粒对工件表面的切削、刻划和滑擦三种作用的综合效应。

(2) 砂轮的磨削速度极高。砂轮具有较高的周线速(一般 $40m/s$ 左右),而在高速磨削时达 $200m/s$ 左右,这对提高磨削加工效率、提高工件的表面质量很有意义。

(3) 磨料硬度高、耐热性好。它不仅可以磨削铜、铁、钢等一般硬度的材料,而且可以磨削一般刀具难以切削的高硬度材料,如淬硬钢、硬质合金、工程陶瓷、宝石等。

(4) 磨削加工能获得极高的加工精度和极细的表面粗糙度。砂轮工作面经修正后,可形成极细微的刃口以切除工件表面极薄的金属层。磨削精度通常达到 IT7~IT6 公差等级,表面粗糙度可达 $Ra1.25\sim0.16\mu m$,如精磨削工件表示粗糙度为 $Ra0.1\mu m$ 工件,呈光滑境面,尺寸精度和形状精度可达到 $1\mu m$ 以内。

(5) 砂轮在磨削时具有"自锐性"。砂轮在磨削时,部分磨钝的磨粒在一定的条件下能自动落或崩碎,从而使砂轮表面的磨粒能自动更新,从而使砂轮保持良好的磨削性能。

5.5.1　磨削的基本知识

1. 磨削加工类型

磨削加工有外圆磨削、内圆磨削、平面磨削、型面磨削、无心磨削和砂带磨削等几种主要加工类型。

(1) 外圆磨削

① 纵磨法。磨削时,砂轮高速旋转为主运动,工件低速旋转并随工作台作纵向直线往复的进给运动。在工件往复行程的终点,砂轮再作周期性的径向间歇进给,如图 5-30 所示。

② 横磨法。磨削时,工件无往复直线进给运动,砂轮以很慢的速度作连续或断续的径向进给,直至加工余量全部磨去,如图 5-31 所示。

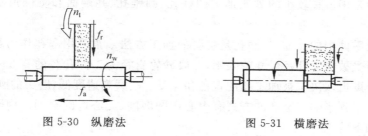

图 5-30　纵磨法　　　　　图 5-31　横磨法

③ 综合磨法。先用横磨法粗磨(相邻两段的搭接长度为 $5\sim10mm$),当工件上的加工余量为 $0.01\sim0.03mm$ 时,再采用纵磨法精磨。

④ 深磨法。磨削时,用较小的纵向进给量(一般为 $1\sim2mm/r$)和较大的切深(一般为 $0.03mm$ 左右),在一次行程中去除全部加工余量,如图 5-32 所示。

该法生产效率很高,但要求加工表面两端有较大的距离,以便砂轮切入和切出。一般只用于成批或大批量生产中刚性好的工件。

⑤ 无心磨削。磨削时,工件不用顶尖支撑,而置于磨轮和导轮之间的托板上,磨轮与

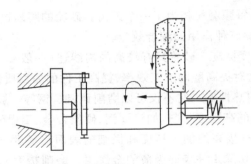

图 5-32　深磨法

导轮同向旋转以带动工件旋转并磨削工件外圆。导轮轴线倾斜所产生的轴向分力使工件产生自动的轴向位移。无心外圆磨自动化程度高、生产率高,适于磨削大批量的细长轴及无中心孔的轴、套、销等零件,如图 5-33 所示。

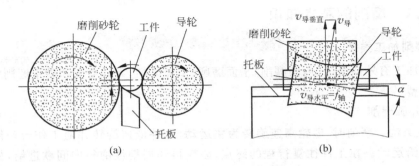

图 5-33　无心外圆磨削原理

（2）内圆磨削

内圆磨削是用直径较小的砂轮加工圆柱孔、圆锥孔、孔端面和特殊形状内孔表面的方法。

对于淬硬零件中的孔加工,磨孔是主要的加工方法。常采用磨孔作为精加工。磨孔时砂轮的尺寸受被加工孔径尺寸的限制,一般砂轮直径为工件孔径的 0.5～0.9 倍,磨头轴的直径和长度也取决于被加工孔的直径和深度。故磨削速度低,磨头的刚度差,磨削质量和生产率均受到影响。磨孔的方式有中心内圆磨削、无心内圆磨削。内圆磨削与外圆磨削相比有如下特点。

① 砂轮轴长,刚性差,易变形、振动,加工质量差。

② 磨削内孔精度 IT8～IT6,Ra 0.8～0.4μm。

③ 砂轮直径小,线速度低,磨削效率低。

④ 砂轮直径小,磨料切削次数多,磨损快。

⑤ 切削温度较高,冷却条件差。

⑥ 排屑困难,易堵塞砂轮。

⑦ 适应性好,可以加工硬材料、盲孔、阶梯孔等。

（3）平面磨削

① 平面磨削方法

平面磨削一般在平面磨床上进行，根据磨削时砂轮工作表面的不同，磨削方法有两种：周磨法和端磨法。

a. 周磨法。用砂轮的圆周面磨削工件上的平面，如图 5-34 所示。其特点是砂轮与工件的接触面积小、排屑及冷却条件好、工件的发热量少、砂轮圆周表面磨损均匀等；所以能得到较高的加工质量，但效率较低。一般用于精磨及易翘曲变形的工件。

b. 端磨法。用砂轮的端面磨削工件上的平面，如图 5-35 所示。其特点是砂轮与工件的接触面积大、排屑及冷却条件比较差、工件的发热量大、砂轮磨损不均匀等，所以加工质量较低，但砂轮刚性好，磨削效率高。一般用于粗磨及形状简单的工件。为改善磨削条件和提高磨削精度，可以选用大粒度、低硬度的杯形或碗形砂轮及镶块砂轮等。

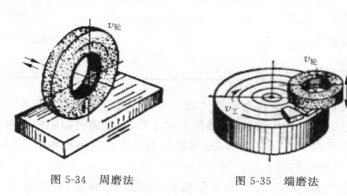

图 5-34　周磨法　　　　图 5-35　端磨法

② 平面磨削加工质量

用平面磨床加工模具零件时，要求分型面及各模板的上下面平行，加工时，工件通常装夹在电磁吸盘上，用砂轮的周面对工件进行磨削，两平面的平行度小于 0.01：100，加工精度可达 IT6～IT5 级，表面粗糙度 Ra 可达 0.4～0.2μm。

2. 磨床类型

用磨料磨具（砂轮、砂带、油石和研磨料）作为工具对工件进行磨削加工的机床统称磨床。磨床是各类金属切削机床中品种最多的一类，主要类型有外圆磨床、内圆磨床、平面磨床、无心磨床、工具磨床等。

3. 砂轮

（1）砂轮的特性与选择。砂轮是用各种类型的结合剂把磨料粘合起来，经压坯、干燥、焙烧及修整而成的，具有很多气孔，用磨粒进行切削的磨削工具。决定砂轮特性的 5 个要素分别是磨料、粒度、结合剂、硬度和组织。

① 磨料。普通砂轮所用的磨料主要有刚玉、碳化硅和超硬磨料三类，按照其纯度和添加的元素不同，每一类又可分为不同的品种。表 5-7 列出了常用磨料的名称、代号、主要性能和用途。

表 5-7 常用磨料的名称、代号、主要性能和用途

系 别	名 称	代号	性 能	适 用 范 围
刚玉	棕刚玉	A	棕褐色,硬度较低,韧性较好	碳钢、合金钢、铸铁
	白刚玉	WA	白色,较 A 硬度高,磨料锋利,韧性差	淬火钢、高速钢、合金钢
	络刚玉	PA	玫瑰红色,韧性较 WA 好	速钢、不锈钢、刀具刃磨
	单晶刚玉	SA	浅黄或白色,硬度和韧性比白刚玉高	不锈钢、高钒高速钢
	黑刚玉	BA	黑色,颗粒状,抗压强度高,韧性差	重负荷磨削钢锭
	微晶刚玉	MA	颜色与棕玉相似,强度高,韧性大	不锈钢、轴承钢、高速磨削
碳化物	黑碳化硅	C		铸铁、黄铜、非金属材料
	绿碳化硅	GC		硬质合金、宝石、光学玻璃
超硬磨料	人造金刚石	MBD、RVD 等		硬质合金、宝石、陶瓷
	立方氮化硼	CBN		高速钢、不锈钢、耐热钢

② 粒度。粒度是指砂轮中磨粒尺寸的大小。粒度有两种表示方法。

* 用筛选法区分的较大磨粒,主要用来制造砂轮,粒度号以筛网上每英寸(25.4mm)长度的筛孔数来表示。例如,60 号粒度表示磨粒能通过每英寸(25.4mm)长度上有 60 个孔眼的筛网。粒度号为 4～240,粒度号越大,颗粒尺寸越小。

* 用显微镜测量尺寸区分的磨粒称微粉,主要用于研磨,以其最大尺寸前加 W 表示。微粉的粒度以该颗粒最大尺寸的微米数表示。如尺寸为 $20\mu m$ 的微粉,其粒度号为 W20。粒度号越小,则微粉的颗粒越细。粗磨使用颗粒较粗的磨粒,精磨使用颗粒较细的磨粒。当工件材料软,塑性大或磨削接触面积大时,为避免砂轮堵塞或发热过多而引起工件表面烧伤,也常采用较粗的磨粒。常用砂轮粒度及应用范围见表 5-8。

表 5-8 常用砂轮粒度及应用范围

类别		粒 度 号	适 用 范 围
磨粒	粗粒	8♯、10♯、12♯、14♯、16♯、20♯、22♯、24♯	荒磨
	中粒	30♯、36♯、40♯、46♯	一般磨削。加工表面粗糙度 Ra 可达 $0.8\mu m$
	细粒	54♯、60♯、70♯、80♯、90♯、100♯	半精磨、精磨和成型磨削。工件表面粗糙度 Ra 可达 $0.8～1.0\mu m$
	微粒	120♯、150♯、180♯、220♯、240♯	精磨、精密磨、超精磨、成型模、刀具刃磨、珩磨
微粉		W60、W50、W40、W28、W20、W14、W10、W7、W5、W3.5、W2.5、W1.5、W1.0、W0.5	精磨、精密磨、超精磨、珩磨、螺纹磨、超精密磨、镜面膜、精研、加工表面粗糙度 Ra 可达 $0.5～0.1\mu m$

③ 结合剂。结合剂的作用是将磨粒黏合在一起,使砂轮具有一定的强度、气孔、硬度和抗腐蚀、抗潮湿等性能。常用的结合剂见表5-9。

表 5-9　常用结合剂的性能及其使用范围

结合剂	代号	性　能	适 用 范 围
陶瓷	V	耐热、耐蚀,气孔率大,宜保持廓形,弹性差	最常用,适合各类磨削加工
树脂	B	强度较 V 高,弹性好,耐热性差	适用于高速磨削、切断、开槽等
橡胶	R	强度较 B 高,更富有弹性,气孔率小,耐热性差	适用于切断、开槽及无心磨的导轮
青铜	Q	强度较高,导电性好,魔耗少,自锐性差	适用于金刚石砂轮

④ 硬度。一般来说,磨削较硬的材料,应选用较软砂轮;磨削较软的材料,应选用较硬的砂轮。磨削有色金属时,应选用较软砂轮,以免切屑堵塞砂轮;在精磨和成型磨削时,应选用较硬砂轮。砂轮的硬度分级见表5-10。

表 5-10　砂轮的硬度分级

等级	超软			软			中软		中		中硬			硬		超硬
代号	D	E	F	G	H	J	K	L	M	N	P	Q	R	S	T	Y
选择	磨未淬硬钢用 L～N,磨淬火合金钢选用 H～K,高表面质量磨削时选用 K～L,刃磨硬质合金刀具选用 H～L															

⑤ 组织。砂轮的组织反映了磨粒、结合剂、气孔三者之间的比例关系。磨粒在砂轮总体积中所占比例越大,则砂轮组织越紧密,气孔越小;反之,磨粒的比例越小,则组织越松,气孔越大。具体见表5-11。

表 5-11　砂轮的组织号

组织号	0	1	2	3	4	5	6	7	8	9	10	11	12	13	14
磨粒率/%	62	60	58	56	54	52	50	48	46	44	42	40	38	36	34

砂轮的组织用组织号来表示,如表5-11中表示砂轮组织号。砂轮组织号大,组织松,砂轮不易被磨屑堵塞,切削液和空气能带入磨削区域,可降低磨削区域的温度,减少工件因发热引起的变形或烧伤,故适用于磨削韧性大而硬度不高的工件和磨削热敏性材料及薄板薄壁工件。

(2) 砂轮的形状、代号及用途。为了适应不同类型的磨床上磨削各种形状工件的需要,砂轮有许多形状和尺寸。具体可查阅相关手册。

砂轮的形状、代号及用途,按 GB/T 2484—1984 规定,标志顺序如下:磨具形状、尺寸、磨料、粒度、硬度、组织、结合剂和最高线速度。

砂轮标志方法示例如下:

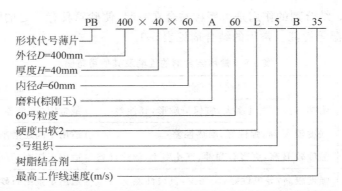

常用形状有平形（P）、碗形（BW）、碟形（D）等，砂轮的端面上一般都有标志，常用砂轮形状、代号及用途见表 5-12。

表 5-12　常用砂轮形状、代号及用途

砂轮名称	代号	简　图	主　要　用　途
平行砂轮	1		外圆磨、内圆磨、平面磨、无心磨、工具
薄片砂轮	41		切断及切槽
筒形砂轮	2		端磨平面
碗形砂轮	11		刃磨刀具、磨导轨
蝶形 1 号砂轮	12a		磨铣刀、铰刀、拉刀、磨齿轮
双斜边砂轮	4		磨齿轮及螺纹
杯形砂轮	6		磨平面、内圆、刃磨刀具

5.5.2 成型面磨削加工

将零件的轮廓线分解成若干直线与圆弧,然后按照一定的顺序逐段磨削,使之达到图样的技术要求。成型磨削加工精度可达 IT5,粗糙度 Ra 可达 $0.1\mu m$;成型磨削可加工淬硬件及硬质合金材料。

成型磨削按加工原理可分为成型砂轮磨削法与夹具磨削法两类。

(1)成型砂轮磨削法。成型砂轮磨削法也称仿形法,如图 5-36(a)所示,先将砂轮修整成与工件型面完全吻合的相反形面,再用砂轮去磨削工件,获得所需尺寸及技术要求的工件。成型砂轮磨削法难点与关键是砂轮的修整,常用的方法有砂轮修整器修整、样板刀挤压、数控机床修整、电镀法。

(2)夹具磨削法。夹具磨削法如图 5-36(b)所示,加工时将工件装夹在专用夹具上,通过有规律地改变工件与砂轮的位置,实现对成型面的加工,从而获得所需的形状与尺寸。通过夹具带动工件相对砂轮运动,得到相应的曲面磨削。关键是要设计夹具的运动轨迹必须符合工件曲面的形状要求。夹具磨削法常见的夹具主要有正弦精密平口钳和正弦磁力夹具。

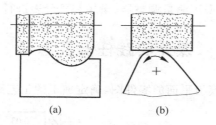

(a)   (b)

图 5-36　成型磨削
(a)成型砂轮磨削法;(b)夹具磨削法

① 正弦精密平口钳,如图 5-37 所示。

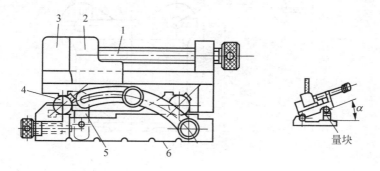

图 5-37　正弦精密平口钳
(a)正弦精密平口钳结构;(b)磨削示意图
1—螺柱;2—活动钳口;3—虎钳体;4—正弦圆柱;5—压板;6—底座

图 5-37 中量块尺寸的计算公式如下:

$$h_1 = L\sin\alpha$$

式中，h_1 为虎钳体抬起的竖直高度；L 为虎钳体上的两正弦圆柱之间的距离；α 为虎钳体与底座间夹角。即利用三角函数关系控制角度大小。首先根据上述公式计算出量块高度尺寸 h_1；然后将量块放入圆柱下方，将其固定；最后在单口钳上装夹工件即可加工。

该平口钳主要装夹一些较小或较高磁吸不牢的工件。

② 正弦磁力夹具，如图 5-38 所示。

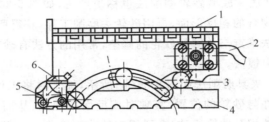

图 5-38　正弦磁力夹具

1—电磁吸盘；2—电源线；3、6—正弦圆柱；4—底座；5—锁紧手轮

被磨削表面的尺寸常采用测量调整器、量块和百分表进行比较测量。

课外实践任务及思考

1. 分析图 5-39 所示模板平面的零件图，确定加工的工艺路线。

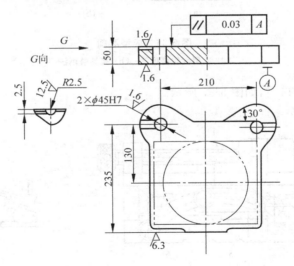

图 5-39　模板平面

2. 思考。

（1）砂轮有何特性？如何选择？砂粒的硬度与砂轮的硬度有何区别？

（2）磨削外圆的方法有几种？它们各有何特点？

（3）磨外圆与磨内孔有何不同？为什么？

（4）在平面磨床上磨削平面时,哪类工件可直接安装在工作台上？为什么？

（5）平面磨削时,周磨法与端磨法有何区别和优缺点？

任务 5.6　了解数控加工技术

5.6.1　数控加工特点

随着模具数字化技术的发展,数控加工技术已经是模具零件切削加工的主要手段。在选择和设计零件的数控加工工艺时,首先要遵循普通加工工艺的基本原则和方法,同时还必须考虑数控加工本身的特点和零件编程要求。数控加工工艺基本特点如下。

1. 内容十分明确而具体

数控加工工艺在加工部位、加工顺序、刀具配置与使用顺序、刀具轨迹、切削参数等方面,都要比普通机床加工工艺中的工序内容更详细。数控加工工艺内容详细到每一次走刀路线和每一个操作细节,在普通机床加工时本来由操作工人在加工中灵活掌握并通过适时调整来处理的许多工艺问题,在数控加工时只由编程人员事先具体设计和明确安排。

2. 工艺要求相当准确而严密

数控机床虽然自动化程度高,但自适应性差。例如,在数控机床上加工内螺纹时,它并不知道孔中是否挤满了切屑,何时需要退一次刀待清除切屑后再进行加工。所以,在数控加工的工艺设计中必须注意加工过程中的每一个细节,尤其是对图形进行数学处理、计算和编程时一定要力求准确无误,否则,可能会出现重大机械事故和质量事故。

3. 采用多坐标联动加工复杂曲面

对于一些复杂表面、特殊表面或有特殊要求的表面,数控加工与普通加工在加工方法上有着很大的不同。例如,对于曲线和曲面的加工,普通加工采用画线,样板、靠模、钳工、成型加工等方法进行,不仅生产效率低,而且还难以保证加工质量。而数控加工则采用多坐标联动自动控制加工方法,其加工质量与生产效率是普通加工方法无法比拟的。

4. 工艺装备先进

为了满足数控加工中高质量、高效率和高柔性的要求,数控加工中广泛采用先进的数控刀具、组合夹具等工艺装备。

5. 加工工序集中

在数控机床上,工件在一次装夹中可以完成多个表面的多种切削加工,甚至可在工作台上装夹几个相同或相似的工件进行加工,从而缩短了加工工艺路线和生产周期,减少了加工设备、工装和工件的运输工作量。

5.6.2 数控机床简介

1. 数控机床概念

数控机床是数字控制机床（Computer Numerical Control Machine Tools）的简称，是用数字代码形式的信息（程序指令），控制刀具按给定的工作程序、运动速度和轨迹进行自动加工的机床。

2. 数控机床特点

数控机床的操作和监控全部在这个数控单元中完成，它是数控机床的大脑。与普通机床相比，数控机床有如下特点。

（1）加工精度高，具有稳定的加工质量。

（2）可进行多坐标的联动，能加工形状复杂的零件。

（3）加工零件改变时，一般只需更改数控程序，可节省生产准备时间。

（4）机床本身的精度高、刚性大，可选择有利的加工用量，生产率高（一般为普通机床的 3～5 倍）。

（5）机床自动化程度高，可以减轻劳动强度。

3. 数控机床的适用范围

根据数控加工的优缺点及国内外大量应用实践，一般可按适用程度将零件分为最适用类、较适用类、不适用类 3 类。

（1）最适用类

① 形状复杂，加工精度要求高，用通用机床无法加工或虽然能加工但很难保证产品质量的零件。

② 有难测量、难控制进给、难控制尺寸的不开敞内腔的壳体或盒型零件。

③ 必须在依次装夹中合并完成铣、镗、铰或螺纹等多工序的零件。

（2）较适用类

① 在通用机床加工时极易受人为因素（如情绪波动、体力强弱、技术水平高低等）干扰，价值较高，一旦质量失控会造成重大经济损失的零件。

② 在通用机床上加工时必须制造复杂的专用工装的零件。

③ 需要多次更改设计后才能定型的零件。

④ 在通用机床上加工需要作长时间调整的零件。

⑤ 用通用机床加工时生产率很低或体力劳动强度很大的零件。

（3）不适用类

① 生产批量大的零件。

② 装夹困难或完全靠找正定位来保证加工精度的零件。

③ 加工余量不稳定，且数控机床上无在线检测系统可自动调整零件坐标位置的零件。

④ 必须用特定的工艺装备协调加工的零件。

5.6.3　数控加工工艺设计

（1）选择适合在数控机床上加工的零件待加工表面,确定工序加工内容。

（2）根据零件图样上技术要求,确定加工方案,制定数控加工工艺路线（包含与非数控加工工序的衔接等）。

（3）分配加工余量。

（4）工序、工步设计。选择零件的定位基准,确定夹具、辅具方案,选择刀具及切削用量等。

（5）编程的相关计算。工件坐标系、编程坐标系的建立,对刀点和换刀点的选取,刀具补偿等。

（6）处理数控机床及数控系统的工艺指令。

（7）编制加工程序。

（8）首件试切加工,检验程序。

（9）工艺文件归档。

不同的数控机床所需的工艺文件的内容也有所不同。一般应提供基本数控加工工艺文件有编程任务书、数控加工工序卡片、数控加工刀具卡片、数控加工进给路线图、数控加工程序单。

5.6.4　数控编程基础

1. 数控机床的坐标系与原点

为了保证数控机床的正确运动,避免工作的不一致性,简化编程和便于培训编程人员,ISO和我国都统一了数控机床坐标轴的代码及其运动的正、负方向,这给数控系统和机床的设计、使用和维修带来了极大的方便。

（1）坐标系的确定原则

① 刀具相对于静止工件而运动的原则。不论机床的具体结构是工件静止,刀具运动,还是工件运动,刀具静止,在确定坐标系时,一律看做刀具相对静止的工件运动。

② 标准坐标（机床坐标）系的规定。在数控机床上,机床的动作是由数控系统来控制的,为了确定机床上的成型运动和辅助运动,必须先确定机床上运动的方向和运动的距离,这就需要建立一个坐标系才能实现,这个坐标系就称为机床坐标系。

标准的机床坐标系是一个右手笛卡儿直角坐标系,如图5-40所示。在图中,大拇指的方向为 X 轴的正方向,食指为 Y 轴的正方向,中指为 Z 轴正方向。根据右手螺旋方法,我们可以很方便地确定出 A、B、C 三个旋转坐标的方向。

③ 运动方向。数控机床的某一部件运动的正方向,是增大工件和刀具之间距离的方向。

（2）坐标轴的指定

① Z 坐标。Z 坐标的运动由传递切削力的主轴决定,与主轴轴线平行的坐标轴即为 Z 坐标,Z 坐标的正方向为刀具远离工件的方向。对于车床、磨床和其他成型表面的机床是主轴带动工件旋转,如图5-42所示;对于铣床、镗床、钻床等是主轴带动刀具旋转,如

图 5-41 所示。如果没有主轴(如牛头刨床),Z 轴垂直于工件装夹平面。

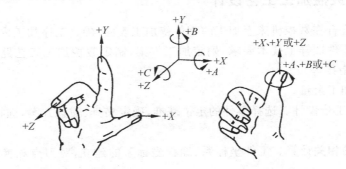

图 5-40　右手笛卡儿直角坐标系

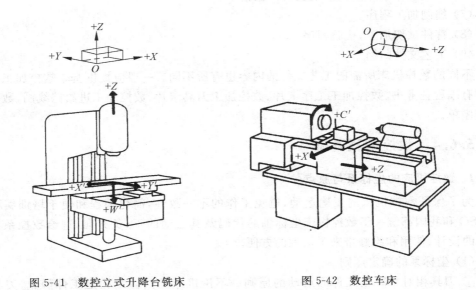

图 5-41　数控立式升降台铣床　　　　图 5-42　数控车床

　　数控装置通电后通常要进行回参考点操作,以建立机床坐标系。参考点可以与机床零点重合,也可以不重合,通过参数来指定机床参考点到机床零点的距离。机床回到了参考点位置也就知道了该坐标轴的零点位置,找到所有坐标轴的参考点,CNC 就建立起了机床坐标系。

　　② X 坐标。X 坐标一般是水平的,它平行于工件的装夹平面。这是在刀具或工件定位平面内运动的主要坐标。对于工件旋转的机床(如车床、磨床等),X 坐标的方向是在工件的径向上,且平行于横向滑板,刀具离开工件旋转中心的方向为 X 轴正方向,如图 5-42 所示。对于刀具旋转的机床(如铣床、镗床、钻床等),当 Z 轴水平时,当由主要刀具主轴向工件看时,则向右为正 X 方向;当 Z 轴垂直时,当由主要刀具主轴向立柱看时,向右为正 X 方向,如图 5-41 所示。对于无主轴的机床,如刨床,切削方向为正 X 方向。

　　③ Y 坐标。Y 坐标垂直于 X、Z 坐标轴。Y 运动的正方向根据 X 和 Z 坐标的正方向,按右手笛卡儿直角坐标系来判断。

（3）机床坐标系

机床坐标系是数控机床固有的坐标系，它是制造和调整数控机床的基础，也是设置工件坐标系的基础。数控机床的机床坐标系在出厂前已经调整好，一般情况下，不允许用户随意变动。如图 5-43 所示，以数控车床原点为坐标原点建起来的 X，Z 轴直角坐标系，称为数控车床的机床坐标系。

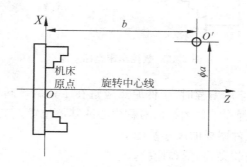

图 5-43　数控车床的机床坐标系

（4）编程坐标系

编程坐标系是编程人员在编程过程中使用的，由编程人员以工件图样上的某一固定点为原点所建立的坐标系，又称为工件坐标系或工作坐标系，编程尺寸都按工件的尺寸确定。编程坐标系坐标方向应与机床坐标系坐标方向一致，如图 5-44 所示。

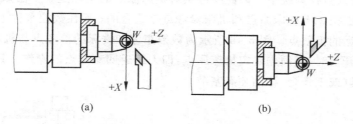

(a)　　　　　　　　(b)

图 5-44　工件坐标系

（a）前置刀架工件坐标系；（b）后置刀架工件坐标系

机床坐标系与工件坐标系的关系一般来说，工件坐标系的坐标轴与机床坐标系相应的坐标轴相平行，方向也相同，但原点不同。

（5）坐标系的原点

在确定了机床各坐标轴及方向后，还应进一步确定坐标系原点的位置。

① 机床原点。机床原点是指在机床上设置的一个固定的点，即机床坐标系的原点。它在机床装配、调试时就已确定下来了，是数控机床进行加工运动的基准参考点。在数控车床上，一般取在卡盘端面与主轴中心线的交点处，如图 5-45 所示。

在数控铣床上，机床原点一般取在 X、Y、Z 坐标的正方向极限位置上。

数控铣床的机床原点，各生产厂不一致，有的设在机床工作台的中心，有的设在主轴位于正极限位置的一基准点上。

② 工件原点。工件原点也称程序原点。工件原点是确定被加工工件几何形体上各

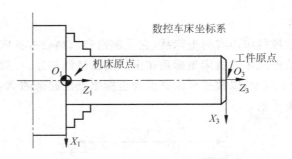

图 5-45　数控车床坐标系原点

要素位置的基准。数控车床编程时,工件原点应选在工件的旋转中心上。可以选择在工件左、右端面,也可以选择在工件的纵向对称中心或其他位置。工件原点选择的原则为:

- 工件原点选在工件图样的尺寸基础上。
- 能使工件方便地装夹、测量和检验。
- 工件原点尽量选在尺寸精度高、粗糙度较细的工件表面上。
- 对有对称形状的几何零件,工件原点最好选在对称中心上。

（6）机床参考点

与机床原点相对应的还有一个机床参考点,它是机床上的一个固定点,通常不同于机床原点。机床参考点的位置是由机床制造厂家在每个进给轴上用限位开关精确调整好的,坐标值已输入数控系统中。因此参考点对机床原点的坐标是一个已知数。

通常在数控铣床上机床原点和机床参考点是重合的;而在数控车床上机床参考点是离机床原点最远的极限点。图 5-46 所示为数控车床和铣床的参考点与机床原点。

数控机床开机时,必须先确定机床原点,即刀架返回参考点的操作。只有机床参考点被确认后,刀具(或工作台)移动才有基准。

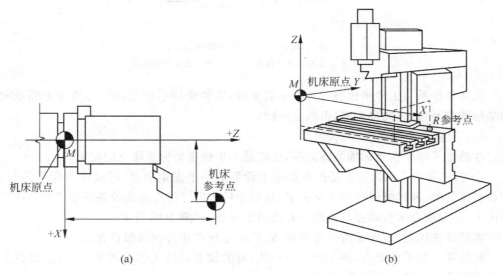

图 5-46　数控车床和铣床的参考点和机床原点

(a) 数控车床；(b) 数控铣床

2. 数控编程的内容和步骤

数控编程的主要内容包括零件几何尺寸及加工要求分析、数学处理、编写程序单及初步校验、制作控制介质、输入数控系统、程序的校验和试切。数控编程可按以下步骤进行。

（1）图样工艺分析。根据零件图样和工艺分析，主要完成下述任务。

① 确定加工机床、刀具与夹具。

② 确定零件加工的工艺路线、工步顺序。

③ 确定切削用量（主轴转速、进给速度、进给量、切削深度）。

④ 确定辅助功能（换刀，主轴正转、反转，冷却液开、关等）。

（2）数学处理。根据图样尺寸，确定合适的工件坐标系，并以此工件坐标系为基准，完成下述任务。

① 计算直线和圆弧轮廓的终点坐标值，以及圆弧轮廓的圆心、半径等。

② 计算非圆曲线轮廓的离散逼近点坐标值。

③ 将计算的坐标值按数控系统规定的编程单位换算为相应的编程值。

（3）编写程序单及初步校验。根据制订的加工路线、切削用量、选用的刀具、辅助动作和计算的坐标值，按照数控系统规定的指令代码及程序格式，编写零件程序，并进行初步校验，检查上述两个步骤的错误。

（4）制作控制介质。将程序单上的内容，经转换记录在控制介质上（如存储在磁盘上），作为数控系统的输入信息，若程序较简单，也可直接通过 MDI 键盘输入。

（5）输入数控系统。制作的控制介质必须正确无误，才能用于正式加工。因此要将记录在控制介质上（如存储在磁盘上）的零件程序，经输入装置输入到数控系统中，并进行校验。

（6）程序的校验和试切。

3. 数控编程的方法

数控编程方法是数控技术的重要组成部分，有手工编程和自动编程两种。手工编程是学习自动编程的基础，目前，手工编程还有广泛的应用。

（1）手工编程。手工编程就是从分析零件图样、确定工艺过程、数值计算、编写零件加工程序单、程序输入到程序检验等各步骤均由人工完成。

对于加工形状简单的零件，计算比较简单，程序不多，采用手工编程较容易完成，因此在点定位加工及由直线与圆弧组成的轮廓加工中，手工编程较为常用。但对于形状复杂的零件，特别是具有非圆曲线、列表曲线及曲面的零件，用手工编程就有一定的困难，出错的几率增大，有的甚至无法编出程序，必须采用自动编程的方法编制程序。

（2）自动编程。自动编程是利用计算机及其专用编程软件进行数控加工程序编程。编程人员根据加工零件图样的要求或零件 CAD 模型，进行参数选择和设置，由计算机自动地进行刀具轨迹计算、后置处理，生成加工程序单，直至将加工程序通过直接通信的方式输入数控机床，控制机床进行加工。

自动编程既可减轻劳动强度，缩短编程时间，又可减少差错，使编程工作简便。

4. 程序格式

为了满足设计、制造、维修和普及的需要,在输入代码、坐标系统、加工指令、辅助功能及程序格式方面,国际上已形成了两个通用的标准:国际标准化组织标准代码(ISO)和美国电子工业协会标准代码(EIA)。

(1) 程序段格式和组成

N＿G＿X＿Y＿Z＿F＿S＿T＿M＿;

① 程序段号 N。位于程序段之首,由地址 N 和后面若干位数字组成,如 N1200。

② 准备功能字 G。准备功能 G 代码见表 5-13,它的作用是建立刀具和工件的相对运动轨迹(即插补功能)、机床坐标系、坐标平面、刀具补偿和坐标偏置等多种加工操作方式。

G 指令有模态指令和非模态指令两种,所谓模态指令是指某一 G 指令一经在本程序段中指定就在其后续程序段中一直有效,直到后续程序段中使用同组的 G 代码取代它。而非模态指令代码只在指定的本程序段中有效,下一程序段需要时,必须重新写出。

G 指令按其功能的不同分为若干组,不同组的 G 指令,在同一程序段中可指定多个。如果在同一程序段指定了两个或两个以上同组的模态指令,则只有最后指定的 G 指令有效,或有的数控系统会报警。G 指令通常位于程序段中的尺寸字之前。

用 G 和两位数字组成 G00～G99。不同的数控系统,G 指令的功能不同,编程时,需参考机床制造厂的编程说明书。这里只介绍 FANUC 0i 系统的 G 指令。

表 5-13　准备功能 G 代码

G 代码	组号	功　　能	G 代码	组号	功　　能
G00		快速点定位	G27		返回参考点校验
＊G01	10	直线插入	G28		返回参考点
G02		顺时针圆弧插补	G29	00	从参考点返回
G03		逆时针圆弧插补	G30		第二参考点返回
G04		暂停	G31		跳跃功能
G07	00	假象轴插补	G39		尖角圆弧插补
G09		准确停止校验	＊G40		取消刀具半径补偿
G10		偏移量设定	G41	07	刀具半径左补偿
G15	18	极坐标指令取消	G42		刀具半径右补偿
G16		极坐标指令	G43	08	刀具长度正补偿
＊G17		XY 平面选择	G44		刀具长度负补偿
G18	02	ZX 平面选择	G45		刀具偏置增加
G19		YZ 平面选择	G46	00	刀具偏置减少
G20	06	英制输入	G47		刀具偏置两倍增加
G21		公制输入	G48		刀具偏置两倍减少
＊G22	04	存储行程限位 ON	＊G49	08	取消刀具长度补偿
G23		存储行程限位 OFF	G50	11	取消比例

续表

G 代码	组号	功　能	G 代码	组号	功　能
G51	11	比例	*G80		取消固定循环
G52	00	局部坐标系统	G81		钻孔循环镗阶梯孔
G53		机床坐标系选择	G82		攻螺纹循环
G54~G59	12	工件坐标系 1~6	G83		镗孔循环
G60	00	单向定位	G84	09	反镗孔循环
G61		精确停校验方式	G85		
G62	13	自动角隅超驰	G86		
G63		攻螺纹模式	G87		
*G64		切削模式	G88		
G65	00	宏指令简单调用	G89		
G66	14	宏指令模态调用	*G90	03	绝对值编程
G67		宏指令模态调用取消	G91		增量值编程
G68	16	坐标系旋转	G92	00	设定工件坐标系
G69		坐标系旋转取消	*G94	05	每分钟进给速度
G73	09	钻孔循环	G95		每转进给速度
G74		反攻螺纹	*G98	04	返回起始平面
G76		精镗	G99		返回 R 平面

注：1. *号表示 G 代码为数控系统通电后的初始状态。

2. 00组的 G 代码为非模态指令,其他 G 代码均为模态指令。

③ 坐标字。坐标字用于确定机床上刀具运动终点的坐标位置。由地址,+、-符号和数值组成。如：G01 X50.5 Z-12.25。

常用地址：X、Y、Z、U、V、W、I、J、K、A、B、C。

④ 进给功能字 F。用于设置加工进给量(进给速度),用 F 和数值表示,有两种单位 mm/r 和 mm/min。

⑤ 主轴转速字 S。用于设置切削速度(转速),用 S 和数值表示,用于指定主轴转速,单位为 r/min。对于具有恒线速度功能的数控车床,程序中的 S 指令用来指定车削加工的线速度数,单位为 m/min。

⑥ 刀具功能字 T。用 T 和后面的数值组成,有 T×× 和 T×××× 两种格式,数字位数由所用数控系统决定,T 后面的数字用来指定刀具号和道具补偿号。

如：T06 表示选择 6 号刀,T0506 表示选择 5 号刀,6 号偏置值,T0500 表示选择第 5 号刀,刀具偏置取消。

⑦ 辅助功能字 M。辅助功能代码主要用于控制机床的辅助设备,如主轴、刀架和冷却泵的工作,由继电器的通电与断电来实现其控制过程。辅助功能 M 代码由地址字符 M 与后面二位数字组成,M 指令有模态与非模态指令之分,见表5-14。

表 5-14　辅助功能 M 代码表

M 指令	功　能	简　要　说　明
M00	程序停止	切断机床所有动作,按程序启动按钮后继续执行后面程序段
M01	任选停止	与 M00 功能相似,机床控制面板上"条件停止"开关接通时有效
M02	程序结束	主程序运行结束指令,切断机床所有动作
M03	主轴正转	从主轴前端向主轴尾端看时为逆时针
M04	主轴反转	从主轴前端向主轴尾端看时为顺时针
M05	主轴停止	执行完该指令后主轴停止转动
M06	刀具交换	表示按指定刀具换刀
M08	切削液开	执行该指令时,切削液自动打开
M09	切削液关	执行该指令时,切削液自动关闭
M30	程序结束	程序结束后自动返回到程序开始位置,机床及控制系统复位
M98	调用子程序	主程序可以调用两重子程序
M99	子程序返回	子程序结束并返回到主程序

（2）程序段结束

程序段结束常用分号";"。

（3）加工程序的组成

① 程序名。程序名有两种形式:一种是英文字母 O 和 1～4 位正整数组成;另一种是由英文字母开头,字母数字混合组成的。

② 程序主体。程序主体由若干个程序段组成的。

③ 程序结束指令。程序结束指令可以用 M02 或 M30。

课外实践任务及思考

1. 什么是数控编程? 数控编程的内容及步骤如何?

2. 数控机床的坐标轴与运动方向是如何规定的? 数控车床的 Z 轴怎样定义?

3. 绝对坐标及相对坐标有何区别?

4. 什么是机床原点和机床参考点? 指出数控车床、数控铣床的机床原点的位置。

5. 为何要进行回机床参考点的操作?

6. 机床坐标系和工件坐标系的区别是什么?

任务 5.7　模具轴类零件数控车削加工

5.7.1　数控车削加工工艺基础

1. 数控车削加工的主要对象

（1）精度要求高的零件。由于数控车床的刚性好,制造和对刀精度高,以及能方便和精确地进行人工补偿甚至自动补偿,所以它能够加工尺寸精度要求高的零件。

（2）表面粗糙度好的回转体。数控车床能加工出表面粗糙度小的零件,不但是因为机床的刚性和制造精度高,还由于它具有恒线速度切削功能。在材质、精车留量和刀具已定的情况下,表面粗糙度取决于进刀量和切削速度。

（3）超精密、超低表面粗糙度的零件。超精加工的轮廓精度可达 $0.1\mu m$,表面的粗糙度可达 $0.02\mu m$,超精加工所用数控系统的最小设定单位应达到 $0.01\mu m$。超精车削零件的材质以前主要是金属,现已扩大到塑料和陶瓷。

（4）表面形状复杂的回转体零件。由于数控车床具有直线和圆弧插补功能,部分车床数控装置还有某些非圆曲线插补功能,所以可以车削由任意直线和平面曲线组成的形状复杂的回转体零件和难以控制尺寸的零件。图 5-47 所示壳体零件封闭内腔的成型面,"口小肚大",在普通车床上是无法加工的,而在数控车床上则很容易加工出来。

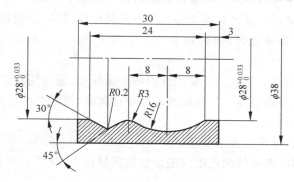

图 5-47　成型内腔壳体零件示例

（5）带一些特殊类型螺纹的零件。传统车床所能切削的螺纹相当有限,它只能车等节距的直、锥面公、英制螺纹,而且一台车床只限定加工若干种节距。数控车床不但能车任何等节距的直、锥和端面螺纹,而且能车增节距、减节距,以及要求等节距、变节距之间平滑过渡的螺纹和变径螺纹,而且车削螺纹的效率很高。

2. 数控车床的分类

随着现代制造技术的不断发展,数控车床的品种不断增多,一般按以下几种方法进行分类。

（1）按数控车床的功能分类,可分为经济型数控车床、全功能型数控车床、车削中心。

（2）按主轴的配置形式分类,可分为卧式数控车床（主轴轴线处于水平位置的数控车床）、立式数控车床（主轴轴线处于垂直位置的数控车床）、具有两根主轴的车床（也称为双轴卧式数控车床或双轴立式数控车床）。

（3）按数控系统控制的轴数分类,两轴控制的数控车床（机床上只有一个回转刀架,可实现两坐标轴控制）、四轴控制的数控车床（机床上有两个独立的回转刀架,可实现四坐标轴控制）。

3. 车刀的选用

（1）对刀片材料的基本要求

① 高硬度。高硬度的要求如下：

- 刀具是从工件上去除材料,所以刀具材料的硬度必须高于工件材料的硬度。
- 刀具材料最低硬度应在60HRC以上。
- 对于碳素工具钢材料,在室温条件下硬度应在62HRC以上;高速钢硬度为63～70HRC;硬质合金刀具硬度为89～93HRC。

② 高强度与强韧性。高强度与强韧性的要求如下:

- 刀具材料在切削时受到很大的切削力与冲击力。
- 如车削45♯钢,在背吃刀量 $a_p = 4mm$,进给量 $f = 0.5mm/r$ 的条件下,刀片所承受的切削力达到4000N,可见,刀具材料必须具有较高的强度和较强的韧性。
- 一般刀具材料的韧性用冲击韧度 a_K 表示,反映刀具材料抗脆性和崩刃能力。

③ 较强的耐磨性和耐热性。耐磨性和耐热性要求如下:

- 刀具耐磨性是刀具抵抗磨损能力。一般刀具硬度越高,耐磨性越好;刀具金相组织中硬质点(如碳化物、氮化物等)越多,颗粒越小,分布越均匀,则刀具耐磨性越好。
- 刀具材料耐热性是衡量刀具切削性能的主要标志,通常用高温下保持高硬度的性能来衡量,也称热硬性。刀具材料高温硬度越高,则耐热性越好,在高温抗塑性变形能力、抗磨损能力越强。

④ 优良导热性。导热性要求如下:

- 刀具导热性好,表示切削产生的热量容易传导出去,降低了刀具切削部分温度,减少刀具磨损。
- 刀具材料导热性好,其抗耐热冲击和抗热裂纹性能也强。

⑤ 良好的工艺性与经济性。工艺性与经济性要求如下:

- 刀具不但要有良好的切削性能,本身还应该易于制造,这要求刀具材料有较好的工艺性,如锻造、热处理、焊接、磨削、高温塑性变形等功能。
- 经济性也是刀具材料的重要指标之一,选择刀具时,要考虑经济效果,以降低生产成本。

（2）刀片的材料

当前使用的刀具材料分四大类:工具钢(包括碳素工具钢、合金工具钢、高速钢)、硬质合金、陶瓷、超硬刀具材料。一般机加工使用最多的是高速钢与硬质合金。

（3）车刀

数控车导柱要采用可转位车刀。机械夹固式可转位车刀是已经实现机械加工标准化、系列化的车刀。数控车床常用的机夹可转位车刀结构形式如图5-48所示,刀片可分为带圆孔、带沉孔以及无孔三大类,形状有三角形、正方形、五边形、六边形、圆形以及菱形等共17种,见图5-49。

（4）车刀的刀位点

刀尖圆弧半径补偿寄存器中,定义了车刀圆弧半径及刀尖的方向号。

车刀刀尖的方向号定义了刀具刀位点与刀尖圆弧中心的位置关系,其从0～9有10个方向,如图5-50所示。

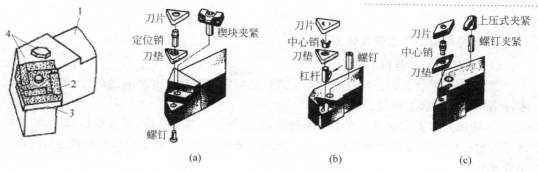

图 5-48　机夹可转位车刀

（a）楔块上压式夹紧；（b）杠杆上压式夹紧；（c）螺钉上压式夹紧

1—刀杆；2—刀片；3—刀垫；4—夹紧元件

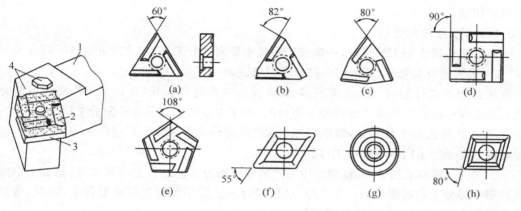

图 5-49　可转位车刀刀片种类

1—刀杆；2—刀片；3—刀垫；4—夹紧元件

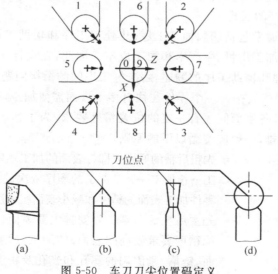

图 5-50　车刀刀尖位置码定义

（a）外圆车刀；（b）螺纹刀；（c）切断刀；（d）成型刀

4. 数控车削加工工艺设计方法

（1）零件图工艺分析

① 结构工艺性分析。零件的结构工艺性是指零件对加工方法的适应性，即所设计的零件结构应便于加工成型。

② 轮廓几何要素分析。在手工编程时，要计算每个基点坐标，在自动编程时，要对构成零件轮廓的所有几何元素进行定义，因此在分析零件图时，要分析几何元素的给定条件是否充分。

③ 精度及技术要求分析。精度及技术要求分析的主要内容：一是分析精度及各项技术要求是否齐全、是否合理；二是分析本工序的数控车削加工精度能否达到图样要求；三是找出图样上有位置精度要求的表面；四是对表面粗糙度要求较高的表面，应确定用恒线速切削。

（2）划分工序的方法

在数控机床上加工的零件，一般按工序集中原则划分工序，划分的方法有下列几种。

① 按所用刀具划分，即以同一把刀具完成的那一部分工艺过程为一道工序。这种划分方法适用于工件的待加工表面较多、机床连续工作时间较长（在一个工作班内不能完成）、加工程序的编制和检查难度较大等情况，加工中心常用这种方法划分工序。

② 按工件安装次数划分，即以工件一次安装完成的那部分工艺过程为一道工序。这种方法适合于加工内容不多的工件。

③ 按粗、精加工划分，即粗加工中完成的那一部分工艺过程为一道工序，精加工中完成的那一部分工艺过程也为一道工序，这种划分方法适用于加工后变形较大，需粗、精加工分开的零件，毛坯一般为铸件或锻件。

④ 按加工部位划分，即完成相同型面的那一部分工艺过程为一道工序，对于加工表面多而复杂的零件，可按其结构特点（如内形、外形、曲面和平面等）划分成多道工序。

（3）机械加工顺序的安排

零件的加工工序通常包括切削加工工序、热处理工序和辅助工序等。这些工序的顺序直接影响到零件的加工质量、生产率和加工成本。因此，在设计工艺路线时，应合理安排好切削加工、热处理和辅助工序的顺序，解决好工序间的衔接问题。

① 切削加工工序的安排。一个零件往往有多个表面需要加工，这些表面不仅本身有一定的精度要求，而且各表面间还有一定的位置精度要求，为了达到这些要求，各表面的加工顺序不能随意安排，一般应遵循以下的原则。

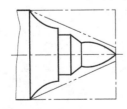

图 5-51　先粗后精示例

- 先粗后精的原则。即各表面的加工顺序按照粗加工→半精加工→精加工→光整加工的顺序依次进行，这样才能逐步提高零件加工表面的精度和减小表面粗糙度，如图 5-51 所示。
- 先主后次的原则。先安排主要表面（零件上的工作面及装配精度要求较高的表面）的加工，后安排次要表面（自由表面、键槽、紧固用的螺孔和光孔及精度要求较低的表面）的加工。次要表面的加工工作量较小，而且它们和主要表面之间有位置要求,因此次要表面的加工一般放在主要表面达到一定的精度之后,精加工或光整加工之前进行。

- 基面先行的原则。加工一开始,总是把用做精基准的表面加工出来。因为定位基准的表面越精确,装夹误差就越小,所以任何零件的加工过程,总是首先对定位基准面进行粗加工和半精加工,必要时还要进行精加工。加工顺序安排遵循的原则是上道工序的加工能为后面的工序提供精基准和合适的夹紧表面。例如,轴类零件总是先加工中心孔,再以中心孔为精基准加工外圆表面和端面。

- 内外交叉的原则。对既有内表面,又有外表面的零件,安排加工顺序时,应先粗加工内外表面,然后精加工内外表面。切不可将零件上一部分表面(外表面或内表面)加工完毕后,再加工其他表面(内表面或外表面)。

加工内外表面时,通常先加工内型和内腔,然后加工外表面,原因是控制内表面的尺寸和形状较困难,刀具刚性相应较差,刀尖的耐用度易受切削热的影响而降低,以及在加工中清除切屑较困难等。

- 先近后远的原则。这里所说的远与近,是按加工部位相对于换刀点的距离大小而言的。通常在粗加工时,离换刀点近的部位先加工,离换刀点远的部位后加工,以便缩短刀具移动距离,减少空行程时间,并且有利于保持坯件或半成品件的刚性,改善其切削条件。例如,当加工如图 5-52 所示的零件时,如果按照 $\phi38 \to \phi36 \to \phi34$ 的顺序安排车削,不仅会增加刀具返回换刀点所需的空行程时间,而且可能使台阶的外直角处产生毛刺。对这类直径变化不大的台阶轴,当第一刀背吃刀量未超限时,刀具宜按 $\phi34 \to \phi36 \to \phi38$ 的顺序加工。

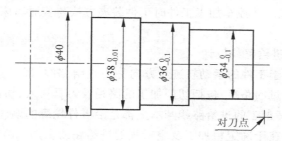

图 5-52　先近后远

- 刀具集中。刀具集中即用一把刀加工完相应各部位,再换另一把刀,加工相应的其他部位,以减少空行程和换刀时间。

② 热处理工序的安排。为提高零件材料的力学性能,改善材料的切削加工性能和消除残余内应力,在工艺过程中要适当安排一些热处理工序。

- 预先热处理。预先热处理安排在粗加工前后,其目的是改善材料的切削加工性能,消除毛坯应力,细化晶粒、均匀组织,为最终热处理作准备等。常用的处理方法有退火、正火和调质等。

- 消除残余应力热处理。由于毛坯在制造和机械加工过程中,产生的内应力会引起工件变形和开裂,为稳定尺寸、保证产品质量,所以要安排消除内应力处理。常用的处理方法有时效处理(分人工时效处理和自然时效处理两种)和深冷处理。

目前,对铸件常用人工时效代替自然时效。时效通常安排在毛坯制造之后或粗加工之后进行。对于精度要求特别高的零件(如精密丝杠、曲轴),在粗加工和半精加工过程中要经过多次去应力退火,在粗、精磨过程中还要经过多次人工时效。

深冷处理一般安排在淬火之后进行,然后回火。为了防止内应力过大产生裂纹,在淬火之后先回火,然后进行深冷处理,继之以稍低的温度进行第二次回火。

- 最终热处理。最终热处理的目的是提高零件的强度、表面硬度和耐磨性等。一般安排在精加工之前进行,通过精加工纠正热处理引起的变形,常用的最终热处理方法有淬火、表面淬火、渗碳、渗氮和碳氮共渗等。

(4) 数控车削加工工件的装夹

① 定位基准的选择原则。定位基准的选择原则介绍如下:

- 基准重合原则。为避免基准不重合误差,方便编程,应选用设计基准作为定位基准,使工序基准、定位基准、编程原点三者统一,这是优先考虑的方案。
- 基准统一原则。尽量在一次装夹下完成尽可能多的表面加工,这样可以保证零件的位置精度,而且可以减少装夹的辅助时间,提高效率。
- 便于装夹原则。所选择的定位基准应能保证定位准确、可靠,定位夹紧机构简单,敞开性好,操作方便,能加工尽可能多的内容。
- 便于对刀原则。批量加工时,在工件坐标系已经确定的情况下,采用不同的定位基准作为对刀基准,会使对刀的方便性不同,有时甚至无法对刀,这时要分析此种定位方案是否能满足对刀操作的要求,否则原设工件坐标系须重新设定。

② 常用装夹方式。数控车加工工件时工件装夹方法与普通车床装夹基本相同,此处不再表达。

(5) 车削加工的进给路线设计

刀具刀位点相对于工件的运动轨迹和方向称为进给路线,即刀具从对刀点开始运动起直至加工结束所经过的路径,包括切削加工的路径及刀具切入、切出等切削空行程。在数控车削加工中,因精加工的进给路线基本上都是沿零件轮廓的顺序进行,因此确定进给路线的工作重点主要在于确定粗加工及空行程的进给路线。加工路线的确定必须在保证被加工零件的尺寸精度和表面质量的前提下,按最短进给路线的原则确定,以减少加工过程的执行时间,提高工作效率。在此基础上,还应考虑数值计算的简便,以方便程序的编制。

下面介绍数控车削加工零件时常用的加工路线。

① 轮廓粗车进给路线。在确定粗车进给路线时,根据最短切削进给路线的原则,同时兼顾工件的刚性和加工工艺性等要求,来选择确定最合理的进给路线。

图 5-53 给出了 3 种不同的轮廓粗车切削进给路线,其中图 5-53(a)表示利用数控系统的循环功能控制车刀沿着工件轮廓线进行进给的路线;图 5-53(b)为三角形循环(车锥法)进给路线;图 5-53(c)为矩形循环进给路线,其路线总长最短,因此在同等切削条件下的切削时间最短,刀具损耗最少。

② 车削圆锥的加工路线。在数控车床上车削外圆锥可以分为车削正圆锥和车削倒圆锥两种情况,而每一种情况又有两种加工路线。按图 5-54(a)所示车削正圆锥时,需要

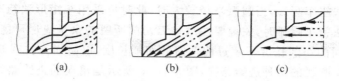

图 5-53 粗车进给路线示意图

计算终刀距 s。设圆锥大径为 D,小径为 d,锥长为 L,背吃刀量为 a_p,则由相似三角形可知:

$$\frac{D-d}{2L} = \frac{a_p}{s}$$

根据上式,便可计算出终刀距 s 的大小。

当按图 5-54(b)的走刀路线车削正圆锥时,则不需要计算终刀距 s,只要确定背吃刀量 a_p,即可车出圆锥轮廓。

按第一种加工路线车削正圆锥,刀具切削运动的距离较短,每次切深相等,但需要通过计算。按第二种方法车削,每次切削背吃刀量是变化的,而且切削运动的路线较长。

图 5-55(a)、(b)所示为车削倒锥的两种加工路线,分别与图 5-54(a)、(b)相对应,其车锥原理与正圆锥相同,有时在粗车圆弧时也经常使用。

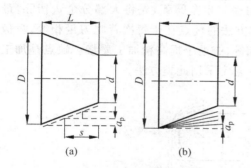

图 5-54 粗车正圆锥进给路线示意图

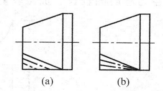

图 5-55 粗车倒锥进给路线示意图

③ 车削圆弧的加工路线。在粗加工圆弧时,因其切削余量大,且不均匀,经常需要进行多刀切削。在切削过程中,可以采用多种不同的方法,现将常用方法介绍如下:

• 车锥法粗车圆弧。图 5-56 所示为车锥法粗车圆弧的切削路线,即先车削一个圆锥,再车圆弧。

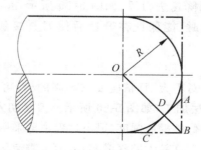

图 5-56 车锥法粗车圆弧示意图

- 车矩形法粗车圆弧，当圆弧半径较大时，此时可采用车矩形法粗车圆弧。在采用车矩形法粗车圆弧时，关键要注意每刀切削所留的余量应尽可能保持一致，严格控制后面的切削长度不超过前一刀的切削长度，以防崩刀。图 5-57 所示是车矩形法粗车圆弧的两种进给路线，图 5-57(a)所示是错误的进给路线，图 5-57(b)所示按 1→5 的顺序车削，每次车削所留余量基本相等，是正确的进给路线。

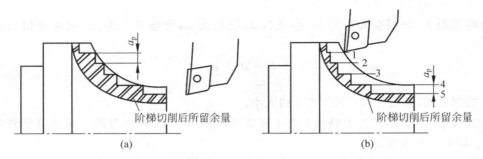

图 5-57　车矩形法粗车圆弧示意图

- 车圆法粗车圆弧。前面两种方法粗车圆弧，所留的加工余量都不能达到一致，用 G02(或 G03)指令粗车圆弧，若一刀就把圆弧加工出来，这样吃刀量太大，容易打刀。所以，实际切削时，常常可以采用多刀粗车圆弧，先将大部分余量切除，最后才车到所需圆弧，如图 5-58 所示。此方法的优点在于每次背吃刀量相等，数值计算简单，编程方便，所留的加工余量相等，有助于提高精加工质量。缺点是加工的空行程时间较长。加工较复杂的圆弧常常采用此类方法。

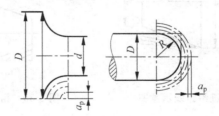

图 5-58　车圆法车圆弧示意图

④ 车螺纹时的加工路线分析。在数控车床上车螺纹时，沿螺距方向的 Z 向进给应和车床主轴的转速保持严格的速比例关系，因此应避免在进给机构加速或减速的过程中切削。为此要有升速进刀段和降速进刀段，如图 5-59 所示，δ_1 一般为 2～5mm，δ_2 一般为 1～2mm。这样在切削螺纹时，能保证在升速后使刀具接触工件，刀具离开工件后再降速。

⑤ 车槽加工路线分析。

- 对于宽度、深度值相对不大，且精度要求不高的槽，可采用与槽等宽的刀具，直接切入一次成型的方法加工，如图 5-60 所示。刀具切入到槽底后可利用延时指令使刀具短暂停留，以修整槽底圆度，退出过程中可采用工进速度。
- 对于宽度值不大，但深度较大的深槽零件，为了避免切槽过程中由于排屑不畅，使

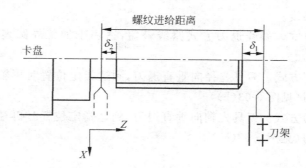

图 5-59　车螺纹时的引入距离和超越距离

刀具前部压力过大出现扎刀和折断刀具的现象,应采用分次进刀的方式,刀具在切入工件一定深度后,停止进刀并退回一段距离,达到排屑和断屑的目的,如图 5-61 所示。

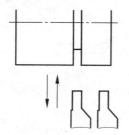

图 5-60　简单槽类零件的加工方式

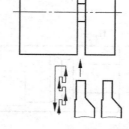

图 5-61　深槽零件的加工方式

- 宽槽的切削。通常把大于一个切刀宽度的槽称为宽槽,宽槽的宽度、深度的精度及表面质量要求相对较高。在切削宽槽时常采用排刀的方式进行粗切,然后用精切槽刀沿槽的一侧切至槽底,精加工槽底至槽的另一侧,再沿侧面退出,切削方式如图 5-62 所示。

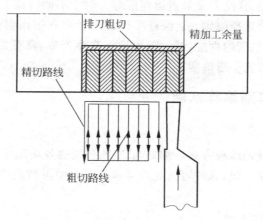

图 5-62　宽槽切削方法示意图

⑥ 确定退刀路线。

- 斜线退刀方式。斜线退刀方式路线最短,适用于加工外圆表面的偏刀退刀(见图 5-63(a))。
- 切槽刀退刀方式。刀具先径向垂直退刀,到达指定位置时再轴向退刀,适于切槽加工的退刀(见图 5-63(b))。
- 镗孔刀退刀方式。刀具先轴向垂直退刀,到达指定位置时再径向退刀,适于镗孔加工的退刀(见图 5-63(c))。

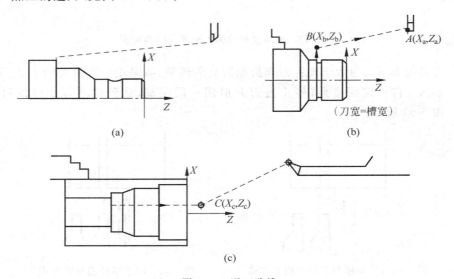

图 5-63　退刀路线

(a)斜线退刀;(b)切槽刀退刀;(c)镗孔刀退刀

(6) 切削用量的选择

数控编程时,编程人员必须确定每道工序的切削用量,并以指令的形式写入程序中。切削用量包括主轴转速、背吃刀量及进给速度等。对于不同的加工方法,需要选用不同的切削用量。切削用量的选择原则是:保证零件加工精度和表面粗糙度,充分发挥刀具的切削性能,并充分发挥机床的性能,最大限度地提高生产率,降低成本。工艺设计人员可根据经验或查阅有关工艺手册确定。

5.7.2　数控车削编程基础

1. 直径编程方式

数控车通常采用直径编程方式。编制与 X 轴有关的各项尺寸,采用直径尺寸编程与零件图样中的尺寸标注一致,这样可避免尺寸换算过程中可能造成的错误,给编程带来很大方便。

2. 绝对和增量编程方式

绝对编程是指程序段中的坐标点值均是相对于坐标原点来计量的,绝对坐标值的尺寸字地址符用 X、Y、Z。

增量(相对)编程是指程序段中的坐标点值均是相对于起点来计量的,增量坐标值的尺寸字地址符用 U、V、W。增量坐标值=目标点坐标-前面一点坐标。

其特点是同一程序段中绝对坐标和增量坐标可以混用,这给编程带来很大方便。绝对值编程与增量值编程混合起来进行编程的方法称为混合编程,如图 5-64 所示。

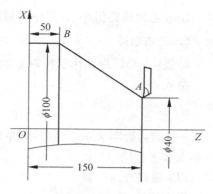

图 5-64　绝对和增量编程

绝对:G01 X100.0 Z50.0;
相对:G01 U60.0 W-100.0;
混用:G01 X100.0 W-100.0;
或　　G01 U60.0 Z50.0;

3. 刀具功能

功能:T 功能指令用于选择加工所用刀具。

格式:

T __;

T 后面通常有两位数表示所选择的刀具号码。但也有 T 后面用四位数字的,其前两位表示刀具号,后两位表示刀具长度补偿号,又表示刀尖圆弧半径补偿号。

例如:T0303 表示选用 3 号刀及 3 号刀具长度补偿值和刀尖圆弧半径补偿值。T0300 表示取消刀具补偿。

4. 进给功能

功能:F 功能指令用于控制切削进给量。在程序中,有两种使用方法。

(1) 每转进给量

指令格式:

G99 F __;

F 后面的数字表示的是主轴每转进给量,单位为 mm/r。G99 为模态指令,在程序中指定后,直到 G98 被指定前,一直有效。

例如:

G99 F0.2;表示进给量为 0.2mm/r

(2) 每分钟进给量

指令格式:

F __;

F 后面的数字表示的是每分钟进给量,单位为 mm/min。

例如:

G98 F100；表示进给量为 100mm/min

G98 也为模态指令，在程序中指定后，直到 G99 被指定前，一直有效。

5．主轴功能

功能：S 功能指令用于控制主轴转速。

格式：

S __；

S 后面的数字表示主轴转速，单位为 r/min。在具有恒线速功能的机床上，S 功能指令还有如下作用。

（1）最高转速限制

指令格式：

G50 S __；

S 后面的数字表示的是最高转速，单位为 r/min。

例如：

G50 S3000；表示最高转速限制为 3000r/min

该指令可防止因主轴转速过高，离心力太大，产生危险及影响机床寿命。

（2）恒线速控制

指令格式：

G96 S __；

S 后面的数字表示的是恒定的线速度，单位为 m/min。

该指令用于车削端面或工件直径变化加大的场合，采用此功能，可保证当工件直径变化时，主轴线速度不变，从而保证切削速度不变，提高了加工质量。该指令为模态指令。

（3）恒转速控制

指令格式：

G97 S __；

S 后面的数字表示的是恒定的转速，单位为 r/min。

该指令用于车削螺纹或工件直径变化较小的场合。采用此功能，可设定主轴转速并取消恒线速度控制。

6．回参考点指令

参考点是 CNC 机床上的固定点，可以利用参考点返回指令将刀架移动到该点。可以设置最多四个参考点，各参考点的位置利用参数事先设置。接通电源后必须先手动进行第一参考点返回，否则不能进行其他操作。

（1）返回参考点检查 G27

功能：G27 用于检验 X 轴与 Z 轴是否正确返回参考点。

指令格式：

G27 X(U)__ Z(W)__;

说明：X(U)、Z(W)为参考点的坐标。执行 G27 指令的前提是机床通电后必须手动返回一次参考点。

执行该指令时,各轴按指令中给定的坐标值快速定位,且系统内部检查检验参考点的行程开关信号。如果定位结束后检测到开关信号发令正确,则参考点的指示灯亮,说明滑板正确回到了参考点位置;如果检测到的信号不正确,系统报警,说明程序中指令的参考点坐标值不对或机床定位误差过大。

（2）返回参考点指令 G28

G28 指令刀具,先快速移动到指令值所指令的中间点位置,然后自动回参考点。

指令格式:

G28 X(U) __ Z(W) __;

说明：X、Z 在 G90 时是中间点的坐标值,作 G91 时,是中间点相对刀具当前点的移动距离。对各轴而言,移动到中间点或移动到参考点均是以快速移动的速度来完成的(非直线移动),这种定位完全等效于 G00 定位。实例如图 5-65 所示。

G28 X140 Z150 T0100；（绝对编程）
G28 U60 Z60 T0100；（相对编程）

其刀具轨迹均是快速 $A \rightarrow B \rightarrow R$。

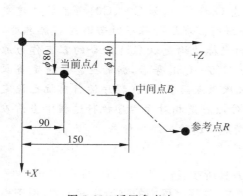

图 5-65 返回参考点

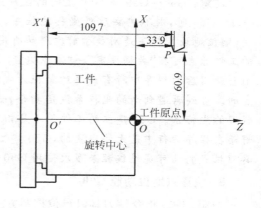

图 5-66 设定工件坐标系

7. 工件坐标系设定

（1）通过对刀将刀偏值写入参数从而获得工件坐标系。这种方法操作简单,可靠性好,它通过刀偏与机械坐标系紧密的联系在一起,只要不断电、不改变刀偏值,工件坐标系就会存在且不会变,即使断电,重启后回参考点,工件坐标系还在原来的位置。

（2）用 G50 指令设定工件坐标系。

指令格式:

G50 X __ Z __;

说明：X、Z 的值是起刀点相对于加工原点的位置。

在数控车床编程时，所有 X 坐标值均使用直径值。如图 5-66 所示，P 点是开始加工时刀尖的起始点。

欲设定 XOZ 为工件坐标系，则程序段为：

G50 X121.8 Z33.9;

设定 X'O'Z 为工件坐标系，则程序段为：

G50 X121.8 Z109.7;

G50 是模态指令，设定后一直有效。实际加工时，当数控系统执行 G50 指令时，刀具并不产生运动，G50 指令只是起预置寄存作用，用来存储工件原点在机床坐标系中的位置坐标。

（3）预置工件坐标系 G54～G59。运用 G54～G59 可以设定 6 个坐标系，这种坐标系相对于参考点是不变的，与刀具无关。它是先测定出预置的工件原点相对于机床原点的偏置值，并把该偏置值通过参数设定的方式预置在机床参数数据库中，因而该值无论断电与否都将一直被系统所记忆，直到重新设置为止。当工件原点预置好以后，便可用"G54 G00 X __ Z __;"指令让刀具移到该预置工件坐标系中的任意指定位置。不需要再通过试切对刀的方法去测定刀具起刀点相对于工件原点的坐标，也不需要再使用 G50 指令了。很多数控系统都提供 G54～G59 指令，完成预置 6 个工件原点的功能。

注意：G54～G59 与 G50 之间的区别是用 G50 时，后面一定要跟坐标地址字；而用 G54～G59 时，则不需要后跟坐标地址字，且可单独一行书写。若其后紧跟有地址坐标字，则该地址坐标字是附属于前次移动所用的模态 G 指令的，如 G00、G01 等。G54 建立的工件原点可在"数据设定"→"零点偏置"菜单中进行。在运行程序时若遇到 G54 指令，则自此以后的程序中所有用绝对编程方式定义的坐标值均是以 G54 指令的零点作为原点的。直到再遇到新的坐标系设定指令，如 G50、G55～G59 等后，新的坐标系设定将取代旧的坐标系。G54 建立的工件原点是相对于机床原点而言的，在程序运行前就已设定好而在程序运行中是无法重设的，G50 建立的工件原点是相对于程序执行过程中当前刀具刀位点的。可通过编程来多次使用 G50 而重新建立新的工件坐标系。

8. 快速点定位功能 G00

功能：G00 指令使刀具以点位控制方式，从刀具所在点快速移动到目标点。

G00 指定的移动速度是机床设定的空行程速度，与程序段中的进给速度无关，属于模态指令。它只实现快速移动，并保证在指定的位置停止。

指令格式：

G00 X(U) __ Z(W) __;

说明：

（1）指令后的参数 X(U) __ Z(W) __ 是目标点的坐标。

绝对编程时，X __ Z __ 表示终点位置相对工件原点的坐标值。

增量编程时，G00 U __ W __；U、W 表示刀具从当前所在点到终点的距离和方向；U 表示直径方向移动量，即大、小直径量之差，W 表示移动长度，移动方向有正、负号确定,U、W 移动距离的起点坐标值是执行前程序段移动指令的终点值。也可在同一移动指令里采用混合编程。例如：

G00 U20 W30,G00 U−5 Z40

或

G00 X80 W40

（2）因为 X 轴和 Z 轴的进给速率不同,因此机床执行快速运动指令时两轴的合成运动轨迹不一定是直线,因此在使用 G00 指令时,一定要注意避免刀具和工件及夹具发生碰撞。

如图 5-67(a)所示,刀具在由 D 点快速返回到 B 点时,就会和工件干涉,所以一般退刀时,首先应确保不会发生干涉,正确的加工路径如图 5-67(b)所示。

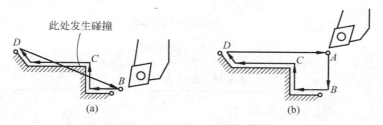

图 5-67 使用 G00 指令应避免发生碰撞
(a) 干涉路径；(b) 正确路径

9. 直线插补指令 G01

功能：G01 指令使刀具以一定的进给速度,从所在点出发,直线移动到目标点。

指令格式：

G01 X(U)＿ Z(W)＿F;

说明：

（1）X(U)＿ Z(W)＿是目标点坐标。G01 指令后的坐标值取绝对值编程还是取增量值编程,由尺寸字地址 U、W 决定。有的数控车床由 G90、G91 功能字指定。

绝对编程时,X、Z 表示终点位置相对工件原点的坐标值。

增量编程时,FANUC 系统直线插补指令格式为：

G01 U ＿ W ＿;

U、W 表示刀具从刀具所在点到终点的距离；U 表示直径方向移动量,W 表示切削长度,U、W 移动方向都由正、负号确定。计算 U、W 移动距离的起点坐标值是执行上一程序段移动指令的终点值,也可在同一移动指令里采用混合编程。

（2）F 是进给速度。

（3）机床在执行 G01 指令时,在该程序段中必须具有或在该程序段前已经有 F 指令,如无 F 指令则认为进给速度为零,G01 和 F 均为模态代码。

如图 5-68 所示,编制从点 A 到点 E 的数控车削程序,分别用绝对坐标和增量坐标编程。数控车削程序见表 5-15。

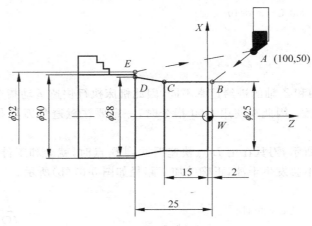

图 5-68   直线插补

表 5-15   直线插补程序

程序段号	绝对值方式	增量值方式	注 释
N10	G50 X100.0 Z50.0;		起刀点在 A 设定工件坐标系
N20	T0101 M08;		换 1 号刀,冷却液开
N30	S800 M03;		主轴正转,转速 800r/min
N40	G00 X25.0 Z2.0;	G00 U−75.0 W−48.0;	A 到 B(25,2)
N50	G01 Z−15.0 F0.1;	G01 W−17.0 F0.1;	B 到 C(25,−15)
N60	X28.0 Z−25.0;	U3.0 W−10.0;	C 到 D(28,−25)
N70	X32.0;	U4.0;	D 到 E(32,−25)
N80	G00 X100.0 Z50.0 T0100;	G00 U68.0 W75.0;	E 到 A(100,50),取消刀补
N90	M05;		主轴停
N100	M09;		冷却液关
N110	M30;		程序结束

10. 圆弧插补指令 G02/G03

圆弧插补指令能使刀具在指定平面内按给定的进给速度做圆弧插补运动,切削出圆弧曲线。数控车床是两坐标的机床,只有 X 轴和 Z 轴,在判断顺、逆时,应按右手定则将 Y 轴也加以考虑,如图 5-69 所示,顺时针圆弧插补用 G02 指令,逆时针圆弧用 G03 指令。加工圆弧时,经常采用如下两种编程方法。

(1)用圆弧半径 R 指定圆心位置编程

G02(或 G03)   X ＿ Z ＿ R ＿ F ＿;(绝对)
G02(或 G03)   U ＿ W ＿ R ＿ F ＿;(相对)

(2)用 I,K 指定圆心位置的编程

G02(或 G03)   X ＿ Z ＿ I ＿ K ＿ F ＿;(绝对)

G02(或 G03)　U ＿ W ＿ I ＿ K ＿ F ＿；(相对)

说明：

① X、Z：圆弧终点的坐标值。

② I、K：圆弧起点指向圆心的矢量在 X、Z 坐标轴分矢量，有正值和负值，与坐标轴同向，I、K 值为正，反之则为负。I 为直径值编程。

③ U、W：终点相对始点的坐标值。

④ R：圆弧的半径值，R 值有正值和负值，规定圆心角 $\alpha \leqslant 180°$ 时，用"＋R"表示；$\alpha > 180°$ 时，用"－R"。R 编程只适于非整圆的圆弧插补的情况，不适于整圆加工。

⑤ F ＿：指进给速度。

例如：如图 5-70 所示，编制从 A 点到 F 点的加工程序，分别用绝对坐标和增量坐标编程。

加工程序见表 5-16。

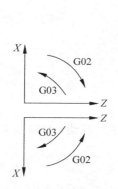

图 5-69　顺逆圆弧判断

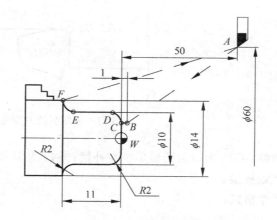

图 5-70　圆弧插补图

表 5-16　圆弧插补程序

序号	绝对值方式	增量值方式	注　释
N10	G50 X60.0 Z50.0；		起刀点在 A 设定工件坐标系
N20	T0101 M08；		换 1 号刀，冷却液开
N30	G50 S3000；		最大主轴速度 3000r/min
N40	M03 S500；		主轴正转，转速 500r/min
N50	G00 X6.0 Z1.0；		A 到 B(6,1)
N60		G00 U－54.0 W－49.0；	
N70	G01 Z0 F0.1；	G01 W－1.0 F0.1；	B 到 C(6,0)
N80	G03 X10.0 Z－2.0 R2.0；或 G03 X10.0 Z－2.0 I0 K－2.0；	G03 U4.0 W－2.0 R2.0；或 G03 U4.0 W－2.0 I0 K－2.0；	C 到 D(10,－2)
N90	G01 Z－9.0；	G01 W－7.0；	D 到 E(10,－9)
N100	G02 X14.0 Z－11.0 R2.0；或 G02 X14.0 Z－11.0 I2.0 K0；	G02 U4.0 W－2.0 R2.0；或 G02 U4.0 W－2.0 I2.0 K0；	E 到 F(14,－11)

续表

序号	绝对值方式	增量值方式	注　释
N110	G00 X60.0 Z50.0 T0100 M05；	G00 U46.0 W61.0 M05；	F 到 A(60,50)，取消刀补主轴停
N120	M09；		冷却液关
N130	M30；		程序结束

11. 刀具半径补偿指令

在数控车削中，为了提高刀具寿命、减小加工表面的粗糙度，车刀的刀尖都不是理想尖锐的，总有一个半径很小的圆弧，如图 5-71 所示。在编程和对刀时，是以理想尖锐的车刀刀尖为基准的。为了解决刀尖圆弧可能引起的加工误差，应该进行刀尖圆弧的半径补偿。

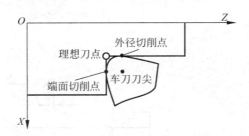

图 5-71　带圆弧的刀尖及其方位

功能：G41 为刀尖圆弧半径左补偿；G42 为刀尖圆弧半径右补偿。G40 是取消刀尖圆弧半径补偿。

指令格式：

G41(G42、G40) G01(G00) X(U)__ Z(W)__；

说明：顺着刀具运动方向看，刀具在工件的左边为刀尖圆弧半径左补偿；刀具在工件的右边为刀尖圆弧半径右补偿。只有通过刀具的直线运动才能建立和取消刀尖圆弧半径补偿。图 5-72 所示进刀应采用 G42 编程。

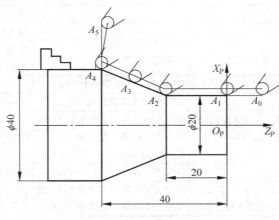

图 5-72　刀尖圆弧补偿

12. 单一固定循环指令

（1）圆柱面切削循环 G90

指令格式：

G90 X(U)__ Z(W)__ F __；

说明：

X、Z：圆柱面切削的终点坐标值。

U、W：圆柱面切削的终点相对于循环起点坐标分量。

例如：应用圆柱面切削循环功能加工图 5-73 所示零件，图 5-74 所示为圆柱切削循环走刀路线。

N10 G50 X200 Z200 T0101；
N20 M03 S1000；
N30 G00 X55 Z2；
N40 G90 X45 Z－25 F0.2；
N50 X40；
N60 X35；
N70 G00 X200 Z200；
N80 M30；

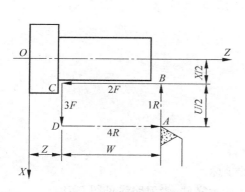

图 5-73 圆柱面切削循环

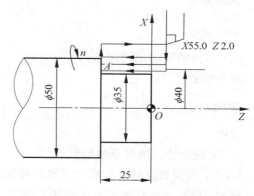

图 5-74 圆柱切削循环走刀路线

（2）圆锥面切削循环 G90

指令格式：

G90 X(U)__ Z(W)__ I __ F __；

说明：

X、Z：圆锥面切削的终点坐标值。

U、W：圆柱面切削的终点相对于循环起点的坐标。

I：圆锥面切削的起点相对于终点的半径差。如果切削起点的 X 向坐标小于终点的 X 向坐标，I 值为负，反之为正。

例如：应用圆锥面切削循环功能加工图 5-75 所示零件，图 5-76 所示为圆锥面切削循

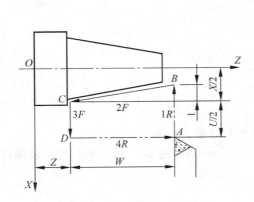

图 5-75　圆锥面切削循环

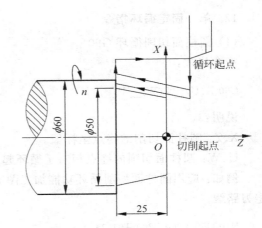

图 5-76　圆锥面切削循环走刀路线

环走刀路线。

```
N10 G50 X200 Z200 T0101；
N20 M03 S800；
N30 G00 X65 Z2；
N40 G90 X60 Z-25 I-5 F0.2；
N50 X50；
N60 G00 X200 Z200；
N70 M30；
```

（3）平面端面切削循环 G94

指令格式：

G94 X(U)＿ Z(W)＿ F＿；

说明：

X、Z：端面切削的终点坐标值。

U、W：端面切削的终点相对于循环起点的坐标。

例如：应用端面切削循环功能加工图 5-77 所示零件，走刀路线见图 5-78。

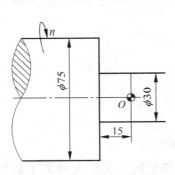

图 5-77　平面端面切削循环

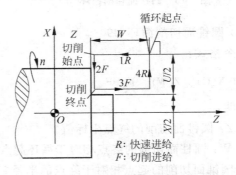

图 5-78　平面端面切削循环走刀路线

⋮

G00 X85 Z5;
G94 X30 Z−5 F0.2;
Z−10;
Z−15;

⋮

13.复合固定循环

（1）内外圆粗车循环 G71

外圆粗切循环是一种复合固定循环，适用于棒料毛坯粗车外径和圆筒毛坯粗车内径需多次走刀才能完成的粗加工。刀具循环路径如图 5-79 所示。

指令格式：

G71 U(Δd) R(r);
G71 P(ns) Q(nf) X(Δx) Z(Δz) F(f) S(s) T(t);

说明：

该循环切削方向平行于 Z 轴。该指令执行如图 5-79 所示的粗加工和精加工轨迹。

Δd：切削深度（每次切削量），指定时不加符号。

r：每次退刀量。

ns：精加工路径第一程序段的顺序号。

nf：精加工路径最后程序段的顺序号。

Δx：X 方向精加工余量。

Δz：Z 方向精加工余量。

f、s、t：粗加工时 G71 中编程的 F、S、T 有效，而精加工时处于 ns 到 nf 程序段之间的 F、S、T 有效。

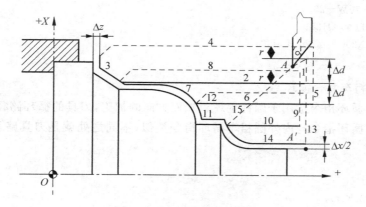

图 5-79　内外径粗切复合循环

G71 切削循环下，切削进给方向平行于 Z 轴。

例如：如图 5-80 所示工件，试用 G71 指令编程。

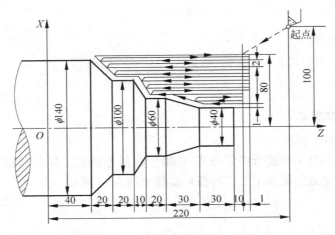

图 5-80　内外圆粗车循环 G71

O1000；

N010 G50 X200.0 Z220.0；

N020 M03 S600 T0100；

N030 G00 X160.0 Z180.0 M08；

N040 G71 U2.0 R1.0；

N050 G71 P060 Q120 U2.0 W1.0　F0.2 S600；

N060 G00 X40.0 S800；

N070 G01 W−40.0 F0.1；

N080 X60 W−30.0；

N090 W−20.0；

N100 X100.0 W−10.0；

N110 W−20.0；

N120 X140.0 W−20.0；

N130 G70 P060 Q120；

N140 G00 X200.0 Z220.0 M09；

N150 M30；

（2）端面粗车复合循环 G72

端面粗车循环指令适用于圆柱毛坯料端面方向的加工，刀具的循环路径如图 5-81 所示。端面粗车循环指令与内外圆粗车循环指令类似，不同之处就是刀具路径是按径向方向循环的。

指令格式：

G72 W(Δd) R(r)；

G72 P(ns) Q(nf) X(Δx) Z(Δz) F(f) S(s) T(t)；

说明：该循环与 G71 的区别仅在于切削方向平行于 X 轴。该指令执行如图 5-81 所示的粗加工和精加工轨迹。各参数说明见 G71。

注意：

① G72 指令必须带有 P，Q 地址，否则不能进行该循环加工。

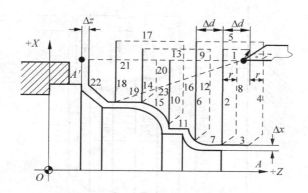

图 5-81 端面粗车复合循环 G72

② 在 ns 的程序段中应包含 G00/G01 指令,进行由 A 到 A′的动作,且该程序段中不应编有 X 向移动指令。

③ 在顺序号为 ns 到顺序号为 nf 的程序段中,可以有 G02/G03 指令,但不应包含子程序。

例如:如图 5-82 所示工件,试用 G72 指令编程。

N10 G50 X200 Z200;
N20 M03 S800 T0101;
N30 G00 X176 Z132 M08;
N40 G72 U3 R0.5;
N50 G72 P70 Q120 U2 W0.5 F0.2;
N60 G00 Z60 S1000;
N70 G01 X160 F0.15;
N80 X120 Z70;
N90 Z80;
N100 X80 Z90;
N110 Z110;
N120 X40 Z130;
N130 G70 P70 Q120;
N140 G00 X200 Z200;
N150 M30;

(3) 精加工循环

由 G71、G72、G73 完成粗加工后,可以用 G70 进行精加工。精加工时,G71、G72、G73 程序段中的 F、S、T 指令无效,只有在 ns~nf 程序段中的 F、S、T 才有效。

指令格式:

G70 P(ns) Q(nf);

说明:

ns:精加工轮廓程序段中开始程序段的段号。

nf:精加工轮廓程序段中结束程序段的段号。

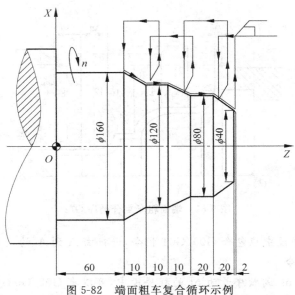

图 5-82　端面粗车复合循环示例

14. 螺纹加工指令

（1）螺纹车刀的选用

选择螺纹车刀时，首先要判断车削外螺纹还是内螺纹，是左螺纹还是右螺纹。

螺纹车刀型号说明如图 5-83 所示。

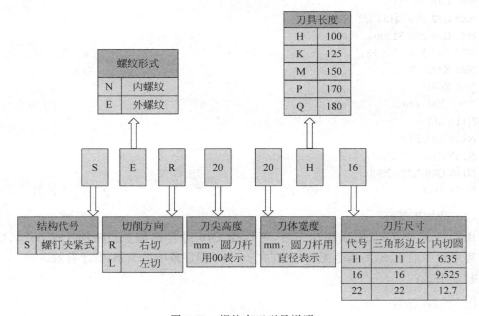

刀具长度	
H	100
K	125
M	150
P	170
Q	180

螺纹形式	
N	内螺纹
E	外螺纹

| S | E | R | 20 | 20 | H | 16 |

结构代号		切削方向		刀尖高度	刀体宽度	刀片尺寸		
S	螺钉夹紧式	R	右切	mm，圆刀杆用00表示	mm，圆刀杆直径表示	代号	三角形边长	内切圆
		L	左切			11	11	6.35
						16	16	9.525
						22	22	12.7

图 5-83　螺纹车刀型号说明

（2）车螺纹切削用量的选择

① 背吃刀量和走刀次数的确定。车螺纹的切深方式有常量式和递减式两种，一般采

用递减式。走刀次数和背吃刀量的大小会直接影响螺纹的加工质量,普通螺纹走刀次数和背吃刀量的参考表见表5-17。

表 5-17 普通螺纹走刀次数和背吃刀量的参考表 单位:mm

米 制 螺 纹								
螺 距		1.0	1.5	2	2.5	3	3.5	4
牙深(半径量)		0.649	0.974	1.299	1.624	1.949	2.273	2.598
切削次数及吃刀量(直径量)	1 次	0.7	0.8	0.9	1.0	1.2	1.5	1.5
	2 次	0.4	0.6	0.6	0.7	0.7	0.7	0.8
	3 次	0.2	0.4	0.6	0.6	0.6	0.6	0.6
	4 次		0.16	0.4	0.4	0.4	0.6	0.6
	5 次			0.1	0.4	0.4	0.4	0.4
	6 次				0.15	0.4	0.4	0.4
	7 次					0.2	0.2	0.4
	8 次						0.15	0.3
	9 次							0.2

② 主轴转速的确定。数控车床加工螺纹时,因其传动链的改变,原则上其转速只要能保证主轴每转一周时,刀具沿主轴(多为 Z 轴)方向位移一个螺距即可,不同的数控系统车螺纹时推荐使用不同的主轴转速范围。大多数经济型数控车床的数控系统推荐车螺纹时主轴转速 n 为:

$$n \leqslant \frac{1200}{P} - k$$

式中,P 为被加工螺纹螺距(mm);k 为保险系数,一般为 80。

(3)数控车编程指令

① 暂停指令

功能:该指令可使刀具做短时间的停顿。

指令格式:

G04 X __ ;

或

G04 P __ ;

说明:

X 指定时间单位为秒,允许有小数点。

P 指定时间单位为毫秒,不允许有小数点。

应用场合:车削沟槽或钻孔时,为使槽底或孔底得到准确的尺寸精度及光滑的加工表面,在加工到槽底或孔底时,应暂停适当时间。

② 螺纹切削循环指令(见图 5-84 和图 5-85)

• 直螺纹切削单一固定循环指令 G92。

指令格式:

G92 X(U)__ Z(W)__ R __ F __ ;

说明：

X、Z：绝对值编程时，为螺纹终点 C 在工件坐标系下的坐标。增量值编程时，为螺纹终点 C 相对于循环起点 A 的有向距离，图形中用 U、W 表示，其符号由轨迹 1 和 2 的方向确定。

F：螺纹导程。

注意：螺纹切削循环在进给保持状态下，该循环在完成全部动作之后才停止运动。

- 锥螺纹切削单一固定循环指令

指令：

G92 X(U)__ Z(W)__ R __ F __;

说明：

X(U)、Z(W)：螺纹终点坐标。

R：螺纹切削起点与螺纹终点半径差。

F：螺纹导程。

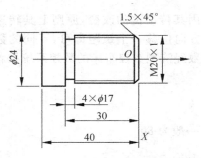

图 5-84　直螺纹切削循环

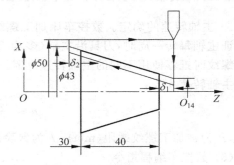

图 5-85　锥螺纹切削循环

例如：如图 5-84 所示用 G92 编程如下：

```
O6013;                      程序名
G21 G97 G98;                初始化相关 G 功能
G50 X150.0 Z200.0;          定义坐标
T0101;                      换 1 号车刀,调用 1 号刀偏
S800 M03;                   恒转速设定,启动主轴
G00 X26.0 Z5.0 M08;         快速定位,Z5.0 为进刀段,切削液开
G92 X19.1 Z-32.0 F2.5;      车螺纹第一次走刀
X18.5;                      车螺纹第二次走刀
X17.9;                      车螺纹第三次走刀
X17.5;                      车螺纹第四次走刀
X17.4;                      螺纹最后精车
G00 X150.0 Z200.0 T0101;    定位到换刀点,取消刀具补偿
M30;                        程序结束
```

③ 复合螺纹切削循环指令

螺纹切削复合循环指令 G76 可以完成一个螺纹段的全部加工任务。它的进刀方式有利于改善刀具的切削条件，如图 5-86 所示，走刀路线如图 5-87 所示。

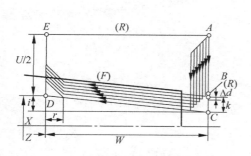

图 5-86 螺纹切削复合循环 G76

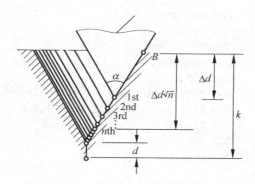

图 5-87 G76 循环单边切削及其参数

指令格式:

G76 P(m)(r)(α)＿ Q(Δdmin)＿ R(d)＿;
G76 X(U)＿ Z(W)＿ R(i)＿ P(k)＿ Q(Δd)＿ F(L)＿;

说明:

m: 精车重复次数, 从 1～99。

r: 斜向退刀量单位数, 或螺纹尾端倒角值, 在 0.0L～9.9L 之间, 以 0.1L 为一单位, (即为 0.1 的整数倍), 用 00～99 两位数字指定(其中 L 为螺纹导程)。

α: 刀尖角度(刀具角度); 从 80°、60°、55°、30°、29°、0° 六个角度中选择;(m、r、α 用地址 P 同时指定, 如: m=2, r=1.2L, α= 60°表示 P021260)。

Δdmin: 最小切削深度, 当计算深度小于 Δdmin, 则取 Δdmin 作为切削深度; 用半径编程指定(μm)。

d: 精加工余量, 用半径编程指定(μm)。

Δd: 第一次粗切深(半径值)(μm)。

X、Z: 螺纹终点的坐标值。

U: 增量坐标值(U 向)。

W: 增量坐标值(W 向)。

i: 锥螺纹的半径差, 即螺纹切削起始点与切削终点的半径差; 加工圆锥螺纹时, 当 X 向切削起始点坐标小于切削终点坐标时, i 为负, 反之为正。若 i=0, 则为直螺纹。

k: 表示螺纹高度(X 方向半径值)(μm)。

L: 表示螺纹导程。

注意: 按 G76 段中的 X(x) 和 Z(z) 指令实现循环加工, 增量编程时, 要注意 u 和 w 的正负号(由刀具轨迹 AC 和 CD 段的方向决定)。

例如: 用 G76 循环加工如图 5-88 所示的圆柱螺纹。

O0003;
G21 G40 G54 G99;
G50 S2000;

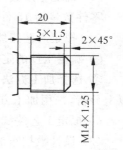

图 5-88 圆柱螺纹

G96 M03 S70；

　　⋮

T0303；

G97 M03 S600；

G00 X20 Z5；

G76 P020060 Q100 R100；

G76 X12.38 Z－17.5 P812 Q350 F1.25；

G00 X100 Z100；

M05 M09；

M30；

5.7.3　螺纹型芯加工实例

1. 零件工艺性分析

（1）结构分析。如图 5-89 所示，该零件属于回转类零件，加工内容包括螺纹、外圆表面。

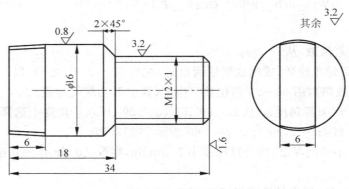

图 5-89　螺纹型芯

　　（2）技术要求分析。该零件的加工精度要求满足未注公差要求，M12 的外圆表面粗糙度要求满足 3.2μm，ϕ16 的外圆表面粗糙度满足 0.8μm，右端面粗糙度满足 1.6μm，其余满足 3.2μm，根据分析，所有表面都可以加工出来，经济性能良好。

2. 制定机械加工工艺方案

（1）确定生产类型

零件数量为 15 件，属于单件小批量生产。

（2）拟定工艺路线

① 确定工件的定位基准。确定坯料轴线和左端面为定位基准。

② 选择加工方法。该零件的加工表面均为回转体，表面粗糙度最高为 0.8μm，根据以上分析，采用加工方法为粗车—精车。

③ 拟定工艺路线：按 ϕ18×50 下料→车削各表面→去毛刺→检验。

（3）设计数控车加工工序

① 选择加工设备。选用 CK7150A 型数控车床，系统为 FANUC 0i，配置后置刀架。

② 选择工艺装备。

- 该零件采用三爪自定心卡盘夹紧。
- 刀具选择如下。

外圆机夹粗车刀 T0101(刀片的刀尖角为 55°)：用于车端面,粗车、半精车各外圆表面。

外圆机夹精车刀 T0202(刀片的刀尖角为 35°)：用于精车各外圆表面。

切断刀 T0303(宽 2mm)：用于切断。

螺纹刀 T0404：用于车螺纹。

- 量具选择如下。

量程为 50mm,分度值为 0.02 的游标卡尺。

测量范围为 0~30,分度值为 0.01 的外径千分尺。

3. 确定工步和走刀路线(略)

4. 确定切削用量

背吃刀量：粗车时,确定背吃刀量为 2mm,精车时,确定背吃刀量为 0.5mm。

主轴转速：粗车时,确定主轴转速为 800r/min,精车时,确定主轴转速为 1200r/min,切断时,确定主轴转速为 400r/min。

进给量：粗车时,确定进给量为 0.2mm/r,精车时,确定进给量为 0.1mm/r,切断时,确定进给量为 0.05mm/r。

5. 编制数控工艺文件

(1)编制机械加工工艺过程卡见表 5-18。

表 5-18 机械加工工艺过程卡

工厂名	工艺过程卡	产品名称及型号			零件名称			零件图号		
		材料	名称		毛坯	种类		零件重量	毛重	第 页
			牌号			尺寸			净重	共 页
			性能						每批件数	
工序号	工序内容			加工车间	设备名称及编号	工艺装备			技术等级	时间定额
						夹具	刀具	量具		单件	准备终结
10	按 $\phi 55 \times 150$ 下料			普车		三爪卡盘				
20	车削各表面			数车		三爪卡盘				
30	去毛刺					三爪卡盘				
40	检验					三爪卡盘				
50										
60										
70										
编制	抄写				校对			审核		批准

（2）编制数控加工工序卡见表 5-19。

表 5-19　数控加工工序卡

工厂名	机械加工工序卡	产品型号		零件图号				
		产品名称		零件名称		共　页	第　页	

	车间		工序号	工件名称	材料牌号
	毛坯种类				
	设备名称		设备型号	设备编号	同时加工件数
	夹具编号		夹具名称		切削液
	工位器具编号		工位器具名称	工序工时	
				准终	单件

工步号	工步内容	刀具		主轴转速	进给量	背吃刀量	进给次数	工步工时	
		刀具号	刀具名称					机动	辅助
1	粗车外圆柱面及端面	T01	外圆车刀	800	0.2	2			
2	精车外圆柱面及端面	T02	外圆车刀	1200	0.1	0.5			
3	攻螺纹	T04	螺纹刀	100	1				
4	切断	T03	切断刀宽2mm	400	0.05				
5									

设计（日期）	校对（日期）	审核（日期）	标准化	会签（日期）

6. 编制数控加工程序

工件坐标系建立：以工件右端面与轴线交点为工件原点。参考程序如下：

```
O2302                        程序名
N10 T0101;                   选择 1 号刀,建立刀补
N20 M03 S800;                启动主轴
N30 G00 X25 Z0;              快进至进刀点
N40 G01 X0 F0.2;             加工右端面
N50 G00 X70 Z10;             快速退刀
N60 X25 Z1;
N70 G71 U2 R1;               粗加工外圆表面
N80 G71 P90 Q130 U0.2 W0.05 F100;
N90 G00 X10;                 精车程序段
N100 G01 X12 F0.1 S1200;
N110 Z—16;
```

N120 X16 Z—18；

N130 Z—36；

N140 G00 X150 Z200；　　　　　快速退刀

N150 T0202；　　　　　　　　　自动换精车刀

N160 G70 P90 Q130；　　　　　　精加工外圆表面

N170 G00 X150 Z200；　　　　　快速退刀

N180 T0404 S100；　　　　　　换螺纹刀

N190 G00 X20 Z5；　　　　　　　定位至起刀点

N200 G76 P011060 Q20 R0.02；

　　　G76 X10.701 Z—33 P0.6495 Q350 F1；　M12×1 螺纹加工

N210 G00 X150 Z200；　　　　　快速退刀

N220 T0303 S400；　　　　　　自动换切断刀

N230 G00 X25 Z—36；　　　　　快速定位

N240 G01 X0 F0.05；　　　　　进行切断操作

N250 G00 X150 Z200；　　　　　快速退刀

N260 T0000；　　　　　　　　　取消刀补

N270 M05；　　　　　　　　　主轴停转

N280 M30；　　　　　　　　　程序结束

课外实践任务及思考

1. 编制图 5-90 所示轴类零件的数控车削加工工艺，毛坯为 ϕ45 棒料。

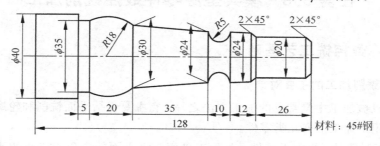

图 5-90　轴 1

2. 编制图 5-91 所示轴类零件的数控车削加工工艺，毛坯为 ϕ30 棒料。

3. 选择。

(1) G96 S100 表示切削点线速度控制在(　　)。

　　A. 100m/min　　　　B. 100r/min　　　　C. 100mm/min　　　　D. 100mm/r

(2) 数控车编程中，G50 S2000 表示(　　)。

　　A. 主轴转速为 2000r/min　　　　　　B. 主轴线速度 200m/min

　　C. 主轴最高转速限制 2000r　　　　　D. 进给速度 2000mm

(3) 数控车编程中，指令格式：G76 P(m)(r)(a)Q(Δdmin)R(d)，其中 m 表示(　　)。

　　A. 精加工重复次数　　　　　　　　B. 最小切入量

　　C. 精加工余量　　　　　　　　　　D. 螺牙高度

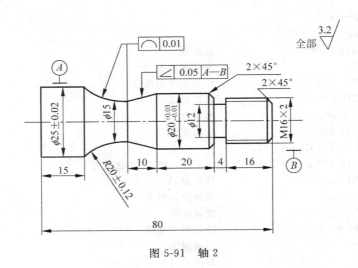

图 5-91 轴 2

4. 思考。

（1）数控车床工序划分的方法有哪些？

（2）制订零件车削加工工序顺序应遵循哪些原则？

（3）轮廓粗车加工路线有哪些方式？

任务 5.8　模具型腔零件数控铣削加工

5.8.1　数控铣工艺基础

1. 数控铣削加工的主要对象

铣削是机械加工中最常见的加工方法之一，它主要包括平面铣削和轮廓铣削。数控铣床特别适用于加工下列几类零件。

（1）平面类零件。平面类零件是指加工平面与水平面的夹角为定角的零件。这类零件的特点是，各个加工表面是平面，或可以展开为平面，如图 5-92 中的曲线轮廓面 M 和斜平面 P 以及圆台侧平面 N。

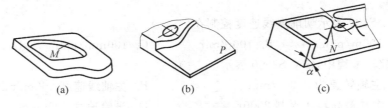

图 5-92　平面类零件

（2）变斜角类零件。变斜角类零件是指加工面与水平面的夹角呈连续变化的零件，如图 5-93 所示。其加工面不能展开为平面，但在加工中，铣刀圆周与加工面接触的瞬间

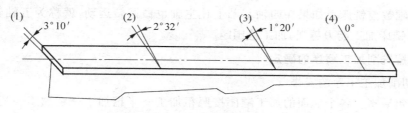

图 5-93　变斜角类零件

为一直线。

（3）曲面类零件。曲面类零件是指加工面为空间曲面的零件，如图 5-94 所示。其特点是加工平面不能展开为平面，且加工面与铣刀始终为点接触。

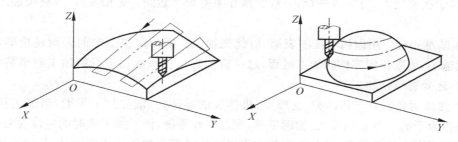

图 5-94　曲面类零件

2. 数控铣床的分类

（1）按机床主轴的布置形式及机床的布局特点分类，可分为立式数控铣床、卧式数控铣床、立卧两用式数控铣床。

（2）按主轴数量分类，可分为三轴数控铣床、四轴数控铣床、五轴数控铣床。

① 三轴数控铣床。XY 平面为工件运动平面，刀具在 Z 轴方向上下运动，刀具相对工件能在 X、Y、Z 三个坐标轴方向上做进给运动，这样的数控铣床称为三轴数控铣床。

② 四轴数控铣床。如果把工件装夹在如图 5-95（a）所示的 X、Z 方向工作台上还能绕 Y 轴回转，或者把工件装夹在如图 5-95（b）所示的 X、Y 方向工作台上还能绕 X 轴回转，绕坐标轴旋转也作为一轴，就称为四轴数控铣床。

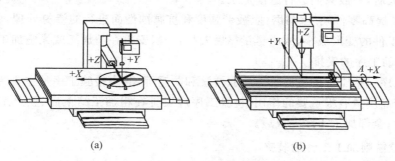

图 5-95　四轴数控铣床

（a）卧式数控铣床；（b）立式数控铣床

③ 五轴数控铣床。如果在四轴基础上让主轴也做回转运动,就称为五轴数控铣床。轴数越多,铣床加工能力越强,加工范围越广。

3. 数控铣削加工顺序的确定

（1）切削加工工序的安排

① 先粗后精。各个表面的加工顺序按照粗加工→半精加工→精加工→光整加工的顺序依次进行,这样才能逐步提高加工表面的精度和减小表面粗糙度。

② 先主后次。先考虑主要表面的加工,后考虑次要表面的加工。因为主要表面加工容易出废品,应放在前阶段进行,以减少工时的浪费。零件上的工作面及装配面精度要求较高,属于主要表面,应先加工。自由表面、键槽、紧固用的螺孔和光孔等表面,精度要求较低,属于次要表面,可穿插进行,一般安排在主要表面达到一定精度后、最终精加工之前加工。

③ 基准先行。用做精基准的表面,应优先加工。因为定位基准的表面越精确,装夹误差就越小,所以任何零件的加工过程,总是首先对定位基准面进行粗加工和半精加工,必要时,还要进行精加工。

④ 先面后孔。对于箱体类、支架类、机体类的零件,一般先加工平面,后加工孔。一方面是因为平面一般面积较大,轮廓平整,先加工好平面,便于加工孔时的定位安装,利于保证孔与平面的位置精度,另一方面是在加工过的平面上加工孔比较容易,并能提高孔的加工精度。特别是钻孔,孔的轴线不易偏斜。

（2）热处理工序的安排

① 为了使零件具有较好的切削性能而进行的预先热处理工序,如时效、正火、退火等热处理工序,应安排在粗加工之前。

② 对于精度要求较高的零件有时在粗加工之后,甚至半精加工后还安排一次时效处理。

③ 为了提高零件的综合性能而进行的热处理,如调质,应安排在粗加工之后半精加工之前进行,对于一些没有特别要求的零件,调质也常作为最终热处理。

④ 为了得到高硬度、高耐磨性的表面而进行的渗碳、淬火等工序,一般应安排在半精加工之后,精加工之前。

⑤ 对于整体淬火的零件,则应在淬火之前,尽量将所有用金属刀具加工的表面都加工完,经淬火后,一般只能进行磨削加工。

⑥ 为了提高零件硬度、耐磨性、疲劳强度和抗腐蚀性而进行的渗氮处理,由于渗氮层较薄,引起工件的变形极小,故应尽量靠后安排,一般安排在精加工或光整加工之前。

（3）辅助工序的安排

辅助工序包括工件的检验、去毛刺、清洗和防锈等,其中检验工序是主要的辅助工序,它对保证产品质量有极重要的作用,检验工序应安排在粗加工结束后、重要工序前后、转移车间前后、全部加工工序完成后。

4. 数控铣削加工工件的装夹

铣床加工常用的装夹方法如下:

（1）用平口钳安装。小型和形状规则的工件多用此法安装。

（2）用压板安装。对于较大或形状特殊的工件，可用压板、螺栓直接安装在铣床的工作台上，如图 5-96 所示。

（3）用夹具安装。利用各种简易和专用夹具安装工件可提高生产效率和加工精度。

（4）用分度头安装。铣削加工各种需要分度工作的工件，可用分度头安装。

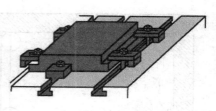

图 5-96 压板安装

5. 数控铣削加工路线的选择

确定走刀路线的一般原则为：

（1）保证零件的加工精度和表面粗糙度前提下，缩短走刀路线，减少进退刀时间和其他辅助时间。

（2）方便数值计算，减少编程工作量。

（3）尽量减少程序段数。

下面介绍具体情况下数控铣削加工路线的选择。

（1）铣削平面零件外轮廓时

一般采用立铣刀侧刃切削。刀具切入工件时，应避免沿零件外轮廓的法向切入，而应沿切削起始点的延伸线逐渐切入工件，保证零件曲线的平滑过渡。同理，在切离工件时，也应避免在切削终点处直接抬刀，要沿着切削终点延伸线逐渐切离工件，如图 5-97 所示。

（2）当用圆弧插补方式铣削外整圆时

如图 5-98 所示，要安排刀具从切向进入圆周铣削加工，当整圆加工完毕后，不要在切点处直接退刀，而应让刀具沿切线方向多运动一段距离，以免取消刀补时，刀具与工件表面相碰，造成工件报废。

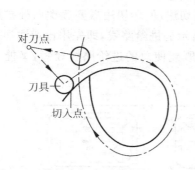

图 5-97 外轮廓加工刀具的切入和切出

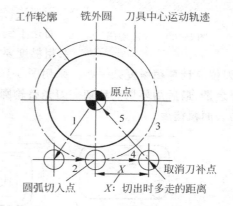

图 5-98 外圆铣削

（3）铣削内轮廓的进给路线

若内轮廓曲线不允许外延（见图 5-99（a）），刀具只能沿内轮廓曲线的法向切入、切出（见图 5-99（b）），为防止刀补取消时在轮廓拐角处留下凹口，刀具切入、切出点应远离拐角，并沿轮廓曲线的法向。

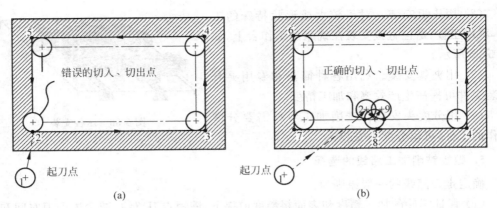

图 5-99　内轮廓加工刀具的切入和切出

（a）若内轮廓曲线不允许外延；（b）当内部几何元素相切无交点时

当用圆弧插补铣削内圆弧时也要遵循从切向切入、切出的原则,最好安排从圆弧过渡到圆弧的加工路线(见图 5-100)提高内孔表面的加工精度和质量。

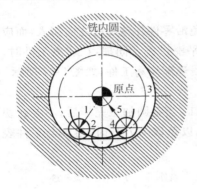

图 5-100　内圆铣削

（4）铣削内槽的进给路线

所谓内槽是指以封闭曲线为边界的平底凹槽。一律用平底立铣刀加工,刀具圆角半径应符合内槽的图纸要求。图 5-101 所示为加工内槽的三种进给路线。图 5-101(a)和图 5-101(b)分别为用行切法和环切法加工内槽。两种进给路线的共同点是都能切净内腔中的全部面积,不留死角,不伤轮廓,同时尽量减少重复进给的搭接量。不同点是行切法的进给路线比环切法短,但行切法将在每两次进给的起点与终点间留下残留面积,而达不到所要求的表面粗糙度;用环切法获得的表面粗糙度要好于行切法,但环切法需要逐次向外扩展轮廓线,刀位点计算稍微复杂一些。采用图 5-101(c)所示的进给路线,即先用行切法切去中间部分余量,最后用环切法环切一刀光整轮廓表面,既能使总的进给路线较短,又能获得较好的表面粗糙度。

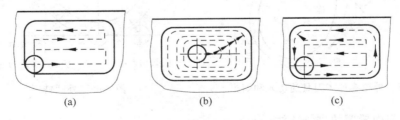

图 5-101　凹槽加工进给路线

（5）铣削曲面轮廓的进给路线

铣削曲面时,常用球头刀采用"行切法"进行加工。所谓行切法是指刀具与零件轮廓的切点轨迹是一行一行的,而行间的距离是按零件加工精度的要求确定的。

对于边界敞开的曲面加工,可采用两种加工路线,如图 5-102 所示发动机大叶片,当采用图 5-102(a)所示的加工方案时,每次沿直线加工,刀位点计算简单,程序少,加工过程符合直纹面的形成,可以准确保证母线的直线度。当采用图 5-102(b)所示的加工方案时,符合这类零件数据给出情况,便于加工后检验,叶形的准确度较高,但程序较多。由于曲面零件的边界是敞开的,没有其他表面限制,所以曲面边界可以延伸,球头刀应由边界外开始加工。

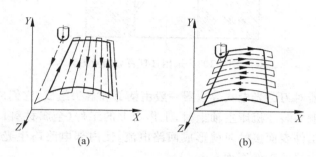

图 5-102　曲面加工的进给路线

6. 数控铣削切削用量的确定

数控机床加工的切削用量包括切削速度 v_c(或主轴转速 n)、背吃刀量 a_p 和进给速度 v_f,其选用原则与普通机床基本相似,合理选择切削用量的原则是:粗加工时,以提高劳动生产率为主,选用较大的切削量;半精加工和精加工时,选用较小的切削量,保证工件的加工质量。

切削用量的选择方法是考虑刀具的耐用度,先选取背吃刀量或侧吃刀量,其次确定进给速度,最后确定切削速度。

7. 数控铣削加工中的对刀

(1) 对刀点的确定

对刀点是工件在机床上定位(或找正)装夹后,用于确定工件坐标系在机床坐标系中位置的基准点。

一般来说,对刀点应选在工件坐标系原点上,或至少与 X、Y 方向重合,这样有利于保证对刀精度,减少对刀误差。也可以将对刀点或对刀基准设在夹具定位元件上,这样可直接以定位元件为对刀基准对刀,有利于批量加工时工件坐标系位置的准确。

(2) XY 方向对刀方法

铣加工对刀时一般以机床主轴轴线与刀具端面的交点(主轴中心)为刀位点,因此,无论采用哪种工具对刀,结果都是使机床主轴轴线与刀具端面的交点与对刀点重合。

① 工件坐标系原点(对刀点)为圆柱孔(或圆柱面)的中心线。

• 采用杠杆百分表(或千分表)对刀(见图 5-103)。这种操作方法比较麻烦,效率较低,但对刀精度较高,对被测孔的精度要求也较高,最好是经过铰或镗加工的孔,仅粗加工后的孔则不宜采用。

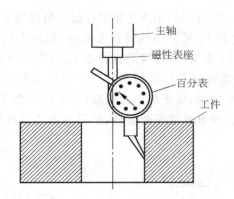

图 5-103　采用杠杆百分表对刀

- 采用寻边器对刀。光电式寻边器一般由柄部和触头组成,它们之间有一个固定的电位差。触头装在机床主轴上时,工作台上的工件(金属材料)与触头电位相同,当触头与工件表面接触时就形成回路电流,使内部电路产生光、电信号。这就是光电式寻边器的工作原理。

② 工件坐标系原点(对刀点)为两相互垂直直线的交点。如果对刀精度要求不高,为方便操作,可以采用加工时所使用的刀具直接进行碰刀(或试切)对刀,如图 5-104 所示。

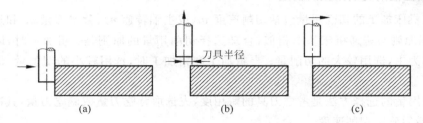

图 5-104　试切对刀

(a) 步骤(1)、(2)；(b) 步骤(3)；(c) 步骤(4)

这种方法比较简单,但会在工件表面留下痕迹,且对刀精度不够高。为避免损伤工件表面,可以在刀具和工件之间加入塞尺进行对刀,这时应将塞尺的厚度减去。以此类推,还可以采用标准心轴和块规来对刀。

下面以 XY 方向(寻边器对刀)为例介绍。

第一种方法：碰基准边对刀

图 5-105 中长方体工件左下角为基准角,左边为 X 方向的基准边,下边为 Y 方向的基准边。通过正确寻边,寻边器与基准边刚好接触(误差不超过机床的最小手动进给单位,一般为 0.01,精密机床可达 0.001)。

在左边寻边,在机床控制台显示屏上读出机床坐标值 X_0(即寻边器中心的机床坐标)。

左边基准边的机床坐标为：

$$X_1 = X_0 + R(R \text{ 为寻边器半径})$$

(俯视图)

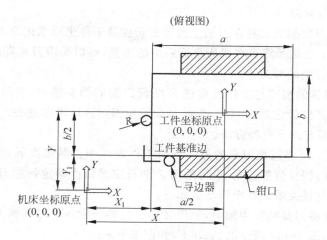

图 5-105　寻边器对刀操作时的坐标位置关系

工件坐标原点的机床坐标值为：

$$X = X_1 + a/2 = X_0 + R + a/2$$

式中，$a/2$ 为工件坐标原点离基准边的距离。

在下侧边寻边，在机床控制台显示屏上读出机床坐标值 Y_0（即寻边器中心的机床坐标）。

下侧基准边的机床坐标为：

$$Y_1 = Y_0 + R$$

工件坐标原点的机床坐标值为：

$$Y = Y_1 + b/2 = Y_0 + R + b/2$$

式中，$b/2$ 为工件坐标原点离基准边的距离。

第二种方法：双边碰数分中对刀

双边碰数分中对刀方法适用于工件在长宽两方向的对边都经过精加工（如平面磨削），并且工件坐标原点（编程原点）在工件正中间的情况。

左边正确寻边：读出机床坐标 X_0，右边正确寻边：读出机床坐标 X_0'；

下边正确寻边：读出机床坐标 Y_0，上边正确寻边：读出机床坐标 Y_0'。

则工件坐标原点的机床坐标值 X、Y 为：

$$X = (X_0 + X_0')/2$$
$$Y = (Y_0 + Y_0')/2$$

③ 标准心轴。此法与试切对刀法相似，只是对刀时主轴不转动，在刀具和心轴之间加入块规，以块规恰好不能自由抽动为准，注意计算坐标时，应将块规的厚度减去。因为主轴不需要转动切削，这种方法对刀不会在工件表面留下痕迹，但对刀精度也不够高，如图 5-106 所示。

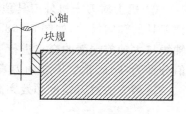

图 5-106　标准心轴对刀

（3）刀具 Z 向对刀

刀具 Z 向对刀数据与刀具在刀柄上的装夹长度及工件坐标系的 Z 向零点位置有关，它确定了工件加工坐标系零点在机床坐标系中的位置，可以采用刀具直接碰刀对刀，可利用 Z 向设定器进行精确对刀。

对刀时，将刀具的端刃与工件表面或 Z 向设定器的侧头接触，利用机床坐标来确定对刀值。当使用 Z 向设定器对刀时，要将 Z 向设定器的高度考虑进去。

Z 向对刀一般有以下两种方法。

① 机上对刀。可将每把刀具的刀位点与工件表面相接触依次确定每把刀具与工件在机床坐标系中的相互位置关系，也可采用 Z 向设定器依次确定每把刀具与工件在机床坐标系中的相互位置关系。其操作步骤如下：

第一步，依次将刀具装在主轴上，利用 Z 向设定器确定每把刀具到工件加工坐标系 Z 向零点的距离，如图 5-107 所示的 A、B、C，并记录下来。

第二步，选定其中的一把刀具，作为基准刀具，如图 5-107 中的 T01，将其对刀值 A 作为工件加工坐标系的 Z 值，此时 T01 的长度补偿值 H01＝0。

第三步，确定其他刀具的长度补偿值，采用 G43 时，T02 的长度补偿值 H02＝B－A，T03 的长度补偿值 H02＝C－A。

这种方法对刀效率和精度较高，投资较少，但若基准刀具磨损会影响零件的加工精度。

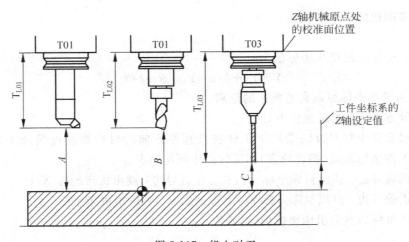

图 5-107　机上对刀

② 机上对刀＋机外刀具预调。这种方法是先在机床外利用刀具预调仪精确测量每把刀具的轴向尺寸，如图 5-108 所示，确定每把刀具的长度补偿值，然后在机床上以主轴轴线与主轴前端面的交点进行 Z 向对刀，确定工件加工坐标系，此时 H01、H02、H03 的值分别为 T01、T02、T03 的刀具长度值。

这种方法对刀精度和效率高，但投资大。

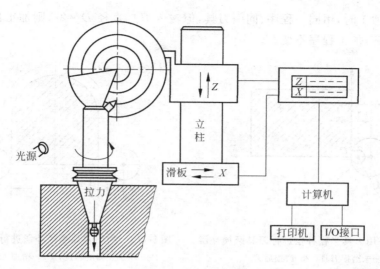

图 5-108　机外对刀仪对刀

5.8.2　数控铣床编程指令

数控车和数控铣很多编程指令是共用的,对于共用的指令此处不再重复。这里仅介绍针对数控铣所用的指令功能及应用。

1. 工件原点的设定 G92

指令格式:

G92　X ＿ Y ＿ Z ＿ ;

G92 指令是规定工件坐标系坐标原点的指令,工件坐标系坐标原点又称为程序零点,坐标值 X、Y、Z 为刀具刀位点在工件坐标系中(相对于程序零点)的初始位置。执行 G92 指令时,机床不动作,即 X、Y、Z 轴均不移动。G92 是相对建立工件坐标系。

2. 刀具半径补偿

(1) 铣刀半径补偿的概念

用铣刀铣削工件的轮廓时,刀具中心的运动轨迹并不是加工工件的实际轮廓。加工内轮廓时,刀具中心要向工件的内侧偏移一定距离;而加工外轮廓时,同样刀具中心也要向工件的外侧偏移一定距离。由于数控系统控制的是刀心轨迹,因此编程时要根据零件轮廓尺寸计算出刀心轨迹。因而需要补偿。

(2) 刀具半径补偿功能的作用

① 刀具因磨损、重磨、换新而引起刀具直径改变后,不必修改程序,只需在刀具参数设置中输入变化后刀具直径。如图 5-109 所示,1 为未磨损刀具,2 为磨损后刀具,两者直径不同,只需将刀具参数表中的刀具半径 r_1 改为 r_2,即可适用同一程序。

② 用同一程序、同一尺寸的刀具,利用刀具半径补偿,可进行粗、精加工。如图 5-110 所示,刀具半径为 r,精加工余量为 Δ。粗加工时,输入刀具直径 $D = 2(r+\Delta)$,则加工出虚

线轮廓。精加工时,用同一程序、同一刀具,但输入刀具直径 $D=2r$,则加工出实线轮廓。刀具直径改变,加工程序不变。

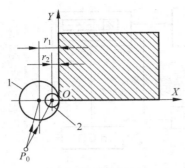

图 5-109　用刀具半径补偿进行刀具磨损补偿

1—未磨损刀具；2—磨损后刀具

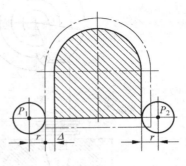

图 5-110　利用刀具半径补偿进行粗、精加工

P_1—粗加工刀心轨迹；P_2—精加工刀心轨迹

（3）半径补偿步骤

在轮廓加工过程中,刀具半径补偿的执行过程一般分为刀具半径补偿的建立、刀具半径补偿的执行和刀具半径补偿撤消三步。

① 刀具半径补偿的建立。刀具半径补偿的建立就是在刀具从起刀点,用 G01 或 G00 进给方式接近工件时,刀具中心轨迹从与编程轨迹重合过渡到与编程轨迹偏离一个刀具半径值的过程。

② 刀具半径补偿的执行。一旦建立了刀具补偿状态,则一直维持该状态,除非撤消刀具补偿。在刀具补偿进行期间,刀具中心轨迹始终偏离程序轨迹一个刀具半径值的距离。

③ 刀具半径补偿撤消。在零件最后一段刀具半径补偿轨迹加工完成后,刀具撤离工件,回到退刀点,在这个过程中应取消刀具半径补偿,其指令用 G40。

3. 刀具长度补偿指令

使用刀具长度补偿功能,可以在当实际使用刀具与编程时估计的刀具长度有出入时,或刀具磨损后刀具长度变短时,不需重新改动程序或重新进行对刀调整,仅只需改变刀具数据库中刀具长度补偿量即可,不用重新编程,见图 5-111 刀具长度补偿的意义。

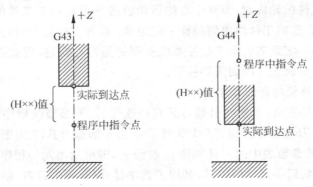

图 5-111　刀具长度补偿的意义

（1）刀具长度补偿指令

指令格式：

G43(G44) G00(G01) Z ___ H ___;
G49 G00(G01) Z ___;

说明：

G43：刀具长度正补偿。

G44：刀具长度负补偿。

G49：取消刀具长度补偿。

H：刀具长度补偿寄存器号。

正补偿指令 G43 表示刀具实际移动值为程序给定值与补偿值的和；负补偿指令 G44 表示刀具实际移动值为程序给定值与补偿值的差，均为模态指令。

在 G17 的情况下，刀具长度补偿 G43、G44 只用于 Z 轴的补偿，而对 X 轴和 Y 轴无效。格式中，Z 值是属于 G00 或 G01 的程序指令值，同样有 G90 和 G91 两种编程方式。H 为刀具长度补偿号，它后面的两位数字是刀具补偿寄存器的地址号，如 H01 是指 01 号寄存器，在该寄存器中存放刀具长度的补偿值。刀具长度补偿号可用 H00～H99 来指定。

执行 G43 时，Z 实际值＝Z 指令值＋（H××）

执行 G44 时，Z 实际值＝Z 指令值－（H××）

其中，（H××）是指 ×× 寄存器中的补偿量，其值可以是正值或者是负值。当刀具长度补偿量取负值时，G43 和 G44 的功效将互换。

刀具长度补偿指令通常用在下刀及提刀的直线段程序 G00 或 G01 中，使用多把刀具时，通常是每一把刀具对应一个刀长补偿号，下刀时使用 G43 或 G44，该刀具加工结束后提刀时使用 G49 取消刀长补偿。如图 5-112 所示，编程如下：

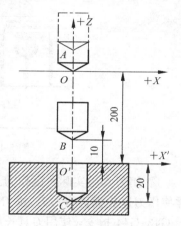

图 5-112 刀具长度补偿示例

设（H02）＝ 200mm 时：

N1 G92 X0 Y0 Z0；	设定当前点 O 为程序零点
N2 G90 G00 G44 Z10.0 H02；	指定点 A，实到点 B
N3 G01 Z－20.0；	实到点 C
N4 Z10.0；	实际返回点 B
N5 G00 G49 Z0；	实际返回点 O

设（H02）＝ －200mm 时：

N1 G92 X0 Y0 Z0；
N2 G90 G00 G43 Z10.0 H02；
N3 G91 G01 Z－30.0；
N4 Z30.0；
N5 G00 G49 Z－10.0；

从上述程序例中可以看出，使用 G43、G44 相当于平移了 Z 轴原点，即将坐标原点 O 平移到了 O′ 点处，后续程序中的 Z 坐标均相对于 O′ 进行计算。使用 G49 时则又将 Z 轴原点平移回到了 O 点。

同样，也可采用 G43…H00 或 G44…H00 来替代 G49 的取消刀具长度补偿功能。

（2）刀长补偿数据的设定

① 以其中一把长刀作为标准刀具，将多把刀具中最长或最短的刀具作为基准刀具，用 Z 向设定器对刀。如图 5-113 所示，在保持机床坐标值不变（刀座等高）的情况下，若分别测得各刀具到工件基准面的距离为 A、B、C，以 A 为基准设定工件坐标系，则 $H01=0$，$H02=A-B$，$H03=A-C$。

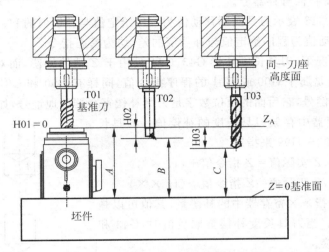

图 5-113　基准刀对刀时刀长补偿的设定

② 用刀具的实际长度作为刀长的补偿（推荐使用这种方式）。在实际生产加工中，常常使用刀座底面进行对刀，按刀座底面到工件基准面的距离设定工件坐标系；编程时加上 G43、G44 指令；使用刀具长度作为补偿就是使用对刀仪测量刀具的长度，然后把这个数值输入到刀具长度补偿寄存器中，作为刀长补偿，如图 5-114 所示。

4. 平面选择指令

G17 表示选择 XY 平面；G18 表示选择 ZX 平面；G19 表示选择 YZ 平面。

指令功能：表示选择的插补平面，数控系统开机默认 G17 状态。对于三坐标联动的铣床和加工中心，常用这些指令确定机床在哪个平面内进行插补运动。

5. 圆弧插补指令

指令格式：

$$\begin{Bmatrix} G17 \\ G18 \\ G19 \end{Bmatrix} \begin{Bmatrix} G02 \\ G03 \end{Bmatrix} \begin{Bmatrix} X\_\ Y\_ \\ X\_\ Z\_ \\ Y\_\ Z\_ \end{Bmatrix} R\_\ F\_;$$

$$\begin{Bmatrix} G17 \\ G18 \\ G19 \end{Bmatrix} \begin{Bmatrix} G02 \\ G03 \end{Bmatrix} \begin{Bmatrix} X\_\ Y\_ \\ X\_\ Z\_ \\ Y\_\ Z\_ \end{Bmatrix} \begin{Bmatrix} I\_\ J\_ \\ I\_\ K\_ \\ J\_\ K\_ \end{Bmatrix} F\_;$$

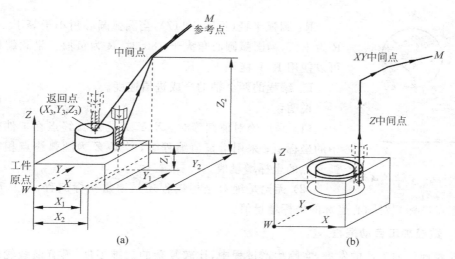

图 5-114 刀座对刀时刀长补偿的设定

说明：

G02：顺时针圆弧插补。

G03：逆时针圆弧插补。

G02/G03 判断方法为 G02 为顺时针方向圆弧插补，G03 为逆时针方向圆弧插补。顺时针或逆时针是从垂直于圆弧加工平面的第三轴的正方向看到的回转方向，见图 5-115。

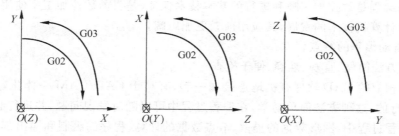

图 5-115 不同平面的圆弧插补

I、J、K：分别表示圆弧起点指向圆心的矢量在 X、Y、Z 坐标轴分矢量，有正值和负值，与坐标轴同向，I、J、K 值为正，反之则为负。如图 5-116 所示，某项为零时可以省略。

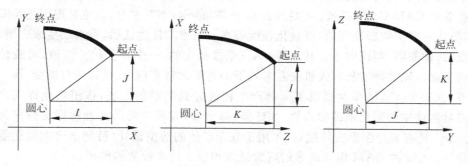

图 5-116 I、J、K 含义

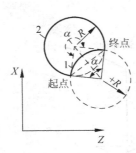

图 5-117　半径 R 含义

R：圆弧半径(见图 5-117)，当圆弧圆心角小于等于 180°时，R 为正值，当圆弧圆心角大于 180°时，R 为负值。整圆编程时不可以使用 R，只能用 I、J、K。

F：编程的两个轴的合成进给速度。

说明：

(1) 采用绝对值编程时，X、Y、Z 为圆弧终点在工件坐标系中的坐标值；采用增量值编程时，X、Y、Z 为圆弧终点相对于圆弧起点的坐标增量值。

(2) 无论是绝对坐标编程还是增量坐标编程，I、J、K 都为圆弧起点坐标相对圆心坐标的坐标增量值。

6. 数控加工自动编程

随着现代加工业的发展，实际生产过程中，比较复杂的二维零件、具有曲线轮廓和三维复杂零件越来越多，手工编程已满足不了实际生产的要求。如何在较短的时间内编制出高效、快速、合格的加工程序，在这种需求推动下，数控自动编程得到了很大的发展。

(1) 自动编程的概念

自动编程即计算机辅助加工程序编制，是指程编人员根据零件图或零件数学模型，利用计算机及相关软件编制出数控机床所要使用的 G 代码格式的数控加工程序。狭义的CAM 即是指计算机辅助程序编制，也就是自动编程。由于数控加工对象的复杂性和高要求，自动编程是数控加工顺利进行的基本技术保证，是目前数控加工中使用的主要编程方法，随着计算机技术的发展，其应用前景更加广阔。

(2) 自动编程的特点

① 该方法简便、直观、准确、便于检查。

② 和相应的 CAD 软件有机地连接在一起，有利于 CAD/CAM 一体化，整个过程都是交互进行的，这种方法简单易学，在编程过程中可以随时发现问题，并进行必要修改。

③ 编程过程中，图形数据的提取、节点数据的计算、程序的编制和输出都是由计算机自动进行的。因此，编程速度快、效率高、准确性高。

(3) 利用 UG 自动编程的步骤和过程

UG(Unigraphics)是美国 EDS 公司发布的 CAD/CAE/CAM 一体化软件，广泛应用于航空航天、汽车、通用机械及模具等领域。国内外已有许多科研院所和厂家选择了 UG作为企业的 CAD/CAM 系统。UG 可运行于 Windows NT 平台，无论装配图还是零件图设计，都从三维实体造型开始，可视化程度很高。三维实体生成后，可自动生成二维视图，如三视图、轴测图、剖视图等。其三维 CAD 是参数化的，一个零件尺寸修改，可致使相关零件的变化。该软件还具有人机交互方式下的有限元解算程序，可以进行应变、应力及位移分析。UG 的 CAM 模块提供了一种产生精确刀具路径的方法，该模块允许用户通过观察刀具运动来图形化地编辑刀轨，如延伸、修剪等，其所带的后处理程序支持多种数控机床。UG 具有多种图形文件接口，可用于复杂形体的造型设计，特别适合大型企业和研究所使用。UG 的 CAM 模块所带的后置处理程序支持多种数控机床。

由于目前 CAM 系统在 CAD/CAM 中仍处于相对独立状态，因此无论采用哪一种

CAM 软件(UG、Pro/E、Mastercam 等)都需要在引入零件 CAD 模型中几何信息的基础上,由人机交互方式,添加被加工的具体对象、约束条件、刀具与切削用量、工艺参数等信息,因而这些 CAM 软件的编程过程基本相同。UGCAM 操作步骤见图 5-118。

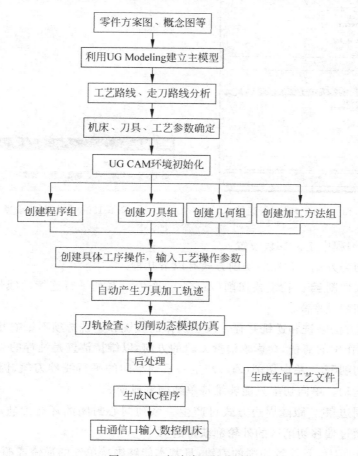

图 5-118 自动编程的步骤

（4）自动编程中机床、刀具、毛坯和工件加工坐标系的设置

下面以 UG 软件为例进行介绍。

① 机床设置,见图 5-119。打开 UG 软件,通过起始→加工,打开"加工环境"对话框,选择加工所需的机床。

② 加工创建设置。见图 5-120。

创建程序：创建程序名称。

创建刀具：选择所需刀具类型及刀具大小。

创建几何体：选择毛坯,创建加工坐标系。

创建方法：选择粗加工、半精加工、精加工类型。

创建操作：选择加工类型是等高粗加工还是固定轴加工、清角加工等。

图 5-119 "加工环境"对话框

图 5-120 加工创建设置

（5）自动编程中工艺参数设置

① 常用切削方式。常用的切削方式有以下几种。

- 往复式切削 ☰。往复式切削（Zig-Zag）产生一系列平行连续的线性往复式刀轨，因此切削效率高。

这种切削方法顺铣和逆铣并存。改变操作的顺铣和逆铣选项不影响其切削行为。但是如果启用操作中的清壁，会影响清壁刀轨的方向，以维持清壁是纯粹的顺铣和逆铣。

- 单向切削 ☰。单向切削（Zig）产生一系列单向的平行线性刀轨，因此回程是快速横越运动。单向切削只能够维持单纯顺铣或逆铣。

- 跟随周边 ▣。跟随周边方式可产生一系列同心封闭的环行刀轨，这些刀轨的形状是通过偏移切削区的外轮廓获得的。

跟随周边的刀轨是连续切削的刀轨，且基本能够维持单纯的逆铣或顺铣，因此既有较高的切削效率，也能维持切削稳定和加质量。

- 跟随工件 ▣。跟随工件方式可产生一系列由零件外轮廓和内部岛屿形状共同决定的刀轨。

- 配置文件 ▯。配置文件方式可产生单一或指定数量的绕切削区轮廓的刀轨，主要用于实现对侧面轮廓的精加工。

② 步距。步距中各选项介绍如下：

- 恒定的。设置步进大小为定值，即相邻两刀具轨迹之间的距离不变。

- 残余波峰高度。就是相邻刀痕之间的残余波峰高度值 H。使用"残余波峰高度"设置方式可以较好地控制工件的表面粗糙度。一般曲面加工时设置使用。

残余波峰高度 H 是相对垂直于刀轴的平面测量的。如果加工的表面不平整或为非水平面，则加工后不平整表面的残余波峰高度 H 可能会超过指定的 H 值，不能保证加工精度。

- 刀具直径。设置步进大小为刀具有效直径的百分比。它是系统默认的设置步进大小的方式。当设置方式指定为"直径"时,"步进"选项的下方变为"百分比"选项。在"百分比"选项右侧的文本框内输入数值,即可指定步进大小为刀具有效直径的百分比。

③ 切削层。用于定义刀具每一刀的下刀深度值。型腔铣可以将总切削深度划分成多个切削范围,同一个范围内的切削层的深度相同。不同范围内的切削层的深度可以不同。

- ❈ 插入切削范围。通过鼠标单击可以添加多个切削范围。
- 🔧 编辑当前范围。通过鼠标单击可以编辑切削范围的位置。

注意:顶层与底层之间如果有台阶面,必须指定为一个切削层,否则留余量的时候这个台阶面上的余量将不等于所设定的余量。

④ 进刀/退刀。用来设置进/退刀参数。它定义了刀具进/退刀距离和方向以及刀具运动的传送方式,如图 5-121 所示。

- 安全距离。安全距离是指当刀具转移到新的切削位置或者当刀具进刀到规定的深度时,刀具离工件表面的距离。它包含了水平距离、竖直距离和最小安全距离。图 5-121 很好地说明了安全距离选项的定义。

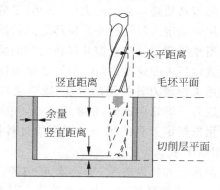

图 5-121 进刀/退刀

- 水平距离。水平距离是指刀具在移动并趋近工件周壁的最大距离,它是围绕工件侧面的一个安全带,是刀具沿水平方向移动接近工件侧面时,由接近速度转为进刀速度的位置。水平安全距离将刀具半径考虑进去,应当输入一个大于或等于零的值。

- 竖直距离。竖直距离是指从毛坯面或者前加工表面到零件面的竖直方向的距离。竖直距离同时也指定刀具在切削平面上的这个距离内将停止接近移动,并开始进刀移动。

- 传送方式。传送方式是指刀具从一个切削区域转移到另一个切削区域时,刀具先退到指定的平面后再水平移动到下一个切削区域的进刀点位。

⑤ 切削顺序的设置。切削顺序的设置有层优先和深度优先两个选项。

- 层优先。选择该下拉选项,指定刀具在切削零件时,切削完工件上所有区域的同一高度的切削层之后再进入下一层的切削。

- 深度优先。选择该下拉选项,指定刀具在切削零件时,将一个切削区域的所有层切削完毕再进入下一个切削区域进行切削。

⑥ 切削方向的设置。切削方向的设置有以下几个选项。

- 顺铣切削。顺铣是指刀具旋转时产生的切线方向与工件的进给方向相同。
- 逆铣切削。逆铣是指刀具旋转时产生的切线方向与工件的进给方向相反。
- 向外。向外是指刀具从里面下刀向外面切削。
- 向内。向内是指刀具从外面下刀往里面切削。

⑦ 切削角。切削角指刀具切削轨迹和坐标系 X 轴的夹角。

⑧ 余量。余量用于指定切削加工后,工件上未切削的材料量。

- 部件侧面余量。该选项用来指定当完成切削加工后,工件侧壁上尚未切削的材料量,它一般用于粗加工中设置加工余量,以便后续精铣时切除。
- 部件底部面余量。该选项用来指定完成切削加工后,工件底面或岛屿顶部尚未切削的材料量。
- 毛坯余量。系统在计算刀具轨迹的时候,需要知道零件与毛坯的差异,从而产生刀具轨迹以去除余量。设置了毛坯余量相当于把毛坯放大(或缩小)了,系统就会产生更多(或更少)的刀具轨迹以去除放大(或缩小)了的毛坯。
- 检查余量。该选项用来指定刀具与检查几何体之间的偏置距离。
- 裁剪余量。该选项用来指定刀具与裁剪几何体之间的偏置距离。

⑨ 进给率。进给率设置包括表面速度、每齿进给、主轴速度。

- 表面速度。该选项用来指定刀具的切削速度(线速度)。在该选项右侧的文本框内输入数值即可指定刀具的切削速度,也就是 v_c。
- 每齿进给。该选项用来指定刀具的每一齿切削的材料量。系统将根据每齿进给来计算进给速度,相当于 f_z。
- 主轴速度。根据表面速度和每齿进给,由公式 $n = 1000 \times v_c(\text{PI} \times D)$ 系统自动计算主轴转速。式中,n 为主轴转速;v_c 为曲面速度;PI 为圆周率;D 为刀具直径。

⑩ 进给。该对话框用来指定各种切削进给运动类型的进给速度及其单位。

关于各种切削进给运动类型,主要介绍常用的两个进给类型。

- 进刀。设置进刀速度,即刀具切入零件时的进给速度。
- 剪切。设置零件切削过程中的进给速度。

根据公式 $F = z \times f_z \times n$ 系统可以自动计算剪切值 F。

5.8.3　数控铣削加工实例

对图 5-122 所示零件进行工艺分析,工艺方案设计后完成数控编程。

1. 零件工艺性分析

(1)结构分析

如图 5-122 所示,该零件属于板类零件,加工内容包括平面、直线和圆弧组成的轨迹。零件铣削加工成型轨迹的形状并不复杂,但是零件的加工精度和几何加工精度要求较高。

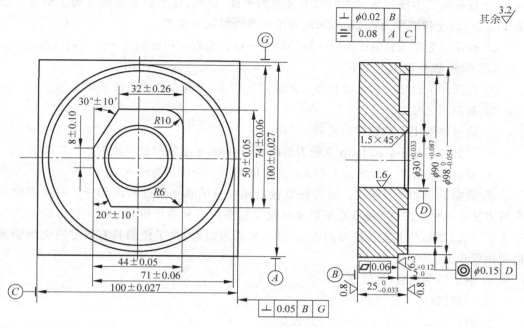

图 5-122　模具型腔

　　毛坯零件为车削成型,所以工件轮廓外的切削余量不大。零件被加工表面轮廓的最大高度为 25mm,零件轮廓的加工高度为 6mm,由零件结构可知,其铣削工艺性较好。

　　(2) 精度分析

　　该零件图尺寸完整,主要加工尺寸分析如下:

　　在零件前序车削加工中,$\phi 30^{+0.033}_{0}$ mm 圆柱孔与零件的 B 面,是零件装配的基准和数控铣削加工的定位基准,必须予以保证。

　　在数控铣削加工中,主要的加工部位有零件矩形周边,长和宽均为 100 ± 0.027,垂直度为 0.05mm,表面粗糙度为 $Ra 3.2 \mu m$;零件型腔外形 $\phi 98^{0}_{-0.054}$ mm,与 $\phi 30$ 基准孔同轴度为 0.15mm,表面粗糙度为 $Ra 3.2 \mu m$;零件型腔内形 $\phi 90mm$,公差为 $+0.087mm$,与 $\phi 30mm$ 基准孔同轴度为 0.15mm,表面粗糙度为 $Ra 3.2 \mu m$。

　　2. 制定机械加工工艺方案

　　(1) 确定生产类型

　　零件数量为 50 件,属于单件小批量生产。

　　(2) 拟定工艺路线

　　① 确定工件的定位基准。该零件可以利用 $\phi 30mm$ 圆柱孔及其 B 面作为定位基准,使用虎钳装夹零件,并将虎钳台固定在铣床工作台上;或使用定位芯轴装夹零件,将定位芯轴及其零件装夹在数控回转工作台上,再将数控回转工作台固定在铣床工作台上。上述装夹方式在保证了铣削加工基准装夹定位基准与设计基准重合的同时,敞开了加工中铣刀运行的空间。

② 选择加工方法。该零件的加工表面为平面、型腔,加工表面的最高加工精度等级为 IT8 级,表面粗糙度为 $3.2\mu m$,采用加工方法为粗铣→精铣。

③ 拟定工艺路线:粗铣周边→精铣周边→粗铣型腔→精铣型腔→去毛刺→检验。

(3) 设计数控车加工工序

① 选择加工设备。根据数控加工的原理和特点,选择在立式数控铣床上加工。

② 选择工艺装备。

• 该零件采用平口钳定位夹紧。

• 刀具选择如下:$\phi 30mm$ 立铣刀铣削周边,$\phi 8mm$ 立铣刀铣削型腔。

• 量具选择如下:量程为 150mm,分度值为 0.02mm 游标卡尺。

③ 确定工步和走刀路线。走刀路线包括深度进给和平面进给两部分。深度进给有两种方法:一种是在 XZ 或 YZ 平面来回铣削逐渐进刀到既定深度;另一种方法是先打一个工艺孔,然后从工艺孔进刀到既定深度,平面进给时,为了使槽具有较好的表面质量应采用顺铣方式加工。

④ 确定切削用量(见工序卡)。

(4) 编制数控工艺文件

① 编制机械加工工艺过程卡,见表 5-20。

表 5-20　机械加工工艺过程卡

工厂名	工艺过程卡	产品名称及型号			零件名称		零件图号				
		材料	名称		毛坯	种类	零件重量	毛重		第　页	
			牌号			尺寸		净重		共　页	
			性能					每批件数			
工序号	工序内容			加工车间	设备名称及编号		工艺装备			技术等级	时间定额
							夹具	刀具	量具		单件	准备终结
10	下料:$\phi 71mm \times 78mm$ 棒料			普车								
20	钻孔:$\phi 30mm$			钳工			平口虎钳					
30	加工周边			数铣			平口虎钳					
40	加工型腔			数铣			平口虎钳					
50	去毛刺											
60	检验											
70												
编制		抄写			校对			审核		批准		

② 编制数控加工工序卡(见表 5-21 和表 5-22)。

表 5-21 数控加工工序卡 1

工厂名	机械加工工序卡	产品型号		零件图号				
		产品名称		零件名称			共 页	第 页
		车间		工序号	工件名称	材料牌号		
		毛坯种类						
		设备名称		设备型号	设备编号	同时加工件数		
		夹具编号		夹具名称		切削液		
		工位器具编号		工位器具名称		工序工时		
						准终	单件	
工步号	工步内容	刀 具	主轴转速	进给量	背吃刀量	进给次数	工步工时	
	粗铣周边	立铣刀	800	100	4.5		机动	辅助
	精铣周边	立铣刀	250	30	0.5			
设计（日期）	校对（日期）		审核（日期）		标准化	会签（日期）		

表 5-22 数控加工工序卡 2

工厂名	机械加工工序卡	产品型号		零件图号				
		产品名称		零件名称			共 页	第 页
		车间		工序号	工件名称	材料牌号		
		毛坯种类						
		设备名称		设备型号	设备编号	同时加工件数		
		夹具编号		夹具名称		切削液		
		工位器具编号		工位器具名称		工序工时		
						准终	单件	
工步号	工步内容	刀 具	主轴转速	进给量	背吃刀量	进给次数	工步工时	
	粗铣周边	键槽刀	600	80	4.8		机动	辅助
	精铣周边	立铣刀	250	30	0.2			
设计（日期）	校对（日期）		审核（日期）		标准化	会签（日期）		

③ 编制数控加工程序卡。

工件坐标系的建立：以 $\phi30$ 轴线与上表面的交点为编程原点建立工件坐标系。参考程序如下：

O2211	程序名
N10 G90 G00 G54 X100 Y0;	选择工件加工坐标系
N20 M03 S800;	启动主轴
N30 G00 Z−4.5;	快进至进到深度
N40 G41 G01 X49 F100;	建立刀具半径补偿
N50 G02 X49 Y0 I−49 K0;	进行顺时针圆弧插补
N60 G40 G00 X100;	取消刀具半径补偿
N70 Z300;	快速退刀
N80 M01;	程序计划停止，换刀
N90 G00 Z−5;	快进至进到深度
N100 G41 G01 X49 F100;	建立刀具半径补偿
N110 G02 X49 Y0 I−49 K0;	进行顺时针圆弧插补
N120 G40 G00 X100;	取消刀具半径补偿
N130 Z300;	快速退刀
N140 M05;	主轴停转
N150 M30;	程序结束

O2212	程序名
N10 G90 G00 G54 X0 Y0;	选择工件加工坐标系
N20 M03 S800;	启动主轴
N30 G42 G00 X−22 Y−4;	建立刀具半径补偿
N40 Z−4.8;	快速进刀至指定深度
N50 G01 Y4 F80;	进行直线插补
N60 X−12 Y25;	
N70 X12;	
N80 G02 X22 Y15 T10;	进行 $R10$ 圆弧插补
N90 G01 Y−19;	
N100 G02 X16 Y−25 R6;	进行 $R6$ 圆弧插补
N110 G01 X−14.4;	
N120 X−22 Y−4;	
N130 G00 Z30;	快速退刀
N140 G40;	取消刀补
N150 G00 X−30 Y0;	快速点定位
N160 G01 Z−5;	进给到指定深度
N170 G02 X−30 Y0 I30 K0;	进行整圆圆弧插补去除材料
N180 G01 X−36 F30;	
N190 G02 X−36 Y0 I38 K0 G80;	进行整圆圆弧插补去除材料
N200 G01 X−41 F30;	
N210 G02 X−41 Y0 I41 K0;	进行整圆圆弧插补去除材料
N220 G00 Z300;	快速退刀
N230 M05;	主轴停转
N240 M30;	程序结束

课外实践任务及思考

1. 拟定图 5-123 所示零件的数控铣削加工工艺,并填写数控加工工序卡、刀具卡。

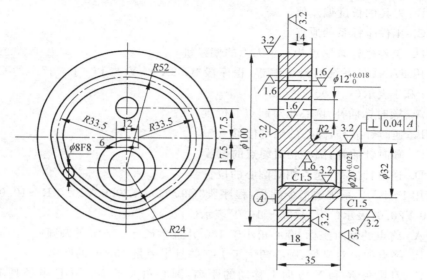

图 5-123 零件图

2. 选择。

(1) 下列指令中不使机床产生任何运动的是(　　)。

    A. G00 X __ Y __ F __;   B. G01 X __ Y __ F __;

    C. G92 X __ Y __ Z __;   D. G02 X __ Y __ R __ F __;

(2) G91 G00 X30.0 Y−20.0;表示(　　)。

    A. 刀具按进给速度移至机床坐标系 $X=30$mm,$Y=$ −20mm 点

    B. 刀具快速移至机床坐标系 $X=30$mm,$Y=$ −20mm 点

    C. 刀具快速向 X 正方向移动 30mm,Y 负方向移动 20mm

    D. 编程错误

(3) 程序段"G90 G01 F100 X100;"的含义是(　　)。

    A. 直线插补,进给 100mm/min,到达工件坐标 X 轴 100mm

    B. 直线插补,进给 100mm/min,X 轴移动 100mm

    C. 直线插补,切削速度 100m/min,到达工件坐标 X 轴 100mm

    D. 快速定位,进给 100m/min,到达工件坐标 X 轴 100mm

(4) 撤消刀具长度补偿指令采用(　　)。

    A. G40   B. G41   C. G43   D. G49

(5) 数控铣床是一种加工功能很强的数控机床,但不具有(　　)工艺手段。

    A. 镗削   B. 钻削   C. 螺纹加工   D. 车削

(6) 刀具左偏半径补偿采用( )指令。

　　A. G41　　　　　　　　B. G42　　　　　　　C. G43　　　　　　　　D. G44

(7) 在 G54 中设置的数值是( )。

　　A. 工件坐标系原点相对机床坐标系原点的偏移量

　　B. 刀具的长度偏差值

　　C. 工件坐标系的原点

　　D. 工件坐标系原点相对于刀点的偏移量

(8) 用 FANUC 系统的指令编程,程序段"G02X __ Y __ I __ J __;"中的 G02 表示
( ),I 和 J 表示( )。

　　A. 顺时针插补,圆心相对起点的位置

　　B. 逆时针插补,圆心的绝对位置

　　C. 顺时针插补,圆心相对终点的位置

　　D. 逆时针插补,起点相对圆心的位置

(9) 用 FANUC 系统的指令编程,程序段"G90 G03 X30.0 Y20.0 R−10.0;",其中
的"X30.0 Y20.0"表示( ),"R−10.0"表示( )。

　　A. 终点的绝对坐标,圆心角小于 180°并且半径是 10mm 的圆弧

　　B. 终点的绝对坐标,圆心角大于 180°并且半径是 10mm 的圆弧

　　C. 刀具在 X 和 Y 方向上移动的距离,圆心角大于 180°并且半径是 10mm 的
　　　圆弧

　　D. 终点相对机床坐标系的位置,圆心角大于 180°并且半径是 10mm 的圆弧

(10) 编程时使用刀具补偿具有如下优点,指出下列说法中( )是错误的。

　　A. 计算方便　　　B. 编制程序简单　　C. 便于修正尺寸　　D. 便于测量

(11) 程序"N2 G00 G54 G90 G60 GX0 Y0; N6 G02 X0 Y0 I25 J0; N8 M05;"加工出
工件圆心在工件坐标系中距离工件零点( )。

　　A. 0　　　　　　　B. 25　　　　　　　C. −25　　　　　　D. 50

(12) 在"G43 G01 Z15.0 H15;"中,"H15"表示( )。

　　A. Z 轴的位置是 15　　　　　　　　　B. 刀具表的地址是 15

　　C. 长度补偿值是 15　　　　　　　　　D. 半径补偿值是 15

(13) 在铣削一个 XY 平面上的圆弧时,圆弧起点在(30,0),终点在(−30,0),半径为
50,圆弧起点到终点的旋转方向为顺时针,则铣削圆弧的指令为( )。

　　A. G17 G90 G02 X−30.0 Y0 R50.0 F50;

　　B. G17 G90 G03 X−300.0 Y0 R−50.0 F50;

　　C. G17 G90 G02 X−30.0 Y0 R−50.0 F50;

　　D. G18 G90 G02 X−30.0 Y0 R50.0 F50;

(14) 程序段"G00 G01 G02 G03 X50.0 Y70.0 R30.0 F70;",最终执行( )指令。

　　A. G00　　　　　　B. G01　　　　　　C. G02　　　　　　D. G03

(15) 启动刀具半径补偿应满足的条件是( )。

　　A. 有 G41 或 G42 指令

B. 有 G00 或 G01 轴运动指令

C. 指定一个补偿号,但不能使指令 D 为 D00

D. G02 或 G03 运动指令

(16) CNC 铣床加工程序欲暂停 3 秒,下列(   )正确。

A. G04 X300;   B. G04 X300.0;   C. G04 P3.0;   D. G04 X3.0;

(17) 在 FANUC 系统数控车床编程中,程序段"N10 G71 U2 R1;N20 G71 P100 Q200 U 0.2 W0.1 F100;"其中"U0.2"表示(   )。

A. X 方向的精车余量   B. 背吃刀量

C. 退刀量

(18) 下列(   )不适合在数控铣床上加工。

A. 平面类零件   B. 直线曲面类零件

C. 立体曲面类零件   D. 轴类零件

3. 思考。

(1) 什么是刀具的半径补偿和刀具长度补偿?

(2) 为什么要进行刀具半径补偿?

(3) 确定零件加工路线的原则,注意哪些问题?

(4) 应用刀具半径补偿指令应注意哪些问题?

(5) 在数控机床上,X、Y、Z 坐标是怎样定义的?

(6) 数控铣削加工顺序确定的原则是什么?

任务 5.9 模具板类零件面及孔系加工

5.9.1 孔系加工及程序

1. 孔加工方法及刀具的选择

孔系加工是模具模板的主要加工内容之一,孔的加工方法主要有钻孔、扩孔、铰孔、镗孔以及螺纹孔加工。

(1) 麻花钻。在数控铣床、加工中心上钻孔,大多是采用普通麻花钻,如图 5-124 所示。麻花钻有高速钢和硬质合金两种。麻花钻的切削部分有两个主切削刃、两个副切削刃和一个横刃。两个螺旋槽是切屑流经的表面,为前刀面;与工件过渡表面(即孔底)相对的端部两曲面为主后刀面;与工件已加工表面(即孔壁)相对的两条刃带为副后刀面。前刀面与主后刀面的交线为主切削刃,前刀面与副后刀面的交线为副切削刃,两个主后刀面的交线为横刃。

钻削直径在 20~60mm、孔的深径比≤3 的中等浅孔时,可选用图 5-125 所示的可转位浅孔钻。

对深径比大于 5 而小于 100 的深孔,因其加工中散热差,排屑困难,钻杆刚性差,易使刀具损坏和引起孔的轴线偏斜,影响加工精度和生产率,故应选用深孔刀具加工。图 5-126 为用于深孔加工的喷吸钻。

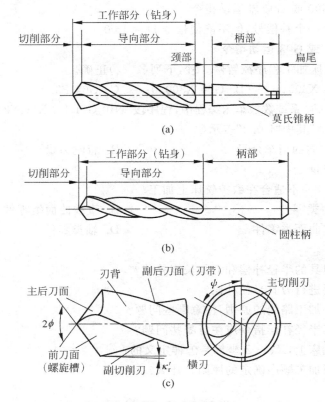

图 5-124　麻花钻的组成

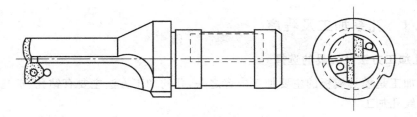

图 5-125　可转位浅孔钻

钻削大直径孔时,可采用刚性较好的硬质合金扁钻(见图 5-127)。

(2)扩孔刀具。标准扩孔钻一般有 3～4 条主切削刃,如图 5-128 所示。

(3)镗孔刀具。镗孔所用刀具为镗刀。镗刀种类很多,按切削刃数量可分为单刃镗刀和双刃镗刀。

单刃镗刀(见图 5-129)刚性差,切削时易引起振动,所以镗刀的主偏角选得较大,以减小径向力。镗铸铁孔或精镗时,一般取 $\kappa_r = 90°$;粗镗钢件孔时,取 $\kappa_r = 60°～75°$,以提高刀具的耐用度。镗孔径的大小要靠调整刀具的悬伸长度来保证,调整麻烦,效率低,只能用于单件小批生产。但单刃镗刀结构简单,适应性较广,粗、精加工都适用。

在孔的精镗中,目前较多地选用微调镗刀(见图 5-130)。这种镗刀的径向尺寸可以

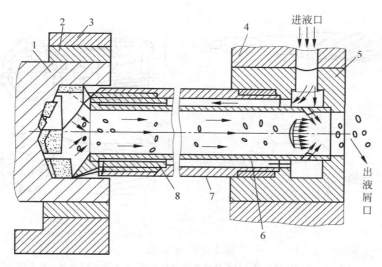

图 5-126　喷吸钻
1—工件；2—夹爪；3—中心架；4—支撑座；
5—联接套；6—内管；7—外管；8—钻头

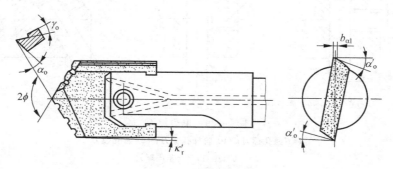

图 5-127　装配式扁钻

在一定范围内进行微调，调节方便，且精度高，其结构如图 5-130 所示。调整尺寸时，先松开拉紧螺钉 6，然后转动带刻度盘的调整螺母 3，调至所需尺寸，再拧紧拉紧螺钉 6。

镗削大直径的孔可选用大直径双刃镗刀，如图 5-131 所示。这种镗刀头部可以在较大范围内进行调整，且调整方便，最大镗孔直径可达 1000mm。双刃镗刀的两端有一对对称的切削刃同时参加切削，与单刃镗刀相比，每转进给量可提高一倍左右，生产效率高。同时，可以消除径向切削刃对镗杆的影响。

（4）铰刀。数控铣床或加工中心上使用的铰刀多是通用标准铰刀，如图 5-132 所示。加工精度为 IT10～IT7 级、表面粗糙度 Ra 为 $0.8～1.6\mu m$ 的孔，通用标准铰刀，有直柄、锥柄和套式三种。锥柄铰刀直径为 $10～32mm$，直柄铰刀直径为 $6～20mm$，小孔直柄铰刀直径为 $1～6mm$，套式铰刀直径为 $25～80mm$。铰刀工作部分包括切削部分与校准部分。切削部分为锥形，担负主要切削工作，切削部分的主偏角为 $5°～15°$，前角一般为 $0°$，后角一般为 $5°～8°$。校准部分的作用是校正孔径、修光孔壁和导向。为此，这部分带有很窄的刃带（$\gamma_o=0°，\alpha_o=0°$）。校准部分包括圆柱部分和倒锥部分。圆柱部分保证铰刀直径

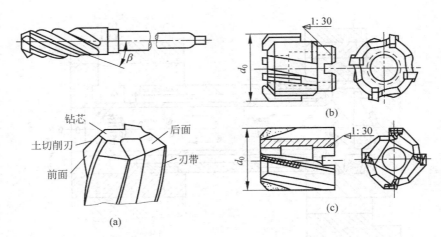

图 5-128　扩孔钻

（a）锥柄式高速钢扩孔钻；（b）套式高速钢扩孔钻；（c）套式硬质合金扩孔钻

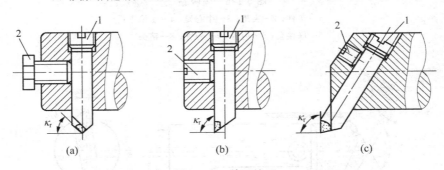

图 5-129　单刃镗刀

（a）通孔镗刀；（b）阶梯孔镗刀；（c）盲孔镗刀

1—调节螺钉；2—紧固螺钉

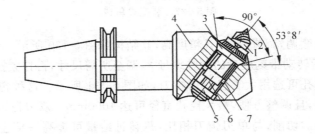

图 5-130　微调镗刀

1—刀体；2—刀片；3—调整螺母；4—刀杆；

5—螺母；6—拉紧螺钉；7—导向键

和便于测量，倒锥部分可减少铰刀与孔壁的摩擦和减小孔径扩大量。

标准铰刀有 4～12 齿。铰刀的齿数除与铰刀直径有关外，主要根据加工精度的要求选择。齿数过多，刀具的制造重磨都比较麻烦，而且会因齿间容屑槽减小，而造成切屑堵塞和划伤孔壁致使铰刀折断的后果。齿数过少，则铰削时的稳定性差，刀齿的切削负荷增大，且容易产生几何形状误差。铰刀齿数可参照表 5-23 选择。

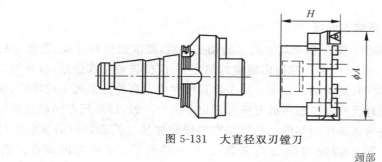

图 5-131 大直径双刃镗刀

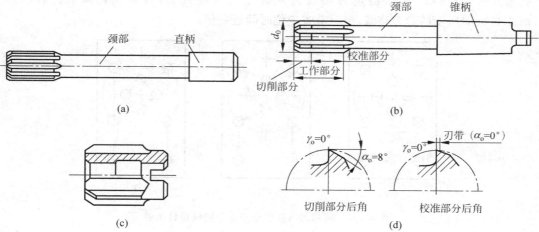

图 5-132 机用铰刀

(a) 直柄机用铰刀；(b) 锥柄机用铰刀；

(c) 套式机用铰刀；(d) 切削校准部分角度

表 5-23 铰刀齿数选择

齿数	铰刀直径/mm	1.5~3	3~14	14~40	>40
	一般加工精度	4	4	6	8
	高加工精度	4	6	8	10~12

铰削精度为 IT7~IT6 级，表面粗糙度 Ra 为 $0.8 \sim 1.6 \mu m$ 的大直径通孔时，可选用专为加工中心设计的浮动铰刀，如图 5-133 所示。

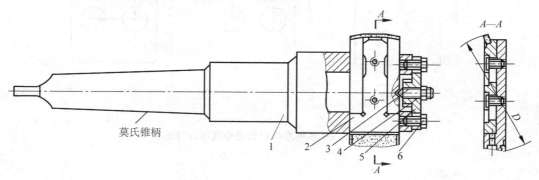

图 5-133 浮动铰刀

2. 孔加工走刀路线的确定

（1）要求定位迅速。对于圆周均布孔系的加工路线，要求定位精度高，定位过程尽可能快，则需在刀具不与工件、夹具和机床碰撞的前提下，应使进给路线最短，减少刀具空行程时间或切削进给时间，提高加工效率。对于位置精度要求高的孔系加工的零件，安排进给路线时，一定要注意孔的加工顺序的安排和定位方向的一致，即采用单向趋近定位点的方法，要避免机械进给系统反向间隙对孔位精度的影响如加工图 5-134（a）所示零件上的孔系。图 5-134（c）所示的走刀路线为先加工完外圈孔后，再加工内圈孔。若改用图 5-134（b）所示的走刀路线，则可节省定位时间近一倍。

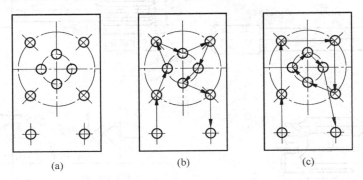

图 5-134　圆周均布孔的最短进给路线设计示例

（2）定位要准确。如图 5-135（b）所示的孔系加工路线，在加工孔 5、6 时，Y 轴的反向间隙将会影响 5、6 两孔的孔距精度。如改为图 5-135（c）所示的孔系加工路线，可使各孔的定位方向一致，提高孔距精度。

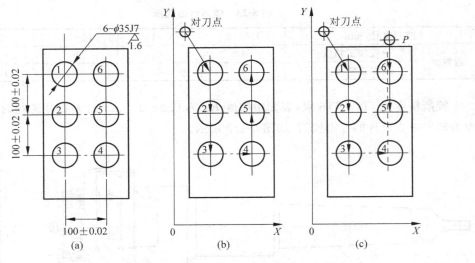

图 5-135　孔系的准确定位进给路线设计示例

3. 数控铣孔加工编程指令

（1）固定循环指令

常用的固定循环指令能完成的工作有钻孔、镗孔、攻螺纹等,一般固定循环都包括6个基本动作,在 XY 平面的定位;到 R 平面的快速移动;孔的切削加工;孔底的动作;返回到 R 平面;返回到起始平面。如图 5-136 所示,图中实线表示切削进给,虚线表示快速进给, R 平面为在孔口时快速运动与进给运动的转换位置。

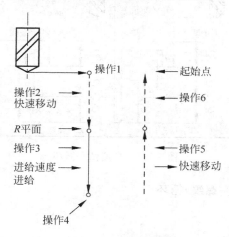

图 5-136　固定循环的基本动作

固定循环编程的基本格式如下:

G90/G91 G98/G99 G73～G89 X __ Y __ Z __ R __ Q __ P __ F __ K __;

说明:

G90/G91:数据方式。G90 为绝对坐标,G91 为增量坐标。

G98/G99:返回点位置。G98 指令返回起始点,G99 指令返回 R 平面。

G73～G89:孔加工方式。G73～G89 是模态指令,因此,多孔加工时该指令只需指定一次,以后的程序段只给孔的位置即可。

X、Y:指定孔在 XOY 平面的坐标位置(增量或绝对坐标值)。

Z:指定孔底坐标值。在增量方式时平面到孔底的距离;在绝对值方式时,是孔底的 Z 坐标值。

R:在增量方式时,为起始点到 R 平面的距离;在绝对方式时,为 R 平面的绝对坐标值。

Q:在 G73、G83 中用来指定每次进给的深度;在 G76、G87 中指定刀具的退刀量。它始终是一个增量值。

P:孔底暂停时间。最小单位为 1ms。

F:切削进给的速度。

K:规定重复加工次数。如果不指定 K,则只进行一次循环。K＝0 时,孔加工数据存入,机床不动作。在增量方式(G91)时,如果有孔距相同的若干相同孔,采用重复次数来编程是很方便的。

① G73——高速钻孔循环。

指令格式：

G73 X __ Y __ Z __ R __ Q __ F __ ;

如图 5-137 所示。其中 d 由系统参数设定。

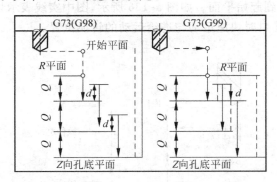

图 5-137 高速钻孔循环

② G74——攻螺纹(左螺纹)循环。

指令格式：

$\begin{Bmatrix} G98 \\ G99 \end{Bmatrix}$ G74 X __ Y __ Z __ R __ P __ F __ L __ ;

由于数控机床系统不同，因此有的机床识别 K，有的机床识别 L，编程中使用 K 或 L 均可。如若系统不识别该字母，则机床不会实现重复加工。

该指令规定主轴移至 R 平面时启动，反转切入零件到孔底后主轴改为正转退出，在 G74 攻螺纹期间速度修调无效，如图 5-138 所示。

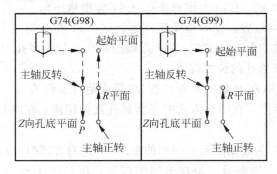

图 5-138 攻螺纹循环

③ G76——精镗循环。

指令格式：

G76 X __ Y __ Z __ R __ Q __ F __ ;

该指令使主轴在孔底准停，主轴沿切入方向的反方向退出执行精镗。其中准停偏移量

Q 一般总为正值,偏移方向可以是＋X、－X、＋Y 或－Y,由系统参数选定,如图 5-139 所示。

④ G80——撤消固定循环。

使用 G80 指令后,固定循环被取消,孔加工数据全部清除,从 G80 的下一程序段开始执行一般 G 指令。

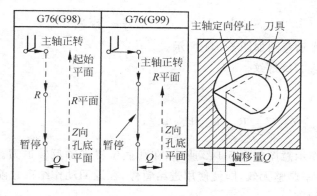

图 5-139　精镗循环

⑤ G81——定点钻孔循环。

指令格式:

$$\begin{Bmatrix} G98 \\ G99 \end{Bmatrix} G81\ X\_\_\ Y\_\_\ Z\_\_\ R\_\_\ F\_\_\ L\_\_;$$

这是一种常用的钻孔加工方式。G81 钻孔动作循环,包括 X、Y 坐标定位、快进、工进和快速返回等动作。注意,如果 Z 方向的移动量为零,则该指令不执行,如图 5-140 所示。

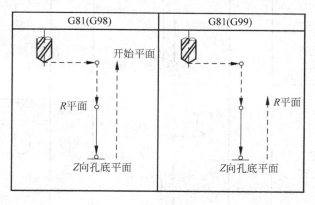

图 5-140　钻孔循环

⑥ 沉孔钻孔循环指令 G82。

指令格式:

$$\begin{Bmatrix} G98 \\ G99 \end{Bmatrix} G82\ X\_\_\ Y\_\_\ Z\_\_\ R\_\_\ P\_\_\ F\_\_\ L\_\_;$$

G82 指令除了要在孔底暂停外,其他动作与 G81 相同。暂停时间由地址 P 给出。

G82 指令主要用于加工盲孔,以提高孔深精度。注意,如果 Z 方向的移动量为零,则该指令不执行。

⑦ G83——深孔排屑钻。

指令格式:

G83 X ＿ Y ＿ Z ＿ R ＿ Q ＿ F ＿;

该指令的动作示意图如图 5-141 所示。

⑧ G84——攻右旋螺纹。

指令格式:

$\begin{Bmatrix} G98 \\ G99 \end{Bmatrix}$ G84 X ＿ Y ＿ Z ＿ R ＿ P ＿ F ＿ L ＿;

该指令的动作示意图如图 5-142 所示,在孔底位置主轴反转退刀。在 G84 指定的攻螺纹循环中,进给率调整无效,即使使用进给暂停,在返回动作结束之前不会停止。

⑨ G85——镗削。

指令格式:

G85 X ＿ Y ＿ Z ＿ R ＿ F ＿;

与 G81 类似,但返回行程中,从 $Z—R$ 段为切削进给,如图 5-143 所示。

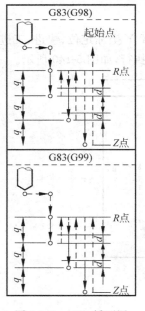

图 5-141　G83 循环图

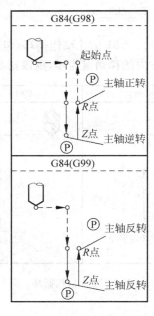

图 5-142　G84 循环

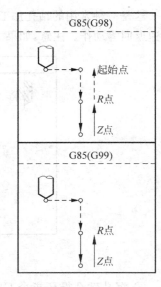

图 5-143　G85 循环

⑩ G86——镗削。

指令格式:

G86 X ＿ Y ＿ Z ＿ R ＿ F ＿;

该指令与 G81 类似,但进给到孔底后,主轴停转,返回到 R 平面(G99 方式)或初始点(G98 方式)后主轴再重新启动。动作示意图如图 5-144 所示。

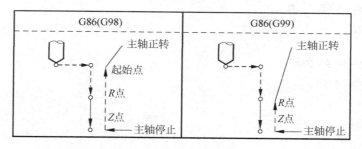

图 5-144 G86 循环

⑪ G87——反镗。

指令格式:

G87 X __ Y __ Z __ R __ Q __ F __;

该指令 X、Y 轴定位后,主轴准停。让刀以快速进给率到孔底位置(R 点)后主轴正转,沿 Z 轴的正向到 Z 点进行加工。在这个位置,主轴再度准停,刀具退出,刀具返回到起始点后进刀,如图 5-145 所示。

⑫ G89——镗削。

指令格式:

G89 X __ Y __ Z __ R __ P __ F __;

该指令与 G85 类似,从 Z—R 为切削进给,但在孔底时有暂停动作,如图 5-146 所示。

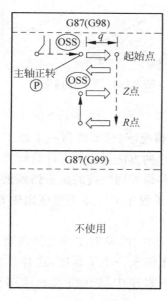

图 5-145 G87 循环

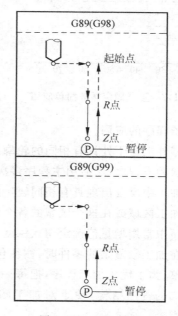

图 5-146 G89 循环

例如：钻削如图 5-147 中的后 4 个孔，编制加工程序。

```
O1011
G54 G00 X30 Y15;
M03 S1000;
Z20;
G99 G81 Z−10 R5 F80;
G91 X10 Y5 L4;
G90 Z200;
M05;
M30;
```

（2）子程序

① 子程序的概念。在一个加工程序中，如果其中有些加工内容完全相同或相似，为了简化程序，可以把这些重复的程序段单独列出，并按一定的格式编写成子程序。主程序在执行过程中如果需要某一子程序，通过调用指令来调用该子程序，子程序执行完后又返回到主程序，继续执行后面的程序段。

② 子程序的嵌套。为了进一步简化程序，可以让子程序调用另一个子程序，这种程序的结构称为子程序嵌套。在编程中使用较多的是二重嵌套，其程序的执行情况如图 5-148 所示。

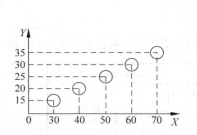

图 5-147　重复固定循环简单应用

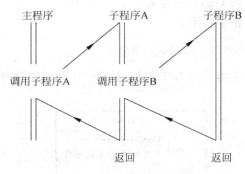

图 5-148　子程序的嵌套

③ 子程序的应用。

- 零件上若干处具有相同的轮廓形状，在这种情况下，只要编写一个加工该轮廓形状的子程序，然后用主程序多次调用该子程序的方法完成对工件的加工。

- 加工中反复出现具有相同轨迹的走刀路线，如果相同轨迹的走刀路线出现在某个加工区域或在这个区域的各个层面上，采用子程序编写加工程序比较方便，在程序中常用增量值确定切入深度。

- 在加工较复杂的零件时，往往包含许多独立的工序，有时工序之间需要适当的调整，为了优化加工程序，把每一个独立的工序编成一个子程序，这样形成了模块式的程序结构，便于对加工顺序的调整，主程序中只有换刀和调用子程序等指令。

④ 调用子程序 M98 指令。

指令格式：

M98　P××××××××；
M99；

说明：

M98：调用子程序——在主程序中。

M99：返回主程序——在子程序中。

P 后前 4 位表示调用次数，后 4 位表示调用子程序号。若调用一次则可以省略不写。

注意：

- 一般主程序用绝对坐标 G90 编程；子程序用相对坐标 G91 编程。
- 一般的返回主程序后应再出现一个 G90 以把子程序中的 G91 模式再变回来。
- 由于 G90、G91 的互换作用，所以 G41 刀补之后尽量不出现 M98。

⑤ 子程序的格式。

O××××(子程序号)

...

M99；

5.9.2　模板面及孔系加工项目实施

图 5-149 为一模的模板零件，该零件加工内容主要是孔、平面。

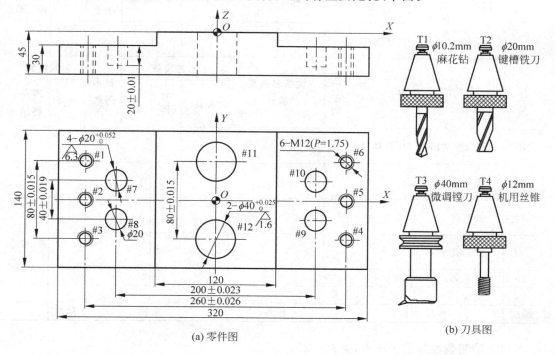

(a) 零件图　　　　　　　　　　(b) 刀具图

图 5-149　孔板零件

1．制定机械加工工艺方案

（1）确定生产类型。零件数量为 5 件，属于单件小批量生产。

（2）确定工件的定位基准。以工件底面和两垂直侧面为定位基准进行定位。

（3）选择加工方法。因为孔的尺寸精度、表面粗糙度要求不高，孔的尺寸也不大，采用的加工方法为钻孔—铰孔。

加工平面的方法为：粗铣→精铣→粗磨→精磨。

（4）拟定工艺路线。根据以上的分析，拟定工艺路线。

2．设计数控铣削孔的加工工序

（1）选择加工设备。选用立式铣床，系统为 FANUC 0i。

（2）选择工艺装备。该零件采用平口钳定位夹紧，刀具选择如下：$\phi 10.2$ 钻头、$\phi 20$ 键槽铣刀、$\phi 40$ 镗刀、M12mm 机用丝锥。

（3）确定工步和走刀路线。走刀路线按照最短路线原则进行加工。

（4）确定切削用量（见工序卡）。

3．编制数控工艺文件

（1）编制机械加工工艺过程卡，见表 5-24。

表 5-24　机械加工工艺过程卡

工厂名	工艺过程卡	产品名称及型号			零件名称			零件图号			
		材料	名称		毛坯	种类		零件重量	毛重		第　页
			牌号			尺寸			净重		共　页
			性能						每批件数		
工序号		工序内容		加工车间	设备名称及编号		工艺装备			技术等级	时间定额
							夹具	刀具	量具		单件	准备终结
10		按 330×150×50 下料										
20		铣削 6 个面										
30		去毛刺										
40		加工孔										
50		去毛刺										
60		检验										
编制		抄写			校对			审核			批准	

（2）编制数控加工工序卡，见表 5-25。

表 5-25 数控加工工序卡

工厂名	数控加工工序卡	产品型号			零件图号				
		产品名称			零件名称			共 页	第 页
		车间		工序号	工件名称		材料牌号		
		毛坯种类							
		设备名称		设备型号	设备编号		同时加工件数		
		夹具编号		夹具名称		切削液			
		工位器具编号		工位器具名称		工序工时			
						准终		单件	

工步号	工步内容	刀 具	主轴转速	进给量	背吃刀量	进给次数	工步工时	
							机动	辅助
	钻各孔	ϕ10.2 麻花钻	800	100				
	镗＃7、＃8、＃9、＃10、＃11、＃12 孔	ϕ20 键槽铣刀	600	80				
	精镗＃11、＃12 孔	ϕ40 微调镗刀	600	50				
	攻＃1、＃2、＃3、＃4、＃5、＃6	M12 丝锥	200	350				
设计（日期）	校对（日期）	审核（日期）		标准化	会签（日期）			

（3）编制刀具卡，见表 5-26。

表 5-26 刀具卡

产品名称或代号		×××	零件名称	座盒	零件图号			×××
序号	刀具号	刀 具			加工表面			备注
		规格名称	数量	刀长				
1	T01	ϕ10.2 麻花钻	1	50	钻各孔			
2	T02	ϕ20 键槽铣刀	1	40	镗＃7、＃8、＃9、＃10、＃11、＃12 孔			
3	T03	ϕ40 微调镗刀	1	50	精镗＃11、＃12 孔			
4	T04	M12 丝锥	1	40	攻＃1、＃2、＃3、＃4、＃5、＃6			
编制	×××	审核	×××	批准	××	年 月 日	共 页	第 页

（4）编制数控加工程序。

O6005

N05 G90 G94 G21 G17 G40 G49；

N10 M6 T1；　　　　　　　　　　　换上 1 号刀，ϕ10.2mm 麻花钻

N20 G54 G90 G0 G43 H1 Z20；　　　在 Z 方向调入刀具长度补偿

N30 M3 S800；　　　　　　　　　　主轴正转

N40 M8；　　　　　　　　　　　　切削液开

N50 G99 G83 X－130 Y40 Z－50 R－10 Q3 F100；　用 G83 指令钻♯1孔，返回 R 平面

N60 Y0；　　　　　　　　　　　　钻♯2孔

N70 Y－40；　　　　　　　　　　　钻♯3孔

N80 X－100 Y－20 Z－34.5 Q5；　　钻♯8孔，返回 R 平面

N90 G98 Y20；　　　　　　　　　　钻♯7孔，返回初始面

N100 G99 G83 X0 Y40 Z－50 R5 Q5；　钻♯11孔，返回 R 平面

N110 Y－40；　　　　　　　　　　　钻♯12孔

N120 G83 X100 Y－20 Z－34.5 R－10 Q5；　钻♯9孔

N130 Y20；　　　　　　　　　　　钻♯10孔

N140 X130 Y40 Z－50 Q3；　　　　钻♯6孔

N150 Y0；　　　　　　　　　　　　钻♯5孔

N160 G98 Y－40；　　　　　　　　钻♯4孔，返回初始面

N170 G0 Z200 M9；　　　　　　　取消固定循环，切削液关

N180 G49 Z－108.5；　　　　　　取消长度补偿

N190 M5；　　　　　　　　　　　主轴停转

N200 M19；　　　　　　　　　　　主轴定向

N210 M6 T2；　　　　　　　　　　换上 2 号刀，ϕ20mm 键槽铣刀

N220 G0 G43 H2 Z20；　　　　　　调入刀具长度补偿

N230 M3 S600；　　　　　　　　　主轴正转

N240 M8；

N250 G99 G82 X－100 Y20 Z－35 R－10 P1000 F80；锪♯7孔，在孔底暂停 1s

N260 G98 Y－20；　　　　　　　　锪♯8孔，返回初始面

N270 G99 X100；　　　　　　　　锪♯9孔

N280 G98 Y20；　　　　　　　　锪♯10孔，返回初始面

N290 G0 X0 Y40；　　　　　　　定位到♯11孔中心上方

N300 Z1.5；

N310 M98 P83106；　　　　　　扩♯11孔

N320 G90 G0 Z1.5；

N330 Y－40；　　　　　　　　　定位到♯12孔中心上方

N340 M98 P83106；　　　　　　扩♯12孔

N350 G90 G0 Z200 M9；

N360 G49 Z－108.5；

N370 M5；

N380 M19；

N390 M6 T3；　　　　　　　　　换上 3 号刀，ϕ40mm 微调镗刀

N400 G0 G43 H3 Z20；

N410 M3 S600；

N420 M8；

N430 G99 G85 X0 Y40 Z－45.5 R5 F50；精镗♯11孔，返回点 R 平面

N440 G98 Y－40；　　　　　　　精镗♯12孔，返回初始点平面

N450 G90 G0 Z200 M9；

N460 G49 Z－108.5；

N470 M5；

N480 M19；

N490 M6 T4；　　　　　　　　换上 4 号刀，M12mm 机用丝锥

N500 G0 G43 H4 Z20；

N510 M3 S200；

N520 M8；

N530 G99 G84 X－130 Y40 Z－50 R－10 F350；　攻＃1 右旋螺纹，螺距为 1.75mm

N540 G4 X2；　　　　　　　　暂停 2s，让主轴达到规定的转速

N550 Y0；　　　　　　　　　　攻＃2 右旋螺纹

N560 G4 X2；

N570 G98 Y－40；　　　　　　攻＃3 右旋螺纹，返回初始点平面

N580 G99 X130；　　　　　　　攻＃4 右旋螺纹

N590 G4 X2；

N600 Y0；　　　　　　　　　　攻＃5 右旋螺纹

N610 G4 X2；

N620 G98 Y40；　　　　　　　攻＃6 右旋螺纹，返回初始点平面

N630 G90 G0 Z200 M9；

N640 G49 Z－108.5；

N650 M30；　　　　　　　　　　程序结束

O3106　　　　　　　　　　　　子程序名

N10 G91 G1 Z－6 F50；　　　在 ϕ40 的孔中向下进给 6mm

N20 X9.8；　　　　　　　　　沿＋X 方向进给 9.8mm

N30 G3 I－9.8 F20；　　　　加工 ϕ40 孔，单边精加工余量 0.2mm

N40 G1 X－9.8 F80；　　　　回到孔中心

N50 M99；

课外实践任务及思考

1. 拟定图 5-150 所示零件的数控加工中心加工工艺，并填写数控加工工序卡，刀具卡，完成程序编制。

2. 拟定图 5-151 所示零件的加工工艺，编写工艺卡和工序卡及程序编制。

3. 选择。

（1）从子程序返回到主程序用（　　）。

　　A. M98　　　　　　　　B. M99　　　　　C. G98　　　　　　　　D. G99

（2）在 FANUC 数控系统中，M98 的含义是（　　）。

　　A. 宏指令调用　　　　　　　　　　B. 坐标旋转

　　C. 调用子程序　　　　　　　　　　D. 循环返回参考平面

（3）采用固定循环编程，可以（　　）。

　　A. 加快切削速度，提高加工质量

　　B. 缩短程序的长度，减少程序所占内存

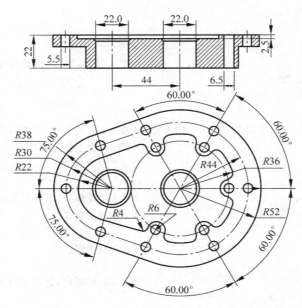

图 5-150 零件图 1

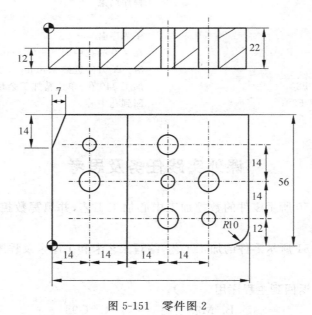

图 5-151 零件图 2

C. 减少换刀次数,提高切削速度

D. 减少吃刀深度,保证加工质量

（4）有些零件需要在不同的位置上重复加工同样的轮廓形状,应采用（　　　）。

A. 比例加工功能　　　　　　　　　　B. 镜像加工功能

C. 旋转功能　　　　　　　　　　　　D. 子程序调用功能

　　(5) G73 指令用于在加工中心上进行(　　)。

　　　　A. 高速深孔钻循环　B. 浅孔加工　　　　C. 阶梯孔加工　　　D. 都不是

　　(6) 以下(　　)说法正确。

　　　　A. M16 用于实现换刀　　　　　　　　　B. G98 用于调用子程序

　　　　C. G32 用于螺纹切削　　　　　　　　　D. G18 用于设定 X、Y 平面

　4. 思考。

　　(1) 加工中心的主要加工对象有哪些?

　　(2) 加工中心的选刀方式有哪些?

　　(3) 机械手换刀和无机械手换刀的步骤是什么?

　　(4) 数控回转工作台和分度工作台的区别是什么?

任务 5.10　零件切削加工的方案制订

5.10.1　零件工艺性分析

　　工艺分析的目的,一是审查零件的结构形状及尺寸精度、相互位置精度、表面粗糙度、材料及热处理等的技术要求是否合理,是否便于加工和装配;二是通过工艺分析,对零件的工艺要求有进一步的了解,以便制订出合理的工艺规程。

　　(1) 分析研究产品的零件图样和装配图样。在编制零件机械加工工艺规程前,首先应研究零件的工作图样和产品装配图样,熟悉该产品的用途、性能及工作条件,明确该零件在产品中的位置和作用;找出其主要技术要求和技术关键,以便在拟订工艺规程时采用适当的措施加以保证。

　　(2) 结构工艺性分析。零件的结构工艺性是指所设计的零件在满足使用要求的前提下,制造的可行性和经济性。图 5-152 表示数控工艺性劣对比,零件机械加工工艺性实例见表 5-27。

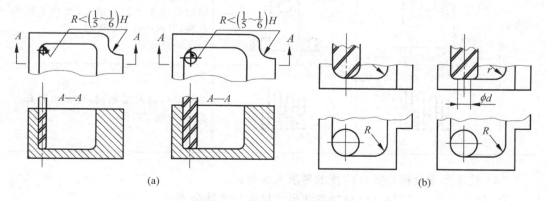

(a)　　　　　　　　　　　　　　　　　　　　　(b)

图 5-152　数控工艺性劣对比

(a)图表明零件轮廓内转角圆弧半径 R 常常限制刀具直径的选择,内转角圆弧半径大,可以采用大直径刀具加工,进给次数减少,表面加工质量也会好一些,因而右图工艺性较好;反之,工艺性差;(b)图表明零件槽底圆角半径 r 不要过大,且要尽量统一,以减少刀具规格和换刀次数。r 越大,ϕd 就越小,加工平面的能力就越差效率越低,工艺性也越差。因此,右图工艺性较好。

表 5-27　零件机械加工工艺性实例

序号	工艺性不好的结构 A	工艺性好的结构 B	说　明
1			结构 B 键槽的尺寸、方位相同,则可在一次装夹中加工出全部键槽,以提高生产率
2			结构 A 的加工不便引进刀具
3			结构 B 的底面接触面积小,加工量小,稳定性好
4			结构 B 有退刀槽保证了加工的可能性,减少刀具(砂轮)的磨损
5			加工结构 A 上的孔钻头容易引偏或折断
6			结构 B 避免了深孔加工,节约了零件材料,紧固连接稳定可靠
7			结构 B 凹槽尺寸相同,可减少刀具种类,减少换刀时间

（3）技术要求分析。零件的技术要求主要有：

① 加工表面的形状精度（包括形状尺寸精度和形状公差）。

② 主要加工表面之间的相互位置精度（包括距离尺寸精度和位置公差）。

③ 加工表面的粗糙度及其他方面的表面质量要求。

④ 热处理及其他要求。

通过对零件技术要求的分析,就可以区分主要表面和次要表面。上述4个方面均要求较高的表面,即为主要表面,要采用各种工艺措施予以重点保证。在对零件的结构工艺性和技术要求分析后,对零件的加工工艺路线及加工方法就形成一个初步的轮廓,从而为下一步制订工艺规程做好准备。

5.10.2 加工方法及加工方案的选择

1. 加工经济精度

在正常加工条件下(采用符合质量标准的设备、工艺装备和标准技术等级的工人,不延长加工时间)所能保证的加工精度。

2. 选择加工方法时遵循的原则

(1)所选加工方法应考虑每种加工方法的加工经济精度范围要与加工表面的精度要求和表面粗糙度要求相适应。

(2)所选加工方法能确保加工面的几何尺寸精度、形状精度和表面相互位置精度的要求。

(3)所选加工方法要与零件材料的可加工性相适应。

(4)所选加工方法应与零件的结构形状、尺寸及工作情况相适应。

(5)加工方法要与生产类型相适应。

(6)所选加工方法要与企业现有设备条件和工人技术水平相适应。

3. 外圆加工方案(见表5-28)。

表 5-28 外圆加工方案

序号	加工方案	经济加工精度等级(IT)	加工表面粗糙度 $Ra/\mu m$	适用范围
1	粗车	11~12	50~12.5	适用于淬火钢以外的各种金属
2	粗车→半精车	8~10	6.3~3.2	
3	粗车→半精车→精车	6~7	1.6~0.8	
4	粗车→半精车→精车→滚压(或抛光)	5~6	0.2~0.025	
5	粗车→半精车→磨削	6~7	0.8~0.4	主要用于淬火钢,也可用于未淬火钢,但不宜用于非铁金属的加工
6	粗车→半精车→粗磨→精磨	5~6	0.4~0.1	
7	粗车→半精车→粗磨→精磨→超精加工(或轮式超精磨)	5~6	0.1~0.012	
8	粗车→半精车→精车→金刚石车	5~6	0.4~0.025	主要用于要求较高的非铁金属的加工
9	粗车→半精车→粗磨→精磨→超精磨(或镜面磨)	5级以上	<0.025	极高精度的钢或铸铁的外圆加工
10	粗车→半精车→粗磨→精磨→研磨	5级以上	<0.1	

4. 孔加工方案（见表 5-29）。

表 5-29 孔加工方案

序号	加 工 方 案	经济加工精度等级（IT）	加工表面粗糙度 $Ra/\mu m$	适 用 范 围
1	钻	11～12	12.5	加工未淬火钢及铸铁的实心毛坯，也可用于加工非铁金属（但粗糙度稍高），孔径<ϕ20mm
2	钻→铰	8～9	3.2～1.6	
3	钻→粗铰→精铰	7～8	1.6～0.8	
4	钻→扩	11	12.5～6.3	加工未淬火钢及铸铁的实心毛坯，也可用于加工非铁金属（但粗糙度稍高），孔径>ϕ20mm
5	钻→扩→铰	8～9	3.2～1.6	
6	钻→扩→粗铰→精铰	7	1.6～0.8	
7	钻→扩→机铰→手铰	6～7	0.4～0.1	
8	钻→（扩）→拉（或推）	7～9	1.6～0.1	大批大量生产中小零件的通孔
9	粗镗（或扩孔）	11～12	12.5～6.3	除淬火钢外各种材料，毛坯有铸出孔或锻出孔
10	粗镗（粗扩）→半精镗（精扩）	9～10	3.2～1.6	
11	粗镗（粗扩）→半精镗（精扩）→精镗（铰）	7～8	1.6～0.8	
12	粗镗（扩）→半精镗（精扩）→精镗→浮动镗刀块精镗	6～7	0.8～0.4	
13	粗镗（扩）→半精镗→磨孔	7～8	0.8～0.2	主要用于加工淬火钢，也可用于不淬火钢，但不宜用于非铁金属
14	粗镗（扩）→半精镗→粗磨→精磨	6～7	0.2～0.1	
15	粗镗→半精镗→精镗→金刚镗	6～7	0.4～0.05	主要用于精度要求较高的非铁金属加工
16	钻→（扩）→粗铰→精铰→珩磨 钻→（扩）→拉→珩磨 粗镗→半精镗→精镗→珩磨	6～7	0.2～0.025	精度要求很高的孔
17	以研磨代替上述方案中的珩磨	5～6	<0.1	
18	钻（或粗镗）→扩（或半精镗）→精镗→金刚镗→脉冲滚挤	6～7	0.1	成批大量生产的非铁金属零件中的小孔，铸铁箱体上的孔

5. 平面加工方案（见表 5-30）。

表 5-30 平面加工方案

序号	加工方案	经济加工精度等级(IT)	加工表面粗糙度 $Ra/\mu m$	适用范围
1	粗车→半精车	8～9	6.3～3.2	端面加工
2	粗车→半精车→精车	6～7	1.6～0.8	
3	粗车→半精车→磨削	7～9	0.8～0.2	
4	粗刨(铣)	9～10	50～12.5	一般不淬硬的平面粗加工
5	粗刨(或粗铣)→精刨(或精铣)	7～9	6.3～1.6	一般不淬硬的平面半精加工(端铣粗糙度可较低)
6	粗刨(或粗铣)→精刨(或精铣)→刮研	5～6	0.8～0.1	精度要求较高的不淬硬表面,批量较大宜采用宽刃精刨
7	粗刨(或粗铣)→精刨(或精铣)→宽刃精刨	6～7	0.8～0.2	
8	粗刨(或粗铣)→精刨(或精铣)→磨削	6～7	0.8～0.2	精度要求较高的淬硬表面或不淬硬表面
9	粗刨(或粗铣)→精刨(或精铣)→粗磨→精磨	5～6	0.4～0.25	
10	粗铣→拉	6～9	0.8～0.2	大量生产,较小的平面
11	粗铣→精铣→磨削→研磨	5 级以上	<0.1	高精度平面
12	粗插	9～10	50～12.5	淬火钢以外金属件内表面粗加工
13	粗插→精插	8	3.2～1.6	淬火钢以外金属件内表面半精加工
14	粗插→精插→拉削	6～7	1.6～0.4	淬火钢以外金属件内表面精加工

5.10.3 工件的装夹

在机械加工过程中,为了保证加工精度,固定工件,使之占有确定位置,以接受加工或检测的工艺装备统称为机床夹具,简称夹具。例如车床上使用的三爪自定心卡盘、铣床上使用的平口钳等都是机床夹具。

1. 工件的安装

工件的安装包含了两个方面的内容。

（1）定位。使同一工序中的一批工件都能准确地安放在机床的合适位置上，使工件相对于刀具及机床占有正确的加工位置。

（2）夹紧。工件定位后，还需对工件压紧夹牢，使其在加工过程中不发生位置变化。

2. 工件的安装方法

当零件较复杂、加工面较多时，需要经过多道工序的加工，其位置精度取决于工件的安装方式和安装精度。工件常用的安装方法如下：

（1）直接找正安装。用划针、百分表等工具直接找正工件位置，使工件获得正确位置的方法称直接找正安装法。此法生产率低，精度取决于工人的技术水平和测量工具的精度，一般只用于单件小批生产。

（2）划线找正安装。当零件形状很复杂时，可先用划针在工件上画出中心线、对称线或各加工表面的加工位置，然后再按划好的线来找正工件在机床上的位置的方法。

由于划线既费时，又需要技术高的划线工，所以一般用于批量不大，形状复杂而笨重的工件或低精度毛坯的加工。

（3）用夹具安装。工件在未安装前已预先调整好机床、夹具、与刀具间正确的相对位置，工件则安装在夹具中，就能保证加工的技术要求。

这种方法安装迅速方便，定位精度较高而且稳定，生产率较高，广泛用于中批生产以上的生产类型。

3. 定位基准的选择

机械加工过程中，定位基准的选择合理与否决定零件质量的好坏，对能否保证零件的尺寸精度和相互位置精度要求，以及对零件各表面间的加工顺序安排都有很大影响。

零件开始加工时，所有的面均未加工，只能以毛坯面作定位基准，这种以毛坯面为定位基准的，称为粗基准，以后的加工，必须以加工过的表面做定位基准，以加工过的表面为定位基准的称精基准。

在加工中，首先使用的是粗基准，但在选择定位基准时，为了保证零件的加工精度，首先考虑的是选择精基准，精基准选定以后，再考虑合理地选择粗基准。

（1）粗基准选择原则

选择粗基准时，主要要求保证各加工面有足够的余量，使加工面与不加工面间的位置符合图样要求，并特别注意要尽快获得精基准面。具体选择时应考虑下列原则。

① 选择重要表面为粗基准。为保证工件上重要表面的加工余量小而均匀，则应选择该表面为粗基准。所谓重要表面一般是工件上加工精度以及表面质量要求较高的表面，如床身的导轨面，车床主轴箱的主轴孔，都是各自的重要表面。因此，加工床身和主轴箱时，应以导轨面或主轴孔为粗基准，如图 5-153 所示。

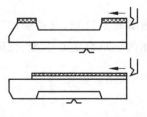

图 5-153　机床床身粗基准

② 选择不加工表面为粗基准。为了保证加工面与不加工面间的位置要求，一般应选择不加工面为粗基准。如

果工件上有多个不加工面,则应选其中与加工面位置要求较高的不加工面为粗基准,以便保证要求,使外形对称等。如图 5-154 所示的工件,毛坯孔与外圆之间偏心较大,应当选择不加工的外圆为粗基准,将工件装夹在三爪自定心卡盘中,把毛坯的同轴度误差在镗孔时切除,从而保证其壁厚均匀。

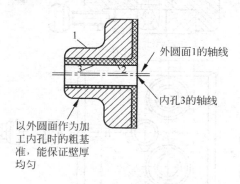

图 5-154　选择不加工表面为粗基准

1—外圆面；2—加工后的内孔面；3—加工前的内孔面

③ 选择加工余量最小的表面为粗基准。在没有要求保证重要表面加工余量均匀的情况下,如果零件上每个表面都要加工,则应选择其中加工余量最小的表面为粗基准,以避免该表面在加工时因余量不足而留下部分毛坯面,造成工件废品,如图 5-155 所示。

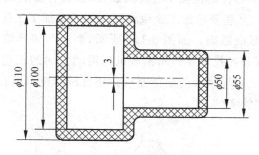

图 5-155　选择余量小的表面为粗基准

④ 选择较为平整光洁、加工面积较大的表面为粗基准,以便工件定位可靠、夹紧方便。

⑤ 粗基准在同一尺寸方向上只能使用一次。因为粗基准本身都是未经机械加工的毛坯面,其表面粗糙且精度低,若重复使用将产生较大的误差。

(2) 精基准的选择原则

① 基准重合原则。即选用设计基准作为定位基准,以避免定位基准与设计基准不重合而引起的基准不重合误差,如图 5-156 所示。

② 基准统一原则。应采用同一组基准定位加工零件上尽可能多的表面,这就是基准统一原则。这样做可以简化工艺规程的制订工作,减少夹具设计、制造工作量和成本,缩短生产准备周期；由于减少了基准转换,便于保证各加工表面的相互位置精度。例如加

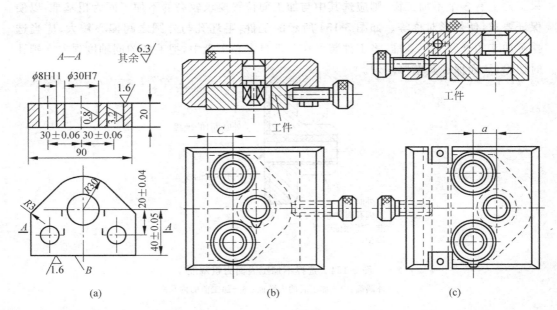

图 5-156　基准重合原则

（a）零件图；（b）基准不重合；（c）基准重合

工轴类零件时,采用两中心孔定位加工各外圆表面,就符合基准统一原则。

③ 自为基准原则。某些要求加工余量小而均匀的精加工工序,选择加工表面本身作为定位基准,称为自为基准原则。如图 5-157 所示,磨削车床导轨面,用可调支撑床身零件,在导轨磨床上,用百分表找正导轨面相对机床运动方向的正确位置,然后加工导轨面以保证其余量均匀,满足对导轨面的质量要求。还有浮动镗刀镗孔、珩磨孔、拉孔、无心磨外圆等也都是自为基准的实例。

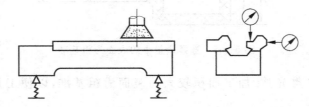

图 5-157　机床导轨面自为基准加工

④ 互为基准原则。当对工件上两个相互位置精度要求很高的表面进行加工时,需要用两个表面互相作为基准,反复进行加工,以保证位置精度要求。例如要保证精密齿轮的齿圈跳动精度,在齿面淬硬后,先以齿面定位磨内孔,再以内孔定位磨齿面,从而保证位置精度,如图 5-158 所示。

⑤ 便于装夹原则。所选精基准应保证工件安装可靠,夹具设计简单、操作方便。

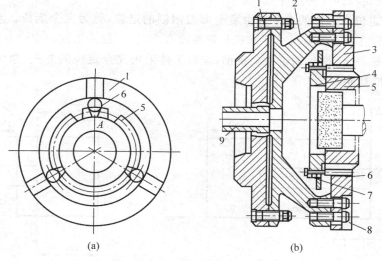

图 5-158　工件以渐开线齿面定位

1—夹具体；2—弹性薄膜盘；3—卡爪；4—保持架；5—齿轮；

6—定心圆柱；7—弹簧；8—螺钉；9—推杠

4. 工件定位

（1）六点定位原理

一个尚未定位的工件，其空间位置是不确定的，均有 6 个自由度，如图 5-159 所示，即沿空间坐标轴 X、Y、Z 三个方向的移动和绕这三个坐标轴的转动 $\widehat{X}\widehat{Y}\widehat{Z}$。

定位，就是限制自由度。如图 5-160 所示的长方体工件，欲使其完全定位，可以设置 6 个固定点，工件的三个面分别与这些点保持接触，在其底面设置三个不共线的点 1、2、3（构成一个面），限制工件的三个自由度：$\vec{X}$、$\vec{Y}$、$\vec{Z}$；侧面设置两个点 4、5（成一条线），限制了 $\vec{Y}$、$\vec{Z}$ 两个自由度；端面设置一个点 6，限制 $\vec{X}$ 自由度。于是工件的 6 个自由度便都被限制了。这些用来限制工件自由度的固定点，称为定位支撑点，简称支撑点。

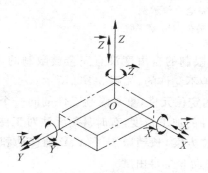

图 5-159　工件的 6 个自由度

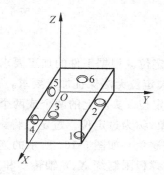

图 5-160　长方体形工件的定位

用合理分布的 6 个支撑点限制工件 6 个自由度的法则，称为六点定位原理。

（2）工件定位的几种情况

① 完全定位。工件的 6 个自由度全部被限制的定位，称为完全定位。当工件在 X、Y、Z 三个坐标方向上均有尺寸要求或位置精度要求时，一般采用这种定位方式。

例如在图 5-161 所示的工件上铣槽，应对工件采用完全定位的方式，选 A 面、B 面和右端面作定位基准。

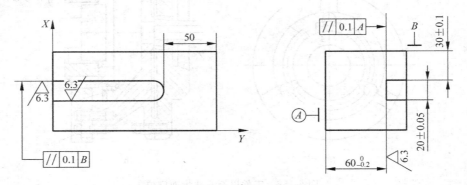

图 5-161　完全定位示例分析

② 不完全定位。工件需要限制的自由度少于 6 个，不影响工件加工精度的自由度允许不被限制，但能够满足加工要求，称为不完全定位。如图 5-162 所示。图 5-162（a）为在车床上加工通孔，用三爪自定心卡盘夹持限制其余 4 个自由度，实现四点定位。图 5-162（b）为平板工件磨平面，在磨床上采用电磁工作台即可实现三点定位。

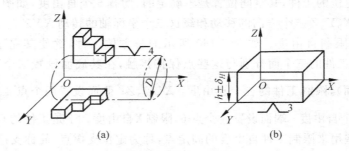

图 5-162　不完全定位示例

(a) 在车床上加工通孔；(b) 磨平面

③ 欠定位。根据工件的加工要求，应该限制的自由度没有完全被限制的定位，称为欠定位。欠定位无法保证加工要求，所以是绝不允许的，如图 5-163 所示。

④ 过定位。夹具上的两个或两个以上的定位元件，重复限制工件的同一个或几个自由度的现象，称为过定位。过定位将影响工件的加工精度，有时甚至无法对工件进行安装定位，故应避免。如图 5-164 所示的连杆定位方案，长销限制了 X、Y 轴移动和转动 4 个自由度，支撑板限制绕 X、Y 轴转动和 Z 轴移动 3 个自由度。

其中绕 X、Y 轴转动的自由度被两个定位元件重复限制，这就产生过定位。当连杆小头孔与端面有较大垂直度误差时，夹紧力 F1 将使连杆变形或长销弯曲（如图 5-164（b）、（c）所示),造成连杆加工误差。若将长销改为短销,就不会产生过定位。

消除或减小过定位所引起的干涉,一般有以下两种方法。

- 改变定位元件的结构,使定位元件重复限制自由度的部分不起定位作用。

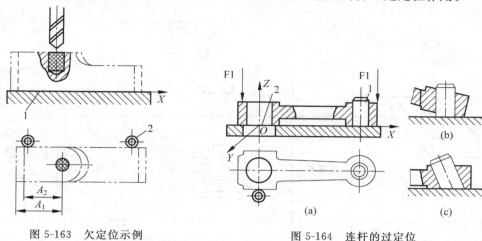

图 5-163　欠定位示例

图 5-164　连杆的过定位
1—长圆柱销；2—支撑板

例如将图 5-165(b)所示右边的圆柱销改为削边销,从而避免过定位,对图 5-165(a)所示的改进措施见图 5-165(b)。

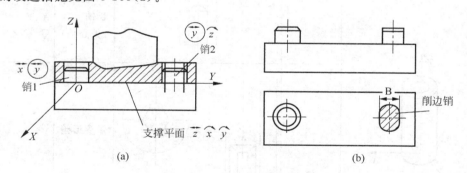

图 5-165　一面两削定位时的干涉现象
(a) 改进前；(b) 改进后

- 在采用适当工艺措施的情况下,采用过定位可以提高工件定位刚度。当工件定位基准和定位元件精度都较高的情况下,重复限制相同自由度的定位元件之间不会产生干涉,不影响工件的正确位置,这种情况下,重复定位是允许的。

5. 定位方法及定位元件

工件上的定位基准面与相应的定位元件合称为定位副。定位副的选择及其制造精度直接影响工件的定位精度和夹具的工作效率以及制造使用性能等。按不同的定位基准面分别介绍其所用定位元件的结构形式。

常见定位元件及其组合所能限制的自由度见表 5-31。

表 5-31　常见定位元件能限制的工件自由度

工件定位基面	定位元件	定位简图	定位元件特点	限制的自由度
平面	支撑钉		平面组合	$1、2、3—\vec{Z}、\hat{X}、\hat{Y}$ $4、5—\vec{X}、\hat{Z}$ $6—\vec{Y}$
	支撑板		平面组合	$1、2—\vec{Z}、\hat{X}、\hat{Y}$ $3—\vec{X}、\hat{Z}$
圆孔	定位销（心轴）		短销（短心轴）	$\vec{X}、\vec{Y}$
			长销（长心轴）	$\vec{X}、\vec{Y}$ $\hat{X}、\hat{Y}$
	菱形销		短菱形销	$\vec{Y}$
			长菱形销	$\vec{Y}、\hat{X}$

续表

工件定位基面	定位元件	定位简图	定位元件特点	限制的自由度
圆孔 	锥销		单锥销	$\vec{X}$、$\vec{Y}$、$\vec{Z}$
			1—固定锥销 2—活动锥销	$\vec{X}$、$\vec{Y}$、$\vec{Z}$ $\widehat{X}$、$\widehat{Y}$
	支撑板或支撑钉		短支撑板或支撑钉	$\vec{Z}$
			长支撑板或两个支撑钉	$\vec{Z}$、$\widehat{X}$
外圆柱面 	V 形架		窄 V 形架	$\vec{X}$、$\vec{Z}$
			宽 V 形架	$\vec{X}$、$\vec{Z}$ $\widehat{X}$、$\widehat{Z}$
	定位套		短套	$\vec{X}$、$\vec{Z}$

续表

工件定位基面	定位元件	定位简图	定位元件特点	限制的自由度
外圆柱面 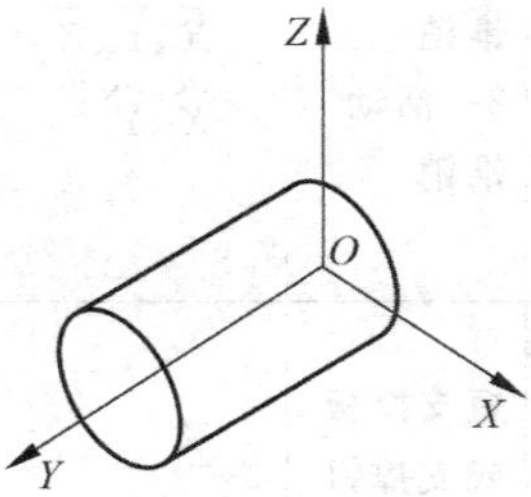	定位套	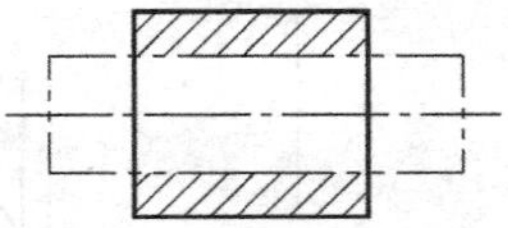	长套	$\vec{X}$、$\vec{Z}$ $\widehat{X}$、$\widehat{Z}$
	半圆套	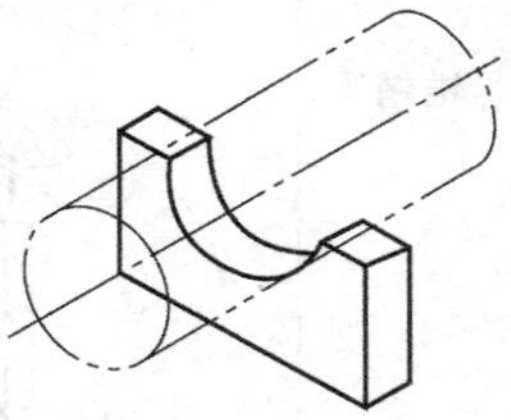	短半圆套	$\vec{X}$、$\vec{Z}$
			长半圆套	$\vec{X}$、$\vec{Z}$ $\widehat{X}$、$\widehat{Z}$
	锥套		单锥套	$\vec{X}$、$\vec{Y}$、$\vec{Z}$
		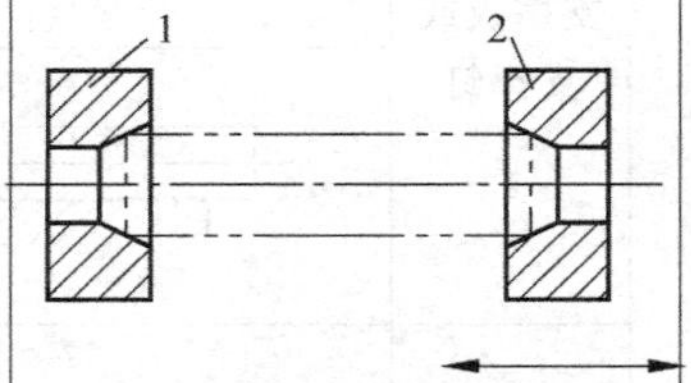	1—固定锥套 2—活动锥套	$\vec{X}$、$\vec{Y}$、$\vec{Z}$ $\widehat{X}$、$\widehat{Z}$

5.10.4 工序参数的确定

1. 加工余量的确定

确定工序尺寸时,首先要确定加工余量。

（1）加工余量的概念

加工余量是指在加工中被切去的金属层厚度。加工余量有工序余量、总余量之分。

工序余量：相邻两工序的工序尺寸之差,如图 5-166 所示。

总余量：各工序余量之和。

计算工序余量 Z 时,平面类非对称表面,应取单边余量。

对于外表面：

$$Z = a - b$$

对于内表面：

$$Z = b - a$$

式中,Z 为本工序的工序余量；a 为前道工序的工序尺寸；b 为本工序的工序尺寸。

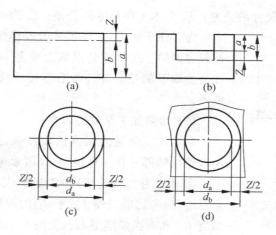

图 5-166　加工余量

旋转表面的工序余量则是对称的双边余量。

对于被包容面：

$$Z = d_a - d_b$$

对于包容面：

$$Z = d_b - d_a$$

式中，Z 为直径上的加工余量；d_a 为前道工序的加工直径；d_b 为本工序的加工直径。

由于工序尺寸有公差，故实际切除的余量大小不等。因此，工序余量也是一个变动量。当工序尺寸用尺寸计算时，所得的加工余量称为基本余量或者公称余量。保证该工序加工表面的精度和质量所需切除的最小金属层厚度称为最小余量 Z_{min}。

该工序余量的最大值则称为最大余量 Z_{max}。

图 5-167 表示了工序余量与工序尺寸的关系。

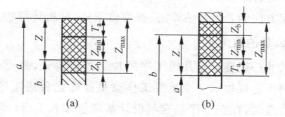

图 5-167　工序余量与工序尺寸及其公差的关系

工序余量和工序尺寸及公差的关系式如下：

$$Z = Z_{min} + T_a$$
$$Z_{max} = Z + T_b = Z_{min} + T_a + T_b$$

由此可知，

$$T_z = Z_{max} - Z_{min} = (Z_{min} + T_a + T_b) - Z_{min} = T_a + T_b$$

即余量公差等于前道工序与本工序的尺寸公差之和。

式中，T_a 为前道工序尺寸的公差；T_b 为本工序尺寸的公差；T_z 为本工序的余量公差。

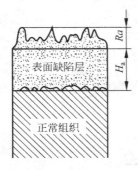

图 5-168　表面粗糙度和表面缺陷层

为了便于加工，工序尺寸公差都按"入体原则"标注，即被包容面的工序尺寸公差取上偏差为零；包容面的工序尺寸公差取下偏差为零；而毛坯尺寸公差按双向布置上、下偏差。

（2）影响加工余量的因素

影响加工余量的因素比较复杂，这里仅对在一次切削中应切除的部分作一些说明，其因素包括以下几项。

① 前工序（或毛坯）加工后的表面质量。在确定加工余量时，应考虑前工序（或毛坯）的表面质量，它包括表面粗糙度 Ra 和表面缺陷层 H_a（见图 5-168）。

② 前工序（或毛坯）的尺寸公差。

③ 前工序（或毛坯）的形位误差（也称空间误差）（见图 5-169）。

④ 本工序的安装误差（见图 5-170）。

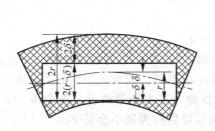

图 5-169　轴的弯曲对加工余量的影响

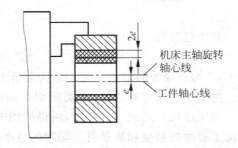

机床主轴旋转轴心线

工件轴心线

图 5-170　三爪卡盘上的安装误差

（3）加工余量的确定方法

加工余量的确定方法为：经验估算法、查表修正法、分析计算法。

2. 工序尺寸及公差的确定

工件上的设计尺寸一般要经过几道工序的加工才能得到，每道工序所应保证的尺寸称为工序尺寸。编制工艺规程的一个重要工作就是要确定每道工序的工序尺寸及公差。在确定工序尺寸及公差时，存在工序基准与设计基准重合和不重合两种情况。

（1）基准重合时工序尺寸及其公差的计算

当工序基准、定位基准或测量基准与设计基准重合，表面多次加工时，工序尺寸及其公差的计算相对来说比较简单。

例如：某主轴箱体主轴孔的设计要求为 $\phi100H7$，$Ra=0.8\mu m$。其加工工艺路线为毛坯→粗镗→半精镗→精镗→浮动镗。试确定各工序尺寸及其公差。

从机械工艺手册查得各工序的加工余量和所能达到的精度，具体数值见表 5-32 中的第二、三列，计算结果见表 5-32 中的第四、五列。

表 5-32　主轴孔工序尺寸及公差的计算

工序名称	工序余量	工序的经济精度	工序基本尺寸	工序尺寸及公差
浮动镗	0.1	$H7^{+0.035}_{0}$	100	$\phi100^{+0.035}_{0}$,$Ra=0.8\mu m$
精镗	0.5	$H9^{+0.087}_{0}$	$100-0.1=99.9$	$\phi99.9^{+0.087}_{0}$,$Ra=1.6\mu m$
半精镗	2.4	$H11^{+0.22}_{0}$	$99.9-0.5=99.4$	$\phi99.4^{+0.22}_{0}$,$Ra=6.3\mu m$
粗镗	5	$H13^{+0.54}_{0}$	$99.4-2.4=97$	$\phi97^{+0.54}_{0}$,$Ra=12.5\mu m$
毛坯孔	8	(±1.2)	$97-5=92$	$\phi92\pm1.2$

（2）基准不重合时工序尺寸及其公差的计算

加工过程中,工件的尺寸是不断变化的,由毛坯尺寸到工序尺寸,最后达到满足零件性能要求的设计尺寸。一方面,由于加工的需要,在工序图以及工艺卡上要标注一些专供加工用的工艺尺寸,工艺尺寸往往不是直接采用零件图上的尺寸,而是需要另行计算;另一方面,当零件加工时,有时需要多次转换基准,因而引起工序基准、定位基准或测量基准与设计基准不重合。这时,需要利用工艺尺寸链原理来进行工序尺寸及其公差的计算。

（3）工艺尺寸链的基本概念

① 工艺尺寸链的定义。加工图 5-171 所示零件,零件图上标注的设计尺寸为 A_1 和 A_0。当用零件的面 1 来定位加工面 2,得尺寸 A_1,仍以面 1 定位加工面 3,保证尺寸 A_2,于是 A_1、A_2 和 A_0 就形成了一个封闭的图形。这种由相互联系的尺寸按一定顺序首尾相接排列成的尺寸封闭图形就称为尺寸链。由单个零件在工艺过程中的有关工艺尺寸所组成的尺寸链,称为工艺尺寸链。

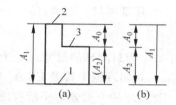

图 5-171　加工过程中的尺寸链

② 工艺尺寸链的组成。我们把组成工艺尺寸链的各个尺寸称为尺寸链的环。这些环可分为封闭环和组成环。

- 封闭环。尺寸链中最终间接获得或间接保证精度的那个环。每个尺寸链中必有一个,且只有一个封闭环。
- 组成环。除封闭环以外的其他环都称为组成环,是从定位面到加工面的尺寸,直接得到。组成环又分为增环和减环。

增环(A_i):若其他组成环不变,某组成环的变动引起封闭环随之同向变动,则该环为增环。

减环(A_j):若其他组成环不变,某组成环的变动引起封闭环随之异向变动,则该环为减环。

工艺尺寸链一般用工艺尺寸链图表示。建立工艺尺寸链时,应首先对工艺过程和工艺尺寸进行分析,确定间接保证精度的尺寸,并将其定为封闭环,然后再从封闭环出发,按照零件表面尺寸间的联系,用首尾相接的单向箭头顺序表示各组成环,这种尺寸图就是尺寸链图。根据上述定义,利用尺寸链图即可迅速判断组成环的性质,凡与封闭环箭头方向相同的环即为减环,而凡与封闭环箭头方向相反的环即为增环。

图 5-172 中左图 L_1 为增环,L_2、L_3、L_4 为减环。右图中 L_1、L_4 为增环,L_2、L_3、L_5 为减环。

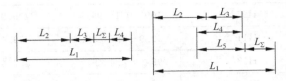

图 5-172　加工过程中的尺寸链

③ 工艺尺寸链的特性。通过上述分析可知,工艺尺寸链的主要特性是封闭性和关联性。

所谓封闭性,是指尺寸链中各尺寸的排列呈封闭形式。没有封闭的不能成为尺寸链。

所谓关联性,是指尺寸链中任何一个直接获得的尺寸及其变化,都将影响间接获得或间接保证的那个尺寸及其精度的变化。

④ 工艺尺寸链计算的基本公式。

• 封闭环的基本尺寸。封闭环的基本尺寸等于所有增环基本尺寸之和减去所有减环基本尺寸之和,即

$$A_0 = \sum A_i - \sum A_j$$

式中,A_0 为封闭环的尺寸;A_i 为增环的基本尺寸;A_j 为减环的基本尺寸。

• 封闭环的上偏差 ES A_0 与下偏差 EI A_0。

封闭环的上偏差等于所有增环的上偏差之和减去所有减环的下偏差之和,即

$$ES\ A_0 = \sum ES\ A_i - \sum EI\ A_j$$

封闭环的下偏差等于所有增环的下偏差之和减去所有减环的上偏差之和,即

$$EI\ A_0 = \sum EI\ A_i - \sum ES\ A_j$$

• 封闭环的公差 T A_0:所有增环公差之和加上所有减环公差之和,即

$$T\ A_0 = \sum T\ A_i + \sum T\ A_j$$

⑤ 工艺尺寸链的建立。

• 封闭环的确定。在装配尺寸链中,装配精度就是封闭环。而在工艺尺寸链中,封闭环的查找对初学者并非易事,因为如果加工方案发生变化,则封闭环与组成环就会发生变化。因此,在零件加工工艺方案或具体工艺确定后,才可以确定其中的一个尺寸作为封闭环。工艺尺寸链计算的关键问题是正确地确定封闭环,否则其计算结果是错误的。封闭环的确定取决于加工方法和测量方法,工艺尺寸链封闭环的选择原则归纳如下:

(a) 选择封闭环时,尽量与零件图样上的尺寸封闭环一致,以避免产生工序公差的"压缩现象"。

(b) 选择封闭环时,尽可能选择公差大的尺寸作封闭环,以便使组成环分得较大的公差。

（c）选择封闭环时，尽可能选择不容易测量的尺寸作为封闭环。

（d）选择封闭环时，要注意两个或多个尺寸链中的"公共环"，它在某一尺寸链中作了封闭环，则在其他尺寸链中必为组成环，这种情况就称为"封闭环的一次性"。

（e）选择封闭环时，要注意所求解的尺寸链的环数最少，从而使组成环能获得较大的公差，称为"最短尺寸链原则"。

（f）选择封闭环时，通常选择加工余量作为封闭环。

- 组成环的查找。首先要记住组成环的基本特点是加工过程中直接获得且对封闭环有影响。

- 画出尺寸链。从构成封闭环的两表面同时开始，同步地循着工艺过程的顺序，分别向前查找该表面最近一次加工的加工尺寸，再进一步向前查找此加工尺寸的工序基准的最近一次加工时的加工尺寸，再进一步向前查找，直至两条路线最后得到的加工尺寸的工序基准重合，上述尺寸系统即形成封闭尺寸组合，从而构成工艺尺寸链。

- 增环减环的判别。通过增环减环的定义可判别组成环的增减性质。但是环数多的尺寸链就不易判别了，现介绍两种方法来判别增减环的性质。

第一种方法：回路法。在尺寸链简图上，先给封闭环任意定一方向并画出箭头，然后沿此方向环绕尺寸链回路，顺次给每一组成环画出箭头，凡箭头方向与封闭环相反的为增环，与封闭环方向相同的则为减环。

第二种方法：直观法。直观法只要记住两句话就可判别，与封闭环串联的组成环是减环，与封闭环共基线并联的组成环是增环。这种方法判别组成环性质十分方便，且便于记忆，对环数多的尺寸链特别方便。

⑥ 工艺尺寸链的分析与解算。

- 定位基准与设计基准不重合时的工艺尺寸及其公差的确定。采用调整法加工零件时，若所选的定位基准与设计基准不重合，那么该加工表面的设计尺寸就不能由加工直接得到，这时就需要进行工艺尺寸的换算，以保证设计尺寸的精度要求，并将计算的工序尺寸标注在工序图上。

例如：加工如图 5-173 所示某零件，定位基准与设计基准不重合时按工序尺寸计算。图中所示为某零件的镗孔工序图，定位基准是底面 N，M 是已加工表面，图中 L_0 为 $100^{+0.15}_{-0.15}$、L_2 为 $200^{+0.10}_{0}$，试求：镗孔调整时的工序尺寸 L_1。

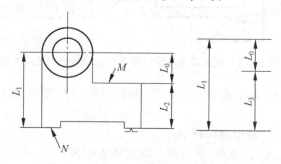

图 5-173　定位基准与设计基准不重合时的工艺尺寸链

第一步,画出尺寸链并确定封闭环。

镗孔时要调整的工序尺寸 L_1 为轴线到定位基准间的距离,由加工保证。图中孔线的设计基准是 M 面,其位置尺寸 L_0 通过工序尺寸 L_1 和已加工尺寸 L_2 间接获得。从尺寸链图中分析 L_0 为封闭环。

第二步,判断增、减环。

按增减环的定义确定 L_1 为增环,L_2 为减环。

第三步,根据上述公式,计算 L_1 的基本尺寸和上、下偏差。

基本尺寸　　$100 = L_1 - 200$　　　　　　　$L_1 = 300$

上偏差　　$+0.15 = \text{ES } L_1 - 0$　　　　$\text{ES } L_1 = 0.15$

下偏差　　$-0.15 = \text{EI } L_1 - 0.1$　　　$\text{EI } L_1 = -0.05$

计算结果为:$L_1 = 300^{+0.15}_{-0.05}$

第四步,校核。

按照封闭环的公差值是其他组成环的公差之和。

$$\text{T } L_0 = \text{T } L_1 + \text{T } L_2 = 0.2 + 0.1 = 0.3$$

计算上面的尺寸链,由于环数少,利用尺寸链解算公式比较简便。不过,公式记忆起来有的人会感到有些困难,甚至容易弄混;如果尺寸链环数很多,利用尺寸链解算公式计算起来还会感到比较麻烦,并且容易出错。

- 测量基准与设计基准不重合时的工艺尺寸及其公差的确定。在工件加工过程中,有时会遇到一些表面加工之后,按设计尺寸不便直接测量的情况,因此需要在零件上另选一容易测量的表面作为测量基准进行测量,以间接保证设计尺寸的要求。这时就需要进行工艺尺寸的换算。

例如:图 5-174 所示为轴套零件加工 $\phi40$ 沉孔的工序图,其余表面已加工。因孔深的设计基准为横孔轴线,尺寸 $30^{+0.15}_{-0.15}$ mm 无法测量,问能否以直接测量孔深 A 来检验。$A_1 = 70^{0}_{-0.2}$、$A_2 = 25^{0}_{-0.2}$、$A_3 = 20^{+0.1}_{0}$、$A_4 = 30^{+0.15}_{-0.15}$。

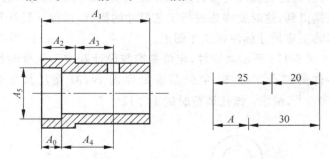

图 5-174　测量基准与设计基准不重合时的工艺尺寸链

按题意,以测量 A_0 来检验 $30^{+0.15}_{-0.15}$ 尺寸,测量基准为左端面,与设计基准不重合,需要进行尺寸链换算。

(a) 画出尺寸链图,确定封闭环 A_4。

(b) 确定增减环 A_0 为减环,其余两个组成环为增环。

(c) 计算 A 的基本尺寸和上下偏差。

基本尺寸　　$30=25+20-A$　　　　　　　$A=15$

上偏差　　　$+0.15=+0.1+0-EI\ A$　　　　$EI\ A=-0.05$

下偏差　　　$-0.15=-0.1+(-0.05)-ES\ A$　　$ES\ A=0$

即：$A=15_{-0.05}^{0}$

课外实践任务及思考

1. 根据 6 点定位原理,分析图 5-175 中所示各定位方案中各定位元件所消除的自由度。

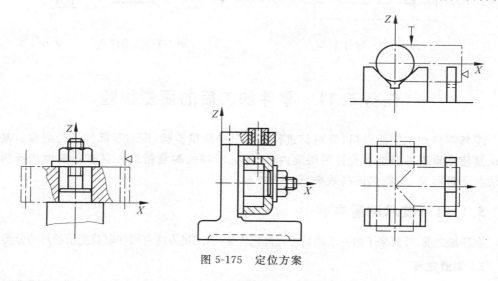

图 5-175　定位方案

2. 试判别图 5-176 中各尺寸链中哪些是增环? 哪些是减环?

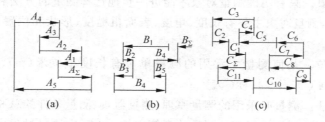

图 5-176　尺寸链

3. 如图 5-177 所示零件,$A_1=70_{-0.07}^{-0.02}$ mm,$A_2=60_{-0.04}^{0}$ mm,$A_3=20_{0}^{+0.19}$ mm。因 A_3 不便测量,试重新标出测量尺寸 A_4 及其公差。

4. 如图 5-178 所示零件,镗孔前 A、B、C 面已经加工好。镗孔时,为便于装夹,选择 A 面为定位基准,并按工序尺寸 L_4 进行加工。已知 $L_1=280_{0}^{+0.1}$ mm,$L_2=80_{-0.06}^{0}$ mm,$L_3=(100\pm0.15)$ mm。试计算 L_4 的尺寸及其偏差。

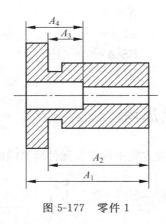

图 5-177　零件 1

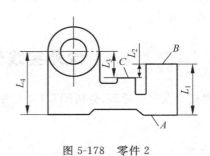

图 5-178　零件 2

任务 5.11　零件加工后的质量检验

模具零件加工完成以后,要对其进行加工后的质量检验,即对零部件进行测量。基本要求是使测量误差控制在允许的限度内,以保证所需的测量精度。只有正确地选择测量方法与测量器具,才能保证高效率、低成本。

5.11.1　技术测量内容

在测量之前,首先来了解一下测量过程都包含哪些,测量方法有哪些以及测量器具的分类。

1. 测量过程

一个完整的测量过程均包含 4 部分:测量对象、测量单位、测量方法和测量精度。

(1) 测量对象。只有明确测量对象才能进一步地选择测量的方法和测量的器具。在几何量的检测中,测量对象主要有长度、角度、表面粗糙度、形状和位置误差以及螺纹、齿轮等的几何参数。

(2) 测量单位。几何测量中常用的测量单位有长度单位米(m)、毫米(mm)、微米(μm),角度单位度(°)、分(′)、秒(″)。

(3) 测量方法。测量时采用的测量原理、测量器具、测量条件的总和。

(4) 测量精度。测量结果与被测量的真值之差。由于在测量过程中不可避免地总会存在或大或小的测量误差,使测量的结果可靠程度受到一定的影响。每个测量者必须了解和分析产生误差的原因、估算其大小,掌握在测量过程中减少或消除误差的方法。

2. 测量方法

模具零件测量的基本方法有以下两种。

(1) 直接测量和间接测量

① 直接测量。直接由量具或量仪的标尺上获得所测尺寸的整个数值或被测尺寸相对标准尺寸的偏差。例如用千分尺或比较仪直接测量零件等。

② 间接测量。测量与被测尺寸有关的几何参数,经过计算获得被测尺寸。

（2）绝对测量和相对测量

① 绝对测量。被测量直接从量具或量仪上显示出全值。例如，用千分尺、测长仪等测量导柱的直径。

② 相对测量。测量时，量具或量仪上指示的数值只是被测量相对于标准量的偏差值。例如，用量块调整立式光学计测量圆形凸模的直径。

此外，按测量器具与被测零件表面是否有机械接触，可分为接触测量与非接触测量；根据零件被测量的多少，可分为综合测量和单项测量；根据测量对模具制造工艺过程所起的作用，可以分为主动测量（也叫在线测量）和被动测量；根据在测量和取读数肘，工件是在运动还是静止不动，分为动态测量和静态测量等。

对一个具体的测量过程，可能兼有几种测量方法的特征。例如，在镗床上加工模架导柱孔时，用内径百分表测量孔的直径，则兼有直接测量、相对测量、接触测量和单项测量等特征。

对测量方法的选择，应根据所测模具零件的结构特点、精度要求、生产批量和工厂实际条件等方面综合考虑。

3．测量器具的分类

测量器具按其用途和结构特征进行分类。

通用量具及量仪按结构特征的分类及其举例见表 5-33。

表 5-33　通用量具及量仪按结构特征的分类及其举例

量具及量仪	结构特征	举　例
量具	无刻线量具	塞规、卡规（环规）、塞尺、各类量规及样板等
	刻线量具	钢直尺、钢卷尺等
	游标量具	游标卡尺、游标高度尺、游标深度尺、游标量角器等
	螺旋测微量具	千分尺、内径千分尺、深度千分尺、杠杆千分尺、螺纹千分尺、分法线千分尺等
	指示表类量具	百分表、千分表、杠杆百分表、杠杆千分表等
量仪	机械量仪	杠杆齿轮式比较仪、扭簧比较仪等
	光学量仪	光学自准直仪、光学比较仪、测长仪、干涉显微镜、工具显微镜、光学分度头、投影仪等
	气动量仪	水柱式、浮标式和膜片式气动量仪等
	电动量仪	电接触式、电感式、电容式和压电晶体式电动量仪等
	其他量仪	光栅式测量仪、光栅式分度头、光栅式三坐标测量仪、光栅工齿轮单面啮合测量仪等

此外，还可按使用类别分类，如测量角度、形状和位置误差、表面粗糙度、螺纹、齿轮等的量具和量仪，以及专用检验夹具、自动测量装置等。

选择测量仪器时，并不是测量精度越高越好，而在于测量仪器的检测范围应与目的相符，而且必须满足操作迅速、价格便宜的要求。

模具零件的检验内容包括尺寸的检验、角度的检验、形位的检验和表面质量的检验，以下分别对其进行介绍。

5.11.2 尺寸的检验

尺寸的检验主要指零件长度的检验,包括长度、厚度、宽度、直径、从基准面到测量部位的距离及孔的间距等。对于长度、厚度、宽度、从基准面到测量部位的距离及孔的间距可以统称为距离的测量,用到的量具主要有游标量具(如游标卡尺、游标深度尺和游标高度尺)、测微量具(如深度千分尺、内侧千分尺)、指示量具(如百分表、千分表、杠杆百分表、杠杆千分表、内径百分表)、量块以及应用量块和比较仪一起进行长度的比较测量。对于直径的测量主要用到的量具有游标量具中的游标卡尺、测微量具中的外径千分尺、内径千分尺、内侧千分尺、指示量具中的内径百分表等。

由于模具零件的品种多、数量少、加工对象经常变换,因此在技术要求允许的情况下,应尽量采用常规量具来检验模具零件。下面对几种常用测量尺寸量具进行介绍。

1. 游标卡尺

游标卡尺是工业生产中最通用的量具之一,游标卡尺的结构简单,使用方便,测量范围大,用途广泛;可测量 0～1000mm 工件的内、外直径,宽度,厚度,深度和孔距,由于它的精度较低,因此,只用于普通尺寸的测量。

2. 千分尺

千分尺如图 5-179 所示,由尺架、测微读数装置和测力装置等组成,其测量范围分 0～25mm,25～50mm 等,每一种测量范围的规格,均为递增 25mm,直至递增到 300mm。而大于 300mm 以上的千分尺,有的是递增 25mm,也有的是更换测砧来实现大尺寸测量要求的。

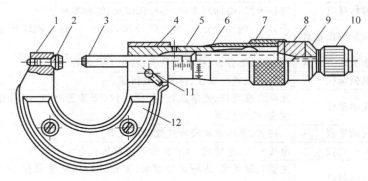

图 5-179 外径千分尺

1—尺架;2—测砧;3—测杆;4—固定轴套;5—毫米套筒;6—微分筒;7—螺母;
8—接头;9—垫片;10—测力控制装置;11—锁紧装置;12—手持架

3. 百分表

百分表是借助杠杆、齿轮、齿条或扭簧的传动,将测量杆的微小直线位移转变为指针的角位移,从而指出相应的示值,主要用于对工件的长度尺寸的直接测量或比较测量。杠杆百分表的测杆可以转动,而且可按测量位置调整测头的方向,因此适用于钟表式百分表难以测量的小孔、凹槽、孔距和坐标尺寸等的测量。内径百分表是借助于百分表为读数机构,配备杠杆传动系统或楔形传动系统的杆部组合而成的,可用于比较测量法测量孔径或槽宽。图 5-180 为百分表原理图。

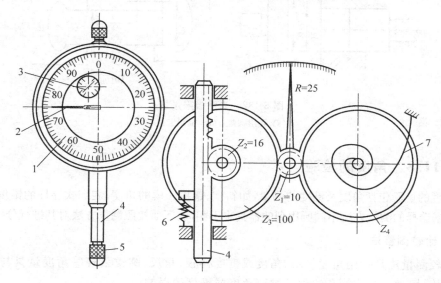

图 5-180　百分表

1—表盘；2—大指针；3—小指针；4—测量杆；
5—测量头；6—弹簧；7—游丝

图 5-181 所示是用百分表以比较测量法测量轴的直径。测量时先根据轴的基本尺寸用量块将表调零,然后换上被测轴进行比较,从表上读出偏差值(轴的尺寸等于量块尺寸与偏差值的代数和)。

4. 量块

量块通常叫做块规,它是具有两个平行测量面的长方体,主要用于鉴定和校准各种长度计量器具和作为比较测量的标准,还可用于模具制造中的精密划线和定位。由于量块具有很高的精度,因而能很方便地按照测量的需要组合成不同的尺寸。

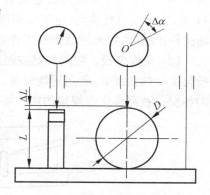

图 5-181　比较测量法测轴径

5. 量规

量规是一种没有刻度的专用检验工具。用量规检验零件时,可判断零件是否在规定的检验极限范围内,而不能得出零件的尺寸、形状和位置误差的具体数值。它的结构简单,使用方便,可靠,检验效率高。

测量孔径、轴径的量规称为光滑极限量规。其中检验孔径的量规为塞规；检验轴径的量规为卡规或环规,光滑极限量规如图 5-182 所示。

使用塞规和卡规时,通规能通过被检验零件,止规通不过被检验零件时说明零件是合格的。

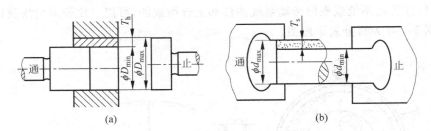

图 5-182 光滑极限量规

(a) 孔用塞规；(b) 轴用卡规

5.11.3　角度的检验

角度的检验包括角度及锥度的测量,如斜楔、镶拼凹模的角度、装配式导柱的锥度等。测量时依据选择的测量方法不同所用到的器具也不相同,下面按照测量方法对其进行分别介绍。

1. 比较测量法

比较测量法是指用角度量块、角度或锥度样板、角尺、圆锥量规等角度量具与被测角度相比较,用光隙法或涂色法估计被测角度或锥度的误差。

(1) 角度量块。它是角度测量中的标准量具,用来调整测角仪器和量具,校正角度样板,也可直接检验精度较高工件的角度。角度量块有三角形和四边形两种,三角形的量块只有一个工作角,四边形的量块有 4 个工作角。成套的角度量块一般有 19 块、36 块和 94 块,它可以单独使用,也可以利用角度量块附件组合使用,测量范围为 $10°\sim35°$。与被测工件比较时,用光隙法估计工件的角度误差。

(2) 角度样板。它是根据被测角度的两个极限尺寸制成的,因此有通端和止端之分。检验工件的角度时,若用通端样板,光隙从角顶到角底逐渐增大;用止端板,光隙增大方向相反。被测角度在规定的两极限尺寸之间,就认为合格,如图 5-183 所示。

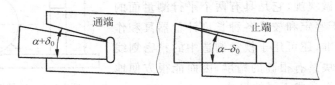

图 5-183 用角度样板检测

(3) 圆锥量规。圆锥量规用于检验成批生产的内、外圆锥的锥度和基面距偏差,分为锥度塞规和锥度环规,结构如图 5-184 所示。检验时,在量规上沿母线方向薄薄涂上两三条显示剂(红丹或兰油),然后轻轻地和工件对研转动,根据着色接触情况判断锥角偏差,对于圆锥塞规,若均匀的被擦去,说明圆锥角合格。其次,用圆锥量规检验锥面距偏差,当基面处于圆锥量规相距 m 的两条刻线之间时,即为合格。

2. 间接测量法

间接测量法是指用圆球、圆柱、平板或正弦规等量具测量与被测角度或锥度有一定函

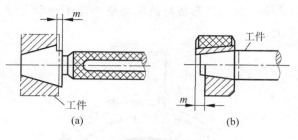

图 5-184　圆锥量规

数关系的线性尺寸,然后,通过函数关系计算出被测角度或锥度值。这种方法简单、实用,适用于单件小批生产。

(1) 正弦规。正弦规是锥度测量常用的器具,分宽型和窄型,两圆柱中心距离为 100mm 和 200mm 两种,适用于测量圆锥角小于 30° 的锥度。测量前,首先按公式 $h = L\sin\alpha$ 计算量块组的高度 h,式中 α 为公称圆锥角; L 为正旋规两圆柱的中心距离。然后按图 5-185 所示进行测量。如果被测角度有偏差,则 a、b 两点的示值必有 Δh(注意符号),则锥度 $\Delta C = \dfrac{\Delta h}{L}$,换算锥角偏差 $\Delta\alpha = 2 \times 10^5 \Delta C (1\mathrm{rad} \approx 2 \times 10^{5\prime\prime})$。

(2) 圆球量规。用精密钢球也可以间接测量圆锥角度。如图 5-186 所示用两球测量内锥角的例子。已知大、小球的直径分别为 D_0 和 d_0,测量时,先将小球放入,测出 H,再将大球放入,测量出 h,则内圆锥锥角 α 可按下式求得

$$\sin\frac{\alpha}{2} = (D_0 - d_0)/[2(H - h) + d_0 - D_0]$$

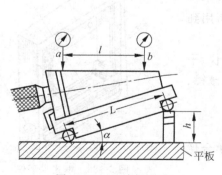

图 5-185　正弦规测量

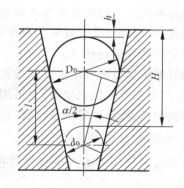

图 5-186　用钢球测量内锥角

3. 直接测量法

用分度量具、量仪测量,可以直接读出测量结果。常用的量具和量仪有万能角度尺、光学分度头和测角仪等。

万能角度尺又叫万能游标量角器,能测量 0°～320° 范围内的任意角度,测量精度 2′,其结构如图 5-187 所示。在扇形板 2 上刻有间隙 1° 的刻度线,共 120 格;游标 1 固定在底板 5 上,它可以沿扇形板转动,上面刻有 30 格刻度线,对应扇形板上的刻度数为 29°,则:

游标上每格度数为 $29°/30＝58'$，扇形板与游标每格相差 $1°－58'＝2'$，夹紧块 8 将角尺 6 和直尺固定在底板 5 上。

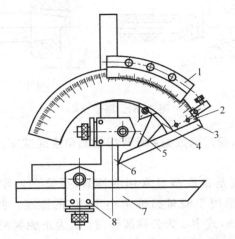

图 5-187　万能角度尺

1—游标；2—扇形板；3—基尺；4—制动器；
5—底板；6—角尺；7—直尺；8—夹紧块

5.11.4　形位的检验

形位的检验主要包括形状公差和位置公差的检验，在"公差与技术测量"中对每种形状和位置公差的检验原理及方法均有详细的介绍，这里就不再一一叙述，本部分针对模具零件形位的检验所用到的一些常用器具进行介绍。

测量形位误差的常用量具和检具有水平仪、平板、测量指示表及万能表架等，也可用工具显微镜、三坐标测量机、投影仪等测量仪器。

1. 水平仪

水平仪的常用种类为框式水平仪和光学合像水平仪。

（1）框式水平仪。主要用于测量工件的直线度和垂直度，在安装和检修机器时也常用于找正机器的安装位置。框式水平仪如图 5-188 所示，由框架与水准器两部分组成。框架的测量面有平面和 V 形槽两种，V 形槽可用于圆柱面上进行测量。框架四周的测量面相互垂直，因此可用于测量工件垂直面误差。

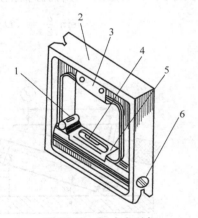

图 5-188　框式水平仪

1—横水准器；2—框架；3—把手；4—主水准器；5—盖板；6—零位调整机构

（2）光学合像水平仪。图 5-189 为光学合像水平仪，主要用于测量工件的直线度和平面度，在安装和检修机器时也可用于找正机器的安装位置。与框式水平仪比较，其测量范围大,可在工件的倾斜面上使用,但环境温度变化对测量精度有较大的影响。

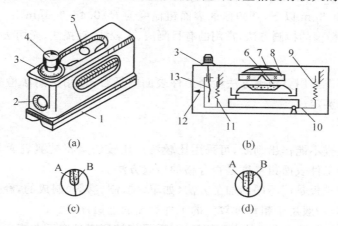

图 5-189 光学合像水平仪

(a) 光学合像水平仪外形;(b) 内部结构;(c) 水平位置时的合像图形;(d) 倾斜时的合像图形

1—底座;2、5—窗口;3—微分盘;4—转动手柄;6—玻璃管;7—放大镜;8—合成棱镜;

9、11—弹簧;10—杠杆架;12—指针;13—测微螺杆

2. 三坐标测量机

三坐标测量机是一种集光、机、电、计算机和自动控制等多种技术于一体的精密、高效测量仪器。它可在空间相互垂直的三个坐标上对测量长度、相互位置精度要求高、轮廓几何形状和空间曲面复杂的机械零件、模型和制品进行快速精密测量,是质量控制必不可少的设备,也是数控加工和柔性制造系统中实现设计、制造、检测一体化的重要单元,是精密测量发展的方向。

它由测头测得被测物 X、Y、Z 三个坐标值来确定被测点空间位置,其测量结果可用数字显示,也可绘制图形或打印输出。

配有小型计算机和基本数据处理软件系统的三坐标测量机,具有快速综合检测的功能,能对待测零件自动找正,适用于对各种复杂型面的模具、精密机械零件、箱体、曲面、工夹具等的几何形状尺寸的直角坐标和极坐标的孔距、角度、锥度、直线尺寸、形位公差、径向和轴向振摆及内外表面同轴度等机械尺寸进行测量;并可用于形状检验,即用计算机内储存的程序作为基准来检测零件误差。

尽管测量机在近代测量技术中发展很快,应用非常广泛,但是目前世界各国生产的三坐标测量机中,有相当数量的中、小型测量机仍采用手动测量。因为这些类型的测量机结构比较简单,维护方便,使用可靠,价格比先进的自动化程度高的测量机要便宜得多,从经济角度出发,更适用于单件和小批量零件检测,特别适用于模具的测量。

5.11.5 表面质量的检验

表面质量的检验主要指表面粗糙度的检验,模具零件工作表面的粗糙度值影响提高模具加工零件的成型质量,决定模具危险点的应力水平和模具工作表面的磨损程度,因此对模具零件工作表面加工后的表面质量有严格要求：凸、凹模工作表面和型腔表面的粗糙度应达到 $Ra\,0.8\mu m$ 以下，圆角区的表面粗糙度为 $Ra\,0.4\sim0.8\mu m$。

目前表面粗糙度的检测方法，常用的有目测法、比较法、针描法、光切法和光波干涉法。

1. 目测法

对于明显不需要用更精确方法检测工件表面的场合，选用目测法检查工件。但需要有经验的人员来鉴定。

2. 比较法

如果目测检查不能作出判断，可采用比较法。比较法是将被测表面与表面粗糙度样板相比较来判断工件表面粗糙度是否合格的检验方法。

表面粗糙度样板是用不同的加工方法（如车、铣、刨、磨等）制成的，经过测量确定其粗糙度数值的大小、一般用于粗糙度较大的工件表面的近似评定。

用表面粗糙度样板确定零件表面粗糙度，需要把被测零件表面与表面粗糙度样板进行比较，从而做出判断。应用时需注意，表面粗糙度样板的加工纹理方向及材料应尽可能与被测零件相同，这样有利于比较，提高判断的准确性，否则易产生错误的判断。另外，也可以从生产的零件中选择样品，经精密仪器检定后，作为标准样板使用。比较法多为目测，常用于评定低、中等粗糙度值，也可借助于放大镜、显微镜或专用的粗糙度比较显微镜进行比较。

用表面粗糙度样板比较法测量简便易行，是实际生产中的主要测量手段。其缺点是精度较差，只能作定性分析比较，评定可靠性受检验人员经验制约。如果比较法不能作出判定，可按下述方法进行测量。

3. 针描法

（1）针描法测量原理。针描法可以通过测量描绘出被测表面的实际轮廓线，并通过电信号的放大和处理测得表面粗糙度的主要评定参数值，多用于测量 Ra 值。

针描法的工作原理是利用金刚石触针在被测表面上等速缓慢移动，由于实际轮廓的微观起伏，迫使触针上下移动，该微量移动通过传感器转换成电信号，并经过放大和处理得到被测参数的相关数值。

（2）电动轮廓仪。按照针描法原理测量表面粗糙度的常用量仪有电动轮廓仪，电动轮廓仪又称表面粗糙度检查仪或测面仪。图 5-190 所示是一台较大型的轮廓仪。轮廓仪的测量范围一般为 $Ra\,0.01\sim10\mu m$。

随着科学技术的发展，目前国产 TR 系列便携式表面粗糙度仪，逐步取代国产的BCJ-2 型电动轮廓仪。

图 5-191 所示为 TR100 型便携式表面粗糙度仪，它具有压电晶体式传感器，且有体积小、便于携带和操作简单等特点，同时还具有清晰的大屏幕，液晶显示功能。测量范围 $Ra\,0.05\sim10\mu m$，$Rz\,0.1\sim50\mu m$。

4. 光切法

（1）光切法测量原理。光切法测量原理如图 5-192 所示。光源发出的光线经聚光镜和狭缝形成一束扁平光带，通过物镜以 45°方向投射在被测表面上。由于被测表面上存在微观不平的峰谷，因而在与入射光呈垂直方向，即与被测表面成另一个 45°方向经另一

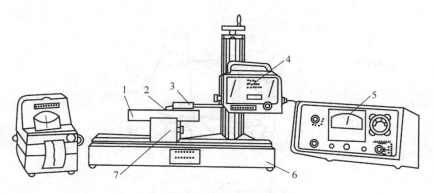

图 5-190　电动轮廓仪

1—工件；2—触针；3—传感器；4—记录器；5—指示表；6—工作台；7—V 形块

图 5-191　TR100 型便携式表面粗糙度仪

物镜反射到目镜分划板上，从目镜中可以看到被测表面实际轮廓的影像，测出轮廓影像的高度 h_1'，根据显微镜的放大倍数 K，即可算出被测轮廓的实际高度 h 为：

$$h = \frac{h_1'}{K}\cos 45° = \frac{\sqrt{2}}{2}\frac{h_1'}{K}$$

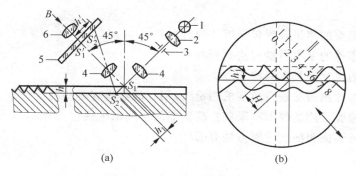

图 5-192　光切法测量原理

1—光源；2—聚光镜；3—狭缝；4—物镜；5—分划板；6—目镜

（2）光切显微镜。按光切原理制成的量仪称为光切显微镜，又叫双管显微镜，其结构如图 5-193 所示。光切显微镜主要用来测量评定 Rz 值，测量范围一般为 $0.8\sim 80\mu m$。

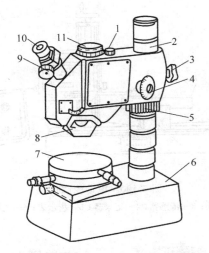

图 5-193   双管显微镜

1—镜臂；2—立柱；3—粗调手轮；4—微调手轮；5—转动手轮；6—底座；

7—工作台；8—可换物镜；9—旋钮；10—测微目镜；11—调节器

5. 光波干涉法

光波干涉法是利用光波干涉原理来测量表面粗糙度的一种方法，主要用于表面粗糙度 Ra 值，其测量的范围通常为 $0.05\sim0.08\mu m$。

课外实践任务及思考

1. 三人一组分别应用游标卡尺对同一模具零件进行尺寸检验然后对比测量结果给出检验结果。

2. 三人一组应用三坐标测量仪对一模具零件进行测量检验并给出检验结果。

3. 思考。

(1) 一个完整的测量过程包括哪几部分？

(2) 模具零件的基本测量方法有哪些？

(3) 常用的尺寸量具有哪些？

(4) 应用对比测量法进行角度的测量时，用到的器具有哪些？

(5) 形位检验常用的仪器有哪些？ 简述如何使用水平仪。

(6) 常用的表面粗糙度检测方法有哪些？

模具零件的电加工

模具零件除了用切削加工方法以外,另一种应用最为广泛的就是电火花加工技术。

电火花加工是一种特种成型工艺方法,有别于传统的切削加工,虽然也属于材料去除成型工艺,但它是直接利用电能、热能对工件实施成型加工的,尤其是对那些具有特殊性能(硬度高、强度高、脆性大、韧性好、熔点高)的金属材料和结构复杂、工艺特殊的工件实现成型加工特别有效。在模具的制造过程中,对于一些形状复杂的型腔、型孔和型槽往往都采用电火花加工。电火花加工发展到今天,其技术在模具制造领域的应用已经非常成熟,成了主要的加工方法之一。

任务 6.1 电火花加工技术概述

电火花加工的基本原理是通过电极与工件之间脉冲放电时的电腐蚀现象,有控制地去除材料,达到成型工件的目的。

6.1.1 电火花加工基本原理

1. 电火花加工工艺系统

电火花加工要想能连续稳定的进行,必须有一个完整的工艺系统,电火花加工工艺系统(见图 6-1)包括脉冲电源 1、工具电极 4、自动进给调节装置 3、循环工作液 5 和被加工工件 2。

2. 电火花加工过程与基本原理

(1) 基本原理。电火花加工的基本原理是基于工具和工件(正、负电极)之间脉冲火花放电时的电腐蚀现象来蚀除多余的金属,以达到对零件的尺寸、形状及表面质量预定的加工要求。

工作时,工具电极 4 和被加工工件 2 保持适当间隙,并相对置于绝缘的循环工作液 5(如煤油)中,并分别与脉冲电源 1 的负极、阳极相连接。

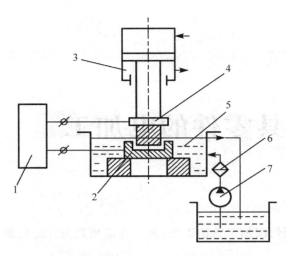

图 6-1 电火花加工原理图

1—脉冲电源；2—被加工工件；3—自动进给调节装置；
4—工具电极；5—循环工作液；6—过滤器；7—工作液泵

当电压升高到等于电极与工件之间的放电间隙的击穿电压时，间隙介质被击穿，形成放电通道而产生火花放电，将所储存的能量瞬间地（在电极与工件之间）释放出来，形成脉冲电流。由于放电时间极短，放电区域集中，因此能量很大，放电区的电流密度很大，温度很高（可达 10000℃ 左右），引起工件和工具电极表面的金属材料局部溶化或部分汽化。溶化金属在爆炸力的作用下被抛入工作液冷却为球状小颗粒，并被工作液立即冲离工作区，使工件表面腐蚀出一个微小凹坑，如图 6-2 和图 6-3 所示。

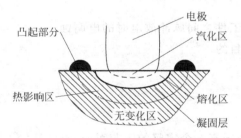

图 6-2 工件表面微小凹坑示意图

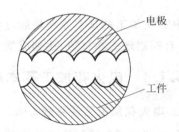

图 6-3 电火花加工平面的形成

被加工工件与电极之间的间隙中充满介质，即工作液。当介质未被击穿时，其电阻很大，击穿后它的电阻迅速减小到接近于零。因此，间隙被击穿后电容器上的能量瞬间放尽，电压降低到接近于零，间隙中的介质立即恢复绝缘状态，等待下一次脉冲放电。

（2）电火花加工蚀除金属的基本过程应是：放电→击穿介质→蚀除金属→消电离/介质恢复绝缘→第二次放电。如此反复，周而复始。但实际上，电火花加工的过程是在极短的时间内，极小的空间里，电、磁、热、力、光、声综合作用的一个相当复杂的物理过程。

（3）电火花加工对工艺系统的要求。电火花加工必须满足下述要求及条件，方可稳定连续地工作。

① 必须使接在不同极性上的工具和工件之间保持一定的距离以形成放电间隙。

② 放电必须在具有一定绝缘性的液体介质中进行。

③ 脉冲波形基本是单向的。

④ 有足够的脉冲放电能量,以保证放电部位的金属溶化或气化。

6.1.2 电火花加工特点

1. 电火花加工分类

电火花加工又称放电加工(Electrical Discharge Machining,EDM),按加工方式不同,电火花加工又分为电火花成型加工、电火花线切割加工、电火花高速小孔加工、电火花磨削、电火花同步共轭回转加工和电火花表面强化与刻字 6 种。

2. 电火花加工特点

(1) 电火花加工时,工具电极不需要较大的机械力施加在工件上,被加工工件基本上不存在力变形。

(2) 不受工件材料硬度等方面的限制,可以加工任何难加工的金属材料和导电材料。可以实现用软的工具加工硬、韧的工件,甚至可以加工聚晶金刚石、立方氮化硼一类的超硬材料。

(3) 可以加工形状复杂的表面,如复杂型腔模具加工,电加工采用数控技术以后,使得用简单的电极加工复杂形状零件成为现实。

(4) 可以加工薄壁、弹性、低刚度、微细小孔、异形小孔、深小孔等有特殊要求的零件。由于加工中工具电极和工件的非接触,没有机械加工的切削力,更适宜加工低刚度工件及微细工件。

(5) 与切削加工相比,加工速度慢,效率低。

(6) 不能加工非导电材料。

任务 6.2 型腔电火花成型加工

按照通常习惯说法,模具的型腔是指成型制件的工作部分,一般是盲孔类,特别适合电火花成型加工。电火花成型加工主要用于电火花穿孔(用电火花成型加工方法加工通孔)和电火花型腔加工。

电火花穿孔加工,主要用于加工冲模和各种异形孔。电火花型腔加工,主要用于加工各类型腔模和各类复杂的型腔零件。

型腔加工属于盲孔加工,金属蚀除量大,工作液循环困难,电蚀产物排除条件差,电极损耗不能用增加电极长度和进给来补偿;加工面积大,加工过程中要求电规准的调节范围也较大;型腔复杂,电极损耗不均匀,影响加工精度。

6.2.1 电火花成型加工设备

常见的电火花成型加工机床由机床主体、脉冲电源、自动进给调节系统、工作液净化及循环系统等几个部分组成。图6-4是典型的电火花成型机示意图。

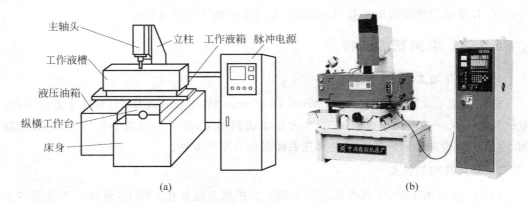

主轴头 立柱 工作液箱 脉冲电源
工作液槽
液压油箱
纵横工作台
床身

(a)   (b)

图 6-4 单立柱式电火花成型加工机床
(a)结构示意图；(b)机床外貌图

1. 机床主体

机床主体部分主要包括主轴头、床身、立柱、工作台及工作液槽几部分。其作用主要是支撑、固定工件和工具电极，并通过传动机构实现工具电极相对于工件的进给运动 Z 方向移动。主轴头上装有主轴，可以在竖直(Z方向)方向移动，并使主轴与工作台保持垂直关系。X、Y、Z 三个方向互为垂直关系，是空间三坐标。工作台在调整工件位置时，可以在 X、Y 两个方向调整移动。

2. 脉冲电源

脉冲电源的作用是把交流电转换成单向脉冲电源，以提供能量来蚀除金属。

3. 自动进给调节系统

自动进给调节系统由自动调节器和自适应控制装置组成。其主要作用是在电火花加工过程中维持一定的火花放电间隙，保证加工过程正常、稳定地进行。

4. 工作液净化及循环系统

电火花加工用的工作液净化及循环过滤系统由储液箱、过滤器和泵和控制阀等部件组成。工作液循环的方式很多，主要有非强迫循环、强迫冲油、强迫抽油等形式。

其工作液循环过滤系统如图6-5所示，工作过程主要为冲油、抽油和放油3个过程。

5. 机床附件

(1)平动头。平动头主要用于型腔模在半精加工和精加工时精修腔壁，目的是提高仿形精度，保证加工稳定性。平动头是电火花成型加工较常用的机床附件，如图6-6所示。

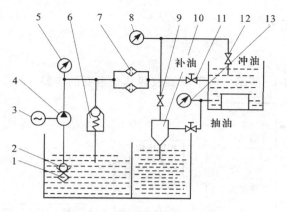

图 6-5　工作液循环过滤系统

图 6-6　平动头

1—粗过滤器；2—单向阀；3—电动机；4—涡旋泵；5、8、13—压力表；6—安全阀；7—精过滤器；9—冲油选择阀；10—射流抽吸管；11—快速进油控制阀（补油）；12—压力调节器

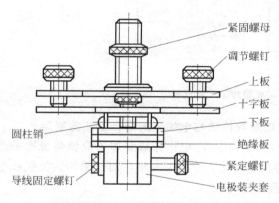

图 6-7　十字铰链式电极夹具调节装置

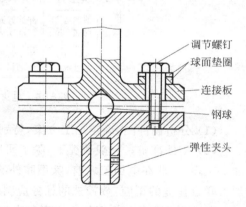

图 6-8　球面铰链式电极夹具调节装置

（2）电极夹具。电极夹具是装夹工具电极并将其固定在主轴上的机床附件。通过调节，它能使工具电极的轴线与主轴轴线重合或者平行。工具电极的装夹及调节装置的形式很多，常用的有十字铰链式和球面铰链式两种，如图 6-7 和图 6-8 所示。

在球面铰链式夹具中，工具电极装在弹性夹头内，拧动4个调节螺钉，在钢球的作用下，弹性夹头的轴线相对连接板的轴线发生偏转，通过百分表找正，从而调节工具电极对工作台的垂直度。

（3）除上述两种夹具外，当工具电极的直径较小时，可直接采用钻夹头进行装夹。当工具电极较大时，可以采用如图 6-9 所示的螺纹夹头进行装夹。其连接螺杆是与主轴相连接的。

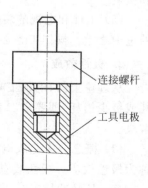

图 6-9　螺纹夹头装置

6.2.2　电火花成型加工工艺

1. 电火花成型加工工艺过程

电火花成型加工工艺流程如图 6-10 所示。以下简要叙述几个重要的步骤。

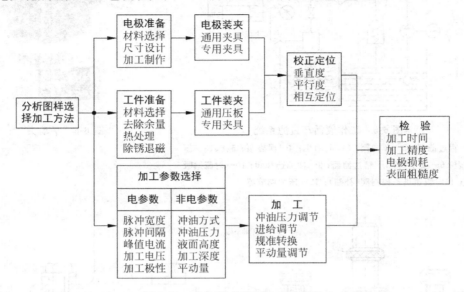

图 6-10　电火花成型加工工艺流程

（1）分析制件图，确定加工方案，特别注意数控铣与电加工的结合工艺的制定。

（2）工件准备。一般情况下，除了研抛加工内容外，电火花成型加工应该是最后一道加工工序，因此在电加工之前，除型腔外的表面及孔系应加工完毕。对于采用数控铣和电加工联合作业的型腔，数控铣的任务应明确且已完成。

（3）电极准备。根据加工方案和电加工部分的任务，设计和制造相应的电极。

（4）加工参数的选择和确定。其中最主要的是电规准的选择，它关系到加工的效率和质量。

（5）工件和电极的装夹和找正。找正是加工的关键环节，是保证加工质量操作环节的重中之重。操作工务必重视和熟练。

2. 极性效应

从理论上讲，电加工时，工具电极和工件材料都将被蚀除，但我们希望的是电极不损耗或极少损耗，即要求二者蚀除速度不同。为此，要通过电极材料的选择和极性效应来解决。

（1）概念。火花放电时电极和工件都会被蚀除掉，但蚀除的速度是不同的，这种现象称为极性效应。极性效应越显著越好。

（2）长脉冲加工时，正离子对负极的轰击能量大，工件接正极（称正极性加工）。短脉冲加工时正好相反。

3．电火花冷冲模穿孔加工工艺方法

对于冷冲模穿孔加工，属于通孔类加工，用电火花成型加工关键是要保证凸、凹模的配合间隙。选择工具电极与被加工工件关系时主要有以下几种方案。

（1）直接法。用加长的钢凸模作电极加工凹模的型孔，加工后将凸模上的损耗部分去除。

（2）混合法。将凸模的加长部分选用与凸模不同的材料，与凸模一起加工，以粘接或钎焊部分作穿孔电极的工作部分。

（3）修配凸模法。凸模和工具电极分别制造，在凸模上留一定的修配余量，按电火花加工好的凹模型孔修配凸模，达到所要求的凸、凹模的配合间隙。

（4）二次电极法。利用一次电极制造出二次电极，再分别用一次和二次电极加工出凹模和凸模，并保证凸、凹模配合间隙，如图 6-11 所示。

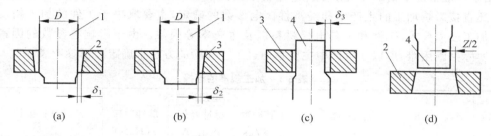

图 6-11　二次电极法

（a）一次电极加工出凹模；（b）一次电极制造出二次电极；（c）二次电极加工凸模；（d）凸模与凹模

4．电火花型腔加工工艺方法

（1）单电极平动法。采用一个电极完成型腔的粗、中、精加工。首先采用低损耗、高效率的粗规准进行加工，然后用平动头作平面小圆运动，按照粗、中、精的顺序逐级改变电规准。与此同时，依次加大电极的平动量，以补偿前后两个加工规准之间型腔侧面放电间隙差和表面微观不平度差，实现型腔侧面仿型修光，完成整个型腔模的加工。

（2）多电极更换法。采用多个电极依次更换加工同一个型腔，每个电极加工必须把上一规准的放电痕迹去掉。一般用两个电极进行粗、精加工就可满足要求。当型腔模的精度和表面质量要求很高时，才采用三个或更多电极进行加工。

（3）分解电极法。是单极平动法和多电极更换加工法的综合应用。根据型腔的几何形状，把电极分解成主型腔和副型腔电极分别制造。先加工出主型腔，后用副型腔电极加工尖角、窄缝等部位的副型腔。可根据主、副型腔不同的加工条件，选择不同的加工规准，有利于提高加工速度和改善加工表面质量，同时可以简化电极制造，便于修整电极。

5．影响电火花成型加工因素

（1）影响加工速度的因素：矩形脉冲的峰值电流、脉冲宽度和脉冲间距；工件材料、工作液。

（2）影响加工精度的因素：机床精度、工件的装夹精度、电极制造及装夹精度；放电间隙、电极损耗和加工斜度。

（3）影响表面质量的因素：脉冲宽度、峰值电流。

6.2.3　电规准的选用

电规准是电火花加工中所选用的一组电脉冲参数。其内容有脉冲宽度 T_{on}、脉冲电流峰值 I_p 和脉冲频率 f。电规准应根据工件的加工要求、电极和工件材料、加工的工艺指标等因素来选择。通常要用几个规准才能完成凹模型孔或型腔模型腔加工的全过程。

电火花加工规准根据加工所能得到的型面质量及放电间隙的大小分为粗规准、中规准和精规准三种。其中粗规准主要用于粗加工，去除大部分加工余量；中规准是由粗规准转为精规准的过渡规准；精规准是达到电火花加工指标的主要规准。

正确选择电加工规准是保证电火花加工质量、提高加工速度的重要环节。对于不同的加工情况，对规准的选择也不同。在电规准的选择过程中，经验非常重要。在表 6-1 中给出了一般情况下的加工规准选择。这些参数大小选择的好坏，不仅影响电火花加工精度，还直接影响加工的生产率和经济性。电参数的确定，主要取决于工件的加工精度要求、加工表面要求、工件和工具电极材料以及生产率等因数。由于影响电参数的因素较多，实际判断困难，所以在生产中主要是通过工艺实验的方法来确定。可参考表 6-2。

表 6-1　加工规准的选择

规准	挡数	工艺性能	电规准要求			适用范围
			脉冲宽度/μs	脉冲峰值电流/A	脉冲频率/(Hz/s)	
粗	1～3	电极损耗低（＜1%），生产率高，阴极性加工，加工时不平动，不用强迫排屑	石墨加工钢，大于 600	3～5 紫铜加工钢可适当大些	400～600	可达 $Ra12.5\mu m$，作一般零件加工和型面粗加工
中	2～4	电极损耗较低（＜5%），平动修型，需要强迫排屑	20～400	小于 20	大于 2000	是粗精规准的转换规准，也可提高表面质量，达到尺寸要求
精	2～4	损耗大（20%～30%），余量小（0.01～0.05mm），须强迫排屑、定时抬刀、平动修光	小于 10	小于 2	大于 20000	型面最终加工，达到图纸规定的表面粗糙度和尺寸精度

表 6-2　加工电参数

工序名称	脉冲宽度	电流峰值	加工精度	表面质量	生产率
粗加工	长（一般取 0.02～0.06ms）	大	低	差	高
半精加工	较长（一般取 0.006～0.02ms）	较大	较高	较好	较低
精加工	短（一般取 0.002～0.006ms）	小	高	好	低

任务 6.3　电火花成型电极的设计与制作

6.3.1　电极材料

（1）对电极材料的要求。应选择损耗小、加工过程稳定、生产率高、机械加工性能良好、来源丰富、价格低廉的材料作电极材料。

（2）常用电极材料见表 6-3。

表 6-3　常见电极材料的性质

电极材料	电火花加工性能		机械加工性能	说　　明
	加工稳定性	电极损耗		
钢	较差	中等	好	在选择电参数时应注意加工的稳定性，可用凸模作电极
铸铁	一般	中等	好	为加工冷冲模时常用的电极材料
石墨	较好	较小	较好	机械强度较差，易崩角
黄铜	好	大	较好	电极损耗太大
紫铜	好	较小	较差	磨削困难
铜钨合金	好	小	较好	价格贵，多用于深孔、直壁孔、硬质合金穿孔
银钨合金	好	小	较好	价格昂贵，用于精密及有特殊要求的加工

（3）电极材料的选用

① 型腔加工常用电极材料主要是石墨和紫铜。

② 电火花穿孔加工常用的电极材料主要是紫铜、铸铁、钢等。

紫铜的组织致密，适用于形状复杂、轮廓清晰、精度要求较高的模具。采用紫铜电极时，加工过程稳定，加工表面粗糙度低，精加工比石墨电极损耗小，但其机械加工性能不如石墨好。石墨电极机械加工成型容易、质量轻，在大脉冲、大电流情况下具有更小的电极损耗，缺点是容易产生电弧烧伤现象。

6.3.2　电极的结构

常用的电极结构形式有 4 种，即整体式、组合式、分解式和镶拼式。针对不同的加工对象，具体选择哪一种形式，要根据型孔或者型腔的大小和复杂程度以及机械加工的工艺性来确定。由于型孔与型腔的加工工艺不尽相同，因此，电极的结构还分为加工型孔的电极和加工型腔的电极。

1. 加工型孔的电极

（1）整体式电极。一种最常用的结构形式，特别适合尺寸较小，不太复杂的型孔加工。如果型孔的加工面积较大，需要减轻电极本身的重量，可以在电极上加工一些"减轻孔"或者将其"挖空"，如图 6-12 所示。对一些容易变形或断裂的小电极，可在其尾部设置台肩，以起加强作用，如图 6-13 所示。

（2）镶拼式电极。有些电极由于结构的原因，做成整体较为困难，不易加工。可以将其分成几块，加工完后再镶拼在一起，形成一个整体的电极。这样可以保证电极的加工精度，节约材料。图 6-14 是 F 形硅钢片冲裁模加工凹模的电极。先将其分成 4 块，分别加工，然后再拼成整体。

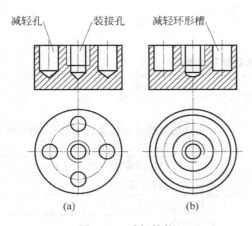

图 6-12　减轻结构

（a）减轻孔；（b）减轻环形槽

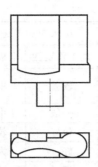

图 6-13　尾部加强的整体式小电极

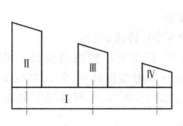

图 6-14　镶拼式 F 形硅钢片电极

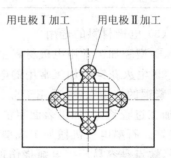

图 6-15　用分解式电极加工的凹模

（3）分解式电极。所谓分解式电极，就是将复杂形状的电极分解成若干简单形状的电极，对型孔进行若干次分别加工成型。图 6-15 是用分解式电极加工凹模的示意图。先用电极 Ⅰ 加工中间的矩形孔，再用电极 Ⅱ 加工四周的帽形孔。

图 6-16　组合式电极

（4）组合式电极。在冲模加工中，经常遇到"一模多孔"的问题。这种情况下，为了简化定位工序，提高型孔之间的位置精度和加工速度，可以采用组合式电极，如图 6-16 所示。所谓组合式电极，就是将多个电极装夹在一起，同时完成凹模各型孔的穿孔加工。

2．加工型腔的电极

型腔电极与型孔电极一样，也可分为整体式、镶拼式、组合式和分解式。用得较多的是前两种。

因为型腔加工几乎都是盲孔加工，排气、排屑条件较差，掌握不好将会严重影响加工状态的稳定性，甚至使加工无法进行。所以，在设计时往往都通过设置排气、排屑孔和冲油孔来改善加工条件，如图 6-17 和图 6-18 所示。

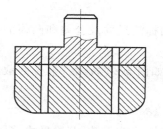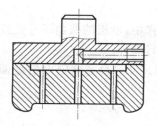

图 6-17 设排气、排屑孔的电极   图 6-18 设冲油孔的电极

6.3.3 电极的截面尺寸设计

电极的截面尺寸分成横向截面尺寸和纵向截面尺寸。穿孔电极只涉及横向截面尺寸的确定,纵向尺寸指的是电极的长度尺寸,其计算方法和考虑的因素又不一样;而型腔电极既有横向截面尺寸,又有纵向截面尺寸的确定。

1. 穿孔电极的尺寸确定

(1)电极长度。影响穿孔电极长度尺寸的因素比较多,除凹模的有效厚度外,还与电极材料、型孔的复杂程度、电极的使用次数、装夹形式以及制造工艺等因素有关。图 6-19 是穿孔电极长度计算图。

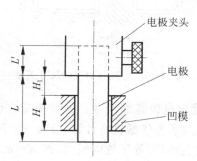

图 6-19 穿孔电极长度计算图

其电极有效长度 L 为:

$$L = kH + H_1 (\text{mm})$$

式中,H 为凹模需电火花加工的厚度;H_1 为其大小为 $(0.4 \sim 0.8)H$;k 为与电极材料、型孔的复杂程度以及加工方式有关的系数。k 值的大小一般根据电极的材料按经验进行选取:紫铜 $(2 \sim 2.5)$、黄铜 $(3 \sim 3.5)$、石墨 $(1.7 \sim 2)$、铸铁 $(2.5 \sim 3)$、钢 $(3 \sim 3.5)$。电极材料损耗小、型孔简单、轮廓无尖角时,k 取小值;反之,则取大值。在图 6-19 中,L' 为夹持端长度(为 $10 \sim 20\text{mm}$)。

计算完毕后的穿孔电极长度,除夹持端外,有效长度一般掌握在 $L = (3 \sim 3.5)H$。经验数据为 $100 \sim 110\text{mm}$。

(2)电极的截面尺寸。电极的截面尺寸是按凹模型孔的截面尺寸均匀地减小一个单面放电间隙 δ,其尺寸公差可取凸模相应尺寸公差的 $1/2 \sim 1/3$,表面粗糙度一般取

$Ra\,0.8\sim1.6\mu m$。

在实际工作中,电极的截面尺寸是按凹模的标注尺寸及公差和凸模的标注尺寸及公差两种类型进行设计。

① 按凹模尺寸和公差确定电极截面尺寸,如图 6-20 所示。电极的截面尺寸可按下式计算:

$$a = A \pm k\delta$$

式中,a 为电极的截面尺寸;A 为型腔的名义尺寸;k 为系数,双边尺寸(图中 a_1、a_2)取 2,单边尺寸(图中 r_1、r_2)取 1,无缩放的(图中 C)取 0;±表示当电极轮廓为凹下(图中 a_2、r_2)时取"+",为凸起(图中 a_1、r_1)时取"−";δ 为精加工时的放电间隙,就是电极单边缩放量。

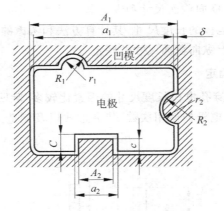

图 6-20 电极与凹模的尺寸关系

② 按凸模尺寸和公差确定电极截面尺寸。这种确定方法是按凸凹模的配合间隙 X 与精加工时的放电间隙 δ 的关系为依据进行计算,分为三种情况。

第一种,凸模和凹模的配合间隙等于放电间隙,即 $X=\delta$。此时,电极的截面尺寸与凸模的截面尺寸完全相同。

第二种,凸模和凹模的配合间隙大于放电间隙,即 $X>\delta$。电极的截面尺寸在凸模的四周均匀增大一个($X-\delta$)值,如图 6-21 所示。

第三种,凸模和凹模的配合间隙小于放电间隙,即 $X<\delta$。电极的截面尺寸在凸模的四周均匀缩小一个($\delta-X$)值,如图 6-22 所示。

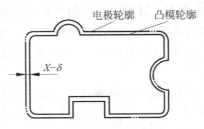

图 6-21 按凸模均匀增大的电极图

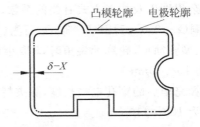

图 6-22 按凸模均匀减小的电极图

2. 型腔电极的尺寸确定

型腔电极的横向截面尺寸的确定方法与穿孔电极一样,只是要适当考虑精加工与抛光余量。

型腔电极的纵向截面尺寸的确定是以型腔尺寸和放电间隙 δ 为依据进行计算的。参考图 6-23,计算式如下:

$$H' = H$$
$$R'_1 = R_1 - \delta$$
$$R'_2 = R_2 + \delta$$
$$A' = A - 2\delta\tan\frac{90° - \alpha}{2}$$

电极总长度可由下式计算:

$$L = H' + L_1 + L_2 (\mathrm{mm})$$

式中,L 为电极的有效长度;L_1 为电极需伸入型腔的高度;L_2 为预留长度,考虑加工终了时夹具与工件不碰撞和电极重复使用等因素,一般预留 $10\sim20\mathrm{mm}$ 为宜。

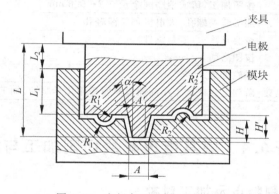

图 6-23　电极与型腔的尺寸关系

6.3.4　电极制造

模具的生产往往都是单件生产,按要求准确地制造出电极是一个十分重要的问题。电极的制造不仅与材料有关,还与复杂程度和尺寸大小有关。

对于穿孔电极除采用普通的机械加工和数控加工方法外,还广泛采用成型磨削的方法进行精密加工。成型磨削的电极是与凸模用黏结剂粘结在一起同时磨削的,也可以用锡焊将电极与凸模连接在一起。

多型孔穿孔电极,可采用数控加工方法制造,也可按组合式电极制造。组合电极的固定方法有焊接、铆接、螺钉连接和低熔点金属浇灌等。

有些电极形状较为复杂,可采用数控加工方法制造,也可按镶拼式电极进行制造。当机械加工难以胜任时,还可以采用电火花线切割的方法加工。

1. 石墨电极及其加工

石墨电极是电火花加工中最常用的电极材料之一。石墨电极的制造基本上都采用切削加工和成型磨削。由于石墨性脆，机械加工时容易产生粉尘，因此，在加工前要先在煤油中浸泡若干天。

2. 铜电极及其加工

铜属软金属材料，加工时易变形，加工的电极表面粗糙度较差。切削加工时要用肥皂水做工作液，同时，进刀量要尽可能小。铜电极的磨削特别困难，非常容易堵塞砂轮，磨削时砂轮粒度不能太细，还要加磨削液，同时采用低转速磨削，砂轮进给量要小。紫铜电极也可以锻造或放电压力成型法制造。

表 6-4 是以机械加工方法为例的电极制造工序。

表 6-4　常用电极制造工序

序号	工　序	加工内容及技术要求
1	铣或车	铣六方，按外形尺寸留 1～2mm 余量；若是圆柱体，就采用车削加工
2	平面磨削	磨削 4 个基准面并对角尺，即两个端面和两个相邻侧面
3	划线	钳工按图划线
4	普铣或数铣	按图加工，留成型磨削余量 0.2～0.6mm
5	钳工	加工装夹螺孔，大电极加工减轻孔
6	热处理	按要求淬火（若是钢件）
7	成型磨削	按图磨削
8	退磁处理	退磁处理
9	化学腐蚀或电镀	阶梯电极或加工小间隙模具时采用化学腐蚀，加工大间隙模具时采用电镀

任务 6.4　模具电火花线切割加工与编程

6.4.1　线切割特点及加工对象

电火花线切割加工是在电火花成型加工基础上发展起来的，线切割加工的基本原理与电火花成型加工相同，但加工方式不同，它是用细金属丝作电极。线切割加工时，线电极一方面相对于工件不断地移动（慢速走丝是单向移动，快速走丝是往返移动），另一方面，装夹工件的十字工作台，由数控伺服电动机驱动，在 X、Y 轴方向实现切割进给，使线电极沿加工图形的轨迹运动对工件进行切割加工。

1. 线切割特点

（1）优点

① 适合于机械加工方法难以加工的材料的加工，如淬火钢、硬质合金、耐热合金等。

② 以金属线为工具电极，节约了电极设计、制造费用和时间，能方便地加工形状复杂的外形和通孔，能进行套料加工。

③ 冲模加工的凸凹模间隙可以任意调节。

④ 不需考虑电极损耗。电火花加工中电极损耗是不可避免的，并且因电极损耗还会影响加工精度；而在线切割加工中，电极丝始终按一定速度移动，不但和循环流动的工作

液一道带走电蚀产物,而且,自身的损耗很小,其损耗量在实际工作中可以忽略不计。因此,也不会因电极损耗造成对工件精度的影响。

(2)缺点

① 被加工材料必须导电。

② 不能加工盲孔。

2. 线切割加工对象

线切割广泛用于加工硬质合金、淬火钢模具零件、样板、各种形状复杂的细小零件、窄缝等。如形状复杂、带有尖角窄缝的小型凹模的型孔可采用整体结构在淬火后加工,既能保证模具精度,也可简化模具设计和制造。此外,电火花线切割还可加工除盲孔以外的其他难加工的金属零件。

线切割最适合配套加工冲压级进模的凸模固定板、弹性卸料板、凸模、凹模板等零件。

6.4.2 线切割设备

1. 电火花线切割的分类

电火花线切割加工的分类方法有多种,这里只介绍按切割轨迹和走丝速度分类。

(1)按切割的轨迹分类。按线切割加工的轨迹可以将其分为直壁切割、锥度切割和上下异形面线切割加工。

① 直壁切割。是指电极丝运行到切割段时,其走丝方向与工作台保持垂直关系。

② 锥度切割。锥度切割又分为圆锥面切割和斜(平)面切割。锥度切割时,电极丝与工作台有一定斜度,同时工作台要按规定的轨迹运动。

③ 上下异形面线切割。在前两种切割中,工件的上下表面的轮廓是相似的,而在上下异形面切割中,工件的上下表面的轮廓不是相似的。例如,上表面是圆形,下表面是矩形(即所谓"天圆地方"),上下表面之间平滑过渡。这种异形面常采用四轴联动的线切割机床加工,工件除了在程序控制下的 X、Y 轴方向的运动外,电极丝的上导轮在水平面内也可以作小范围的运动,即 U、V 轴运动。

(2)按走丝速度的大小分类。按走丝速度大小分类,可将其分为快速走丝线切割(高速往复走丝线切割)、慢速走丝线切割(低速单向走丝线切割)及中速线切割。

所谓快速和慢速,是指电极丝的运行速度,它是靠不同的机床来保证的。快速(也称高速)走丝机床的电极丝运行速度一般为 $300\sim700\text{m/min}$,而慢速(也称低速)走丝机床一般为 $3\sim15\text{m/min}$。

2. 线切割设备的组成

电火花线切割加工根据电极丝运行速度不同分为快走丝机床和慢走丝机床,其组成主要包括机床主体、脉冲电源、控制系统、工作液循环系统四大部分。

(1)机床主体。包括床身、坐标工作台、走丝机构等。

(2)脉冲电源。把交流电流转换成一定频率的单向脉冲电流。

(3)控制系统。控制机床运动。

(4)工作液循环系统。提供清洁的、有一定压力的工作液。

DK7740 机床总体结构图 6-24 及外形图 6-25 所示。图 6-26 所示为慢走丝线切割机床。

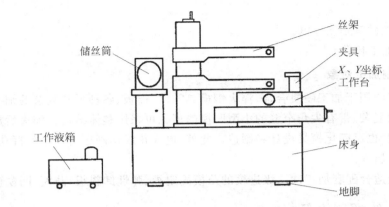

图 6-24　DK7740 机床总体结构图

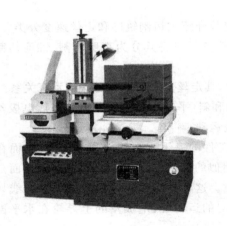

图 6-25　DK7740 机床外形图

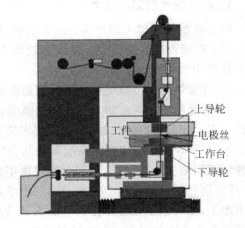

图 6-26　慢走丝线切割机床

6.4.3　线切割加工工艺

1. 线切割加工工艺过程

线切割加工工艺过程如图 6-27 所示。

2. 电火花线切割加工工艺指标

（1）切割速度。即单位时间内电极丝中心线在工件上切过的面积总和,快走丝线为 $40\sim180\text{mm}^2/\text{min}$,慢走丝可达 $350\text{mm}^2/\text{min}$。

（2）切割精度。快走丝线切割精度一般为 $\pm(0.015\sim0.02)\text{mm}$;慢走丝线切割精度可达 $\pm0.001\text{mm}$。

（3）表面粗糙度。快走丝线切割加工的 Ra 值一般为 $1.25\sim2.5\mu\text{m}$,慢走丝线切割的 Ra 值可达 $0.3\mu\text{m}$。

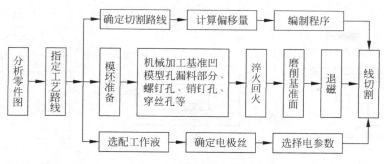

图 6-27　线切割加工工艺流程

（4）影响工艺指标的主要因素。

- 主要电参数：峰值电流、脉冲宽度、脉冲间隔、开路电压、放电波形。
- 线电极：直径、走丝速度。
- 工件厚度：工件太薄，电极丝易产生抖动，对加工精度和表面粗糙度不利。工件太厚，工作液难以进入和充满放电间隙，加工稳定性差。

3. 工件的装夹与预防变形

工件装夹的形式对加工精度有直接影响。电火花线切割加工机床的夹具比较简单，一般是在通用夹具上采用压板螺钉固定工件。为了适应各种形状工件加工的需要，还可以使用磁力夹具、旋转夹具和专用夹具。

（1）工件装夹的基本要求

① 工件的装夹基准面应清洁无毛刺。经过热处理的工件，在穿丝孔或凹模类工件扩孔的台阶处，要清理热处理液的渣物及氧化膜表面。

② 夹具精度要高，工件至少用两个侧面固定在夹具或工作台上，如图 6-28 所示。

③ 装夹工件的位置要有利于工件的找正，并能满足加工行程的需要，工作台移动时不得与丝架相碰。

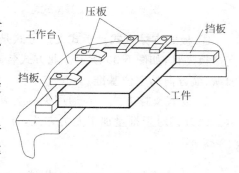

图 6-28　工件的固定

④ 装夹工件的作用力要均匀，不得使工件变形或翘曲。

⑤ 装夹细小、精密、壁薄的工件时，应固定在辅助工作台或不易变形的辅助夹具上，如图 6-29 所示。

（2）工件的装夹方式

① 悬臂支撑方式。悬臂支撑方式通用性强，装夹方便，但工件在重力作用下或者薄板件变形后，其底面（基准面）难以与工作台面贴合，工件受力时其位置容易发生变化，如图 6-30 所示。因此，悬臂支撑方式只能在工件加工要求较低或悬臂部分较小的情况下使用。

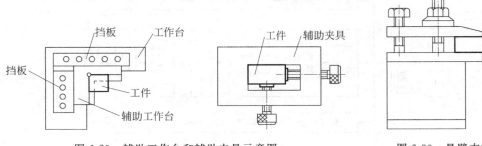

图 6-29　辅助工作台和辅助夹具示意图　　　　　图 6-30　悬臂支撑方式

　　② 两端支撑方式。两端支撑方式是将工件两端固定在夹具上,如图 6-31 所示。这种方式装夹方便,支撑稳定,定位精度高,但不适宜用于小工件的装夹。

　　③ 桥式支撑方式。桥式支撑方式是在两端支撑的夹具上,再架上两块支撑垫铁,如图 6-32 所示。此方式通用性强,装夹方便,大、中、小型工件都适用。

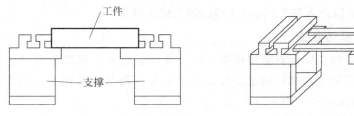

图 6-31　两端支撑方式　　　　　　　　图 6-32　桥式支撑方式

　　④ 板式支撑方式。板式支撑方式是根据常规工件的形状,制成具有矩形或圆形孔的支撑板夹具,如图 6-33 所示。此方式装夹精度高,适用于常规与批量生产。同时,也可增加纵、横方向的定位基准。

　　⑤ 复式支撑方式。在通用夹具上装夹专用夹具,便成为复式支撑方式,如图 6-34 所示。此方式对于批量加工尤为方便,可大大缩短装夹和校正时间,提高生产效率。

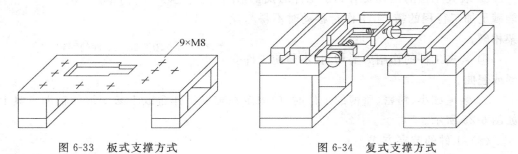

图 6-33　板式支撑方式　　　　　　　　图 6-34　复式支撑方式

4. 电规准的选择

　　选择加工规准是一个实践性很强的工作,很难说在哪一种加工条件下就一定应该选择某一组电参数,因为影响电火花线切割加工工艺指标的因素太多,而且这些因素间既互相关联又互相矛盾。这里介绍的参数选择,只是针对不同的加工条件给出的一个定性方案。

（1）当要求切割速度高时，若要高的切割速度时，对表面粗糙度的要求一般就不高，此时，可以选择高的电源电压、大的峰值电流和大的脉冲宽度。但是，由于切割速度与表面粗糙度间相互矛盾的关系，因此，在选择电规准时要掌握一个原则，即在满足粗糙度要求的前提下再追求高的切削速度。

（2）当要求表面粗糙度小时，单个脉冲能量的大小对加工表面的粗糙度影响较大，因此，应该选择小的脉冲宽度、小的峰值电流、低的电源电压，同时脉冲频率要适当。

（3）当要求电极丝损耗小时，如前所述，脉冲宽度增大，电极丝损耗减小。因此，当要求电极丝损耗小时，应该选择大的脉冲宽度。

（4）当切割厚度加大时，切割厚工件时，有两个明显的特点：一是切割量大；二是排屑困难。考虑这两方面的因素，应该选择高电压、大电流、大的脉冲宽度和大的脉冲间隔。脉冲间隔选得大一些，有利于排除电蚀产物，保证加工的稳定性。

6.4.4 线切割编程

1. 坐标系建立

数控电火花线切割加工机床的坐标系与其他数控机床一致，遵循右手迪卡儿原则。编程坐标系选择也遵循基准重合原则，为简化计算，尽量选取图形对称轴线为坐标轴。建立工件坐标系时，找正原理与数控铣床类似。程序中一般使用 G92 指令建立坐标系，其含义同数控铣床编程。

2. 间隙补偿量计算

线切割加工时，控制台控制的是电极丝中心的移动，为了获得所要求的加工尺寸，电极丝与加工轮廓之间必须保持合理的距离。由于存在放电间隙，编程时首先要求出电极丝中心轨迹与图形轮廓之间的垂直距离，作为放电间隙补偿量，再进行加工编程，这样才能加工出合格的零件。如果机床具有补偿功能，可通过 G41、G42 指令实现间隙补偿，按照零件轮廓尺寸编程即可。

3. 数字程序控制基本原理

数控线切割加工时，数控装置要不断进行插补运算，并向驱动机床工作台的步进电动机发出相互协调的进给脉冲，使工作台（工件）按指定的路线运动，如图 6-35 所示。

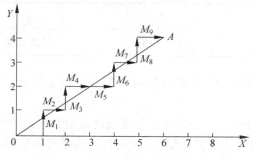

图 6-35 斜线（直线）的插补过程

工作台的进给是步进的,它每走一步,机床数控装置都要自动完成四个工作节拍,如图 6-36 所示。

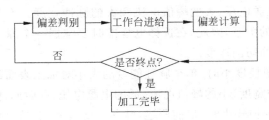

图 6-36 工作节拍方框图

(1) 偏差判别。判别加工点对规定图形的偏离位置,以决定工作台的走向。

(2) 工作台进给。根据判断结果,控制工作台在 X 或 Y 方向进给一步,以使加工点向规定图形靠拢。

(3) 偏差计算。在加工过程中,工作台每进给一步,都由机床的数控装置根据数控程序计算出新的加工点与规定图形之间的偏差,作为下一步判断的依据。

(4) 终点判别。每当进给一步并完成偏差计算之后,就判断是否已加工到图形的终点,若加工点已到终点,便停止加工。

4. 线切割加工的程序编制

线切割机床的控制系统或控制器,是按照控制指令控制切割加工的。因此,必须事先把要切割的图形,用机床所能接受的"语言"编排好"指令",告诉控制器,这项工作叫做数控线切割编程。为了便于机床接受命令,必须按照一定的格式来编制线切割机床的数控程序。程序格式有 3B、4B、5B 及 ISO 和 EIA 等。目前,国内使用最多的是 3B 格式,ISO 和 EIA 是国际通用的格式。

(1) 3B 程序

① 程序格式。3B 格式是一种无间隙补偿的程序格式。3B 程序格式如表 6-5 所示。表中的 B 叫分隔符号,它在程序单上起到把 X、Y 和 J 数值分隔开的作用,以免混淆。而当程序往控制器输入时,读入第一个 B 后,它使控制器做好接受 X 坐标值的准备,读入第二个 B 后做好接受 Y 坐标的准备,读入第三个 B 后做好接受 J 值的准备。

表 6-5 3B 程序格式

B	X	B	Y	B	J	G	Z
	X 坐标值		Y 坐标值		计数长度	计数方向	加工指令

加工圆弧时,程序中的 X、Y 必须是圆弧起点对圆心的坐标值,圆心为切割坐标的原点。

加工斜线时程序中的 X、Y 必须是该斜线段终点对其起点的坐标值,斜线段程序中的 X、Y 值允许把它们同时缩小相同的倍数,只要其比值保持不变即可。对于与坐标轴重合的线段,在其程序中的 X 值或 Y 值,均可不必写出"0"。

② 计数方向 G 和计数长度 J。

- 计数方向 G 及其选择。为保证所要加工的圆弧或线段能按要求的长度加工出来，一般线切割机床是通过控制从起点到终点某个拖板进给的总长度来达到的。因此在计算机中设立一个 J 计数器来进行计数。即把加工该线段的拖板进给总长度 J 的数值，预先置入 J 计数器中。加工时当被确定为计数长度时，这个坐标的拖板每进给一步，J 计数器就减1。这样，当 J 计数器减到零时，则表示该圆弧或直线段已加工到终点。在 X 和 Y 两个坐标中用哪个坐标作计数长度 J 呢？这个计数方向的选择，依加工对象的特点而定。

加工斜线段时，必须用进给距离比较长的一个方向作进给长度控制。若线段的终点为 $A(X_e,Y_e)$。当 $|Y_e|>|X_e|$ 时，计数方向取 G_y；当 $|Y_e|<|X_e|$ 时计数方向取 G_x，如图 6-37 所示。当确定计数方向时，可取 45°为分界线，如图 6-38 所示。当斜线在阴影区内时，取 G_y，反之取 G_x。若斜线正好在 45°线上时，即 $|Y_e|=|X_e|$，从理论上讲应该是在插补运算加工过程中，最后一步走的是哪个坐标，则取该坐标为计数方向，从这个观点来考虑，Ⅰ、Ⅲ象限应取 G_y，Ⅱ、Ⅳ象限应取 G_x 才能保证加工到终点；实际上，此时 G_y、G_x 可任取。

圆弧计数方法的选取，应看圆弧终点的情况而定，从理论上分析，也应该是当加工圆弧达到终点时，走最后一步的是哪个坐标，就应选该坐标作计数方向。也可取 45°线为界，如图 6-39 所示。若圆弧终点坐标为 $B(X_e,Y_e)$。当 $|X_e|<|Y_e|$ 时，即终点在阴影区内，计数方向取 G_x，当 $|X_e|>|Y_e|$ 时取 G_y。当终点在 45°线上时，不易准确分析，按习惯任取。

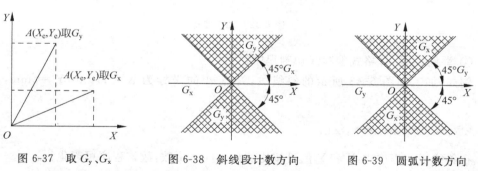

图 6-37　取 G_y、G_x　　　　图 6-38　斜线段计数方向　　　　图 6-39　圆弧计数方向

由上述分析可见，圆弧与斜线的计数方向相反。

- 计数长度 J 的确定。当计数方向确定后，计数长度 J 应取在计数方向上从起点到终点拖板移动的总距离，也就是圆弧或直线段在计数方向坐标轴上投影长度的总和。

对于斜线，当 $|Y_e|>|X_e|$ 时，取 $J=|Y_e|$；当 $|X_e|>|Y_e|$ 时，取 $J=|X_e|$ 即可。

对于圆弧，它可能跨越几个象限，如图 6-40 和图 6-41 所示的圆弧都是从 A 加工到 B。图 6-40 为 G_x，$J=J_{x1}+J_{x2}$；图 6-41 为 G_y，$J=J_{y1}+J_{y2}+J_{y3}$。

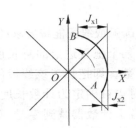

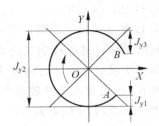

图 6-40 跨越两个象限   图 6-41 跨越四个象限

③ 加工指令 Z。加工指令 Z 是用来传送关于被加工图形的形状、所在象限和加工方向等信息的。控制台根据这些指令,选用正确的偏差计算公式进行偏差计算,并控制进给方向,从而实现机床的自动化加工。

加工指令 Z 共分 12 种,如图 6-42 所示,圆弧加工指令有 8 种。SR 表示顺圆,NR 表示逆圆,字母后面的数字表示该圆弧的起点所在象限,如 SR$_1$ 表示顺圆弧,其起点在第一象限。对于直线段的加工指令用 L 表示,L 后面的数字表示该线段所在的象限。对于与坐标轴重合的直线段,正 X 轴为 L$_1$,正 Y 轴为 L$_2$,负 X 轴为 L$_3$,负 Y 轴为 L$_4$。

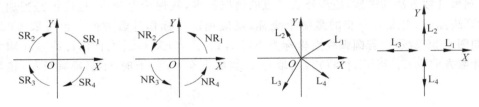

图 6-42 加工指令

④ 举例。用 3B 格式编写线切割程序:

例如,加工如图 6-43 所示的斜线段,终点 A 的坐标为 X $=$ 17mm,Y $=$ 5mm,其程序为:

B17000 B5000 B017000 Gx L1

在斜线段的程序中 X 和 Y 值可按比例缩小同样倍数,故该程序可简化为:

B17 B5 B017000 Gx L1

例如,加工如图 6-44 所示与正 Y 轴重合的直线段,长为 22.4mm,其程序为:

BBB022400 Gy L2

在与坐标轴重合的程序中,X 或 Y 的数值即使不为零也不必写出。

例如,加工如图 6-45 所示的圆弧,A 为此逆圆弧的起点,B 为其终点。A 点坐标 $X_A =$ -2mm,$Y_A =$ 9mm,因终点 B 靠近 X 轴,故取 G$_y$,计数长度应取圆弧在各象限中的各部分在计数方向 Y 轴上投影之总和。AC 圆弧在 Y 轴上的投影为 $J_{y1} =$ 9mm,CD 圆弧的投影为 $J_{y2} =$ 半径 $= \sqrt{2^2 + 9^2} = 9.22$(mm),DB 圆弧的投影为 $J_{y3} =$ 半径 $-2 = 7.22$(mm),故

其计数长度 $J=J_{y1}+J_{y2}+J_{y3}=9+9.22+7.22=25.44(\mathrm{mm})$，因此圆弧的起点在第二象限，加工指令取 NR_2，其程序为：

B2000 B9000 B025440 Gy NR2

实际编程时，通常不用编制工件轮廓线的程序，应该编制切割时电极丝中心所走轨迹的程序，即应该考虑电极丝的半径和电极丝至工件间的放电间隙。但对有间隙补偿功能的线切割机床，可直接按图纸编程，其间隙补偿量可在加工时置入。

  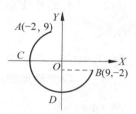

图 6-43　加工斜线　　图 6-44　加工与 Y 轴重合的直线　　图 6-45　加工跨越三象限的圆弧

（2）ISO 代码数控程序编制

电火花线切割机数控系统的 ISO 指令代码与数控铣床编程指令格式相同。

① G00 为快速定位指令。指令格式：

G00 X＿　Y＿;

② G01 为直线插补指令。指令格式：

G01 X＿　Y＿　U＿　V＿;

③ G02、G03 为圆弧插补指令。

G02——顺时针加工圆弧的插补指令。指令格式：

G02 X＿　Y＿　I＿　J＿;

G03——逆时针加工圆弧的插补指令。指令格式：

G03 X＿　Y＿　I＿　J＿;

④ G90、G91、G92 为坐标指令。

G90——绝对坐标指令，指令格式：

G90(单列一段);

G91——增量坐标指令，指令格式：

G91(单列一段);

G92——绝对坐标指令，指令格式：

G92 X＿　Y＿;

⑤ G40、G41、G42 为间隙补偿指令。

G40——取消间隙补偿指令,指令格式:

G40(单列一段);

G41——左偏补偿指令,指令格式:

G41 D __;

G42——右偏补偿指令,指令格式:

G42 D __;

⑥ G50、G51、G52 为锥度加工指令。

G50——取消锥度指令,指令格式:

G50(单列一段);

G51——锥度左偏指令,指令格式:

G51 D __;

G52——锥度右偏指令,指令格式:

G52 D __;

⑦ M 是系统的辅助功能指令。

M00——程序暂停。

M02——程序结束。

M05——接触感知解除。

M96——主程序调用子程序。

调用子程序编程格式:M96 程序名(程序名后加".");

M97——程序调用子程序结束。

例如:编制如图 6-46 所示落料凹模加工程序,电极丝直径 ϕ0.18mm,单边放电间隙为 0.01mm(凹模尺寸为计算后平均尺寸)。

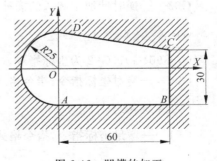

图 6-46　凹模的加工

```
N01 G92 X0 Y0;
N02 G41 D100;应放于切入线之前
N03 G01 X0 Y−25000;
N04 G01 X60000 Y−25000;
N05 G01 X60000 Y5000;
N06 G01 X8456 Y23526;
N07 G03 X0 Y−25000 I−8456 J−23526;
N08 G40;放于退出线之前
N09 G01 X0 Y0;
N10 M02;
```

课外实践任务及思考

1. 五人一组完成石墨电极的制作。
2. 五人一组完成凹模零件电火花成型加工。
3. 五人一组完成凸模零件线切割加工。
4. 思考。
(1) 简述电火花成型加工的基本原理。
(2) 何谓二次放电和极性效应？
(3) 如何合理选择电火花成型加工的电规准？
(4) 试分析快走丝和慢走丝电火花线切割的优、缺点。
(5) 简述电火花线切割加工工艺过程。

模具其他加工技术

任务 7.1　电化学及化学加工

电化学加工(Electrochemical Machining,ECM)又称电解加工,包括从工件上去除金属的电解加工和向工件上沉积金属的电镀,涂覆加工两大类。电化学加工是利用电化学反应(或称电化学腐蚀)对金属材料进行加工的方法。与机械加工相比,电化学加工不受材料硬度、韧性的限制,已广泛用于工业生产中。常用的电化学加工有电解加工、电磨削、电化学抛光、电镀、电刻蚀和电解冶炼等。

电化学加工时,间隙内难免会产生短路,通常电源系统都具有良好的短路保护功能,以使阴极和工件在产生火花和短路时不发生损伤。

1.　电解加工

利用阳极溶解的电化学反应对金属材料进行成型加工的方法。

当工具阴极不断向工件推进时,由于两表面之间间隙不等,间隙最小的地方,电流密度最大,工件阳极在此处溶解得最快。因此,金属材料按工具阴极型面的形状不断溶解,同时电解产物被电解液冲走,直至工件表面形成与阴极型面近似相反的形状为止,此时即加工出所需的零件表面。

电解加工采用低压直流电源(6～24V),大工作电流。为了能保持连续而平稳地向电解区供给足够流量和适宜温度的电解液,加工过程一般在密封装置中进行。

电解加工可以加工复杂成型模具和零件,例如汽车、拖拉机连杆等各种型腔锻模,航空、航天发动机的扭曲叶片,汽轮机定子、转子的扭曲叶片,炮筒内管的螺旋"膛线",齿轮、液压件内孔的电解去毛刺及扩孔、抛光等。

2.　导电磨削

导电磨削又称电解磨削,是电解作用和机械磨削相结合的加工过程。

导电磨削时,工件接在直流电源的阳极上,导电的砂轮接在阴极上,两者保持一定的接触压力,并将电解液引入加工区。当接通电源后,工件的金属表面发生阳极溶解并形成很薄的氧化膜,其硬度比工件低得多,容易被高速旋转的砂轮磨粒刮除,随即又形成新的氧化膜,又被砂轮磨去。如此进行,直至达到加工要求为止。

3. 电化学抛光

电化学抛光又称电解抛光,直接应用阳极溶解的电化学反应对机械加工后的零件进行再加工,以提高工件表面的光洁度。电解抛光比机械抛光效率高,精度高,且不受材料的硬度和韧性的影响,有逐渐取代机械抛光的趋势。电解抛光的基本原理与电解加工相同,但电解抛光的阴极是固定的,极间距离大(1.5~200mm),去除金属量少。电解抛光时,要控制适当的电流密度。电流密度过小时金属表面会产生腐蚀现象,且生产效率低;当电流密度过大时,会发生氢氧根离子或含氧的阴离子的放电现象,且有气态氧析出,从而降低了电流效率。

4. 电刻蚀

电刻蚀又称电解刻蚀,应用电化学阳极溶解的原理在金属表面蚀刻出所需的图形或文字。其基本加工原理与电解加工相同。由于电刻蚀所去除的金属量较少,因而无须用高速流动的电解液来冲走由工件上溶解出的产物。加工时,阴极固定不动。

任务 7.2　激 光 加 工

激光加工是激光系统最常用的应用。根据激光束与材料相互作用的机理,大体可将激光加工分为激光热加工和光化学反应加工两类。激光热加工是指利用激光束投射到材料表面产生的热效应来完成加工过程,包括激光焊接、激光切割、表面改性、激光打标、激光钻孔和微加工等;光化学反应加工是指激光束照射到物体,借助高密度高能光子引发或控制光化学反应的加工过程,包括光化学沉积、立体光刻、激光刻蚀等。

由于激光具有高亮度、高方向性、高单色性和高相干性四大特性,因此就给激光加工带来一些其他加工方法所不具备的特性。由于它是无接触加工,对工件无直接冲击,因此无机械变形;激光加工过程中无"刀具"磨损,无"切削力"作用于工件;激光加工过程中,激光束能量密度高,加工速度快,并且是局部加工,对非激光照射部位没有或影响极小。因此,受热影响的面积小,工件热变形小,后续加工量小。由于激光束易于导向、聚焦、实现方向变换,极易与数控系统配合、对复杂工件进行加工,因此它是一种极为灵活的加工方法,其生产效率高,加工质量稳定可靠,经济效益和社会效益好。

激光加工作为先进制造技术已广泛应用于汽车、电子、电器、航空、冶金、机械制造等国民经济重要部门,对提高产品质量、劳动生产率、自动化、无污染、减少材料消耗等起到越来越重要的作用。

1. 激光切割

激光切割技术广泛应用于金属和非金属材料的加工中,可大大减少加工时间,降低加工成本,提高工件质量。激光切割是应用激光聚焦后产生的高功率密度能量来实现的。

与传统的板材加工方法相比，激光切割具有高的切割质量、高的切割速度、高的柔性（可随意切割任意形状）、广泛的材料适应性等优点。

2. 激光焊接

激光焊接是激光材料加工技术应用的重要方面之一，焊接过程属热传导型，即激光辐射加热工件表面，表面热量通过热传导向内部扩散，通过控制激光脉冲的宽度、能量、峰功率和重复频率等参数，使工件熔化，形成特定的熔池。由于其独特的优点，已成功地应用于微、小型零件焊接中。与其他焊接技术比较，激光焊接的主要优点是激光焊接速度快、深度大、变形小，能在室温或特殊的条件下进行焊接，焊接设备装置简单。

3. 激光钻孔

随着电子产品朝着便携式、小型化的方向发展，对电路板小型化提出了越来越高的需求，提高电路板小型化水平的关键就是越来越窄的线宽和不同层面线路之间越来越小的微型过孔和盲孔。传统的机械钻孔最小的尺寸仅为 $100\mu m$，这显然已不能满足要求，取而代之的是一种新型的激光微型过孔加工方式。目前用 CO_2 激光器加工在工业上可获得过孔直径在 $30\sim40\mu m$ 的小孔或用 UV 激光加工 $10\mu m$ 左右的小孔。目前在世界范围内激光在电路板微孔制作和电路板直接成型方面的研究成为激光加工应用的热点，利用激光制作微孔及电路板直接成型与其他加工方法相比其优越性更为突出，具有极大的商业价值。

任务 7.3 超 声 加 工

超声加工是利用超声频作小振幅振动的工具，并通过它与工件之间游离于液体中的磨料对被加工表面的捶击作用，使工件材料表面逐步破碎的特种加工，英文简称为USM。超声加工常用于穿孔、切割、焊接、套料和抛光。

超声加工的工作原理是由超声发生器产生高频电振荡（一般为 $16\sim25\mathrm{kHz}$），施加于超声换能器上，将高频电振荡转换成超声频振动。超声振动通过变幅杆放大振幅，并驱动以一定的静压力压在工件表面上的工具产生相应频率的振动。工具端部通过磨料不断地捶击工件，使加工区的工件材料粉碎成很细的微粒，被循环的磨料悬浮液带走，工具便逐渐进入工件中，从而加工出与工具相应的形状，如图 7-1 所示。

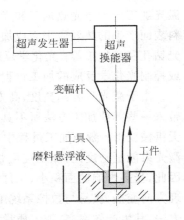

图 7-1　超声加工的工作原理

超声加工的主要特点是：不受材料是否导电的限制；工具对工件的宏观作用力小、热影响小，因而可加工薄壁、窄缝和薄片工件；被加工材料的脆性越大越容易加工，材料越硬或强度、韧性越大则越难加工；由于工件材料的碎除主要靠磨料的作用，磨料的硬度应比被加工材料的硬度高，而工具的硬度可以低于工件材料；可以与其他多种加工方法结合应用，如超声振动切削、超声电火花加工和超声电解加工等。

超声加工主要用于各种硬脆材料,如玻璃、石英、陶瓷、硅、锗、铁氧体、宝石和玉器等的打孔(包括圆孔、异形孔和弯曲孔等)、切割、开槽、套料、雕刻、成批小型零件去毛刺、模具表面抛光和砂轮修整等方面。

超声打孔的孔径范围是 $0.1\sim90mm$,加工深度可达 $100mm$,孔的精度可达 $0.02\sim0.05mm$。表面粗糙度在采用 W40 碳化硼磨料加工玻璃时可达 $1.25\sim0.63\mu m$,加工硬质合金时可达 $0.63\sim0.32\mu m$。

任务 7.4　快速成型技术

快速成型制造技术简称 RPM,是计算机、激光、光学扫描、先进的新型材料、计算机辅助设计(CAD)、计算机辅助加工(CAM)、数控(CNC)综合应用的高新技术。在成型概念上以平面离散、堆积为指导,在控制上以计算机和数控为基础,以最大柔性为总体目标。它摒弃了传统的机械加工方法,对制造业的变革是一个重大的突破,利用 RPM 技术可以直接或间接地快速制模,该技术已被汽车、航空、家电、船舶、医疗、模具等行业广泛应用。

1. RP 技术基本原理

快速成型技术是在计算机控制下,基于离散、堆积的原理采用不同方法堆积材料,最终完成零件的成型与制造的技术。从成型角度看,零件可视为"点"或"面"的叠加。从 CAD 电子模型中离散得到"点"或"面"的几何信息,再与成型工艺参数信息结合,控制材料有规律、精确地由点到面,由面到体地堆积零件。从制造角度看,它根据 CAD 造型生成零件三维几何信息,控制多维系统,通过激光束或其他方法将材料逐层堆积而形成原型或零件。

2. 快速成型技术的特点

(1) 制造原型所用的材料不限,各种金属和非金属材料均可使用。

(2) 原型的复制性、互换性高。

(3) 制造工艺与制造原型的几何形状无关,在加工复杂曲面时更显优越。

(4) 加工周期短,成本低,成本与产品复杂程度无关,一般制造费用降低 50%,加工周期节约 70%以上。

(5) 高度技术集成,可实现了设计制造一体化。

3. 几种典型快速成型工艺

(1) 激光立体光刻技术(SLA)。SLA(Stereolithgraphy Apparatus)技术是由计算机 CAD 造型系统获得制品的三维模型,通过微机控制激光,按着制品的三维模型指定的轨迹,对液态的光敏树脂进行逐层扫描,使被扫描区层层固化,连成一体,形成最终的三维实体,再经过有关的最终硬化打光等后处理,形成制件或模具。

激光立体光刻技术主要特点是可成型任意复杂形状,成型精度高,仿真性强,材料利用率高,性能可靠,性能价格比较高。适合产品外形评估、功能实验、快速制造电极和各种快速经济模具。但该技术所用的设备和光敏树脂价格昂贵,使其成本较高。

(2) 叠层轮廓制造技术(LOM)。LOM(Laminated Object Manufacturing)技术是通

过计算机的三维模型,利用激光选择性地对其分层切片,将得到的各层截面轮廓层层粘结,最终叠加成三维实体产品。

其工艺特点是成型速度快,成型材料便宜、成本低,因无相变,故无热应力、收缩、膨胀、翘曲等,所以形状与尺寸精度稳定,但成型后废料块剥离较费事,特别是复杂件内部的废料剥离。该工艺适用于航空、汽车等和中体积较大制件的制作。

(3) 激光粉末选区烧结成型技术(SLS)。SLS(Selective Laser Sintering)技术是将计算机的三维模型通过分层软件将其分层,在计算机控制下,使激光束依据分层的切片截面信息对粉末逐层扫描,扫描到的粉末烧结固化(聚合、烧结、粘结、化学反应等),层层叠加,堆积成三维实体制件。

该技术最大特点是能同时用几种不同材料(聚碳酸酯、聚乙烯氯化物、石蜡、尼龙、ABS、铸造砂)制造一个零件。

(4) 熔融沉积成型技术(FDM)。FDM(Fused Deposition Modeling)技术是由计算机控制可挤出熔融状态材料的喷嘴,根据CAD产品模型分层软件确定的几何信息,挤出半流动状态的热塑材料沉积固化成精确的实际制件薄层,自下而上层层堆积成一个三维实体,可直接做模具或产品。

(5) 三维印刷成型技术(TDP)。TDP(Three-Dimensional Printing)技术用微机控制一个连续喷墨印刷头,依据分层软件逐层选择性地在粉末层上沉积液体粘结材料,最终由顺序印刷的二维层堆积成一个三维实体,犹如不使用激光的快速制模技术。该技术主要应用在金属陶瓷复合材料的多孔陶瓷预成型件上,其目标是由CAD产品模型直接生产模具或功能性制作。

课外实践任务及思考

1. 五人一组完成简单模具零件抛光实践任务。
2. 对他人抛光零件进行评价并撰写实验报告。
3. 思考。
(1) 电化学加工的基本原理是什么?
(2) 激光加工的特点是什么?
(3) 什么是超声加工? 其特点有哪些?
(4) 快速成型技术的基本原理是什么?
(5) 快速成型技术目前有哪些类型?

模具零件钳工的加工

钳工是切削加工中重要的工种之一。它是利用手持工具对金属进行切削加工的一种方法。

由于钳工大部分由手工操作来完成,故它有如下优、缺点。

(1) 对工人的个人技术要求较高,劳动强度较大,生产率较低。

(2) 由于钳工所用工具简单,操作灵活、简便。

由于钳工的特点,所以在目前机械制造和修配工作中,它仍是不可缺少的重要工种。

钳工的基本操作有划线、錾削、锯切、锉削、钻孔、扩孔、铰孔、攻丝、套扣、刮削、研抛、装配等。

钳工根据其工作性质可分为普通钳工、模具钳工、装配钳工、机修钳工等。钳工的应用范围很广,可以完成下列工作。

(1) 担任零件加工前的准备工作,如清理毛坯、在半成品或毛坯上划线等。

(2) 完成一般零件的某些加工工序,如钻孔、攻丝及去除毛刺等。

(3) 进行某些精密零件的精加工,如精密量具、夹具、模具的抛光等。

(4) 机械设备的维修和修理。

(5) 对模具进行装配和调试。

任务 8.1　塑料模具模板的划线

8.1.1　划线分析

划线是根据图样的尺寸和技术要求,用划线工具在毛坯或半成品待加工表面上划出待加工部位的轮廓线(或称加工界限)或作为基准的点、线的一种操作方法。

1. 划线的种类

钳工划线通常分为平面划线和立体划线两类。

（1）平面划线

只需要在毛坯或半成品的一个平面上（二维坐标系内）划线就能满足加工的要求的划线为平面划线。它与平面作图法类似，一般应用于回转零件端面和薄板料划线。

（2）立体划线

需要在毛坯或半成品的几个互成不同角度（通常是互相垂直）的表面上（三维坐标系内）都划线，才能明确表示加工界线。即在长、宽、高三个方向上划线，一般应用于支架类零件和箱体类零件划线。

2. 划线的作用和要求

（1）所划的轮廓线即为毛坯或半成品的加工界限和依据，所划的基准点或线是毛坯或半成品安装时的标记或校正线。

（2）在单件或小批量生产中，用划线来检查毛坯或半成品的形状和尺寸，合理地分配各加工表面的余量，及早发现不合格品，避免造成后续加工工时的浪费。

（3）在毛坯上出现某些缺陷的情况下，往往通过划线"借料"方法，来达到一定的补救（借料就是通过试划和调整，使各加工面的余量互相借用，合理分配加工余量，从而保证各加工表面都有足够的加工余量，而使误差和缺陷在加工后排除）。

（4）为便于复杂毛坯在机床上的装夹，可按划线找正定位。

（5）在板料上划线下料，可做到正确排料，使材料合理利用。

划线是一项复杂、细致的重要工作，如果将划线划错，就会造成加工毛坯或半成品的报废，所以划线直接关系到产品的质量。

对划线的要求是尺寸准确、位置正确、线条清晰、冲眼均匀。

8.1.2　划线工具

按用途不同划线工具分为基准工具、支撑夹持毛坯或半成品的工具、直接绘划工具和量具等。

1. 基准工具——划线平板（或称划线平台）

划线平板由铸铁制成，工作表面经过精刨或刮削，作为划线时的基准平面，要求非常平直和光洁。划线平台一般用木架搁置，放置时应使平台工作面处于水平位置，如图 8-1 所示。

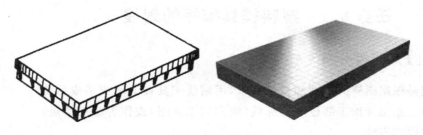

图 8-1　划线平板

2. 支撑夹持半成品的工具——方箱、千斤顶、V形铁和弯板等

（1）方箱。方箱是铸铁制成的空心立方体，各相邻的两个面均互相垂直。方箱用于夹持、支撑尺寸较小而加工面较多的半成品。通过翻转方箱，便可在半成品的表面上划出互相垂直的线条，如图 8-2 所示。

（2）千斤顶。千斤顶是在平板上支撑较大及不规则半成品时使用，其高度可以调整。通常用三个千斤顶支撑半成品，如图 8-3 所示。

图 8-2 方箱   图 8-3 千斤顶

（3）V形铁。V形铁用于支撑圆柱形半成品，以划出中心线或找出中心。V形槽夹角多为 90°和 120°，配对使用较多。带 U 形夹的 V 形铁可使工件一起翻转，实现多工位划线，如图 8-4 所示。

图 8-4 V形铁

（4）弯板。弯板分为铸铁弯板、直角弯板、T 形槽弯板等，主要用于零部件的检测和机械加工中的装夹，还常用于钳工划线，并可用于检验、安装、机床机械的垂直面检查，能在铸铁平板上检查工件的垂直度，适用于高精度机械和仪器检验和机床之间不垂直度的检查，如图 8-5 所示。

图 8-5　弯板

3. 直接绘划工具——划针、划规、划卡、划针盘和样冲等

（1）划针，是在毛坯或半成品表面划线用的工具，常用的划针用工具钢或弹簧钢制成（有的划针在其尖端部位焊有硬质合金），直径 $\phi3\sim\phi6\mathrm{mm}$，尖部磨成 $15°\sim20°$，并经过淬火以提高硬度和耐磨性，如图 8-6 所示。

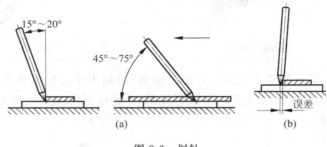

图 8-6　划针
（a）正确；（b）错误

（2）划规，是划圆或弧线、等分角度、等分线段及量取尺寸等用的工具。它的用法与制图的圆规相似。

划规的两脚要磨得稍有不同，两脚合拢时脚尖才能靠紧，划圆弧时应将手力作用到作为圆心的一脚，以防止中心滑移，如图 8-7 所示。

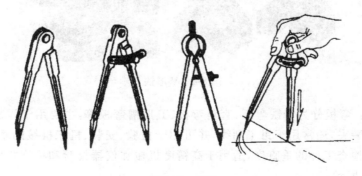

图 8-7　划规

（3）划卡，或称单脚划规，主要用于确定轴和孔的中心位置，如图 8-8 所示。

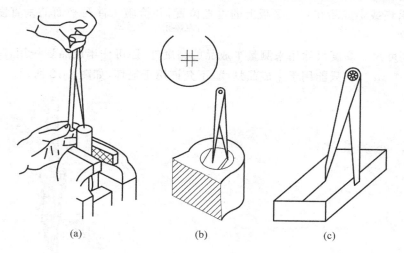

图 8-8　划卡

（a）定轴心；（b）定孔中心；（c）划直线

（4）划针盘。主要用于立体划线和校正毛坯或半成品的位置。它由底座、立杆、划针和锁紧装置等组成。

用来在划线平台上对毛坯或半成品进行划线和找正工件在平台上的正确的安放位置。划针可用来划线，弯头端用于对工件安放位置的找正，如图 8-9 所示。

（5）样冲。用于在半成品所划加工线条上打出样冲眼（冲点），作为加强界限标志（称为检验样冲眼），以备所划线模糊后仍能找到原划线的位置；作为划圆弧或钻孔前应在其中心打样冲眼（称中心样冲眼），以便定心。

冲点方法为先将样冲外倾斜使尖端对准线的正中间，然后再将样冲立直冲点，如图 8-10 所示。

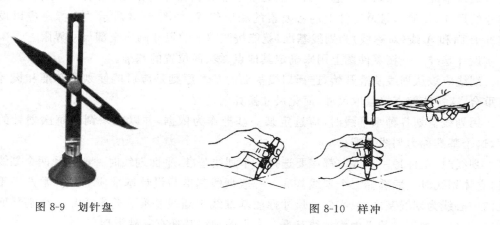

图 8-9　划针盘　　　　　　　　　　图 8-10　样冲

4. 量具——钢尺、直角尺、高度尺（普通高度尺和高度游标尺）、万能角度尺等

（1）钢尺。简单的尺寸量具，量取尺寸、测量工件、导向工具，如图 8-11 所示。

（2）直角尺。在钳工制作中应用广泛,它可以作为划平行线、垂直线的导向工具,也可以找正毛坯或半成品在划线平板上的垂直位置,并检验工件两平面的垂直度和单个平面的平面度。

（3）高度尺。高度尺除用来测量半成品的高度外,还可作半成品划线用,其读数精度一般为 0.02mm。它只能用于半成品划线,不允许用于毛坯,如图 8-12 所示。

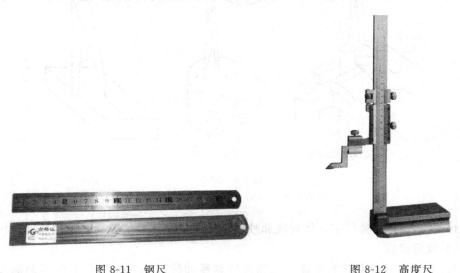

图 8-11　钢尺　　　　　　　　　　　　　　　图 8-12　高度尺

（4）万能角度尺。除测量角度、锥度之外,还可以作为划线工具划角度线。

8.1.3　划线方法及步骤

1. 合理选择划线基准

划线基准——在划线时选择工件上的某个点、线、面作为依据,用它来确定工件的各部分的尺寸、几何形状及工件上的各要素的相对位置,如图 8-13 所示的支撑座应以设计基准 B 面和 A 线（对称线）为划线基准,就能按照图上的尺寸画出全部尺寸界限。

设计基准——在零件图上用来确定其他点、线、面位置的基准。

划线应该从划线基准开始,选择划线基准的基本原则是应可能使划线基准和设计基准重合,这样能够直接量取尺寸,简化尺寸换算的过程。

用划线盘划各种水平线时,应选定某一基准作为依据,并以此来调节每次划针的高度,这个基准称为划线基准。

划线时,工件每一个方向都需要选择一个划线基准,平面划线时一般选择两个划线基准,立体划线时一般选择三个划线基准。一般划线基准与设计基准应一致。常选用重要孔的中心线为划线基准,或零件上尺寸标注基准线为划线基准。若半成品上个别平面已加工过,则以加工过的平面为划线基准。常见的划线基准有三种类型。

（1）以两个相互垂直的平面（或直线）为基准。

（2）以一个平面与对称平面（和直线）为基准。

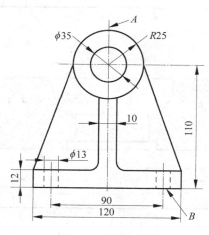

图 8-13　划线基准

（3）以两个互相垂直的中心平面（或直线）为基准。

2. 划线操作要点

（1）划线前的准备工作

① 毛坯或半成品准备。包括半成品或毛坯的清理（将毛坯或半成品表面的脏物清除干净，清除毛刺）、检查和表面涂色及在半成品或毛坯孔中装中心塞块（铅块或木块，以便确定孔的中心）等。

② 涂色。涂色的作用是使划出的线条清晰，一般要在半成品或毛坯的划线部位涂上一层薄而均匀的涂料，毛坯表面用石灰水或粉笔，已加工面用紫色涂料（龙胆紫加虫胶和酒精）或绿色涂料（孔雀绿加虫胶和酒精）。

涂料常用的种类有石灰水（用于表面粗糙的毛坯的划线）、酒精色溶液（用于已加工的表面的划线）。

③ 工具准备。按半成品或毛坯图样的要求，选择所需工具，并检查和校验工具。

（2）操作时的注意事项

① 看懂图样，了解零件的作用，分析零件的加工顺序和加工方法。

② 半成品夹持或支承要稳妥，以防滑倒或移动。

③ 在一次支承中应将要划出的平行线全部划全，以免再次支承补划，造成误差。

④ 正确使用划线工具，划出的线条要准确、清晰。

⑤ 划线完成后，要反复核对尺寸，才能进行机械加工。

3. 举例

（1）塑料模板平面划线，塑料模板如图 8-14 所示。

塑料模板在划线前 6 个表面均已加工光整，钳工划线主要是为了找到中心基准和各孔的中心位置，塑料模板平面具体划线步骤。

① 找到划线基准，因为模板的右下角为基准角，所以分别以模板下面和右侧面为基准向上和向左偏移 75mm，用划针划一条水平线和一条垂直线从而找到模板划线基准（模板中心 $\phi37$ 等孔的水平和垂直中心线）。

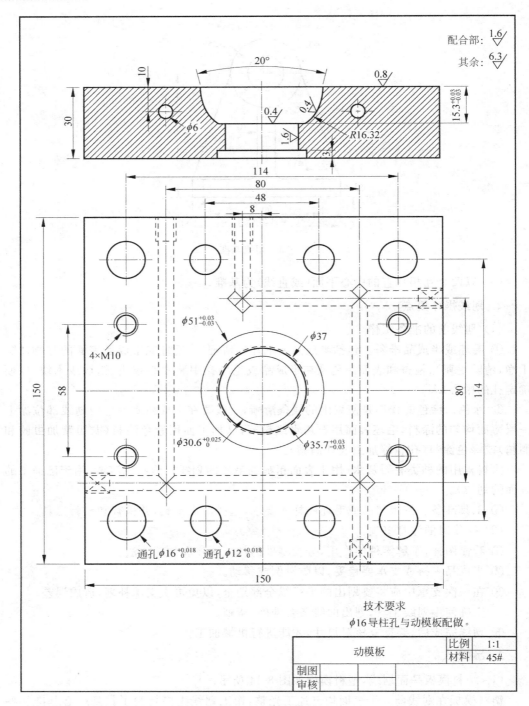

图 8-14 塑料模板

② 以图示模板下表面为底面将模板立起来,用划针以上一步划的 $\phi37$ 等孔的水平中心线为基准向上向下分别偏移 57mm、29mm 找到 $4\times\phi16$、$4\times\phi12$、$4\times M10$ 孔中心的水平位置,并划线。

③ 以图示模板右侧面为底面将模板立起来,用划针以上一步划的 $\phi 37$ 等孔的垂直中心线为基准向上向下分别偏移 57mm、40mm、24mm 找到 $4\times\phi 16$、$4\times\phi 12$、$4\times M10$ 孔中心的垂直位置,并划线。

④ 以上所画这些线的交点即为模板上各孔的中心位置,在这些位置分别打样冲眼准备进一步加工。

(2) 立体划线操作。如图 8-15 所示为轴承座的立体划线操作方法,它属于毛坯划线。划线及具体步骤如图 8-15(b)~(f)所示。

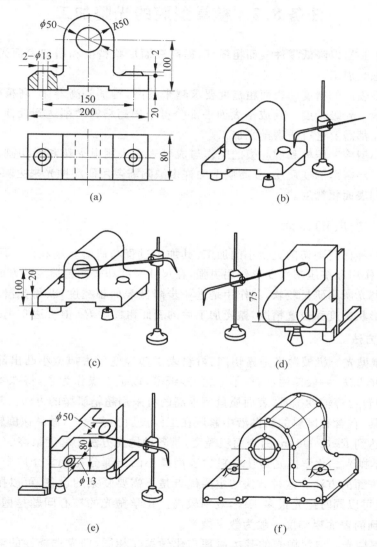

图 8-15　轴承座的立体划线

(a) 轴承座零件图;(b) 根据孔中心及上平面,调节千斤顶,使毛坯水平;

(c) 划底面加工线和大孔的水平中心线;(d) 转 90°,用角尺找正,划大孔的垂直中心线及螺孔中心线;

(e) 再翻转 90°,用直角尺两个方向找正,划螺钉孔,另一方向的中心线及大端面加工线;(f) 打样冲眼

8.1.4　划线后的检验

（1）对照图样和工艺要求，对工件按划线顺序从基准开始逐项检查，对错划或漏划的线条应及时改正，保证划线的准确。

（2）检查无误后在加工界线上打样冲眼，打样冲眼必须打正。毛坯面要适当深些，已加工面或薄板件要浅些、稀些，精加工表面和软材料上可不打样冲眼。

任务 8.2　模具型腔的光整加工

光整加工是指以降低零件表面粗糙度，提高表面形状精度和增加表面光泽为主要目的的研磨和抛光加工。

模具成型表面的精度和表面粗糙度要求越来越高，特别是高寿命、高精密模具，其精度发展到要求 μm 级精度。其成型表面一部分可采用超精密磨削达到设计要求，但异形和高精度表面都需要进行研磨抛光加工。

各种中小型冷冲压模和型腔模的工作与成型表面采用电火花和线切割加工之后，成型表面形成一层薄薄的变质层，变质层上的许多缺陷需要用研磨抛光来去除，以保证成型表面的精度和表面粗糙度。

8.2.1　型腔的抛光

抛光是一种比研磨切削更微小的加工，其加工过程与研磨基本相同。研磨时研具较硬，其微切削作用和挤压塑性变形作用更强，在尺寸精度和表面粗糙度两方面都有明显的加工效果。抛光所用研具较软，其作用是进一步降低表面粗糙度，获得光滑表面，但不能改变表面的形状精度和位置精度，抛光加工后的表面粗糙度 Ra 值可达 $0.4\mu m$ 以下。

1. 抛光方法

（1）机械抛光。机械抛光是靠切削、材料表面塑性变形去掉微小凸出部分而得到平滑表面的抛光方法，一般使用油石、羊毛轮、砂纸等，以手工操作为主，特殊零件如回转体表面，可使用转台等辅助工具，表面质量要求高的可采用超精研抛的方法。超精研抛是采用特制的磨具，在含有磨料的研抛液中紧压在工件被加工表面上，做高速旋转运动。利用该方法可以达到 $Ra\,0.008\mu m$ 的表面粗糙度，是各种抛光方法中精度最高的。

（2）化学抛光。化学抛光是让材料的表面微小凸出部分在化学介质中优先溶解，从而得到平滑表面的方法。这种方法的主要优点是不需要复杂的设备，可以抛光形状复杂的工件，并且可以同时抛光很多工件，效率较高。化学抛光的核心问题是抛光液的配制。化学抛光得到的表面粗糙度一般为数十微米。

（3）电解抛光。电解抛光的基本原理与化学抛光相同，即靠选择性的溶解材料溶解表面微小凸出表面，使表面光滑。与化学抛光相比，电解抛光可以消除阴极反应的影响，效果较好。

（4）超声波抛光。将工件放入磨料悬浮液中并一起置于超声波场中，依靠超声波的振荡作用使磨料在工件表面磨削抛光。超声波加工宏观力小，不会引起工件变形，但工装制作和安装比较困难。超声波加工可以与化学或电化学方法相结合。在溶液腐蚀、电解的基础上，再施加超声波震动搅拌溶液，使工件表面溶解产物脱离，表面附近的腐蚀或电解质均匀。超声波在液体中的空化作用（空化作用是指存在于液体中的微气核空化泡在声波的作用下振动，当声压达到一定值时发生的生长和崩溃的动力学过程）还能够抑制腐蚀过程，利于表面光亮化。

（5）流体抛光。流体抛光是依靠高速流动的流体及其携带的磨粒冲刷工件表面达到抛光的目的。常用的方法有磨料气体喷射加工、液体喷射加工、流体动力研磨（挤压研磨）等。流体动力研磨是由液压驱动，使携带磨粒的液体介质高速往复流过工件表面。介质主要采用在较低压力下流动性好的特殊化合物（聚合物状物质）并掺上磨料制成，磨料可采用碳化硅粉末。

（6）磁研磨抛光。磁研磨抛光是利用磁性磨料在磁场作用下形成磨料刷，对工件磨削加工。这种方法加工效率高，质量好，加工条件容易控制，工作条件好。采用合适的磨料，表面粗糙度可以达到 $Ra\,0.1\mu m$。

2. 机械抛光基本程序

在塑料模具加工中所说的抛光与其他行业中所要求的表面抛光有很大的不同，严格来说，模具的抛光应该称为镜面加工。它不仅对抛光本身有很高的要求，并且对表面平整度、光滑度以及几何精确度也有很高的标准。表面抛光一般只要求获得光亮的表面即可。镜面加工的标准分为四级（A0：$Ra\,0.008\mu m$，A1：$Ra\,0.016\mu m$，A3：$Ra\,0.032\mu m$，A4：$Ra\,0.063\mu m$），由于电解抛光、流体抛光等方法很难精确控制零件的几何精确度，而化学抛光、超声波抛光、磁研磨抛光等方法的表面质量又达不到要求，所以精密模具的镜面加工还是以机械抛光为主。

（1）机械抛光基本程序。要想获得高质量的抛光效果，最重要的是要具备高质量的油石、砂纸和钻石研磨膏等抛光工具和辅助品。而抛光程序的选择取决于前期加工后的表面状况，如机械加工、电火花加工、磨加工等。机械抛光的一般过程如下：

① 粗抛。经铣、电火花、磨等工艺后的表面可以选择转速在 35000~40000rpm 的旋转表面抛光机或超声波研磨机进行抛光。常用的方法有利用直径 $\phi 3mm$、WA#400 的轮子去除白色电火花层。然后是手工油石研磨，条状油石加煤油作为润滑剂或冷却剂。一般的使用顺序为#180→#240→#320→#400→#600→#800→#1000。许多模具制造商为了节约时间而选择从#400开始。

② 半精抛。半精抛主要使用砂纸和煤油。砂纸的号数依次为：#400→#600→#800→#1000→#1200→#1500。实际上#1500砂纸只用适于淬硬的模具钢（52HRC以上），而不适用于预硬钢，因为这样可能会导致预硬钢件表面烧伤。

③ 精抛。精抛主要使用钻石研磨膏。若用抛光布轮混合钻石研磨粉或研磨膏进行研磨，则通常的研磨顺序是 $9\mu m$（#1800）→$6\mu m$（#3000）→$3\mu m$（#8000）。$9\mu m$ 的钻石研磨膏和抛光布轮可用来去除#1200和#1500号砂纸留下的发状磨痕。接着用粘毡和钻石研磨膏进行抛光，顺序为 $1\mu m$（#14000）→$1/2\mu m$（#60000）→$1/4\mu m$（#100000）。

精度要求在 $1\mu m$ 以上(包括 $1\mu m$)的抛光工艺在模具加工车间中一个清洁的抛光室内即可进行。若进行更加精密的抛光,则必需一个绝对洁净的空间。灰尘、烟雾、头皮屑和口水沫都有可能报废数个小时工作后得到的高精密抛光表面。

(2)机械抛光中要注意的问题。

用砂纸抛光应注意以下几点。

① 用砂纸抛光时需要利用软的木棒或竹棒。在抛光圆面或球面时,使用软木棒可更好地配合圆面和球面的弧度。而较硬的木条像樱桃木,则更适用于平整表面的抛光。修整木条的末端使其能与钢件表面形状保持吻合,这样可以避免木条(或竹条)的锐角接触钢件表面而造成较深的划痕。

② 当换用不同型号的砂纸时,抛光方向应变换 $45°\sim90°$,这样前一种型号砂纸抛光后留下的条纹阴影即可分辨出来。在换不同型号砂纸之前,必须用 100% 纯棉花蘸取酒精之类的清洁液对抛光表面进行仔细擦拭,因为一颗很小的沙砾留在表面都会毁坏接下去的整个抛光工作。从砂纸抛光换成钻石研磨膏抛光时,这个清洁过程同样重要。在抛光继续进行之前,所有颗粒和煤油都必须被完全清洁干净。

③ 为了避免擦伤和烧伤工件表面,在用 ♯1200 和 ♯1500 砂纸进行抛光时必须特别小心。因而有必要加载一个轻载荷以及采用两步抛光法对表面进行抛光。用每一种型号的砂纸进行抛光时都应沿两个不同方向进行两次抛光,两个方向之间每次转动 $45°\sim90°$。

钻石研磨抛光应注意以下几点。

① 这种抛光必须尽量在较轻的压力下进行,特别是抛光预硬钢件和用细研磨膏抛光时。在用 ♯8000 研磨膏抛光时,常用载荷为 $100\sim200g/cm^2$,但要保持此载荷的精准度很难做到。为了更容易做到这一点,可以在木条上做一个薄且窄的手柄,比如加一铜片;或者在竹条上切去一部分而使其更加柔软。这样可以帮助控制抛光压力,以确保模具表面压力不会过高。

② 当使用钻石研磨抛光时,不仅是工作表面要求洁净,工作者的双手也必须仔细清洁。

③ 每次抛光时间不应过长,时间越短,效果越好。如果抛光过程进行得过长,将会造成"橘皮"和"点蚀"。

④ 为获得高质量的抛光效果,容易发热的抛光方法和工具都应避免。比如,抛光轮抛光时,抛光轮产生的热量会很容易造成"橘皮"。

⑤ 当抛光过程停止时,保证工件表面洁净和仔细去除所有研磨剂和润滑剂非常重要,随后应在表面喷淋一层模具防锈涂层。

由于机械抛光主要还是靠人工完成,所以抛光技术目前还是影响抛光质量的主要原因。除此之外,还与模具材料、抛光前的表面状况、热处理工艺等有关。优质的钢材是获得良好抛光质量的前提条件,如果钢材表面硬度不均或特性上有差异,往往会产生抛光困难。钢材中的各种夹杂物和气孔都不利于抛光。

3. 不同硬度对抛光工艺的影响

硬度增高使研磨的困难增大,但抛光后的粗糙度减小。由于硬度的增高,要达到较低的粗糙度所需的抛光时间相应增长。同时硬度增高,抛光过度的可能性相应减少。

4. 工件表面状况对抛光工艺的影响

钢材在切削机械加工的破碎过程中,表层会因热量、内应力或其他因素而损坏,切削参数不当会影响抛光效果。电火花加工后的表面比普通机械加工或热处理后的表面更难研磨,因此电火花加工结束前应采用精规准电火花修整,否则表面会形成硬化薄层。如果电火花精规准选择不当,热影响层的深度最大可达 0.4mm。硬化薄层的硬度比基体硬度高,必须去除。因此最好增加一道粗磨加工,彻底清除损坏表面层,构成一片平均粗糙的金属面,为抛光加工提供一个良好基础。

研磨抛光的加工要素见表 8-1。

表 8-1　研磨抛光的加工要素

加 工 要 素		内　　　　容
加工方式	驱动方式	手动、机动、数字控制
	运动形式	回转、往复
	加工面数	单面、双面
研具	材料	硬质(淬火钢、铸铁)、软质(木材、塑料)
	表面状态	平滑、沟槽、孔穴
	形状	平面、圆柱面、球面、成型面
磨料	材料	金属氧化物、金属碳化物、氮化物、硼化物
	粒度	数十微米至 $0.01\mu m$
	材质	硬度、韧性
研磨液	种类	油性、水性
	作用	冷却、润滑、活性化学作用
加工参数	相对运动	$1\sim100m/min$
	压力	$0.001\sim3.0MPa$
	时间	视加工条件而定
环境	温度	视加工要求而定,超精密型为(20 ± 1)℃
	净化	视加工要求而定,超精密型为净化间 1000～100 级

8.2.2　型腔的研磨

研磨是使用研具、游离磨料对被加工表面进行微量加工的精密加工方法。在被加工表面和研具之间置以游离磨料和润滑剂,使被加工表面和研具之间产生相对运动,并施以一定压力,通过其间的磨料作用去除表面突起,提高表面精度、降低表面粗糙度。

1. 研磨剂

研磨剂由磨料(常用刚玉和碳化硅)和研磨液(常用机油和煤油)混合而成,有液态研

磨剂、研磨膏和固体研磨剂三种。研具常用铸铁、低碳钢、铜、巴氏合金、皮革、玻璃等材料
制成,见表 8-2。

表 8-2　常用研磨抛光液及用途

工件材料		研磨抛光液
钢	粗研	煤油 3 份,全损耗系统用油 1 份,透平油或锭子油少量,轻质矿物油适量
	精研	全损耗系统用油
铸铁		煤油
铜		动物油(熟猪油与磨料拌成糊状,再加 30 倍煤油),适量锭子油和植物油
淬火钢、不锈钢		植物油、透平硼或乳化油
硬质合金		航空汽油

2. 研磨方法

(1) 研磨平面,见图 8-16。

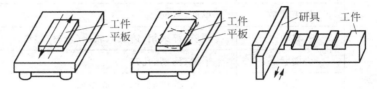

图 8-16　研磨平面示例图

(2) 研磨内圆,见图 8-17。

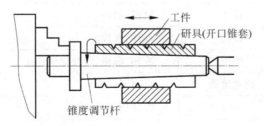

图 8-17　研磨内圆示例图

(3) 研磨外圆,见图 8-18。

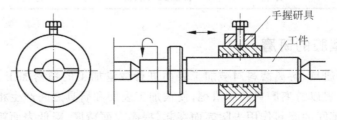

图 8-18　研磨外圆示例图

3. 研磨的特点

（1）尺寸精度高。加工热量小，表面变形和变质层很轻微，可获得稳定的高精度表面，尺寸精度可达 $0.025\mu m$。

（2）形状精度高。由于微量切削，研磨运动轨迹复杂，并且不受运动精度的影响，因此可获得较高的形状精度。球体圆度可达 $0.025\mu m$，圆柱体圆柱度可达 $0.1\mu m$。

（3）表面粗糙度低。在研磨过程中磨粒的运动轨迹不重复，有利于均匀磨掉被加工表面的凸峰，从而降低表面粗糙度。表面粗糙度 Ra 值可达 $0.1\mu m$。

（4）抗疲劳强度提高。由于研磨表面存在残余压应力，提高了零件表面的抗疲劳强度。

（5）表面耐磨性提高。由于研磨表面质量提高，使摩擦系数减小，又因有效接触表面面积增加，故使耐磨性提高。

4. 抛光与研磨的区别

（1）研磨研具较硬，可对尺寸精度、表面粗糙度有明显的加工效果。

（2）抛光研具较软（皮革、毛毡、帆布等），只可对表面粗糙度有明显的加工效果，不能改变形位公差。

任务 8.3　模板孔的钻、扩、铰、攻丝加工

孔的加工方法，有钻孔、扩孔、铰孔、镗孔、拉孔和磨孔等。对于精度要求高的孔，最后还需经珩磨或研磨及滚压等精密加工。

模具钳工工作任务之一就是钻孔、铰孔、攻丝。

8.3.1　钳工钻、扩孔

1. 钻床

钻床主要用于在实心材料上加工孔，也可以进行扩孔、铰孔、攻螺纹、倒角、锪孔、锪平面等。钻床是钳工操作的主要设备。

（1）台式钻床。台式钻床简称台钻，最大钻孔直径一般在 16mm，最小可以加工十分之几毫米的孔。台钻小巧，灵活，使用方便，适用于加工单件小批量的小型零件上的各种小孔。

（2）立式钻床。图 8-19 为立式钻床的外形图。加工时工件直接或通过夹具安装在工作台上，主轴的旋转运动由电动机经变速箱传动。加工时主轴既作旋转的主运动，又作轴向的进给运动。工作台和进给箱可沿立柱上的导轨调整其上下位置，以适应在不同高度的工件上进行钻削加工。其不适于加工大型零件，生产率也不高，常用于单件、小批生产加工中小型工件。

（3）摇臂钻床。摇臂钻床是一种摇臂可绕立柱回转和升降，主轴箱又可在摇臂上作水平移动的钻床。图 8-20 为摇臂钻床外形图。主轴很容易地被调整到所需的加工位置上，这就为在单件、小批生产中，加工大而重的工件上的孔带来了很大的方便。

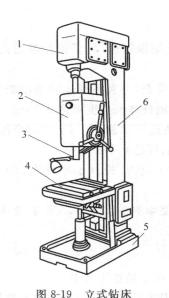

图 8-19　立式钻床

1—变速箱；2—进给箱；3—主轴；4—工
作台；5—底座；6—立柱

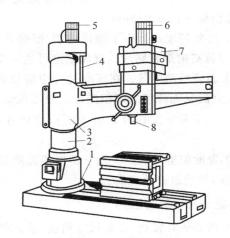

图 8-20　摇臂钻床

1—底座；2—立柱；3—摇臂；4—丝杆；5、6—电动机；
7—主轴箱；8—主轴

2. 钻孔

（1）钻孔用的夹具

钻孔用的夹具主要包括钻头夹具和工件夹具两种。

① 钻头夹具：常用的是钻夹头和钻套。

② 工件夹具：常用的夹具有虎钳、平口钳、V 形铁和压板等。工件装夹时要求牢固可靠，但又不能将工件夹得过紧而损伤工件，或使工件变形影响钻孔质量（特别是薄壁工件和小工件）。

（2）钻孔操作

① 钻孔前一般先划线，确定孔的中心，在孔中心先用冲头打出较大中心眼。

② 钻孔时应先钻一个浅坑，以判断是否对中。

③ 在钻削过程中，特别钻深孔时，要经常退出钻头以排出切屑和进行冷却，否则可能使切屑堵塞或钻头过热磨损甚至折断，并影响加工质量。

④ 钻通孔时，当孔将被钻透时，进刀量要减小，避免钻头在钻穿时的瞬间抖动，出现"啃刀"现象，影响加工质量，损伤钻头，甚至发生事故。

⑤ 钻削大于 $\phi30mm$ 的孔应分两次钻，第一次先钻一个直径较小的孔（为加工孔径的 0.5～0.7）；第二次用钻头将孔扩大到所要求的直径。

⑥ 钻削时的冷却润滑：钻削钢件时常用机油或乳化液；钻削铝件时常用乳化液或煤油；钻削铸铁时则用煤油。

3. 扩孔

扩孔用以扩大已加工出的孔（铸出、锻出或钻出的孔），它可以校正孔的轴线偏差，并使其获得正确的几何形状和较小的表面粗糙度，其加工精度一般为 IT10～IT9 级，表面

粗糙度 $Ra=3.2\sim6.3\mu m$。扩孔的加工余量一般为 0.2～4mm。

（1）切削用量的选择

扩孔时所选切削速度约为钻孔时的 1/2，进给量约为钻孔时的 1.5～2 倍；若是作最后加工，这时的扩孔钻直径应等于扩孔后孔的基本尺寸，而预先钻出孔的直径一般为扩孔钻直径的 0.5～0.7 倍；若是铰孔前使用的扩孔钻直径，应等于铰孔后孔的基本尺寸减去铰削余量。

（2）扩孔注意事项

① 确定好扩孔钻的类型：可根据所扩孔径的大小、位置、精度、材料及生产批量大小来选择。

② 确定切削用量：对精度要求较高的孔，应选用较小的进给量；对于硬度、强度均较高的工件材料，应选用较低的切削速度。

③ 尽量避免扩孔钻的轴线偏移，如先加工一段导向孔或者利用钻套来引导扩孔钻进行扩孔。

8.3.2 手动铰孔

1. 铰孔

铰孔用于中小直径孔的半精加工和精加工，是用铰刀从工件壁上切除微量金属层，以提高孔的尺寸精度和表面质量的加工方法，铰刀加工时加工余量小，刀具齿数多、刚性和导向性好，铰孔的加工精度可达 IT7～IT6 级，甚至 IT5 级。表面粗糙度可达 $Ra=0.4\sim0.8\mu m$，所以得到广泛应用。

2. 铰削用量

铰削用量包括铰削余量、切削速度以及进给量。

（1）铰削余量

选择铰削余量时应考虑被加工孔径的大小、精度、表面粗糙度、材料的软硬、前工序的加工质量以及铰刀的类型等因素。其余量选择见表 8-3。

表 8-3 铰削余量的选择

铰孔直径/mm	＜5	5～20	21～32	33～50	51～70
铰孔余量/mm	0.1～0.2	0.2～0.3	0.3	0.5	0.8

（2）铰削速度

铰削时，一般应选用较低的切削速度，用高速钢铰刀铰削钢件时，$v=4\sim8m/min$；铰铸铁件时，$v=6\sim8m/min$；铰铜件时，$v=8\sim12m/min$。

3. 铰削操作要点

（1）首先使铰刀中心线与孔中心线重合。

（2）起铰时，右手垂直于铰刀中心线施加适当压力，左手轻扶铰杠。

（3）铰削时，两手用力要平衡，不得使铰刀晃动。

（4）铰孔时铰刀不能倒转，否则会使孔壁划伤或切削刃崩裂。

（5）铰孔时常用适当的冷却液来降低刀具和工件的温度，防止产生切屑瘤，并减少切屑细末粘附在铰刀和孔壁上，从而提高孔的质量。

8.3.3 钳工攻螺纹

常用的有螺纹工件，其螺纹除采用机械加工外，还可以用钳加工方法中的攻螺纹和套螺纹来获得。攻螺纹（亦称攻丝）是用丝锥在工件内圆柱面上加工出内螺纹；套螺纹（或称套丝、套扣）是用板牙在圆柱杆上加工外螺纹。

1. 攻螺纹

（1）丝锥及铰杠

① 丝锥。丝锥是用来加工较小直径内螺纹的成型刀具。一般选用合金工具钢 9SiGr 制成，并经热处理制成。通常 M6～M24 的丝锥一套为两支，称头锥、二锥；M6 以下及 M24 以上一套有三支，即头锥、二锥和三锥。丝锥结构如图 8-21 所示。

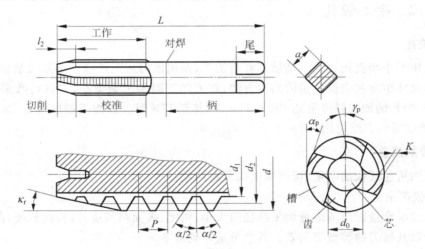

图 8-21 丝锥的结构

② 铰杠。铰杠是用来夹持丝锥的工具，常用的是可调式铰杠。旋转手柄即可调节方孔的大小，以便夹持不同尺寸的丝锥。铰杠长度应根据丝锥尺寸大小进行选择，以便控制攻螺纹时的扭矩，防止丝锥因施力不当而扭断。

铰杠可分为普通铰杠和丁字铰杠两种，如图 8-22 所示。

（2）攻螺纹前钻底孔直径和深度的确定以及孔口的倒角

① 底孔直径的确定。丝锥在攻螺纹的过程中，切削刃主要是切削金属，但还有挤压金属的作用，因而造成金属凸起并向牙尖流动的现象，所以攻螺纹前，钻削的孔径（即底孔）应大于螺纹内径。底孔的直径可查手册或按下面的经验公式计算：

脆性材料（铸铁、青铜等）：

$$钻孔直径\ d_0 = d(螺纹外径) - 1.1p(螺距)$$

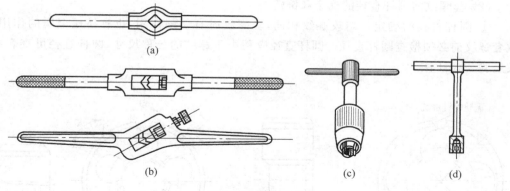

图 8-22　铰杠形式

（a）普通铰杠固定式；（b）普通铰杠活络式；（c）丁字铰杠活络式；（d）丁字铰杠固定式

塑性材料（钢、紫铜等）：

$$钻孔直径\ d_0 = d（螺纹外径）- p（螺距）$$

② 钻孔深度的确定。攻盲孔（不通孔）的螺纹时，因丝锥不能攻到底，所以孔的深度要大于螺纹的长度，盲孔的深度可按下面的公式计算：

$$孔的深度 = 所需螺纹的深度 + 0.7d$$

③ 孔口倒角。攻螺纹前要在钻孔的孔口进行倒角，以利于丝锥的定位和切入。倒角的深度大于螺纹的螺距。

（3）攻螺纹的操作要点及注意事项

① 根据工件上螺纹孔的规格，正确选择丝锥，先头锥后二锥，不可颠倒使用。

② 工件装夹时，要使孔中心垂直于钳口，防止螺纹攻歪。

③ 用头锥攻螺纹时，先旋入 1～2 圈后，要检查丝锥是否与孔端面垂直（可目测或直角尺在互相垂直的两个方向检查）。当切削部分已切入工件后，每转 1～2 圈应反转 1/4 圈，以便切屑断落；同时不能再施加压力（即只转动不加压），以免丝锥崩牙或攻出的螺纹齿较瘦。

④ 攻钢件上的内螺纹，要加机油润滑，可使螺纹光洁、省力和延长丝锥使用寿命；攻铸铁上的内螺纹可不加润滑剂，或者加煤油；攻铝及铝合金、紫铜上的内螺纹，可加乳化液。

⑤ 不要用嘴直接吹切屑，以防切屑飞入眼内。

2. 套螺纹

（1）板牙和板牙架

① 板牙。板牙是加工外螺纹的刀具，用合金工具钢 9SiGr 制成，并经热处理淬硬。其外形像一个圆螺母，只是上面钻有 3～4 个排屑孔，并形成刀刃。板牙见图 8-23。锥管螺纹板牙见图 8-24。

② 板牙架。板牙架是用来夹持板牙、传递扭矩的工具，如图 8-25 所示。不同外径的板牙应选用不同的板牙架。

（2）套螺纹前圆杆直径的确定和倒角

① 圆杆直径的确定。与攻螺纹相同,套螺纹时有切削作用,也有挤压金属的作用。故套螺纹前必须检查圆杆直径。圆杆直径应稍小于螺纹的公称尺寸,圆杆直径可查表或按经验公式计算。

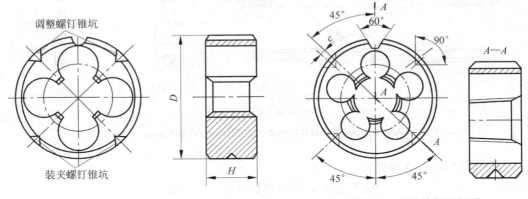

图 8-23　圆板牙　　　　　　　　　　图 8-24　圆锥管螺纹板牙

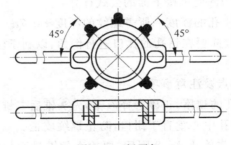

图 8-25　板牙架

经验公式:

$$圆杆直径 = d\ 螺纹外径 - (0.13 \sim 0.2)p(螺距)$$

② 圆杆端部的倒角。套螺纹前圆杆端部应倒角,使板牙容易对准工件中心,同时也容易切入。倒角长度应大于一个螺距,斜角为 $15° \sim 30°$。

（3）套螺纹的操作要点和注意事项

① 每次套螺纹前应将板牙排屑槽内及螺纹内的切屑清除干净。

② 套螺纹前要检查圆杆直径大小和端部倒角。

③ 套螺纹时切削扭矩很大,易损坏圆杆的已加工面,所以应使用硬木制的 V 形槽衬垫或用厚铜板作保护片来夹持工件。工件伸出钳口的长度,在不影响螺纹要求长度的前提下,应尽量短。

④ 套螺纹时,板牙端面应与圆杆垂直,操作时用力要均匀。开始转动板牙时,要稍加压力,套入 $3 \sim 4$ 牙后,可只转动而不加压,并经常反转,以便断屑。

⑤ 在钢制圆杆上套螺纹时要加机油润滑。

课外实践任务及思考

1. 钳工划线工具有哪些？
2. 如何使用分度头划线？
3. 如何选用研磨剂？
4. 研磨抛光的工艺方法有哪些？
5. 超声波抛光的工艺过程及特点是什么？
6. 如何检验模具配合面的配合精度？
7. 如何加工塑料模具的水道？
8. 如何运用电解抛光？

模具的装配

在完成模具零件加工后,若经检验符合图样要求,模具制造的下一个环节就是装配了。

模具装配是整个制模过程最关键环节之一,模具装配不是简单的零件堆积,螺钉销钉固定,而是要通过调整、锉修、配做、固定等措施将各个零件组装成基本符合要求的整体模具。这正是体现了模具单件生产的特点。因而,模具装配技术含量高,对装配人员技术水平要求很高,模具装配是模具高技能人才必备的关键技术之一。

任务 9.1 了解模具装配的工艺特点

9.1.1 模具装配组织形式及精度

1. 模具装配组织形式

(1) 模具装配过程

模具的装配与大多数机械产品的装配本质一样,它是按照模具技术要求和各零件间的相互关系,将合格的零件连接固定为组件、部件,直至装配成合格的模具。

(2) 分类

一般可以分为组件装配和总装配等。

(3) 模具装配形式

① 集中装配。指从模具零件组装成部件或模具的全过程,由一个工人在固定地点来完成,被广泛采用。

② 分散装配。将模具装配的全部工作适当分散为各种部件的装配和总装配,由一组工人在固定地点合作完成模具的装配工作。交货急时使用分散装配。

③ 移动式装配。每一道装配工序按一定的时间完成,装配后的组件再传送至下一个工序,由下道工序的工人继续进行装配,直至完成整个部

件的装配。适合于大批量生产。

（4）模具装配内容

将加工好的模具零件按图样要求选择装配基准、组件装配、调整、修配、研磨抛光、检验和试冲（试压）等环节，通过装配达到模具各项精度指标和技术要求。

（5）模具装配工艺规程内容

它包括模具零件和组件的装配顺序，装配基准的确定，装配工艺方法和技术要求，装配工序的划分以及关键工序的详细说明，必备的工具和设备，检验方法和验收条件等。

（6）模具装配工艺规程作用

它是指导模具装配的技术文件，也是制定模具生产计划和进行生产技术准备的依据。

2. 模具装配精度

它包括以下内容：相关零件的位置精度、运动精度、配合精度、接触精度。

9.1.2 装配尺寸链和装配工艺方法

1. 装配尺寸链的概念

在模具装配中，将与某项精度指标有关的各个零件的尺寸依次排列，形成一个封闭的链形尺寸，这个链形尺寸就称为"装配尺寸链"。

2. 装配尺寸链的组成

装配尺寸链有封闭环和组成环。

封闭环是装配后自然得到的，它往往是装配精度要求或是技术条件。

组成环是构成封闭环的各个零件的相关尺寸。它应遵循环数最少原则。它又分为增环和减环。判断增减性方法与工艺尺寸链相同，即采用增减法和环绕法进行判断。装配尺寸链的组成见图 9-1。

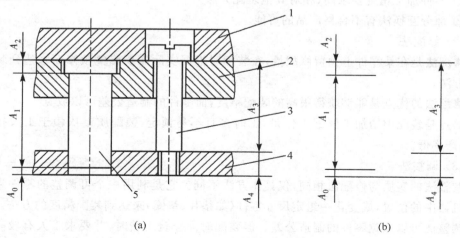

(a) (b)

图 9-1 装配尺寸链的组成

（a）装配简图；（b）装配尺寸链图

1—上模座；2—凸模固定板；3—卸料螺钉；4—卸料板；5—凸模

3. 模具装配工艺方法

模具装配工艺方法有互换法、修配法和调整法。

模具生产属于单件小批生产，又具有成套性和装配精度高的特点，所以目前模具装配常用修配法和调整法。

（1）互换法

互换法的实质是控制零件制造加工误差来保证装配精度。按互换程度分为完全互换法和部分互换法。

① 完全互换法（极值法）。它的原则是各有关零件公差之和应小于或等于装配误差。

$$\delta_\Delta \geqslant \sum_{i=1}^{n} \delta_i = \delta_1 + \delta_2 + \cdots + \delta_n$$

② 部分互换法（概率法）。它的原则是各有关零件公差值平方之和的算术平方根小于或等于允许的装配误差，即

$$\delta_\Delta \geqslant \sqrt{\sum_{i=1}^{n} \delta_i^2} = \sqrt{\delta_1 + \delta_2 + \cdots + \delta_n}$$

下面介绍互换法的优、缺点。

互换法的优点是：

① 装配过程简单，生产率高。

② 对工人技术水平要求不高，便于流水作业和自动化装配。

③ 容易实现专业化生产，降低成本。

④ 备件供应方便。

互换法的缺点是：

① 零件加工精度要求高（相对其他装配方法）。

② 部分互换法有不合格产品的可能。

（2）修配法

修配法是在某零件上预留修配量，在装配时根据实际需要修整预修面来达到装配精度的方法。

修配法的优点是能够获得很高的装配精度，而零件的制造公差可以放宽。

缺点是装配中增加了修配工作量，工时多且不易预定，装配质量依赖于工人技术水平，生产率低。

（3）调整法

调整法的实质与修配法相同，仅具体方法不同。它是利用一个可调整的零件来改变它在机器中的位置，或变化一组定尺寸零件（如垫片、垫圈）来达到装配精度的方法。

调整法可以放宽零件的制造公差。但装配时同样费工费时，并要求工人有较高的技术水平。

4. 装配尺寸链的计算

其步骤是：先建立装配尺寸链，再确定装配工艺方法，接着进行尺寸链计算，最终确

定零件的制造公差。

图 9-2 所示为塑料注射模斜楔锁紧滑块机构装配图,其分型面间隙为 $0.18 \sim 0.3\mathrm{mm}$。

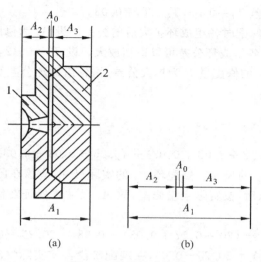

图 9-2 装配尺寸链图

(a) 装配简图;(b) 装配尺寸链图

1—浇口套;2—斜楔滑块

已知各零件基本尺寸为:$A_1 = 57$,$A_2 = 20$,$A_3 = 37$。试分别采用互换法和修配法装配,确定各组成环的公差和极限偏差。

首先绘制装配尺寸链简图,如图 9-2(b)所示。

由于 A_0 是在装配过程中最后形成的,故为封闭环。A_1 为增环。A_2、A_3 为减环。

封闭环的基本尺寸 A_0 为:

$$A_0 = \sum \vec{A} - \sum \overleftarrow{A} = A_1 - (A_2 + A_3) = 57 - (20 + 37) = 0$$

封闭环的公差 T_0 为:

$$T_0 = ES_0 - EI_0 = 0.30 - 0.18 = 0.12$$

式中,T_0 为封闭环公差;ES_0 为封闭环的上偏差;EI_0 为封闭环的下偏差。

(1) 互换法

① 各组成环的平均公差为:

$$T_{\mathrm{mj}} = \frac{T_0}{m} = \frac{0.12}{3} = 0.04$$

② 确定各组成环公差。以平均公差为基础,按各组成环基本尺寸的大小和加工难易程度调整,得:$T_1 = 0.05$,$T_2 = T_3 = 0.03$。

③ 确定各组成环的极限偏差。留 A_1 为协调尺寸,其余各组成环按包容尺寸下偏差为零,被包容尺寸上偏差为零,则:

$$A_2 = 20_{-0.03}^{0}, \quad A_3 = 37_{-0.03}^{0}$$

各组成环的极限偏差为：

$$\Delta_2 = -0.015, \quad \Delta_3 = -0.015$$

（2）修配法

① 各组成环原公差 $T_1 = 0.05, T_2 = T_3 = 0.03$。

② 确定用修配法修配时各组成环扩大后的公差。设 A_2 为修配环，装配时以修配 A_2 达到装配技术要求，故各组成环公差可以适当放大。设 $T_1' = 0.12, T_2' = T_3' = 0.08$。

③ 确定修配环 A_2 的修配量 F 为扩大公差后，各组成环公差和与扩大前各组成环公差和之差，即：

$$F = \sum_i^m (T' - T_0)$$

$$F = (0.12 + 0.08 + 0.08) - (0.05 - 0.03 - 0.03) = 0.17$$

④ 确定修配环 A_2 的尺寸。修配环 A_2 的实际尺寸，应该在已知 A_1 和 A_3 的实际尺寸和封闭环 A_0 的要求后，按实际余量修配，故 A_2 尺寸要保证在修配中去除余量后满足 A_0 的要求。则：

$$A_2 = (20 + 0.17 + 0.08) - 0.08 = 20.25 - 0.08$$

在零件加工阶段 $A_2 = 20.25 - 0.08$，在装配阶段再按实际情况修配 A_2，使其满足装配要求。

9.1.3　模具零件的固定方法

模具和其他机械产品一样，各个零件、组件通过定位和固定而连接在一起，确定各自的相互位置。常用的固定方法有以下几种。

1. 紧固件法

紧固法如图 9-3 所示，主要通过定位销和螺钉将零件相互连接。图 9-3(a)主要适用于大型截面成型零件的连接。图 9-3(b)为螺钉吊装固定方式。图 9-3(c)和图 9-3(d)适用于截面形状比较复杂的凸模或壁厚较薄的凸凹模零件。

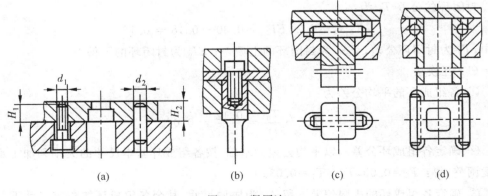

(a)　　　　　　(b)　　　　　　(c)　　　　　　(d)

图 9-3　紧固法

2. 压入法

压入法如图 9-4 所示,定位配合部位采用 H7/m6、H7/n6 和 H7/r6 配合,适用于冲裁板厚<6mm 的冲裁凸模与各类模具零件,利用台阶结构限制轴向移动。

它的特点是连接牢固可靠,对配合孔的精度要求较高,加工成本高。装配压入过程如图 9-4(b)所示。

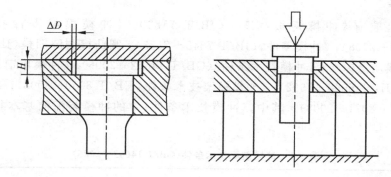

图 9-4 压入法

3. 铆接法

铆接法如图 9-5 所示。它主要适用于冲裁板厚 t≤2mm 的冲裁凸模和其他轴向拔力不太大的零件。凸模和型孔配合部分保持 0.01～0.03mm 的过盈量,铆接端凸模硬度 ≤30HRC。固定板型孔铆接端周边倒角 0.5×45°～1×45°。

4. 热套法

热套法如图 9-6 所示,主要用于固定凹模和凸模拼块以及硬质合金模块。当只要求连接起固定作用时,配合过盈量要小些,当要求连接并有预应力作用时,其配合过盈量要大些。当过盈量控制在 0.01～0.02mm 范围时,对于钢质拼块一般不预热,将模套预热到 300～400℃,保持 1h 即可热套,对硬质合金模块应在 200～250℃预热,模套在 400～450℃预热后热套。

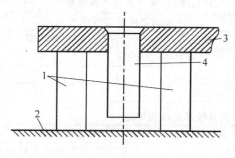

图 9-5 铆接法

1—垫块;2—工作台;3—凸模固定板;4—凸模

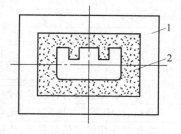

图 9-6 热套法

1—模套;2—凹模块

任务 9.2　冲压模具的装配基础

9.2.1　冲压模具装配技术要求

1. 标准

冲模标准有《冲模钢板模架》(JB/T 7182)；《冲模模架零件技术条件》(JB/T 8070—2008)；《冲模零件》(JB/T 7642~7653)；圆凸模与圆凹模(JB/T 5825~5830)。冲模质量标准有《冲模技术条件》(GB/T 14662—2006)；《冲模用钢及其热处理技术条件》(JB/T 6058—1992)；《冲模模架技术条件》(JB/T 8050—2008)；冲模模架精度检查(JB/T 8071—2008)。其中，《冲模技术条件》中的冲模装配的基本技术条件见表 9-1。

表 9-1　冲模装配技术条件(GB/T 14662—2006)

标准条目编号	条目内容		
1	装配时应保证凸、凹模之间的间隙均匀一致，配合间隙符合设计要求，不允许采用使凸、凹模变形的方法来修正间隙		
2	推料、卸料机构必须灵活，卸料板或推件器在冲模开启状态时，一般应突出凸、凹模表面0.5~1.0mm		
3	当采用机械方法连接硬质合金零件时，连接表面的表面粗糙度参数 Ra 值为 0.8μm		
4	各接合面保证密合		
5	落料、冲孔的凹模刃口高度，按设计要求制造，其漏料孔应保证通畅，一般比刃口大 0.2mm		
6	冲模所有活动部分的移动应平稳灵活，无滞止现象，滑块、楔块在固定滑动面上移动时，其最小接触面积不小于其面积的四分之三		
7	各紧固用的螺钉、销钉不得松动，并保证螺钉和销钉的端面不突出上下模座平面		
8	各卸料螺钉沉孔的深度应保证一致		
9	各卸料螺钉、顶杆的长度应保证一致		
10	凸模的垂直高度必须在凸凹模间隙值的允许范围内，推荐采用下表数据。		
	间隙值/mm	垂直度公差等级	
		单凸模	多凸模
	薄料、无间隙(≤0.02)	5	6
	>0.02~0.06	6	7
	>0.06	7	8
11	冲模的装配必须符合模具装配图、明细表及技术条件的规定		
12	凸模、凸凹模等与固定板的配合一般按 H7/m6 或 H7/n6，保证工作稳定可靠		
13	在保证使用可靠的前提下，凸模、凹模、导柱、导套等零件的固定可采用性能良好并稳定的黏结材料浇注固定		

2. 冲压模具的装配综合具体技术要求

冲模装配技术要求内容包括模具外观、安装尺寸和总体装配精度。

（1）模具外观要求

① 为保证工人装模操作安全，模具外露部分棱边应倒钝，并去毛刺。

② 安装面应光滑、平整，无锈斑、击伤和明显的加工缺陷，如铸件的砂眼、缩孔，锻件的夹层等。

③ 为保证模具上、下安装面的平整，所有螺钉的头部、圆柱销的端面不能露出安装平面，一般应低于安装平面 1mm 以上。

（2）安装尺寸要求

模具的闭合高度、与滑块连接的打料杆位置和孔径、模柄尺寸、下模顶杆位置和孔径、上下模座的外廓尺寸、固定模具用压板螺栓的槽孔位置和尺寸等，都应符合所选用压力机的规格尺寸。模柄圆柱部分应与上模座上平面垂直，其垂直度允差，在全长范围内不大于 0.05mm。

（3）安全吊装机构要求

大、中型冲模应设有起吊用吊钩。吊钩应能承受上、下模具的总重量，为便于模具组装、搬运和维修时翻转，上、下模都应设有吊钩。一副模具上、下模各配置 2 个吊钩。

（4）各零件间的相对精度要求

装配后的冲模，必须保证模具各零件间的相对精度。

① 凸模与凹模间的间隙要符合图样设计要求，并且要各向均匀。如冲裁模的间隙分布允差应不大于 20%。

② 中、小模具的上、下两安装平面要保证一定的平行要求。

③ 所有凸模应垂直于固定板装配基面。

（5）运动零件装配要求

模具所有活动部分，应保证位置准确、配合间隙适当、动作可靠、运动平稳。模具装配后，上模座沿导柱上、下移动时，应平稳无滞住现象，导柱与导套的配合精度应符合标准规定，且间隙均匀。

（6）功能要求

① 模具的紧固零件，应固定得牢固可靠，不得出现松动和脱落。

② 毛坯定位应准确、可靠、安全。

③ 模具的出件与排料应通畅无阻。

④ 装配后的冲模，应符合装配图上除上述要求外的其他技术要求。

9.2.2 冲压模具的装配工艺规程

冲压模具装配是按照冲模的设计图样和装配工艺规程，把各组成冲压模具的各个零件连接并固定起来，达到符合技术和生产要求的冲压模具。其装配的整个过程称为冲模装配工艺过程，要完成模具的装配须做好如图 9-7 所示的几个环节的工作。

（1）准备工作

① 分析阅读装配图和工艺过程。通过阅读装配图，了解模具的功能、原理、结构特征及各零件间的连接关系；通过阅读工艺规程了解模具装配工艺过程中的操作方法及验收等内容，从而清晰地知道该模具的装配顺序、装配方法、装配基准、装配精度，为顺利装配

图 9-7　模具装配流程图

模具构思出一个切实可行的装配方案。

② 清点零件、标准件及辅助材料。按照装配图上的零件明细表,首先列出加工零件清单,领出相应的零件等进行清洗整理,特别是对凸、凹模等重要零件进行仔细检查,以防出现裂纹等缺陷影响装配;其次列出标准件清单,准备所需的销钉、螺钉、弹簧、垫片及导柱、导套、模板等零件;再列出辅助材料清单,准备好的橡胶、铜片低熔点合金、环氧树脂、无机黏结剂等。

③ 布置装配场地。装配场地是安全文明生产不可缺少的条件,所以将画线平台和钻床等设备清理干净。还将所需待用的工具、量具、刀具及夹具等工艺装备准备好。

（2）装配工作

由于模具属于单件小批生产,所以在装配过程中通常集中在一个地点装配,按装配模具的结构内容可分为组件装配和总体装配。

① 组件装配。组件装配是把两个或两个以上的零件按照装配要求使之成为一个组件的局部装配工作,简称组装。如冲模中的凸（凹）模与固定板的组装、顶料装置的组装等。这是根据模具结构复杂的程度和精度要求进行的,对整体模具的装配、减小累积误差起到一定的作用。

② 总体装配。总体装配是把零件和组件通过连接或固定,而成为模具整体的装配工作简称总装。总装要根据装配工艺规程安排,依照装配顺序和方法进行,保证装配精度,达到规定技术指标。

（3）检验

检验是一项重要的、不可缺少的工作,它贯穿于整个工艺过程之中,在单个零件加工之后,组件装配之后以及总装配完工之后,都要按照工艺规程的相应技术要求进行检验,其目的是控制和减小每个环节的误差,最终保证模具整体装配的精度要求。

模具装配完工后经过检验、认定,在质量上没有问题,这时可以安排试模,通过试模发现是否存在设计与加工等技术上的问题,并随之进行相应的调整或修配,直到使制件产品达到质量标准时,模具才算合格。

9.2.3　冲压模装配要点

1. 选择装配基准件

装配前首先确定装配基准件,根据模具主要零件的相互依赖关系、装配方便和易于保证装配精度要求等来确定装配基准件。模具类型不同,基准件也不同。例如,导板模以导板为装配基准件,复合模以凸凹模作为装配基准件,级进模以凹模作为装配基准件,模座有窝槽结构的以窝槽作为装配基准面。

2．装配顺序的确定

装配零件要有利于后续零件的定位和固定，不得影响后续零件的装配。因此，应根据各个零件与装配基准件的依赖关系和远近程度来确定装配顺序。

3．控制冲裁间隙

装配时应严格控制凸、凹模间的冲裁间隙，保证间隙均匀。

4．活动部件位置尺寸

模具内各活动部件必须保证位置尺寸要求正确，活动配合部位动作灵活可靠。

5．试模

此为发现问题并解决问题的环节，本书将在项目10中详细阐述。

9.2.4　模柄的装配

模柄是中、小型冲压模具用来装夹模具与压力机滑块的连接件，它是装配在上模座板中，常用的模柄装配方式有以下几种。

1．压入式模柄的装配

压入式模柄装配如图 9-8 所示，它与上模座孔采用 H7/m6 过渡配合并加销钉（或螺钉）防止转动，装配完后将端面在平面磨床上磨平。该模柄结构简单、安装方便、应用较广泛。

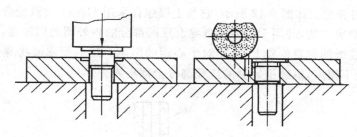

图 9-8　压入式模柄

2．旋入式模柄的装配

旋入式模柄的装配如图 9-9 所示，它通过螺纹直接旋入上模座板上而固定，用紧定螺钉防松，装卸方便，多用于一般冲模。

3．凸缘模柄的装配

凸缘模柄的装配如图 9-10 所示，它利用 3～4 个螺钉固定在上模座的窝孔内，其螺帽头不能外凸，它多用于较大的模具。

以上三种模柄装入上模座后必须保持模柄圆柱面与上模座上平面的垂直度，其误差不大于 0.05mm。

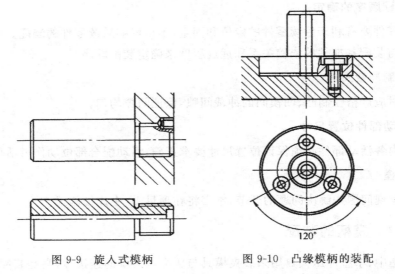

图 9-9　旋入式模柄　　　　　图 9-10　凸缘模柄的装配

9.2.5　导柱和导套的装配

1. 压入法装配

（1）导柱的装配。如图 9-11 所示，它与下模座孔采用 H7/r6 过渡配合。压入时要注意校正导柱对模座底面的垂直度。注意控制压到底面时留出 1～2mm 的间隙。

（2）导套的装配。如图 9-12 所示，它与上模座孔采用 H7/r6 过渡配合。压入时是以下模座和导柱来定位的，并用千分表检查导套压配部分的内外圆的同轴度，并使 Δ_{max} 值放在两导套中心连线的垂直位置上，减小对中心距的影响。达到要求时将导套部分压入上模座，然后取走下模座，继续把导套的压配部分全部压入。

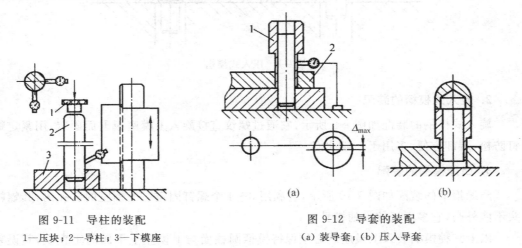

图 9-11　导柱的装配　　　　　　　图 9-12　导套的装配
1—压块；2—导柱；3—下模座　　　　　（a）装导套；（b）压入导套

2. 其他方法装配

冲裁厚度小于 2mm 以下精度要求不高的中小型模架可采用黏结剂黏结（见图 9-13）

或低熔点合金浇注(见图 9-14)的方法进行装配。使用该方法的模架,结构简单、便于冲模的装配与维修。

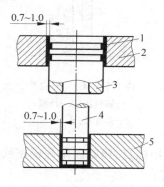

图 9-13 导柱、导套黏结

1—黏结剂;2—上模座;3—导套;

4—导柱;5—下模座

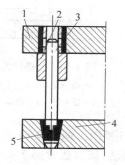

图 9-14 低熔点合金浇注模架

1—上模座;2—导套;3—导柱;

4—下模座;5—低熔点合金

3. 滚动导柱、导套的装配

滚动导向模架与滑动导向模架的结构基本相同,所以导柱和导套的装配方法也相同。不同点是,在导套和导套之间装有滚珠(柱)和滚珠(柱)夹持器,形成 0.01~0.02mm 的过盈配合。滚珠的直径为 3~5mm,直径公差为 0.003mm。滚珠(柱)夹持器的材料采用黄铜(或含油性工程塑料)制成,装配时它与导柱、导套壁之间各有 0.35~0.5mm 的间隙。滚珠装配的方法为:

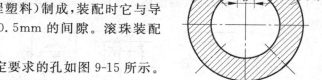

(1)在夹持器上钻出特定要求的孔如图 9-15 所示。

(2)装配符合要求的滚珠(采用选配)。

(3)使用专用夹具和专用铆口工具进行封口,要求滚珠转动灵活自如。

图 9-15 滚珠装配钻孔示意图

9.2.6 凸、凹模的装配

凸、凹模在固定板上的装配属于组装,是冲模装配中的主要工序,其质量直接影响到冲模的使用寿命和冲模的精度。装配关键在于凸、凹模的固定与间隙的控制。

1. 凸模、凹模的固定方法

(1)压入固定法。如图 9-16 和图 9-17 所示,该方法将凸模直接压入固定板的孔中,这是装配中应用最多的一种方法,两者的配合常采用 H7/n6 或 H7/m6。装配后须端面磨平,以保证垂直度要求。压入时为了方便,要在凸模压入端上或固定板孔入口处设计有引导锥部分,长度为 3~5mm 即可。

(2)铆接固定。如图 9-18 所示,凸模尾端被锤和凿子铆接在固定板的孔中,常用于冲裁厚度小于 2mm 的冲模。该方法装配精度不高,凸模尾端可不经淬硬或淬硬不高(低于 30HRC)。凸模工作部分长度应是整长的 1/2~1/3。

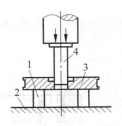

图 9-16　凸模压入法

1—等高垫块；2—平台；

3—固定板；4—凸模

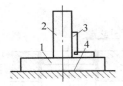

图 9-17　压入时检查

1—固定板；2—凸模；

3—角度尺；4—平台

（3）螺钉紧固。如图 9-19 所示，将凸模直接用螺钉、销钉固定到模座或垫板上，要求牢固，不许松动，该方法常用于大中型凸模的固定。

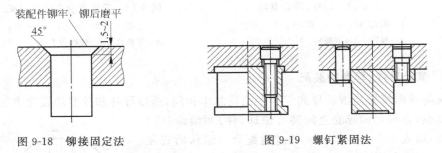

图 9-18　铆接固定法

图 9-19　螺钉紧固法

对于快换式冲小孔凸模、易损坏的凸模常采用侧压螺钉紧固，如图 9-20 所示。

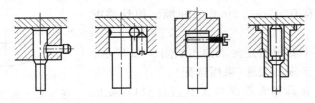

图 9-20　侧压螺钉紧固形式

（4）低熔点合金固定。如图 9-21 所示，是将凸模尾端被低熔点合金浇注在固定板孔中，操作简便，便于调整和维修，被浇注的型孔及零件加工精度要求较低，该方法常用于复杂异形和对孔中心距要求高的多凸模的固定，减轻了模具装配中各凸、凹模的位置精度和间隙均匀性的调整工作。低熔点合金的配方参见有关设计手册。

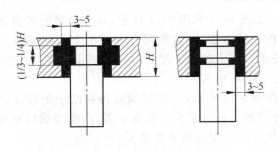

图 9-21　低熔点合金固定形式

（5）环氧树脂黏结剂固定。如图 9-22 所示，是将凸模尾端在固定板孔中被环氧树脂牢固，具有工艺简单、黏结强度高、不变形，但不宜受较大的冲击，只适用于冲裁厚度小于 2mm 的冲模。

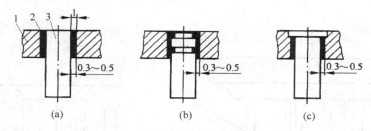

图 9-22　环氧树脂固定凸模的形式
1—凸模固定板；2—环氧树脂；3—凸模

（6）无机黏结剂固定法。如图 9-23 所示，该黏结剂是由氢氧化铝的磷酸溶液与氧化铜粉末混合作为黏结剂，将凸模黏结在凸模固定板上，具有操作简单，黏结强度高，不变形，耐高温及不导电的特点，但本身有脆性，不宜受较大的冲击力，常用于冲裁薄板的冲模。无机黏结剂的配方参考有关手册。图 9-24 为黏结时的定位方法。

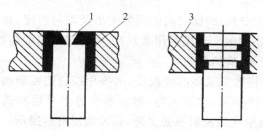

图 9-23　无机黏结剂固定凸模的方法
1—凸模；2—无机黏结剂；3—凸模固定板

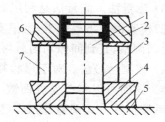

图 9-24　定位方法
1—凸模；2—固定板；3—垫片；4—凹模；
5—平台；6—挡板；7—等高铁块

2. 凸模凹模间隙的控制

冲模凸、凹模之间的间隙以及塑料模等型腔和型芯之间形成的制件壁厚，在装配时必须予以保证。为了保证间隙及壁厚尺寸，在装配时根据具体模具结构特点，先固定其中的一件（如凸模或凹模）的位置，并以这件为基准控制好间隙或壁厚值，再固定另一件的位置。

控制间隙（壁厚）的方法有以下几种。

（1）垫片控制法。垫片控制法如图 9-25 所示。将厚薄均匀、其值等于间隙值的纸片、金属片或成型制件，放在凹模刃口四周的位置，然后慢慢合模，将等高垫块垫好，使凸模进入凹模刃口内，观察凸、凹模的间隙状况。如果间隙不均匀，用敲击凸模固定板的方法调整间隙，直至均匀为止。

这种方法广泛应用于中小冲裁模、拉深模、弯曲模等，也同样适用于塑料模等壁厚的控制。

（2）透光法。如图 9-26 所示，透光法是将上、下模合模后，用灯光从底面照射，观察凸、凹模刃口四周的光隙大小，以此来判断冲裁间隙是否均匀。如果间隙不均匀，再进行调整、固定、定位。这种方法适合于薄料冲裁模。若用模具间隙测量仪表检测和调整会更好。

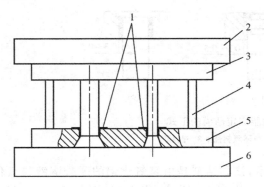

图 9-25　垫片间隙控制法
1—垫片；2—上模座；3—凸模固定板；
4—支撑块；5—凹模；6—下模座

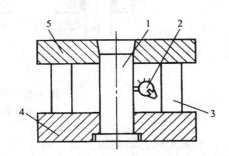

图 9-26　透光法调整间隙
1—凸模；2—光源；3—垫块；
4—固定板；5—凹模

（3）测量法。测量法是利用塞尺片检查凸、凹模之间的间隙大小及均匀程度，在装配时，将凹模紧固在下模座上，上模安装后不固紧。合模后用塞尺在凸、凹模刃口周边检测，进行适当调整，直到间隙均匀后再固紧上模，穿入销钉。

（4）镀铜（锌）法。对于形状复杂、凸模数量又多的冲裁模，用垫片控制法控制间隙比较困难。这时可以将凸模表面镀上一层软金属，如镀铜等，镀层厚度等于单层冲裁间隙值，然后按上述方式调整、固定、定位。镀层在装配后不必去除，在冲裁时自然脱落。

（5）涂层法（与镀铜法相似）。涂层法是在凸模表面涂上一层如磁漆或氢基醇酸漆之类的薄膜，涂漆时应根据间隙大小选择不同黏度的漆。或通过多次涂漆来控制其厚度，涂漆后将凸模组件放于烘箱内于 $100\sim120℃$ 烘烤 $0.5\sim1h$，直到漆层厚度等于冲裁间隙值，并使其均匀一致。然后按上述方法调整、固定、定位。

（6）酸蚀法。在加工凸、凹模时将凸模的尺寸做成凹模型孔的尺寸。装配完后再将凸模工作段部分进行腐蚀保证间隙值的方法，间隙值的大小由酸蚀时间长度来控制，腐蚀后一定要用清水洗干净，操作时要注意安全。

（7）工艺留量法。在凸、凹模加工时把间隙值以工艺余量留在凸模或凹模上来保证间隙均匀的一种方法，具体做法如圆形凸模和凹模，在装配前使凸模与凹模按 H7/h6 配合，待装配后取下凸模（凹模），磨去工艺留量即可。

（8）定位器定位法。工艺定位器法如图 9-27 所示。装配前，做一个二级装配工具即工艺定位器，图 9-27（a）所示的 d_1 与冲孔凸模滑配，d_2 与冲孔凹模滑配，d_3 与落料凹模滑配，d_1 和 d_3 尺寸在一次装夹中加工成型，以保证两个直径的同心度。装配时利用工艺定位器来保证各部的冲裁间隙。工艺定位器法也适用于塑料模等壁厚的控制。

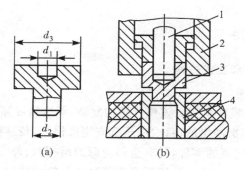

图 9-27 工艺定位器间隙控制法

1—凸模；2—凹模；3—工艺定性器；4—凸凹模

任务 9.3 冲压模具的装配实例

下面以如图 9-28 所示的手柄级进模装配为例介绍冲压模具的装配过程。

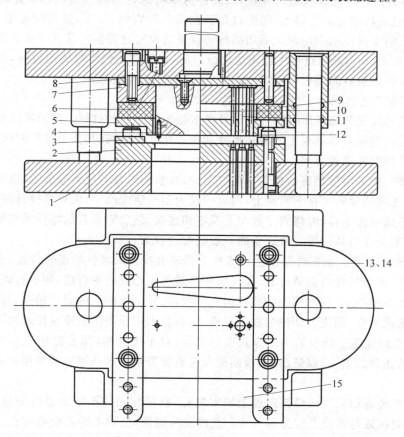

图 9-28 手柄级进模装配图

1—下模座；2—凹模板；3—导料板；4—导正销；5—卸料板；6—卸料螺钉；7—凸模固定板；8—垫板；
9—弹性橡胶体；10—外形凸模；11—大孔凸模；12—小孔凸模；13—活动挡料销；14—弹簧；15—承料板

9.3.1　准备工作

1. 分析阅读装配图和工艺过程

（1）分析阅读装配图

图 9-28 为手柄级进模装配图。该模具结构复杂，制造精度高，周期长，成本高。级进模是将工件的内、外形逐次冲出的，每次冲压都有定位误差，较难稳定保持工件内、外形相对位置的一次性。但精度高的零件，并非全部轮廓的所有内、外形相对位置要求都高。可以在冲内形的同一工位上，把相对位置要求高的这部分轮廓同时冲出，从而保证零件的精度要求。

该模具的工作原理为：模具上模部分主要由上模板、垫板、凸模、凸模固定板及卸料板等组成。卸料方式采用弹性卸料，以橡胶为弹性元件。下模部分由下模座、凹模板、导料板等组成。冲孔废料和成品件均由漏料孔漏出。

条料送进时采用活动挡料销 13 作为粗定距，在落料凸模上安装两个导正销 4，利用条料上已有冲孔作导正销孔进行导正，以此作为条料送进的精确定距。操作时完成第一步冲压后，把条料抬起向前移动，用落料孔套在活动挡料销 13 上，并向前推紧，冲压时凸模上的导正销 4 再作精确定距。活动挡料销位置的设定比理想的几何位置向前偏移一些（此处可取 0.2mm），冲压过程中粗定位完成以后，当用导正销作精确定位时，由导正销上圆锥形斜面再将条料向后拉回（此处为 0.2mm）而完成精确定距。

（2）装配工艺过程

级进模的装配就是将所有零件按设计要求组装在一起的过程。级进模装配的核心是凹模与凸模固定板及卸料板上的型孔尺寸和位置精度的协调，其关键是同时保证多个凸、凹模的工作间隙和位置要求。

级进模一般采用较精密的模架导向。因此，在装配时常利用导向装置，以凹模作为装配基准件，先将凹模固定在下模座上，再以凹模为基准装配凸模，调整好模具间隙，将多个凸模装配在固定板上，同时将固定板与上模座相连接，然后完成其他零件的装配。装配镶拼凹模时，也是先组装凹模。级进模的一般装配过程为：

① 凹模的安装。根据外形或标记线在下模座上找正凹模板的正确位置，利用螺钉过孔加工螺孔，调整好导料板的位置，保证与凹模进料中心线的平行度，用螺钉将导料板、凹模板紧固在下模座上，按凹模上的圆柱销孔位置钻、铰下模座上的圆柱销孔，打入圆柱销。若使用凹模固定板，则先将凹模装在固定板上，再将固定板与下模座连接起来。

② 凸模的安装。凸模的固定方式多种多样，对于级进模，其关键是将多个凸模安装在固定板的正确位置上，保证凸、凹模间隙及垂直度要求。多凸模安装常用的方法有以下两种。

- 先准确地加工出凸模固定板上的安装孔，凸模与安装孔采用过渡配合，显然安装孔的位置与凹模必须协调一致。此法安装简便，但加工误差会影响凸、凹模间隙，且间隙的调整比较困难，一旦偏差过大，修补就很麻烦，通常是将凸模固定板上的安装孔扩大，镶入镶块，重新进行安装孔的加工。

- 采用低熔点合金或环氧树脂等固定凸模。凸模固定板上的安装孔尺寸大于凸模尺寸,安装时,先调整好凸、凹模间隙,再用低熔点合金或环氧树脂固定凸模。此法调整容易,间隙易保证,但装配复杂,零件需预热,易引起热变形,且连接强度受连接材料的限制。

此外,凸模安装应满足凸模与固定板基准面的垂直度要求,凸模尾部与固定板基准面一同磨平,头部刃口端面磨平。

③ 卸料板的安装。级进模中常见的有固定卸料板和弹压卸料板。固定卸料板除起卸料作用外,有时也用于对细长凸模的导向。装配时,将固定卸料板套在已装配好的凸模上,调整卸料板型孔与凸模的间隙,使其合理均匀,然后将卸料板定位紧固在凹模上。弹压卸料板有卸料、压料的双重作用,装配时,将卸料板套在已装入固定板的凸模上,在凸模与卸料板之间垫入等高垫块,调整间隙后用平行夹板夹紧,然后利用卸料板上的螺孔引钻固定板上的螺钉过孔,在其后的固定板安装时,利用此孔再配钻上模板与垫板。

④ 凸模固定板的安装。将凸模固定板上的凸模插入凹模型孔中,并在凹模与固定板之间垫入等高垫块,调整凸、凹模间隙后放上模座,并将其与固定板夹紧。取下上模部分,利用固定板上的安装孔引钻上模座的紧固螺钉孔和卸料螺钉过孔。然后装上垫板,用螺钉连接上模座、垫板与固定板,并使其位置可调。

⑤ 调整凸、凹模间隙。将装好的上、下模座合模,采用适当的间隙调整方法(如透光法、垫片法、试切法、测量法、电镀法、涂层法等),对所有凸、凹模间隙进行调整,使得多个凸、凹模间隙均满足要求,拧紧紧固螺钉。

⑥ 切纸试冲。

⑦ 装定位销,用螺钉紧固。钻、铰上模座圆柱销孔,打入圆柱销。钻、铰固定卸料板的圆柱销孔,打入圆柱销。

⑧ 在凹模工作面上安装固定挡料销、临时挡料销、承料板等。

⑨ 试冲。装配完成后,检查模具的运动及刃口状况,满足要求后,在与生产环境相同的条件下进行试冲,并对冲件进行检测,如发现故障,应分析原因,提出相应的修模方案并进行修模。

结合图样分析,级进模具的装配要点是:凹模各型孔的相对位置及步距一定要加工、装配准确,否则冲出的制件很难满足规定的质量要求;凸模固定孔、凹模型孔、卸料板导向孔三者的位置必须保持一致,即装配后各相对应孔的中心线应保证同轴度要求。

装配顺序为:级进模的凹模是装配基准件,其结构多数采用镶拼的形式,由若干块拼块或镶块组成。因此级进模的装配首先是装配凹模或凹模组件,当凹模组件装配合格后,再将其压入固定板。然后把固定板装入下模,以凹模定位装配凸模,再把凸模装入上模,待用切纸法试冲达到要求后,用销钉定位固定,再装入其他辅助零件。级进模装配的关键是获得准确的步距和保证间隙的均匀,因此,必须对各组凸、凹模进行预配合。

2. 清点零件、标准件及辅助材料

分析阅读装配图和工艺过程后,要清点零件,标准件及辅助材料。

3. 布置装配场地

清点零件、标准件及辅助材料后,布置装配的场地。

9.3.2　装配工作

根据级进模装配要点,本模具选凹模作为装配基准件,先装下模,再装上模,并调整间隙、试冲、返修。

1. 凸、凹模预配

(1)装配前仔细检查各凸模形状及尺寸以及凹模形孔,是否符合图样要求尺寸精度、形状。

(2)将各凸模分别与相应的凹模孔相配,检查其间隙是否加工均匀。不合适者应重新修磨或更换。

2. 凸模装配

以凹模孔定位,将各凸模分别压入凸模固定板 7 的形孔中,并挤紧牢固。

3. 装配下模

(1)在下模座 1 上划中心线,按中心预装凹模板 2、导料板 3。

(2)在下模座 1、导料板 3 上,用已加工好的凹模分别确定其螺孔位置,并分别钻孔,攻螺纹。

(3)将下模座 1、导料板 3、凹模板 2、活动挡料销 13、弹簧 14 装在一起,并用螺钉紧固,打入销钉。

4. 装配上模

(1)在已装好的下模上放等高垫铁,再在凹模中放入 0.12mm 的纸片,然后将凸模与固定板组合装入凹模。

(2)预装上模座,划出与凸模固定板相应螺孔、销孔位置并钻铰螺孔、销孔。

(3)用螺钉将固定板组合、垫板 8、上模座连接在一起,但不要拧紧。

(4)将卸料板 5 套装在已装入固定板的凸模上,装上弹性橡胶体 9 和卸料螺钉 6,并调节橡胶的预压量,使卸料板高出凸模下端约 1mm。

(5)复查凸、凹模间隙并调整合适后,紧固螺钉。

(6)安装导正销 4、承料板 15。

(7)切纸检查,合适后打入销钉。

9.3.3　检验

模具装配完工后经过检验、认定,之后可以安排试模并交付使用。

任务 9.4　塑料模具的装配基础

9.4.1　塑料模具装配技术要求

塑料注射模标准有《塑料注射模零件》(GB 4169—4170)、《塑料注射模模架》(GB/T 125556—2006)等。

对于塑料注塑模具而言,其装配技术要求大致如表 9-2 所示。

表 9-2 注塑模具装配技术要求

结 构 部 位	质 量 要 求
成型部位及分型面	1. 型面粗糙度及尺寸形状、型腔与型芯间空间尺寸、脱模斜度等必须达到图样要求 2. 文字、花纹图形正确清晰 3. 镀层光亮平整,无脱皮等弊病 4. 分型面光滑平整,棱边清晰及圆滑连接,镶件组合等符合质量要求,固定结合部分配合严密,不得有间隙 5. 分型面光滑、密合,接触面积不少于 80%,间隙不大于 0.03 6. 多型腔模具中相同凸模、凹模或镶件的承压面应在同一水平面内,公差不大于 0.2mm,各型腔成型尺寸一致 7. 凹、凸模组合后应保持周围间隙均匀一致 8. 塑件同一表面由上、下模或两半模成型时错位应在允许范围内
浇注系统	1. 主流道、分流道、进料口的尺寸、形状、粗糙度应符合要求。多型腔模具应注意进料口是否平衡 2. 流道平直,圆滑连接,无死角、缝隙、坑,有利于塑料流动及浇注系统脱模 3. 浇口套的主流道、加工粗糙度、加工痕迹应有利于塑料流动及脱模,不得有与注射机喷嘴半径吻合的侧坑,进料端孔口不得有影响脱模的倒锥
抽芯系统	1. 滑动零件配合适当,动作灵活而无松动及咬死现象 2. 滑动型芯起止位置正确,定位及复位可靠,保证抽芯距离 3. 开闭模时各滑动零件无干涉 4. 保证各型芯间或型芯与型腔间正常的接触间隙,保证接缝质量 5. 型腔与型芯面均匀接触,接触面不小于 80% 6. 斜导柱等导向系统滑动灵活,导向正确,无松动及咬死现象
顶出系统	1. 顶出时动作灵活可靠,顶出行程满足要求,各顶出件动作协调同步,顶出均匀 2. 顶出杆、推板等配合间隙适当,无晃动、窜动 3. 顶出杆等在塑件上残留的痕迹应在塑件要求的范围内(一般不允许高出型面 0.1mm) 4. 复位可靠正确 5. 复位杆或复位系统装配正确,一般应高于接触面 0.1mm
导向系统	1. 导柱、导套配合恰当,导柱垂直度 100mm:0.02mm,导套内外同轴度 0.015mm 2. 滑动灵活,无松动及咬死现象 3. 保证导向部位的各零件相对位置 4. 导柱、导套轴线对模板垂直度公差为 100mm:0.02mm
外形尺寸及安装尺寸	1. 组合后上下横板平等,平行度公差为 300mm:0.05mm,模具闭合高度适当 2. 模具稳定性好,有足够的强度,工作时受力均衡 3. 模具定位、装夹、开模距离、顶出距离应符合注射机要求
加热、冷却及气动、液压系统	1. 水道数量及位置符合设计要求,水路畅通,无漏水现象,阀门控制正常 2. 加热器管道位置及数量符合设计要求,无漏电现象 3. 各气动、液压控制机构动作正确,阀门使用正常

续表

结构部位	质量要求
其他	1. 模具外露部位锐角应倒钝 2. 模具打生产号及合模标记 3. 设有起重吊孔、吊环 4. 附件、备件齐全

9.4.2　塑料模具装配工艺流程

1. 基本概念

塑料模具装配是将完成全部加工,经检验符合图样和有关技术要求的塑料模具成型件、结构件以及配购的标准件(标准模架等)、通用件,按总装配图的技术要求和装配工艺顺序逐件进行配合、修整、安装和定位,经检验和调整合格后,加以连接和紧固,使之成为整体模具的过程。

装好的模具,进行初次试模,经检验合格后可进行小批量试生产,以进一步检验模具质量的稳定性和性能的可靠性。若试模中发现问题,或样品检验发现问题,则须进行进一步调整和修配,直至完全符合要求,交付合格的商品模具为止的全过程称为塑料模具配工艺过程。

2. 塑料模具装配过程

与冲压模具相同,塑料模具的装配过程也可分为准备工作、装配工作、检验三个阶段。

(1) 准备工作

由于塑料成型模具是由模具零、部件装配而成的,所以模具的装配精度将取决于有关零、部件的加工精度和装配、调整采用的方法。模具零件的加工精度是保证模具装配精度的基础。所以在设计和加工模具零件时,必须严格控制模具零件的形状、相关尺寸公差、相互位置的误差、相关零件的累积误差。在装配后应仍能满足装配精度的要求,另一方面,对一些装配精度要求高的塑料模具,往往在现有的设备条件下难以达到精度要求,此时,可根据经济加工精度来确定零件的制造公差,以便于加工,但在装配时,必须采取正确合理的装配、调整方法来确保模具的装配精度。

对装配模具的人员而言,不能简单地将模具零件组装成为一副完整的模具,重要的是要求装配人员能根据塑件的要求和模具的装配关系,对在模具装配过程中出现的一系列问题(如设计基准与装配基准的重合性、动定模的重合性、零件的加工误差性、零件装配后产生的累积误差、装配尺寸链等)能独立地进行分析、判断、计算与调整。可见,要合理确保模具的装配精度,必须从制品设计、模具设计、零件的加工精度、模具的装配方法等整个过程来综合考虑、分析。如果某个环节上有问题,则会在装配、试模过程中集中反映出来。塑料模的制造属于单件、小批量生产,在装配技术方面有其特殊性,目前仍采用以模具钳工修配和调整为主的装配方法。

塑料模具装配前要做好以下准备。

① 装配现场的清理和图样的准备。将模具总装图、零件图、塑件产品图套上塑料袋，整齐有序地摆放在装配现场，便于装配过程中随时对照、确认。

② 工量具的准备。模具装配之前，需考虑装配过程中可能会使用哪些工量具，在实施装配工作之前都应一一准备妥当，按规定摆放整齐，避免在装配时因缺少某一样工量具而影响装配工作效率。

③ 理解模具的总装图、零件图以及产品图。在进行注射模装配前应根据塑料模具动、定模和内、外抽芯机构等组件的装配特点，充分理解模具的总装图、零件图及产品图，明白模具零件的装配关系和各个零件的使用目的以及零件是否已具备了装配的条件等。

④ 模具零件的对照确认。根据产品图、装配图把握模具构造，确认各主要零件的形状、尺寸；确认各模具零件的重要形状位置精度和尺寸精度；与产品图对照，确认客户的要求。

⑤ 选择正确合理的装配方法和装配基准。装配前必须考虑装配中模板座和成型件的设计基准与装配基准的重合性；动、定模板的基准统一性；模具单个零件的加工误差和各零件装配后产生的累积误差（包括形位精度和尺寸精度）；模具装配尺寸链和零件之间的配合状况以及装配间隙等一系列装配和调整的问题。在装配时应选择一个正确合理的装配方法，千万不可盲目地拿起零件就进行装配。塑料模通常采用两种装配基准，一种是以导柱、导套等导向件作为装配基准；另一种是以型芯、型腔或镶件等主要成型零件作为装配基准。

⑥ 装配过程做好装配记录。记录装配原始数据，记录零件是否缺少，零件形状、尺寸公差等是否超差，零件装配后的装配基准误差数据、累积误差数据和实际装配修正数据等，以便于和相关部门联络，也有利于试模后做进一步的装配、修正、调整和总结。

（2）装配工作

塑料模具的装配过程，大致如下：

① 确定装配基准。

② 装配前要对零件进行测量，合格零件必须做去磁处理并将零件擦拭干净。

③ 调整各零件组合后的累积尺寸误差，如各模块的平行度要校验修磨，以保证模板组装密合；分型面处吻合面积不得小于 80%，间隙不得超过溢料量极小值，以防止产生飞边。

④ 装配中要尽量保持原加工尺寸的基准面，以便总装合模调整时检查。

⑤ 组装导向系统，并保证开模、合模动作灵活，无松动卡滞现象。

⑥ 组装修整顶出系统，并调整好复位及顶出位置等。

⑦ 组装修整型芯、镶件，保证配合面间隙达到要求。

⑧ 组装冷却或加热系统，保证管路畅通，不漏水、不漏电，阀门动作灵活。

⑨ 组装液压或气动系统，保证运行正常。

⑩ 紧固所有连接螺钉，装配定位销。

⑪ 检查。

（3）检验

此部分内容将在项目 10 中详细讲解。

3. 塑料模具装配注意事项

塑料模具装配时要注意以下几方面。

（1）装配前,装配者应熟知模具结构、特点和各部功能并研究透产品及其技术要求;确定装配顺序和装配定位基准以及检验标准和方法。

（2）所有成型件、结构件都无一例外地应当是经检验确认的合格品。检验中如有个别零件的个别不合格尺寸或部位,必须经模具设计者或技术负责人确认不影响模具使用性能和使用寿命;不影响装配。否则,有问题的零件不能进行装配。配购的标准件和通用件也必须是经过进厂入库检验合格的成品。同样,不合格的不能进行装配。

（3）装配的所有零、部件,均应经过清洗、擦干。有配合要求的,装配时涂以适量的润滑油。装配所需的所有工具,应清洁、无垢无尘。

（4）模具的组装、总装应在平整、洁净的平台上进行,尤其是精密部件的组装,更应在平台上进行。

（5）过盈配合（H7/m6、H7/n6）和过渡配合（H7/k6）的零件装配,应在压力机上进行,一次装配到位。无压力机需进行手工装配时,不允许用铁锤直接敲击模具零件,（应垫以洁净的木方或木板）,只能使用木质或铜质的榔头。

9.4.3　塑料成型模具零、部件的组装

1. 导柱、导套的组装

导柱、导套在两板式直浇道模具中分别安装在动、定模型腔固定模板中。为保证导柱、导套合模精度,导柱、导套安装孔加工时往往采用配镗来保证安装精度。图 9-29 为导柱、导套孔配镗示意图。

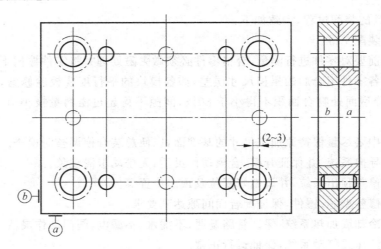

图 9-29　导柱、导套孔配镗示意图

（1）导柱、导套孔配镗

① a、b 板分别完成其 6 个平面的加工并达到所要求的位置精度后,以 A、B 面作为镗削加工的定位基准。镗孔前先加工工艺销钉定位孔(以 A、B 面作基准,配钻、铰后装入定

位销）。180mm×180mm 以内的小模具，用 2 个 $\phi8$ 销钉定位；600mm×600mm 以内的中等模具用 4 个 $\phi8$ 或 $\phi10$ 的定位销定位；600mm 以上的大模具则需要 6～8 个 $\phi2$～$\phi16$ 的销钉定位。

②　以 A、B 面作基准，配镗 a、b 板中的导柱导套孔（先钻预孔再镗孔，镗后再扩台阶固定孔）。

③　为保证模具使用安全，4 孔中之一孔的中心应错开 2～3mm。

④　镗好后清除毛刺、铁屑、擦净 a、b 板。

（2）导柱、导套的装配

选 a、b 任一板，利用芯棒，如图 9-30 所示。在压力机上，逐个将导套压入模板。芯棒与模板的配合为 H7/f7，而导套与模板的配合为 H7/m6。

图 9-31 所示为短导柱用压力机压入定模板的装配示意图。

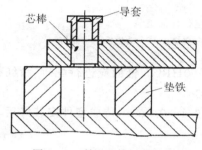

图 9-30　利用芯棒压入导套

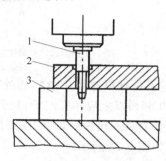

图 9-31　短导柱装配
1—导柱；2—定模板；3—平行垫块

图 9-32 所示为长导柱压入固定板时，用导套进行定位，以保证其垂直度和同心度的精度要求。

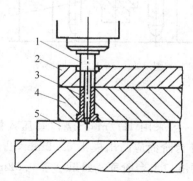

图 9-32　长导柱、导套导向装配
1—导柱；2—固定板；3—导套；4—定模板；5—平行垫块

装配时先要校正垂直度，再压入对角线的两个导柱，进行开模合模，试其配合性能是否良好。如发现卡、刮等现象，应涂红粉观察，看清部位和情况，然后退出导柱，进行纠正，并校正后，再次装入。在两个导柱配合状态良好的前提下，再装另外两个导柱。每装一次均应进行一次上述检查。

2. 圆锥定位件的组装

采用圆锥定位件锥面定位属导柱、导套进行一次初定位后采用的二次精定位。当模具动、定模有精定位要求时,模具常选用圆锥定位件。圆锥定位件的组装如图 9-33 所示。

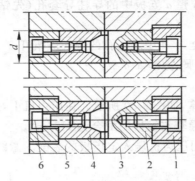

图 9-33 圆锥定位件的组装

1—调整圈;2、4—圆锥定位件;3—定模板;5—动模板;6—螺钉

圆锥定位件材料选用 T10A,热处理 56～60HRC。锥面应进行配研,涂红粉检验,其配合锥面的 85% 以上应印有红粉,且分布均匀。

导柱、导套装入模板后,大端应高出模板 0.1～0.2mm,待成型件安装好后,在磨床上一同磨平,如图 9-34 所示。

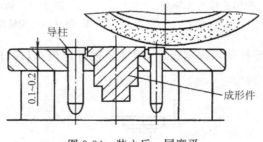

图 9-34 装入后一同磨平

3. 浇口套的组装

浇口套与定模板的配合一般采用 H7/m6。浇口套压入模板后如图 9-35(a)所示,其内台肩应与沉孔底面贴紧,外台阶面应凸出模板 0.02mm,凸出量可采用修磨来保证。如果凸出量大于 0.02mm,修磨浇口上台阶面;如果小于 0.02mm,修磨模板上平面。

装配好的浇口套,其压入端与配合孔之间应无缝隙。因此,浇口套的压入端不允许有导入斜度,导入斜度应开在模板上浇口套配合孔的入口处。为了防止在压入时浇口套配合孔壁切环,需将浇口套的压入端倒成小圆角。浇口套加工时应留有去除圆角的修磨余量,压入后使圆角凸出模板之外,如图 9-35(a)所示;将凸出部分在平面磨床上磨平,如图 9-35(b)所示。

图 9-36 所示为斜浇口套的装配关系和位置。

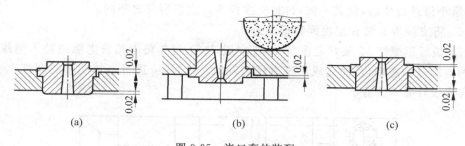

图 9-35　浇口套的装配

（a）压入后的浇口套；（b）修磨浇口套；（c）装配好的浇口套

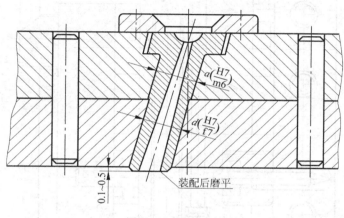

图 9-36　斜浇口套

两块模板应首先加工并装上工艺定位钉。然后采用调整角度的夹具在镗床上镗出 dH7 的浇口套装配孔。压入浇口套时，可选用与浇口套喷嘴进料口处的半径 R 相同的钢珠，用垫板（铜质）将斜浇口套压入正确装配位置。再将其与模板看做一个整体，将两端面磨平。为便于装配，浇口套小端有与轴心线相交的倒角或是相宜的圆角 R。

4. 热流道板的组装

图 9-37 所示为火花塞外罩热流道注射模（一模 48 件）的热流道板装配图。装配顺序为：

（1）分流梭芯 12 依次装入热喷嘴 13 之后，将热喷嘴 13 旋入螺钉 15，旋紧防漏料（螺纹为细牙）。

（2）堵塞 11 找正方向后装入螺钉 15，用顶丝顶紧。

（3）浇口套 1 装入定模固定板 9（H7/f7 配合），将定位圈 2、石棉隔热板 3、支撑件 4 装入定模固定板 9 之后，使浇口套 1 小端向上，而将螺钉 15 与浇口套 1 小端相配合的孔向下，对准浇口套 1 小端套入并找正（找正方法：使螺钉 15 与定模固定板 9 左右两端长度之差异为零即已找正、对中）。

（4）用中心销钉将垫板 17 装在螺钉 15 上。

（5）此时，需要测量各个热喷嘴 13 端面处的高度 H 值，再测量垫板 17 端面处的 H

值,按最小值进行修磨,使其一致,再将支撑板 8 高度修磨与之相同。

（6）将支撑板 8 装在定模固定板 9 上。

（7）最后用螺钉 15 装好定模板 16,插入电热管 6,并将电热管电源线接入绝缘性能良好的电源盒插座中,从而完成热流道板的装配。此时,应进行电热功率的测试和调整,使之符合设计要求为止。

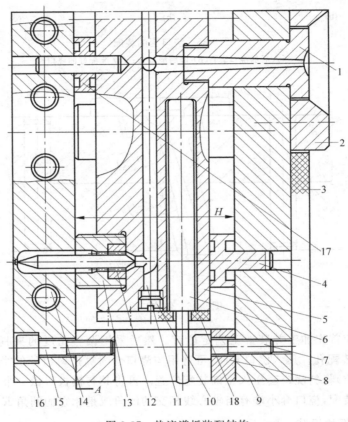

图 9-37　热流道板装配结构

1—浇口套；2—定位圈；3—石棉隔热板；4—支撑件；5—热流道板；6—电热管；7—固定螺钉；
8—支撑板；9—定模固定板；10—顶丝；11—堵塞；12—分流梭芯；13—热喷嘴；14—冷却水道；
15—螺钉；16—定模板；17—垫板；18—隔热板

热流道板中的分流道通孔和电热管安装孔（盲孔）属深孔加工,用深孔钻或枪钻在专用深孔机床上加工。分流道通孔由两端加工对接,须特别注意定位基准和定位精度（用块规定位,百分表校正）,保证孔的同轴度。分流道加工后,应进行珩磨,以保证其表面质量的要求。

5. 成型镶件的组装

（1）成型镶件固定孔的加工。A、B 板用工艺定位销定位后在配钻、配镗导柱、导套孔的同时,配镗 A、B 板上的成型镶件固定孔。除镗削加工之外,不论固定孔是圆形孔还是矩形孔,只要是通孔,均可采用线切割加工或铣削加工,铣削还可以加工不同深度的盲孔。

成型镶件大端的台阶固定孔,可以用镗或铣加工而成。成型镶件在压力机上压入后,大端高出台阶孔 0.1~0.2mm,与模板和导柱、导套一同磨平,如图 9-38 所示。A 板上的定模型腔镶件压入后,小端应高出 A 板的分型面 1~2mm。如若是多型腔模具,则应高出 1~2mm,并在磨床上一齐磨平,保证等高。

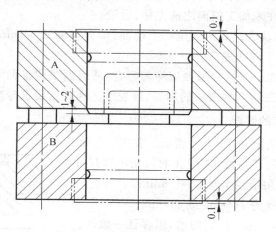

图 9-38　成型镶件固定孔的加工

（2）A、B 板上的成型镶件固定孔在加工之前,应检验其位置精度。成型镶件固定孔与两端面(分型面)的垂直度为 0.01~0.02mm；两孔的同轴度为 0.01~0.02mm。

（3）成型镶件孔若为复杂的异形孔,则通孔用线切割加工或数控铣加工；盲孔则只能用数控铣粗加工、半精加工、成型磨精加工。

6. 斜滑块(哈夫拼合件)的组装

斜滑块(哈夫拼合件)的组装,如图 9-39 所示。

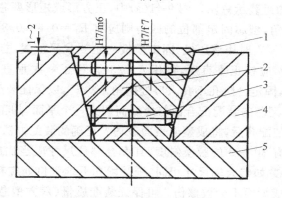

图 9-39　斜滑块装配
1—右斜滑块；2—左斜滑块；3—定位销；4—动模板；5—支撑板

（1）斜滑块的固定锥孔其锥面应保证与右斜滑块 1 和左斜滑块 2 的斜面密合,涂红粉检验时其配合锥面的 85% 以上印有红粉,且分布均匀。锥面小端有 2~3mm 高的直孔,作为斜面加工的装配"让刀",起退刀槽作用。

（2）哈夫镶拼块若为圆锥体，可备以两块料，加工好配合面，并对配合面进行研磨，使之完全密合。通过工艺销定位后，则可以车削、磨削加工而成，高度上留磨削余量。

（3）哈夫块若为矩形件，则用夹具按斜度要求校平后先铣后磨，完成两斜面的加工，高度留余量，然后用线切割从中切开，一分为二，将切口研平。

（4）两定位销孔在未加工斜面之前先钻、后铰。

（5）装配后，哈夫块大端高出固定孔上端面（即分型面）1～2mm，哈夫块应倒60°角。小端应比固定孔的下平面凹进0.01～0.02mm。

（6）采用红粉检验。垂直分型面应均匀密合，两斜面或圆锥面与孔应有85%以上印有红粉且分布均匀。三瓣合斜滑块的加工、装配工艺和技术要求与哈夫滑块完全相同。

7. 多件镶拼型腔的装配

多件镶拼型腔的装配，如图9-40所示。装配要点如下：

（1）俯视图所示的四角处，装配孔的圆角半径尺寸应比镶入的镶拼件的圆角半径小0.6～1.6mm。

（2）装配尺寸精度为H7/m6或H7/n6。

（3）宽度尺寸 B，三镶件应同时磨，以保证一致性。

（4）高度尺寸留余量，小端倒角，压入后两端与模板一同磨平。

（5）压力机压入。

（6）装配前检验固定孔的垂直度为0.01～0.02mm。镶拼件上的成型面分开抛光，达到要求后再进行装配压入。

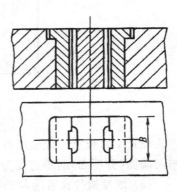

图9-40 多件镶拼型腔

8. 型芯的组装

图9-41为型芯的组装示意图。图9-41(a)中，正方形或矩形型芯的固定孔四角，加工时应留有 $R0.3$ 的圆角，型芯固定部位的四角则应有 $R_1=0.6～0.8$mm 的圆角。型芯大端装配后磨平。装配压入时用液压机，固定模板一定要水平放置，打表校平后，才能进行装配。当压入1/3后，应校正垂直度，再压入1/3，再校正一次垂直度，以保证其位置精度。在图9-41(b)中，固定台阶孔小孔入口处倒角1×45°，以保证装配。

如图9-42所示，型芯的装配配合面与成型面同为一个平面，加工简便，但不正确。因压入时，成型面通过装配孔后，将成型面表面破坏。正确的装配方法应当如图9-43所示。图9-43(a)的成型面有 $30'～2°$ 的脱模斜度，其配合部位尺寸应当比成型部位的大端相同或略大0.1～0.3mm。如与大端尺寸相同，则装配孔下端入口处应有1°的斜度、高度3～5mm。这样压入时，成型面不会被擦伤。可保证装配质量（六方型芯如有方向要求，则大端应加工定位销）。图9-43(b)中的型芯为铆装结构，其特点是：型芯只是大端进行局部热处理，小端保持退火状态，便于铆装。小端装配孔入口处应倒角或圆角，便于进入。小端与孔的配合只能用H7/k6的过渡配合而切不可用H7/m6的过盈配合，否则压入时，小端较软会变形弯曲。小端装配时，用木质或铜质手锤轻轻敲入。成型面上端应垫木方或铜板。

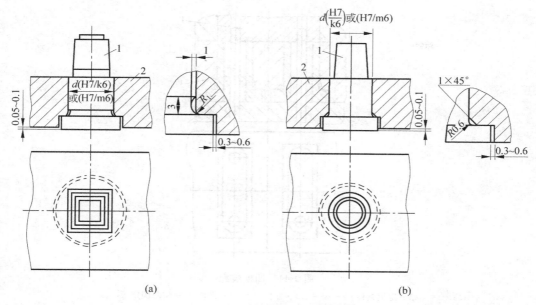

图 9-41 型芯的组装示意图

1—型芯；2—型芯固定板

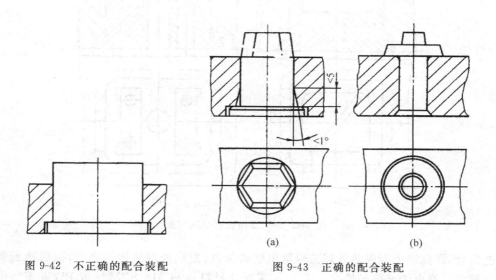

图 9-42 不正确的配合装配   图 9-43 正确的配合装配

9. 多件整体型腔凹模的装配

图 9-44 所示在成型通孔时，型芯 2 穿入定模镶件 1 孔中。在装配时先以此孔作基准，插入工艺定位销钉，然后套上推块 4，作定位套，压入型腔凹模 3。而型芯固定板 5 上的型芯固定孔，以推块 4 的孔作导向进行反向配钻，配铰即可。

10. 单型腔与双型腔拼块的镶入装配（见图 9-45）

图 9-45(a)所示为单型腔拼块的镶拼装配。矩形型腔拼合面在热处理后须经修平后

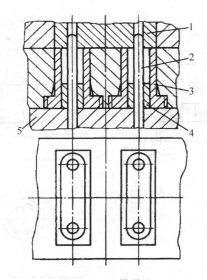

图 9-44　凹模装配

1—定模镶件；2—型芯；3—型腔凹模；4—推块；5—型芯固定板

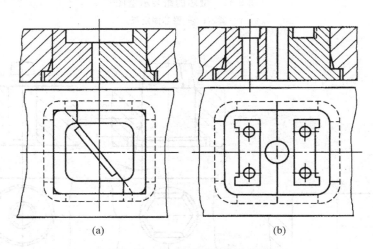

(a)　　　　　　　　　　(b)

图 9-45　单、双型腔拼块的装配

才能密合，因此矩形型腔热处理前应留出修磨量，以便热处理后进行修磨，最后达到要求尺寸精度。修磨法有两种情况：其一，如果拼块材料是 SCM3、SCM21 或 PDS5 等预硬易切镜面钢，预硬热处理后硬度为 40～45HRC，用硬质合金铣刀完全可以加工、修理，也可用砂轮更换铣刀，在铣床上精磨出所需型腔。其二，如果材料为非易切钢，热处理硬度超过 50HRC 而难以切削加工，则可用电火花加工精修后抛光，也可达到要求。

　　镶拼的拼合面应避免出现尖锐的锐角形状以免热处理时出现变形而无法校正和修磨，故不能按型腔内的斜面作全长的斜拼合面，而应当做成如图 9-45 所示的实线表示的 Y 向拼合面。

　　图 9-45(b)所示为将两个型腔设计在镶拼的两块镶件上，便于加工，但拼合面应精细

加工,使其密合。拼块装配后两端与模板一同磨平。

11. 侧抽芯滑块的装配

如图 9-46 所示,型腔镶件按 H7/k6 配合装入模板(圆形镶件则应装定位止转销)后,两端与模板一同磨平。装入测量用销钉,经测量得 A_1 和 B_1 的具体尺寸,计算得出侧滑块高 $= A + B + \Delta$(修磨量),侧滑块上的侧型芯中心的装配位置即是尺寸 A、B。同理可量出滑块宽度和型芯在宽度方向的具体位置尺寸。滑块型芯与型腔镶件孔的配制,如表 9-3 所示。

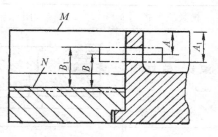

图 9-46　抽芯滑块装配

表 9-3　滑块型芯与型腔镶块孔的配制

结 构 形 式	结 构 简 图	加 工 示 意 图	说　　明
圆形的滑块型芯穿过型腔镶块		(a)　(b)	方法一(图(a)): 1. 测量出 a 与 b 的尺寸 2. 在滑块的相应位置,按测量的实际尺寸,镗型芯安装孔。如孔尺寸较大,可先用镗刀镗 $\phi 6 \sim \phi 10$mm 的孔,然后在车床上校正孔后车制 方法二(图(b)): 利用两类工具压印,在滑块上压出中心孔与一个圆形印,用车床加工型芯孔时可校正此圆
非圆形滑块型芯,穿过型腔镶块			型腔镶块的型孔周围加修正余量。滑块与滑块槽正确配合以后,以滑块型芯对动模镶块的型孔进行压印,逐渐将型孔进行修正
滑块局部伸入型腔镶块	A 向　A		先将滑块和型芯镶块的镶合部分修正到正确的配合,然后测量得出滑块槽在动模板上的位置尺寸,按此尺寸加工滑块槽

12. 楔紧块的装配和修磨

楔紧块的装配方法见表 9-4。楔紧块斜面的修磨量如图 9-47 所示,修磨后涂红粉检验,要求 80% 以上的斜面印有红粉,且分布均匀。

表 9-4　楔紧块的装配方法

楔紧块形式	简　图	装 配 方 法
螺钉、销钉固定式		1. 用螺钉紧固紧楔块 2. 修磨滑块斜面,使与紧楔块斜面密合 3. 通过紧楔块,对定模板复钻、铰销钉孔,然后装入销钉 4. 将紧楔块后端面与定模板一起磨平
镶入式		1. 钳工修配定模板上的楔紧块固定孔,并装入楔紧块 2. 修磨滑块斜面 3. 楔紧块后端面与定模板一起磨平
整体式		1. 修磨滑块斜面(带镶片式的可先装好镶片,然后修磨滑块斜面) 2. 修磨滑块,使滑块与定模板之间具有 0.2mm 间隙。两侧均有滑块时,可逐个予以修正
整体镶片式		

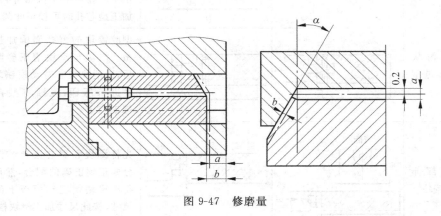

图 9-47　修磨量

13. 脱模推板的装配

脱模推板一般有两种:一种是产品相对较大的大推板或是多型腔的整体大推板,其大小与动模型腔板和支撑板相同。这类推板的特点是:推出制品时,其定位系四导柱定位即在推出制品的全过程中,始终不脱离导柱(导柱孔与 A、B 板一起配镗)。因板件较大,与制品接触的成型面部分,多采用镶套结构,尤其是多型腔模具。镶套用 H7/m6 或

n6 与推板配合装紧,大镶套多用螺钉固定。

另一种是产品较小,多用于小模具、单型腔的镶入式锥面配合的推件板如图 9-48 所示。镶入式推板与模板的斜面配合应使底面贴紧,上端面高出 0.03～0.06mm,斜面稍有 0.01～0.02mm 的间隙。推板上的型芯孔按型芯固定板上的型芯位置配作,应保证其对于定位基准底面的垂直度在 0.01～0.02mm,同轴度也同样要求控制在 0.01～0.02mm。推板底面的推杆固定螺孔,按 B 板上的推杆孔配钻、配铰,保证其同轴度和垂直度。

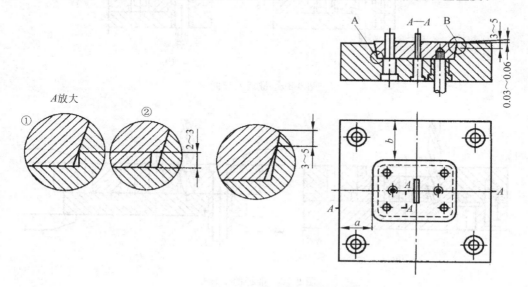

图 9-48 推件板装配

14. 推出机构的装配

(1) 推出机构导柱、导套的装配(见图 9-49)。将件 7、件 8 在件 6 上划线取中后,配钻、铰工艺销钉件 2 的固定孔(根据模具的大小,工艺销钉定位可取 4 个、6 个或 8 个),装定位销。再根据图样要求,划线、配钻、配铰导柱孔(从件 6 向件 7、件 8 钻镗之后,在件 7、件 8 上扩孔至导套 9,达装配尺寸要求,将导套压入件 7)。

(2) 推杆的安装(见图 9-50)

图 9-50 中,件 1 与件 6 用销钉定位,定位后,通过件 5 在件 6 上钻出推杆孔。图 9-50(b)中,件 6、件 7 用销钉 2 定位后(图 9-50 件 2),换钻头(比件 5 顶杆孔的钻头大 0.6～1mm),对件 6 上的顶杆孔扩孔。同时一并钻出件 7 上的顶杆通孔。卸下件 7,翻面扩顶杆大端的固定台阶孔,从而完成顶杆固定板、支撑板、定模板型腔镶件上顶捍孔和顶杆过孔的加工。件 1 在下,件 6、件 7 依次叠放(件 7 装导套,套入导柱上),插入推杆、复位杆(复位杆的加工、安装与推杆相同)再装上件 8(见图 9-49)。件 7、件 8 用螺钉紧固。

15. 耐磨板斜面精定位的装配

耐磨板斜面精定位的装配如图 9-51 所示。

(1) 圆锥形锥面。圆锥形锥面内,外圆均可采用车削加工后再用锥度砂轮精磨,然后

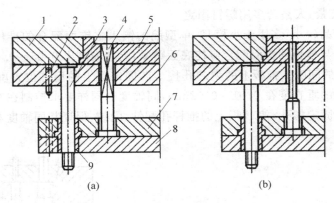

图 9-49 推板的导向

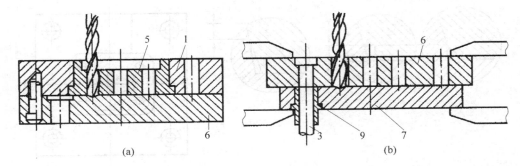

图 9-50 推杆的安装

镶入耐磨板。定模的下端面,动模的上端面一起磨平。应保证 A、B、C、D、E 五面的相互平行度误差不超过 $0.01\sim0.02\text{mm}$ 的范围。动、定模耐磨板的斜面配合处应密合。

(2)矩形斜面。矩形斜面可先铣后磨,再装耐磨板。镶拼结构易于加工。小模具可采用整体结构。动、定模耐磨板的斜面配合处应密合。此结构优点是定位精度高,耐磨、寿命长。磨损后易于修理和更换。

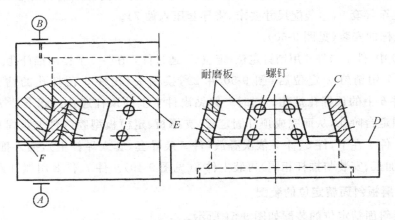

图 9-51 动、定模耐磨板定位的装配

任务 9.5 注塑模具的装配实例

图 9-52 为斜导柱侧向抽芯注塑模具装配图,本任务以此模为例,介绍比较复杂的塑料模具的装配流程。

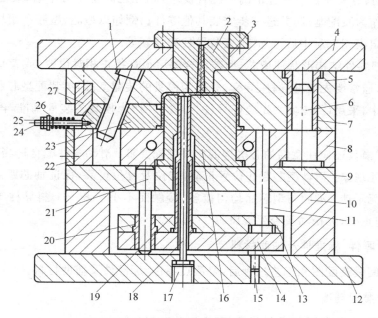

图 9-52 斜导柱侧抽芯注塑模具装配图

1—斜导柱;2—浇口套;3—定位环;4—定模板;5—型腔板;6—导柱;7—导套;8—型腔固定板;9—垫板;10—支撑板;11—复位杆;12—动模板;13—顶杆固定板;14—顶杆垫板;15—支撑钉;16—型芯;17—螺堵;18—型杆;19—顶管;20—顶板导套;21—顶板导柱;22—挡块;23—活动型芯;24—滑块拉杆;25—螺母;26—弹簧;27—楔紧块

9.5.1 准备工作

1. 分析阅读装配图和工艺过程

图 9-52 为斜导柱侧向抽芯注塑模具装配图,该模具采用斜导柱侧向抽芯机构,斜导柱在定模一侧,滑块(活动型芯)在动模一侧;顶出系统采用顶管顶出,为了保证其工作可靠,设有顶板导套 20、顶板导柱 21,复位杆 11;开闭模具的定位、导向机构为导柱 6、导套 7。

其工作原理为:熔体通过浇注系统注射入型腔,楔紧块承受熔体侧向压力,防止活动型芯侧移;保压冷却后,开模,此时在斜导柱侧向抽芯机构的作用下,活动型芯实现侧抽芯,并在侧抽完毕后,由定位装置滑块拉杆 24、螺母 25、弹簧 26 实现活动型芯的定位;开模后,由顶管顶出系统顶出塑件;顶出塑件后,闭模,楔紧块保证活动型芯的准确复位。

　　塑料模具的装配原则是：先将相互配合的零件装配成组件或部件，然后再将组件或部件进行最后的总装配和试模。

　　具体而言，依据装配基准的不同，塑料模具的装配顺序一般可分为两种。

　　(1) 当动、定模在合模后有正确的配合要求，相互之间易于对中时，装配顺序为以主要工作零件作为装配基准，并进一步安装其他零件。例如以型芯、型腔和镶块等作为装配基准，在动、定模相互对中后再加工、安装导柱和导套等。

　　(2) 当塑料件结构形状使型芯、型腔在合模后很难找正相对位置，或者是模具设有斜滑块机构时，通常要先装好导柱、导套，并作为模具的装配基准，再装配型芯和型腔。

　　本任务中，采用(2)方案：先装好导柱、导套，并作为模具的装配基准，再装配型芯和型腔。

　　此外，本模具还应注意侧抽芯机构的相关装配要求：滑动零件配合适当，动作灵活而无松动及咬死现象；活动型芯起止位置正确，定位及复位可靠，保证抽芯距离；开闭模时各滑动零件无干涉；型腔与型芯面均匀接触，接触面不小于 80%；斜导柱等导向系统滑动灵活，导向正确，无松动及咬死现象。

　　2. 清点零件、标准件及辅助材料

分析和阅读装配图和工艺过程后，要清点零件、标准件及辅助材料。

　　3. 布置装配场地

清点零件、标准件及辅助材料后，要布置装配场地。

9.5.2　装配工作

　　1. 精修定模

外形粗加工，每边留余量 1mm，再用平面磨来磨平行度，留修边余量；型腔用铣床加工或电火花加工，深度按要求留加工余量 0.2mm；用油石修光型腔表面；控制型腔深度磨分型面。

　　2. 精修型芯固定板孔及动模型芯

按划线加工型芯固定板型孔；按图样将预加工的动模型芯精修成型，钻铰顶件孔。

　　3. 镗导柱、导套孔（采用标准模架已完成）

将型腔板、型芯固定板组装在一起，使分型面紧密贴合，然后夹紧，镗削导柱、导套孔；镗导柱、导套的台阶。

　　4. 钻各螺钉孔、销钉孔及顶管孔

定模与型腔板组装在一起夹紧，钻螺钉孔、销钉孔；动模板、垫板、垫块、型芯固定板组装夹紧，钻螺钉孔、销钉孔。

5. 型芯压入型芯固定板

将型芯压入型芯固定板并配合紧密；装配后，型芯外露部分要符合图样要求。

6. 压入导柱、导套

将导套压入型腔板；将导柱压入型芯固定板；检查导柱、导套配合的松紧程度。

7. 磨安装基准面

将定模上基准面磨平；将型芯固定板下基面磨平。

8. 组装滑块抽芯机构

将滑块型芯装入滑块槽，并推至前端面与型腔定位面接触；将楔紧块上螺钉，使楔紧块与滑块斜面均匀接触，同时与分模面之间留有 0.2mm 的间隙，此间隙可用塞尺检查；保证模具闭合后，楔紧块与滑块之间具有锁紧力，否则应修磨滑块斜面，使之与楔紧块斜面密合；通过楔紧块对定模板复位，铰销钉孔，然后装入销钉；镗斜导柱孔，压入斜导柱；将定位板、复位螺钉和弹簧准确安装，使滑块准确复位定位。

9. 复钻上顶出板的复位杆孔及顶管孔

通过动模固定板及型芯，复钻推板上的推杆孔及顶杆孔，卸下后再复钻垫板各孔。

10. 将浇口套压入定模板

用铜板将浇口套装入定模板。

11. 装好定模部分

定模板、型腔板复钻螺钉孔、销钉孔后，拧入螺钉和敲入销钉紧固。

12. 装好动模部分

将型芯固定板、垫板、垫块、动模板复钻后，拧入螺钉，打入销钉紧固。

13. 修正顶杆及复位杆长度

将动模部分全部装配后，使上顶出板底面和下顶出板紧贴于型腔板；自型芯表面测出顶管、复位杆的长度；修磨长度后，进行装配，并检查它们的灵活性。

9.5.3　检验

模具装配完毕后，应对模具各部分作一次全面检查。经过检验、认定之后，可以安排试模并交付使用。

课外实践任务及思考

1. 到校企合作企业请教模具技术人员，借阅存档的模具图、制造工艺卡等。

2. 到校企合作企业，亲自跟随技术人员完成一套模具的装配过程。

3. 思考。

（1）什么是封闭环？什么是组成环？

（2）简述常用的模具装配形式。

（3）简述冲压模具装配的技术要求和装配程序。

（4）模具零件的固定方法有哪些？各用于哪类模具？

（5）模具装配时，控制凸、凹模间隙的方法有哪些？

（6）简述塑料模具导柱、导套的装配要点。

（7）简述塑料模具浇口套的装配要点。

（8）简述塑料模具的常规装配顺序。

（9）简述图 9-53 所示模具的装配过程。

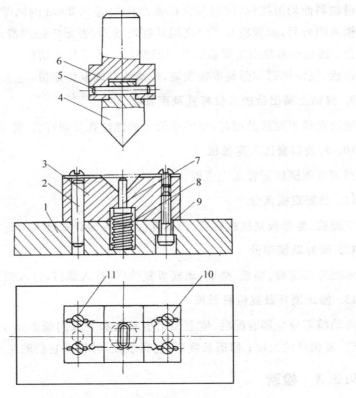

图 9-53　V 形件弯曲模

1—下模座；2、5—销钉；3—凹模；4—凸模；6—上模座；7—顶杆；8—弹簧；9、11—螺钉；10—定位板

（10）简述图 9-54 所示模具的装配过程。

（11）简述图 9-55 所示模具的装配过程。

（12）简述图 9-56 所示模具的装配过程。

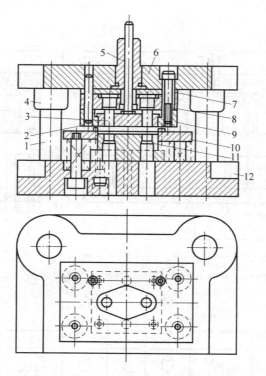

图 9-54 复合模具装配图

1—导柱；2—推块；3—凸模；4—导套；5—模柄；6—上模座；7—垫块；8—固定板；9—凹模；
10—卸料板；11—凸凹模；12—下模座

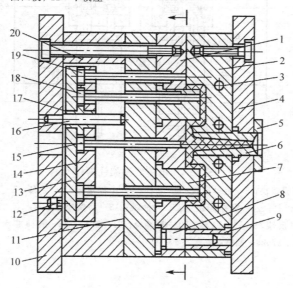

图 9-55 单分型面注射模的结构

1—动模板；2—定模板；3—冷却水道；4—定模座板；5—定位圈；6—浇口套；7—凸模；8—导柱；9—导
套；10—动模座板；11—支撑板；12—支撑钉；13—推板；14—推杆固定板；15—拉料杆；16—推板导柱；
17—推板导套；18—推杆；19—复位杆；20—垫块

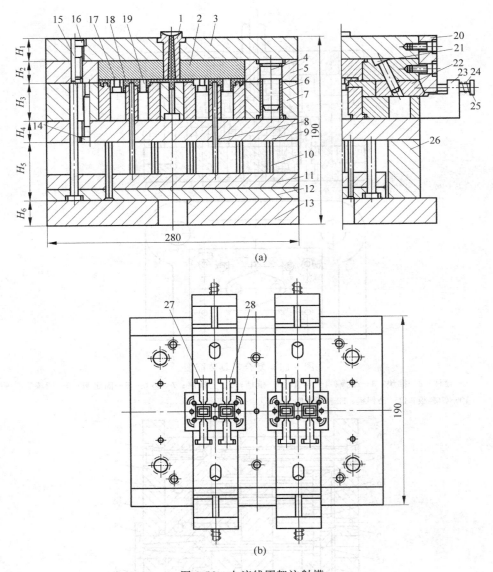

图 9-56 电流线圈架注射模

1—浇口套；2—上凹模镶块；3—定模座板；4—导柱；5—上固定板；6—导套；7—下固定板；8—推杆；

9—支撑板；10—复位杆；11—推杆固定板；12—推板；13—动模座板；14、16、25—螺钉；15—销钉；

17—型芯；18—下凹模镶块；19—型芯；20—楔紧块；21—斜销；22—侧抽芯滑块；23—限位挡块；

24—弹簧；26—垫块；27、28—侧型芯

模具的调试与验收

模具组装后,要通过试模验证模具的技术状态是否达到设计要求,经过调试,能否连续生产满足要求的合格制件。能否顺利通过验收,进而交付使用。因此,模具的试模、调试与验收,是完成模具制作任务的"收官之战"。

任务 10.1　了解模具调试与验收工作步骤

模具调试与验收的工作步骤是:

(1) 所制模具进入模具库待验区后,首先交模具管理员,模具管理员通知修模工,由修模工对模具依据《模具外观完整性》进行检查,并将结果登记于《模具外观验收报告》,可依条件对模具进行拍照保存,由模具管理员收管修模工签好的《模具外观验收报告》,并在模具临时入库单签收。

(2)《模具外观验收报告》填写完毕后,用邮件形式传给生产准备主管等相关人员。

(3) 生产准备主管依据《模具外观验收报告》和生产进度情况开出《试模通知单》。

(4) 生产车间依据《试模通知单》上规定的时间和人员(制造部调度,技术部模具设计员和工艺员,质控部检验员,模具制造单位人员,生产车间技术主任等)对模具进行调试,并将试模结果写于《试模报告》并传给相关部门。

(5) 技术部经理(或客户)根据《模具外观验收报告》与《试模报告》,决定该模是需要再维修或能够接收。如果可以接收,则在《模具验收报告》上签署审核,并附上意见。

(6) 修模技工将已被验收审核的模具转给制造部(或客户),制造部(或客户)将已被验收合格的模具摆放至模具架上,并标注位置,待用。

任务 10.2　冲压模具试模与调整

冲模装配后,必须通过试冲对制件的质量和模具的性能进行综合考查与检测。对试冲中出现的各种问题应作全面、认真的分析。找出其产生的原因,并对冲模进行适当的调整与修正,以得到合格的制品零件。

10.2.1　冲模试冲与调整的目的及内容

1. 试模目的

冲模的试冲与调整简称调试。其调试的目的主要在于:

(1) 鉴定制件和模具的质量。冲模组装后,必须首先经过在生产条件下的试冲,并根据试冲后的成品,按制品零件设计图。检查其质量和尺寸是否符合图样规定的要求,模具动作是否合理可靠。根据试冲时出现的问题,分析产生的原因,并设法加以修正,使所制造的模具不仅能生产出合格的零件,而且能安全稳定地投入生产使用。

(2) 确定制品的成型条件。冲模经过试冲制出合格样品后,可在试冲中掌握模具的使用性能、制品零件的成型条件、方法及规律,从而可对模具能成批生产制品时的工艺规程制定提供可靠的依据。

(3) 确定成型零件制品的毛坯形状、尺寸及用料标准。在冲压生产中,有些形状复杂或精度要求较高的弯曲、拉深、成型、冷挤压等制品零件,很难在设计时精确地计算出变形前的毛坯尺寸和形状。为了能得到较准确的毛坯形状和尺寸及用料标准,只有通过反复的调试模具后,使之制出合格的零件才能确定。

(4) 确定工艺设计、模具设计中的某些设计尺寸。对于一些在模具设计和工艺设计中,难以用计算方法确定的工艺尺寸,如拉深模的复杂凸、凹模圆角、某些部位几何形状和尺寸,必须边试冲,边修整,直到冲出合格零件后,此部位形状和尺寸方能最后确定。通过调试后将暴露出来的有关工艺、模具设计与制造等问题,连同调试情况和解决措施一并反馈给有关设计及工艺部门,以供下次设计和制造时参考,提高模具设计和加工水平。

冲模经试模、调修后,验证模具的质量和精度,以作为交付生产使用的依据。

2. 冲模调试的主要内容

冷冲模在调试过程中,主要包括如下内容。

(1) 将装配后的冲模能顺利地装在指定的压力机上。

(2) 用指定的坯料,能稳定地在模具上顺利地制出合格的制品零件来。

(3) 检查成品零件的质量,是否符合制品零件图样要求。若发现制品零件存在缺陷,应分析其产生缺陷的原因,并设法对冲模进行修正和调试,直到能生产出一批完全符合图样要求的零件为止。

(4) 根据设计要求,进一步确定出某些模具经试验后所决定的形状和尺寸,并修整这些尺寸,直到符合要求。

(5) 经试模后,为工艺部门提供编制模具生产批量制品的工艺规程的依据。

（6）在试模时,应排除影响生产、安全、质量和操作等各种不利因素,使模具能达到稳定、批量生产的目的。

10.2.2 试模前的准备工作

1. 熟悉制件的质量要求

根据试模目的,在试模前,有关人员首先要通过制件图样,熟悉所试模具要加工的制件,主要内容包括:

（1）制件的形状和尺寸大小。

（2）制件的材料及性能。

（3）制件的精度及其他技术要求。

（4）若该制件需要多道冲压工序生产,则要熟悉本套模具与前后工艺的衔接要求。

（5）制件的生产批量。

2. 模具的准备

（1）冲模的外观要求。冲模在试模前,要经外观和空载检验合格后才能安装在机床上进行试模,其检验方法,应按冲模技术条件对外观的技术要求进行全面检验。

（2）模具的安全措施是否到位。包括模具是否安全运达试模场地,运输途中是否有损坏,起吊机构是否可靠等。

3. 试模材料

（1）试模前,被冲材料必须经过质检部门检验,并符合技术协议（供货合同）的规定要求,尽可能不采用代用材料。

（2）试模所用的条料宽度应符合工艺规程所规定的要求。如连续模其试模所用的条料宽度要比两导料板之间的间隔距离小 $0.1\sim0.15$mm 为宜。条料在长度方向上应保持平直无杂质。

（3）试冲的毛坯。

① 试冲的毛坯形状、尺寸和表面质量要符合设计要求。

② 对于要通过试模验证毛坯尺寸的试冲,要准备多套方案的毛坯以便确认。

③ 试冲制品数量。模具在试冲时,要根据用户（使用部门）要求来定试冲数量。一般情况下,小型冲模应≥50 件;硅钢片≥200 件;自动冲模连续时间应≥3min;贵重金属材料的制品,由需方自定。

4. 试模设备

试模时所采用的设备,必须符合工艺规定,其设备（压力机）吨位、精度等级,必须符合工艺要求。

（1）试模场地。考虑到试模修模的方便性、试模设备的可靠性等因素,试模场地应根据双方达成的协议而定,但场地要符合试模的各项要求条件。

（2）国产压力机的主要技术参数见表 10-1～表 10-5。

表 10-1　曲柄压力机与液压机的比较

性　能	曲柄压力机	液 压 机
加工速度	比液压机快	很慢
行程长度	不能够太长（600～1000mm）	作成 1000mm 以上比较容易
行程长度的变化	一般小型压力机的行程做不可调的，因为行程长度调节会使机构复杂	行程长度变化容易
行程终端的位置	终端位置能够准确地确定	就压力机本身来说不能准确确定
所产生的压力与行程位置的关系	离下死点愈远，所产生的压力愈小	公称压力与行程位置无关
加压力的调节	一般难以做到，即使做到也不能准确调节	容易调节
保压作用	不能	能
锤击作用	有一定的锤击作用	无
过载的可能性	会产生	不会产生
维修的难易	较易	较为麻烦

表 10-2　开式双柱可倾压力机主要技术参数

主要技术参数		型　号							
		J23-3.15	J23-6.3	J23-10	J23-16	J23-25	J23-40	J23-63	J23-100
公称压力/kN		31.5	63	100	160	250	400	630	1000
滑块行程/mm		25	35	45	55	65	100	130	130
滑块行程次数/(次/min)		200	170	145	120	105	45	50	38
最大闭合高度/mm		120	150	180	220	270	330	360	480
最大装模高度/mm		95	120	145	180	220	265	280	380
连杆调节长度/mm		25	30	35	45	55	65	80	100
工作台尺寸/mm	前后	160	200	240	300	370	460	480	710
	左右	250	310	370	450	560	700	710	1080
垫板尺寸/mm	厚度	25	30	35	40	50	65	80	100
	孔径	110	140	170	210	200	220	250	250
模柄孔尺寸	直径	25	30	30	40	40	50	50	60
	深度	45	50	55	60	60	70	80	75
最大倾斜角度/(°)		45	45	35	35	30	30	30	30
电动机功率/kW		0.55	0.75	1.10	1.50	2.2	5.5	5.5	1.0
设备外形尺寸/mm	前后	675	776	895	1130	1335	1685	1700	2472
	左右	478	550	651	921	1112	1325	1373	1736
	高度	1310	1488	1673	1890	2120	2470	2750	3312
设备总质量/kg		194	400	576	1055	1780	3540	4800	10000

表 10-3　闭式双点压力机主要技术参数

主要技术参数	型　号			
	J36-160B	J36-250B	J36-400	J36-630B
公称力/kN	1600	2500	4000	6300
公称力行程/mm	10.8	11	13	26
滑块行程长度/mm	315	400	500	500

续表

主要技术参数	型　　号			
	J36-160B	J36-250B	J36-400	J36-630B
滑块行程次数/(次/min)	20	17	14	9
最大装模高度/mm	670	590	800	810
装模高度调节量/mm	250	250	400	340
工作台尺寸(前后×左右)/mm	1250×2000	1250×2770	1500×2800	1500×3450
滑块底面尺寸(前后×左右)/mm	1050×1980	1000×2750	1400×3050	1270×3450
气垫　[压紧力/退出力(单个)]/kN	25	17065	800	40063
气垫　数量/个	2	3	1	3
气垫　行程/mm	150	200	250	240
主电动机功率/kW	30	30	55	75

表 10-4　闭式单点、双点双动压力机主要技术参数

型号　　　　主要技术参数		单点压力机		双点压力机
		JA45-200/125A	JA45-315/315A	J46-500/300
公称力/kN	内滑块	2000	3150	5000
	外滑块	1250	3150	3000
公称力行程/mm	内滑块	25	30	25
	外滑块	8	16	10
滑块行程长度/mm	内滑块	670	850	900
	外滑块	425	530	620
滑块行程次数/(次/min)		8	5.5～9	10
最大装模高度/mm	内滑块	930	1120	1100
	外滑块	825	1070	950
装模高度调节量/mm	内滑块	165	300	400
	外滑块	165	300	400
滑块底面尺寸(前后×左右)/mm	内滑块	900×960	1000×1000	1300×2500
	外滑块	1350×1420	1600×1550	1800×3000
工作台尺寸(前后×左右)/mm		1400×1540	1600×1800	1800×3000
最大拉深深度/mm		315	400	200
气垫　[压紧力/退出力(单个)]/kN		500/80	1000/120	
气垫　数量/个		1	1	
气垫　行程/mm		315	400	
主电动机功率/kW		40	75	

表 10-5　万能液压机主要技术参数

型　　号	技　术　参　数						
	公称压力/kN	滑块行程/mm	顶出力/kN	工作台尺寸前后×左右×距地面高/mm×mm×mm	工作行程速度/(mm/s)	活动横梁至工作台最大距离/mm	液体工作压力/MPa
Y32-50	500	400	75	490×520×800	16	600	20
YB32-63	630	400	95	490×520×800	6	600	25

续表

型　号	技术参数						
	公称压力/kN	滑块行程/mm	顶出力/kN	工作台尺寸前后×左右×距地面高/mm×mm×mm	工作行程速度/(mm/s)	活动横梁至工作台最大距离/mm	液体工作压力/MPa
Y32-100A	1000	600	165	600×600×700	20	850	21
Y32-200	2000	700	300	760×710×900	6	1100	20
Y32-300	3000	800	300	1140×1210×700	4.3	1240	20
YA32-315	3150	800	630	1160×1260	8	1250	25
Y32-500	5000	900	1000	1400×1400	10	1500	25
Y32-2000	20000	1200	1000	2400×2000	5	800～2000	26

（3）试模设备参数的校核。试模前，要对试模设备的技术参数与被试模具的相关参数的吻合性进行全面核实，避免不能安装或事故的发生。

① 模柄安装孔。对于带模柄的模具，其上模与压力机的连接，主要是通过模柄，因此要求模具的模柄直径要与压力机的模柄孔直径匹配。上模时首先要核实此项。几种常见压力机的模柄孔直径见表10-6。

表 10-6　常见压力机的模柄孔直径

压力机型号	J1116	J1150	J11100	J23-6.3	J23-10	J23-16	J23-25	J23-40	J23-63	JJ23-100
模柄孔直径/mm	40	50	60	30	30	40	40	50	50	60

当量直径不一致时，有的现场备有开口模柄套，可供选用。

② 冲压力。设备的公称力是设备的"额定压力"，是设备能产生的最大冲压力，代表设备的"能力"，是压力机的主参数。曲柄压力机由于曲柄连杆机构的特性决定，冲压力在滑块整个行程中是变化的，而公称力则是如图 10-1 所示公称压力角的冲压力。自此至下死点的滑块行程称之为公称力行程，在公称力行程内，理论上认为冲压力基本不变。而在滑块行程中点，所能产生的冲压力仅为公称力的 40%～50%。

由于冲压各工序所需设备提供的最大压力在滑块不同的行程位置（见图 10-2），为保证工作时不使压力机"超载"，各工序模具与压力机压力匹配计算原则不同。

③ 工作行程。在复审所用设备时，除复查公称压力外，还应考虑压力机的滑块行程必须满足冲压工艺要求。对于行程要求较小的冲裁、浅拉等一般不做校核；对于行程要求较大的弯曲、拉深工艺，为保证方便取件，一般取行程等于或大于拉伸件、弯曲件高度的 2.5 倍，对于有斜楔、滑块的模具，应有足够的行程，以保证模具各部分动作协调；对于导板模和带有滚珠导向模具，工作时不允许导向机构脱离，宜采用可调行程的偏心压力机。

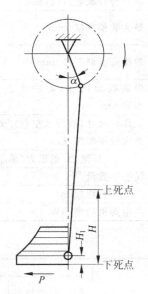

图 10-1　曲柄压力机压力变化曲线

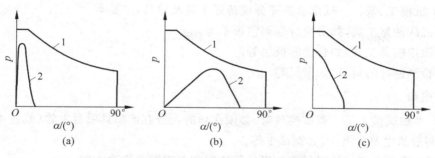

图 10-2 压力机负荷曲线与冲压力曲线比较

（a）冲裁；（b）拉深；（c）成型

1—压力机负荷曲线；2—冲压力曲线

④ 闭合高度。检查压力机的闭合高度，复查是否满足模具的装模要求。模具与压力机闭合高度的关系如图 10-3 所示。

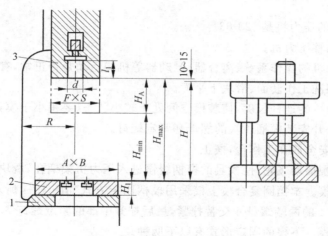

图 10-3 模具与压力机闭合高度

1—压力机工作台；2—垫板；3—压力机滑块

⑤ 工作台。冲模下模要安装在压力机工作台面上，要放得下，有固定的空间，模座外廓尺寸一般应小于工作台面，对于长而窄的模具，特殊情况下，在压力机一个方向可以少量超出，但要充分考虑模具的刚性和安全性。

⑥ 漏料孔。小型开式压力机工作台上带有漏料孔，要保证漏料孔畅通。对于尺寸小的模具，放在工作台上，漏料孔使之"悬空"量太大。影响模具的刚性，易损坏模具零件，因而要加以解决。

若下模座下方带有弹顶装置，上模后，需要放在漏料孔内，且要为橡皮变形留余量。

⑦ 打料杆。对于上模带有打料机构的复合模，要核实压力机的打料装置调节是否完整。

⑧ 气垫。对于带气垫的大型压力机，要核实模具与压力机相应孔的对应性以及顶杆的长度、数量等。

（4）试模工、量具。试模前要充分准备好工具及量具，主要有：

① 机床调整工具，如滑块行程调整扳手等。

② 固定模具工具，如合适的扳手等。

③ 检测制件的量具，如卡尺等。

5. 组织

（1）参加试模人员。调试模具时，必须在场的人员有该模具项目主管（或技术主管）、设计与制造的主要代表，模具调试工等。

（2）由项目主管组织对试模结果进行检测和制定调整修改方案。

10.2.3　挡圈复合模具的安装及调试

前述挡圈落料、冲孔、翻边复合模已完成零件的加工和装配，经初步检验已具备试模条件，试模准备工作也已基本就绪，现实施试模任务。

1. 安装模具

该模具选用的压力机是 J23-63。

（1）检查、调整压力机。

① 检查压力机的操作系统、离合器、制动器等机构运动是否正常，有无连冲。

② 清除和擦洗工作套面、滑块下平面。

③ 调整压力机的连杆长度，使装模空间处于较小状态（要稍小于模具的闭合高度）。

④ 用扳手松开安装模柄压块的螺母和紧定螺钉。

（2）将模具安全放在工作台，摆正。

（3）手动缓慢摇动飞轮，使模具的模柄缓慢进入压力机模柄孔，滑块压住模具。

（4）固定上模。本挡圈复合模上模采用模柄固定方式如图 10-4 所示。紧固模柄时，应该先对前压块 4 的两端螺母 6 交替拧紧，最后拧紧中部的紧定螺钉 7。

（5）固定下模。下模的固定形式有以下两种。

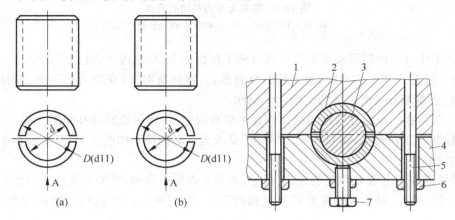

图 10-4　模柄安装示意

（a）分开式；（b）整体式

1—滑块本体；2—模柄套；3—模柄；4—前压块；5—螺钉；6—螺母；7—紧定螺钉

① 螺栓直接固定。压力机工作台上平面或滑块下平面加工出若干条 T 形槽,模具上、下模座相应位置加工出安装槽,即可如图 10-5 用螺栓直接固定。

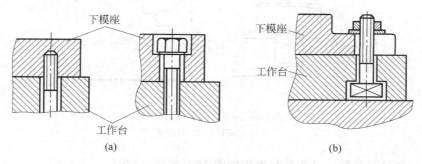

图 10-5 螺栓直接固定模座

(a) 螺钉固定;(b) 螺栓直接固定

② 压板螺栓固定模座(见图 10-6)。本挡圈复合模采用压板螺栓固定下模。本固定方案使用方便,适用性强,主要使用中、小型模具的下模固定。

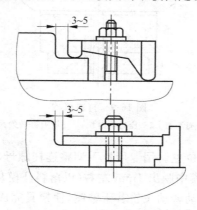

图 10-6 压板螺栓固定

采用压板螺栓固定时,要正确选用另一端的垫铁高度,以及合理分配压板的力臂。避免因一端过高而紧固不稳。要求 $L_2 > L_1$,$H_2 = H_1$ 或稍大于 H_1,如图 10-7 所示。垫铁尽量采用规范的形式,如图 10-8 所示。

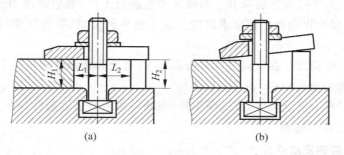

图 10-7 压板固定分析

(a) 正确;(b) 错误

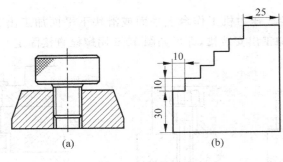

图 10-8　垫铁形式

(a) 可调试；(b) 台阶式

（6）初调打料机构。设备打料机构如图 10-9 所示，将螺栓调至最短。

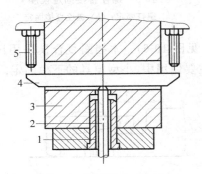

图 10-9　打料机构

1—模柄；2—打料杆；3—压力机滑块；4—压力机横梁；5—打料螺钉

（7）初调整滑块下死点位置。用专用扳手调整连杆螺母，手动飞轮，直至飞轮能够整圈运转，而后调至上模从下模中脱出 1mm 左右（以落料凸模从落料凹模中脱出为准）。

（8）模具空载运行。手动转动飞轮若干整圈，使模具完成合模动作，确认运动平稳无干涉后启动电动机，空载运行运动平稳即可停车。而后调整连杆螺母至上模从下模中脱出 1mm 左右（以落料凸模从落料凹模中脱出为准）。

至此模具安装工作结束。

2. 试冲及调试

（1）上模进入下模深度的调节。本模具带有翻边工序，翻边高度 10mm，要逐步调节连杆长度，直至能冲出制件达到要求高度。深度调节到位后，要锁住连杆调整螺母，以防松动。

（2）打料机构调节。逐步调节打料机构螺栓，直至能将制件顺利从上模中退下，调解时左右两侧螺栓要均匀对称，切忌高低不一。

（3）试冲时有一定危险性，除试模工外，现场一切人员要远离设备在安全线以外。要随时检查漏料孔是否畅通。

3. 试冲件检测及质量分析

（1）首件必检。设备调整到位后所冲制的第一个完整制件必须检测，若发现模具动作不正常或首件不合格应立即停机进行调整。分析原因,模具或设备调修后再重试。

(2)质量分析。在得到完整制件后,技术检测人员要立即对制件质量进行分析,并对模具提出修改、调整意见,落料、冲孔、翻边常见的问题分析见表10-7。

表 10-7 制件常见问题分析

序号	质 量 问 题	原 因 分 析	解 决 途 径
1	落料外圆 $\phi80$ 光亮带太宽,有齿状毛刺	冲裁间隙太小	减小落料凸模尺寸,并保证合理间隙
2	落料外圆 $\phi80$ 断面粗糙,圆角大、光亮带窄,有拉长的毛刺	冲裁间隙太大	更换或返修落料凸模保证合理间隙
3	落料外圆 $\phi80$ 断面光亮带不均匀,毛刺不均匀	冲裁间隙不均匀	返修凸模或凹模,调整间隙至均匀
4	落料外圆 $\phi80$ 尺寸超差	尺寸计算错误或落料凹模出现误差	更换或返修凸、凹模
5	内孔与外形位置偏移或不同心	落料翻边凸凹模不同心或安装不正	更换凸凹模或重新调整模具
6	$\phi50$ 孔边外缘破裂或不齐	预冲孔计算有误或冲孔间隙过大、不均匀,或凹模圆角不均匀	更换、调整凸凹模或间隙
7	$\phi50$ 孔直径超差	冲孔翻边凸凹模尺寸有误差,或材料回弹太大	检验材料和凸凹模尺寸并更换或调整
8	$\phi50$ 孔高度超差	预冲孔计算有误	重新计算并修正
9	圆角 $R3$ 超差	落料翻边凸凹模圆角有误差,或材料回弹过大	修磨圆角验证材料
10	啃模	1. 导柱导套导向间隙过大 2. 推件块安装不垂直,冲孔凸模偏移 3. 落料凸模或导柱安装不垂直 4. 平行度误差积累	1. 返修导柱导套 2. 返修或更换推件块 3. 重新装配,调整各件垂直度 4. 重新修磨装配,保证平行度
11	脱料或出件不正常	1. 推件块与翻边凸模配合过紧 2. 弹顶器橡皮弹力不足 3. 冲孔凹模漏料孔与弹顶器中间过孔不重合或过小 4. 冲孔凹模有倒锥	1. 修正推件块 2. 更换橡皮 3. 修正漏料孔 4. 修正凹模
12	条料推出困难	卸料橡皮弹力不足	1. 调整卸料螺钉 2. 更换橡皮
13	翻边不直	翻边凸模与凹模间隙过大或不均匀	调整模具间隙、更换或修配凸凹模

4. 问题的处理

根据现场出现的质量问题和提出的修改意见,模具钳工要认真修改和调整模具,反复调试,直至达到能稳定生产达标的制件。

5. 试模后的制品零件

一般应不少于 20 件,并妥善保存,以便作为交付模具的依据。

10.2.4　其他冲压模具调试要点

1. 弯曲模的调整要点

（1）弯曲模上、下模在压力机上的相对位置调整

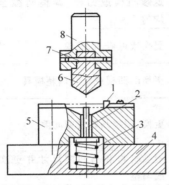

图 10-10　无导向弯曲模具
1—挡料销；2—顶件杆；3—弹簧；
4—下模座；5—凹模；6—凸模；
7—销钉；8—模柄

① 无导向装置弯曲模（见图 10-10）。上、下模在压力机上的相对位置,一般由调节压力机连杆的长度方法调整。在调整时,最好把事先制作的样件放在模具的工作位置上（凹模型腔内）,然后调节压力机连杆使上模随滑块调整到下死点时,既能压实样件又不发生硬性顶撞及咬死现象。然后将下模紧固。

② 带有导向的弯曲模。其上、下模位置在压力机的位置由导向机构决定。模具的安装过程和步骤与上述复合模基本相同。

（2）凸、凹模间隙的调整

① 底面间隙的调整。上、下模在压力机的相对位置粗略调整后,再在凸模下平面与下模卸料板之间垫一块比坯件略厚的垫片（一般为弯曲坯料厚度的 1～1.2 倍）,继续调节连杆长度,一次又一次用手搬动飞轮,直到使滑块能正常地通过下死点而无阻滞的情况下为止。

② 上、下模的侧面间隙。有导向装置的模具由导向机构决定和保证上、下模的侧面间隙。无导向机构弯曲模具则采用垫纸板或标准样件的方法来进行调整,以保证间隙的均匀性。

间隙调整后,可将下模板固定、试冲。

（3）定位装置的调整

弯曲模定位零件的定位形状应与坯件外形相一致。在调整时,应充分保证其定位的可靠性和稳定性。常用定位块及定位钉定位,试冲后,若发现位置及定位不准确,应及时调整定位元件位置或更换定位零件。

（4）卸件、退件装置的调整

弯曲模的卸料系统行程应足够大,卸料用弹簧或橡皮应有足够的弹力；顶出器及卸料系统应调整到动作灵活,并能顺利地卸出制品零件,不应有卡死及发涩现象。卸料系统作用于制品的作用力要调整均衡,以保证制品卸料后表面平整,不至于产生变形和翘曲。

（5）弯曲常见质量问题分析见表10-8。

表 10-8　弯曲常见质量问题分析

序号	质量问题现象	原因分析	解决办法
1	制件高度尺寸不稳定	1. 凹模工作高度尺寸太小 2. 凹模两侧圆角不对称	凹模工作高度 $L_0 \geqslant L_{min}$ 修正凹模圆角
2	弯角外部弯裂	1. 凸模圆角半径小于最小弯曲半径 2. 材料纤维纹向与弯曲线平行 3. 材料不符要求	1. 加大凸模弯曲半径 2. 改变落料排样方向 3. 退火或改用材料
3	制件外表面有划痕	1. 凹模圆角半径太小，表面粗糙 2. 模具间隙过小	增大圆角，修正间隙
4	U 型件弯曲底部不平	凹模内无顶料装置	增加顶料装置或校正
5	弯曲角增大超差或 U 型件口部宽度尺寸超差	1. 材料回弹过大 2. 模具间隙过大	1. 毛坯回火 2. 调整模具间隙 3. 采用校正弯曲
6	制件上孔弯曲后变形	孔位于变形区内	改变工艺方法，改变模具结构
7	U 型件两侧同轴孔不同心	1. 弯曲时，两侧滑移速度控制不好 2. 材料回弹，弯曲角增大	1. 修磨两侧凹模圆角 2. 采用工艺孔控制 3. 采用回弹补偿角控制回弹
8	弯曲后制件宽度方向变形，被弯曲部位在宽度方向出现变形	属于窄板弯曲，变形时，板宽方向拉伸和收缩量不等产生扭转和挠度	1. 增加弯曲压力 2. 增加校正弯曲 3. 控制材料纤维方向与弯曲线成一定角度

2. 拉深模调整要点

（1）试冲时，拉深模的安装

拉深模具的安装与其他模具基本相同，主要特点是：

① 有导向的拉深模安装时，上、下模相对位置由导向零件决定。无导向机构的拉深模，需采用控制间隙的方法，决定上、下模位置。可采用标准样件、合格试件或垫金属片的方法，垫片可采用铜、铝等软金属材料。在调整时，先将上模固紧在压力机滑块上，下模放在工作台上先不固紧，然后在凹模内放入样件，再使上、下模吻合对中，调整各方向间隙，使之均匀一致后，再将模具处于闭合位置，拧紧螺栓，将下模固紧在工作台上，取出样件，即可试模。

② 凸模进入凹模深度　可采用控制闭合高度，或由模具结构决定。

（2）进料阻力的调整

在拉深过程中，若拉深模进料阻力较大，则易使制品拉裂，进料阻力小，则又会起皱。因此，在试模时，关键是调整进料阻力的大小。拉深阻力的调整方法是：

① 调节压边圈的压力，使之在处于正常压力下进行工作。压边力的调整应均衡，并

使拉深开始时材料就受到压边力的作用。在压边力调整到使拉深件凸缘部分既无起皱又无材料明显破裂时,再逐步加大拉深深度。

用气垫提供压边力时,通过调节压缩空气的压力大小来控制压边力,生产现场提供的压缩空气压力一般为 0.5~0.6MPa。

在小吨位压力机上进行拉深作业时,则采用安装在模具上的压边装置中的橡皮或弹簧弹力来提供压边力,通过调节弹性元件的压缩量来调节压边力。

在双动压力机拉深时,压边力是由压力机外滑块提供的,通过调节外滑块的下死点位置调整压边力。

② 调节拉深模的压边圈的压边面,使之与坯料有良好的配合。

③ 模具采用拉深筋时,通过修正拉深筋和拉深槛的高度和间隙,达到调整压边力的目的。

④ 修整凹模的圆角半径,使之合适。一般是加大凹模圆角,提高圆角光滑程度可减小进料阻力。

⑤ 采用良好的润滑剂及增加或减少润滑次数。

（3）调试和确定毛坯形状和尺寸

试冲时所用毛坯,是工艺计算结合实践经验确定的,对于形状复杂的拉深件往往是不准确的,因此,要通过试冲最后来确定准确的毛坯形状和尺寸。具体实施方法如下:

① 试冲前,先根据工艺计算结合实践经验确定毛坯的初步形状和尺寸,在平板上划线、剪样片,可用剪板机或振动剪加工。

② 将样片在首次拉深模上试冲,调整好压力机和压边力,根据试冲结果反复修正样片形状和尺寸,直至冲出合格件。

③ 将首次拉深的合格试件,在以后各道工序的拉深、切边、整形等模具上依次试冲,试冲过程中,可采用修正、调整方法改善工作条件,直至试冲出合格的工件为止。

④ 在修改样片尺寸时,每次至少同样剪样两件,试冲时,留一件作为下次修正的依据。

⑤ 试冲合格制件后的样片形状和尺寸,可作为落料（或切边）模具刃口制造的依据。

（4）拉深件常见的缺陷及修正

拉深件常见的缺陷主要有起皱、拉裂等,试冲主要质量问题、原因分析及解决办法见表 10-9。

表 10-9　拉深件常见质量问题分析

序号	质量问题现象	原因分析	解决办法
1	制件起皱	1. 压边力不足或不均匀 2. 压边圈刚性不足 3. 凹模的圆角半径太大 4. 凸、凹模间隙过大	1. 加大压料力 2. 重新更换压边圈,使之刚性增加 3. 修磨减小凹模圆角半径 4. 更换凸模或凹模,修整模具间隙

续表

序号	质量问题现象	原 因 分 析	解 决 办 法
2	制件尺寸和形状不符合图样要求	1. 制件拉深深度不够,原因是 (1) 坯料尺寸太大 (2) 凸、凹模间隙太大 (3) 凸模圆角半径过小或压边力太小 2. 制件高度太大,主要是 (1) 由于毛坯尺寸太大 (2) 拉深凸、凹模间隙太小 (3) 凸模圆角半径过大 (4) 压料力太大	根据分析原因进行调整: 1. 适当调整坯料尺寸 2. 调整模具间隙 3. 修正凹模圆角半径 4. 调整压边力 5. 必要时重新安装调整模具
3	制件被拉裂	在拉深过程中,造成制件被拉裂的根本原因是拉深变形抗力大于筒壁开裂处材料实际有效抗拉强度。 1. 制件凸缘起皱并且壁部又被拉裂,则是由于压边力太小,凸缘部分起皱无法进入凹模而被拉裂 2. 制件壁部被拉裂,原因是 (1) 凹模圆角半径太小 (2) 润滑不好 (3) 压边力太大 (4) 材料塑性太差 3. 制件的底部被拉破的原因是凸模圆角半径太小,在拉深时使材料处于剪制状态而造成的	解决拉深件的破裂,一方面提高拉深件筒壁的抗拉强度,另一方面是降低拉深的变形抗力。 1. 调整压边力 2. 修磨凹模圆角 3. 加强润滑 4. 材料中间加退火工序 5. 调整模具间隙或重新装配模具
4	制件底部不平	1. 制件底部周边形成鼓凸,常发生在薄板无凸缘的浅拉深件上,主要原因是拉力不足 2. 拉深件底面凹陷。拉深件底面的一部分或全部分离开凸模后出现凹陷,主要是由模具无排气孔或排气孔太小、堵塞以及顶料杆与制品零件面积接触太小而引起的	1. 增加压边圈 2. 修正凹模圆角 3. 调整模具间隙 4. 加大排气孔 5. 凹模底部加弹性顶件块
5	制件口部高低不齐或有皱褶	1. 凹模圆角过大,在拉深后期压边不起作用 2. 模具间隙不均匀 3. 毛坯中心与凸模中心不重合,或材料厚度不均匀	1. 修磨凹模圆角 2. 调整间隙 3. 调整毛坯定位

续表

序号	质量问题现象	原 因 分 析	解 决 办 法
6	制品表面擦伤与拉毛	制品在拉深后,表面被严重擦伤或拉毛。 1. 凹模圆角半径太小或型面不光洁,圆弧与直线衔接处有棱角或凸起时,坯料会被划出划痕 2. 凸、凹模间隙太小或不均匀。也能造成局部压力增大,使制件表面产生划痕 3. 坯料表面润滑不好,润滑剂有杂质,拉伤表面	1. 凹模圆角进行修整和研磨抛光 2. 重新调整间隙,使之均匀。凹模壁要进行研磨与抛光,尽量减少摩擦阻力 3. 清洗毛坯,使用干净的润滑剂
7	盒形件角部向内折拢、局部起皱	材料角部压边力太小或角部毛坯太小	应加大角部坯料面积或压边力
8	矩形件角部破裂	模具圆角半径太小、模具间隙太小或制件变形过大	加大圆角半径、模具间隙或增加拉深次数
9	矩形件直壁部不平整	角部间隙太小,多余材料向壁部挤压引起失稳而起皱	加大角部间隙,减小直壁部分间隙

任务 10.3　塑料模具试模与调整

塑料制品成型工艺方法有注塑成型、挤出成型、压模成型、中空吹塑成型等,塑件大量采用的是注塑成型,本任务的内容是塑料注射模具的试模与调整,其他塑料模具的调试不再阐述。

10.3.1　注塑模试模目的及内容

塑料注射模在装配后,必须经过试模与调整。只有经过试模、调修后的模具才能进入验收和交付使用程序。

1. 试模目的

(1) 验证模具质量

① 检验模具的设计质量。主要有模具与注塑机的匹配;运动部件运动及定位的可靠性,是否存在运动干涉;抽芯行程是否满足要求;推出机构的可靠性;模具排气效果等。

② 检验模具零件的加工质量。主要有型芯、型腔的加工精度和表面粗糙度;分型面的接触面的密闭性;成型零件分割面的溢料程度;运动零件的间隙是否合理;冷却液是否泄漏等。

③ 检验模具的装配质量。主要有模具间隙的均匀性;运动零件的运动可靠性等。

(2) 获取制件成型工艺条件及参数

① 试模验证塑料的流动性及充腔条件。

② 试模验证防止溢料、飞边的成型条件。

③ 试模获取冷却定形,减小变形的最佳出模时机。

总之,通过试模,获取最佳成型工艺参数温度、压力、时间等成型条件。

(3) 验证制件是否符合设计要求

经过反复调整成型工艺参数、调试模具后,验证制件成品是否达到设计要求。

2. 试模内容及步骤

(1) 试模前检查模具,核实注塑机。

(2) 准备试模塑料。

(3) 安装模具。

(4) 调试工艺参数。

(5) 试件检验。

(6) 调修模具。

(7) 再次试模,直至塑件合格。

10.3.2 试模前准备

1. 直观检查模具

模具在试模安装前,试模主要组织者和操作者要重新查看模具装配图,进一步熟悉该模具的基本结构、动作过程、技术要求和注意事项等。依据模具装配图,对模具进行必要的外观检查。

(1) 模具闭合高度、安装尺寸、顶出形式、开模距、模具工作要求等是否符合所选定设备的技术条件。

(2) 大中型模具要便于安装及搬运,应有起重孔及吊环。起重孔的位置是否可以使模具平衡吊装。

(3) 模具外露部分不允许有锐角,应倒钝。紧固件要牢固,无松动现象。

(4) 各种水管接头、阀门、附件、备件要齐备,模具要有合模标记。

(5) 模具的成型零件、浇注系统表面应光洁,无塌坑及明显的伤痕。

2. 核实设备技术参数

试模所用设备,本应依据设计选定的注塑机,但实际生产中,常常在模具生产地进行试模,往往难以找到与要求完全相同型号的注塑机,要临时选择代用注塑机进行试模。因而有必要对注塑机技术参数等进行核对。

(1) 与注塑机能力有关的参数核实

主要有注塑量、锁模力。

(2) 顶出机构的核实

注塑机的顶出机构一般分为机械顶出和液压顶出两种,其顶出行程一般可调,要核实的内容有:

① 最大顶出行程是否满足塑件的出模要求。

② 动模板上的孔是否大于顶出杆的直径。

（3）模具安装尺寸的核实

所选注射机要满足模具安装的各项要求。

① 装模空间的核实。模具的闭合高度要在注射机的最大和最小装模空间范围之内。

② 模具的外廓要能通过注塑机拉杆间距顺利进入装模位置。

③ 定位环的核实。要核实注塑机定位环孔是否与模具的定位环直径、高度及精度相匹配。

④ 模具的动、定模板安装在注塑机的动、定模座板上，用压板固定是否还有空间。

⑤ 模具上的抽芯机构；冷却水上、下水管安装后是否影响操作的方便性。

3. 物料的准备

试模前，试模物料要准备充足。

（1）确认物料的品种要符合塑件的要求：塑料及添加剂的成分、收缩率、溢边值、浇注温度、定形温度。

（2）物料的干燥。大多数塑料在注射前因含水分而需干燥，物料干燥是一个重要工序，不能认为试模提供的是样件就不需要干燥。有时因为原料干燥效果不好，造成样件表面缺陷无法发现而增加试模次数。常用塑料的吸水率见表 10-10，不同的塑料干燥方法也有区别，要查看有关资料。

表 10-10　常用塑料吸水率

吸　水　率	材　　料
0～0.01%	聚丙烯（PP）、聚乙烯（PE）
0.01%～0.05%	聚苯乙烯（PS）
0.05%～0.5%	耐冲击聚苯乙烯（HIPS）、聚氯乙烯（PVC）、丙烯腈（SAN）、ABS、聚甲基丙烯酸甲酯（PMMA）、聚碳酸酯（PC）、聚甲醛（POM）
0.5%以上	尼龙（PA）、醋酸纤维素（CA）

10.3.3　模具的安装

模具的安装是将装配好的模具经目测和初步检查后，安装在经核实的注塑机上的工艺过程。因企业特点、生产条件、模具固定、模具调试要求不同而不尽相同，但要遵循以下原则。

① 注意操作者的人身安全。

② 确保设备和模具在调试过程不受损坏。

1. 初调锁模机构

注塑机的锁模机构主要有两种结构。

（1）液压式锁模机构。液压式锁模机构的动模板行程是由工作油缸的行程决定的。调整机构是利用合模油缸来实现的。初调试合模距离不做严格限制。

（2）液压肘杆式锁模机构。目前较多使用的有 4 种形式，初调时一般将动模座板与定模座板之间的距离调整在模厚＋1～2mm，然后处于开启状态，准备吊装模具。

2. 吊装模具

模具的吊装一般要 2～3 人,有一名经验丰富的人员做现场指挥,尽量整体吊装,吊装时要注意如下事项。

(1)注意模具的安装方向。按照模具装配图所示起吊方向吊装。对带有侧抽芯机构的模具,其运动方向尽量置于水平或向下开启,切忌放在向上开启的方向。当模具长、宽尺寸相差较大时,尽量将长边置于水平方向,以减轻开模时导柱的负载(见图10-11)。

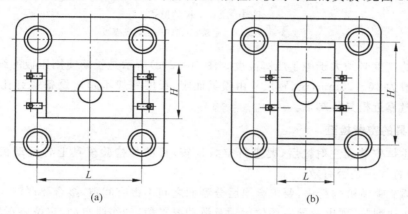

图 10-11 模具的安装方向

(a) 正确;(b) 错误

模具带有液压油路接头、气压接头、热流道元件接线板时,应尽可能放置在非操作侧面,以方便操作。

(2)吊装方式。一般情况下将模具从设备上方吊进拉杆模板间,若模具水平尺寸大于拉杆水平间距时,可从设备拉杆侧面滑入。

(3)模具整体吊装。将模具吊入拉杆模板间,调整方位,使定位环进入设备模板定位孔,调正模具,慢慢合模,动模板压住模具,用压板或螺钉压紧定模,并初步固定动模,再慢速微量开启动模 3～5 次,检查模具在启闭过程中运动是否平稳、灵活,有无卡滞现象,准确无误后,再紧固动模。

(4)模具分体吊装。先将定模吊入,定位环进入定位孔,定位找正后用压板或螺钉压紧。再吊入动模,依靠导向装置将动模缓慢进入定模合模,启动合模机构慢慢推动动模闭合,然后初步压紧动模,以后工作程序如上所述。

(5)人工推装。小型模具可以由人工从拉杆侧面装入,此时要注意保护拉杆,避免划伤,同时注意人身安全。

3. 紧固模具

紧固模具一般情况下采用的是螺钉压板固定。压板的形式如图10-12所示。

(1)压板个数。中小型模具一般采用 4 个,大型模具用 6～8 个,压板布置要对称,受力均匀。

(2)压紧的形式。根据模具压脚结构的不同大致可分为图 10-12(a)、(b)、(c)三种形

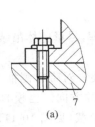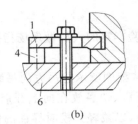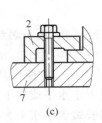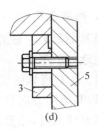

(a)   (b)   (c)   (d)

图 10-12 压板的形式

1、2、3—压板；4—垫块；5、6、7—注射机模板

式。垫块的高度必须大于等于压脚高度。图 10-12(c)所示是长期使用压板的结构。压板的厚度一般为 10～25mm，长、宽尺寸由模具而定，长度一般不超过设备螺钉孔距的 1/2。螺钉应尽量靠近模具压脚端。

4. 模具的空载检查

模具主体安装在注射机后，要进行空载检查，目的是检验模具上各运动机构是否灵活，定位装置作用是否有效。

(1) 调节锁模机构行程，要求合模后分型面之间不得有间隙，接合要严密。

(2) 活动型芯、顶出及导向部位运动及滑动要平稳，动作要自如、定位要正确可靠。

(3) 锁紧零件要安全可靠，紧固件无松动现象。

(4) 调节顶出机构，使得开模时，顶出部位要保证顺利脱模，以方便取出塑件及浇注系统凝料。

5. 模具配套装置的安装

空载运行确认模具动作正常后，就可以安装配套部件，配套部分主要有热流道元件及电器元件的接线、液压抽芯回路的连接、冷却水路的连接等。安装时要注意防止漏电、漏油、漏水。热流道模具要注意加热元件的电路接线和温控表的调试，尤其是两个以上浇口的模具，温控与热电偶连接要对号逐一调试，然后按照试模选用的原料特性将表针调至合适的温度进行加温。

6. 模具的预热

模具只有在一定的工作温度下，塑件才能注射成型，因此，试注前要预热模具至一定温度（30～60℃）。加热方法有：

(1) 利用模具冷却水道加热水加热。

(2) 利用特制的加热板由外向内加热。

(3) 中小模具可利用注射料加热。

预热模具的同时，注射机料筒也要加热。待料筒内的原料熔融后，清理干净后更换试模材料。模具和料筒都达到预设温度后，即可进行下一步的试注射。

7. 料筒的清洗

在注射成型前，如果料筒中残余的塑料与试模塑料品种不同或颜色不同，要对料筒进行清洗。常用的螺杆式注射机通常采用直接换料清洗。清洗时，若新料成型温度高于残留料的成型温度,应将料筒温度升高到新料的最低成型温度后再加新料。连续"对空注射",直到残存料全部清洗完毕后,方可调整温度,进行试注射试模。

10.3.4 试模工艺条件的选择

试模很重要一个目的就是要选择和确定最佳注射工艺参数,为后续投入生产提供工艺依据。

工艺条件包括注射量、注射压力、注射速度、模具温度、料温及模温和成型周期等。

1. 注射量

(1)根据塑件图和浇注系统的选用,初步计算出所需注射量,调节定量加料装置,即调节注射螺杆的注射行程S,最后以试模为准。注意实际注射量应为理论注射量的0.7～0.9。

(2)按成型要求,调节加料方式。加料方式一般有以下三种方法:固定加料法、前加料法和后加料法。

固定加料法:在整个成型周期中,喷嘴与模具一直保持接触,适用于一般塑料加工。

前加料法:每次注射后,塑化达到要求的注射容量时,注射座后退,直至下一个循环开始时再推进,使模具与喷嘴接触进行注射。

后加料法:注射后注射座后退,进行预塑化,待下一个循环开始再复回原位进行注射,主要用于结晶性塑料。

(3)注射座要求来回移动(前注射、后注射法)时,应调节定位螺钉,以保证每次能正确复位,并使喷嘴与模具能紧密配合。

2. 注射压力

注射压力是塑料注射成型工艺的最重要参数之一,注射压力对熔体充腔和成型效果都有至关重要的作用。注射压力是克服熔体流经喷嘴、流道、浇口和型腔等处的流动阻力的"动力"。

注射压力的大小与塑料性能、塑化方式、塑化温度、模具温度、流道布局、浇口形式、料流在型腔流动阻力制品形状及精度等因素有关。由于影响因素很多,很难通过理论计算确定,试模时,要根据经验和现场试验逐步调至最佳。试模时,若注射压力过高,制品可能会产生飞边、脱模困难、会引起制件产生较大内应力,影响制件的表观和内在质量,甚至会造成废品;若注射压力过低,充腔困难,甚至不能成型。实际试模时,往往要根据塑料品种的特性和制品的特征,根据表10-11初选注射压力,观察试射效果再作调整。

表 10-11 注射压力范围

注射压力/MPa	塑料特性	制品特征
＜70	流动性能好	形状简单、壁厚
70～100	黏度较低	形状、精度要求一般
100～140	中、高黏度	形状、精度要求较高
140～180	高黏度	壁薄、流程长、壁不均、精度高

3. 注射速度

注射速度与注射速率、注射时间都表达了注射效率,三者均表达了熔料流动速度。它们三者的关系是:

$$q_t = \frac{Q_t}{t} = \frac{\frac{\pi}{4}D_S^2 S}{t} = \frac{\pi}{4}D_S^2 v_t$$

式中,q_t 为注射速率(cm^2/s);S 为注射行程(cm);t 为注射时间(s);v_t 为注射速度(cm/s)。

注射速度不但直接影响生产效率,而且还影响制品质量,注射速度慢,注射时间过长,制品容易产生熔接痕、密度不均、制品内应力大等。尤其对于薄壁、流长比大的制品,宜采用高速注射。但是注射速度过高易烧焦物料。在实际生产中,注射速度应根据塑料性能、工艺条件、制件壁厚、形状及模具等因素确定。目前常用的注射速率可参照表 10-12 初选,试模后再调至最佳。

表 10-12　常用注射速率、注射时间

注射量/cm	125	250	500	1000	2000	4000	6000	10000
注射速率/(cm²/s)	125	200	333	570	890	1330	1600	2000
注射时间/s	1	1.25	1.5	1.75	2.25	3	3.75	5

4. 料温及模温

料温及模温对制件成型影响很大,温度高,则料流易充腔,温度过高,会造成塑料分解变质,或产生飞边。温度过低,则不易充满型腔,产生熔接痕等。

(1) 料温。一般指注射成型时的料筒温度,而向模具注射时的喷嘴温度略低于料筒温度。影响料温的主要因素有塑料的品种、塑件的形状及壁厚、注射机的类型等。

(2) 模温。即模具工作温度,模温对制件成型质量和生产效率有直接的影响,模温要求与塑料品种及制件形状、壁厚等因素有关,模温一般取 60～80℃。模温是靠模具冷却系统来调节的。

5. 成型周期

成型周期即使模具完成一次注射成型过程所需的时间。成型周期主要包括注射时间(柱塞或螺杆前进时间、保压时间)、冷却时间(预塑时间、冷却时间)和其他时间。其他时间则包括开闭模、取塑件、涂抹润滑剂、安放嵌件等。其中最主要的是注射时间和冷却时间,它对塑件质量有决定性的影响。各常用塑料成型条件可参照表 10-13～表 10-15 选取。

表 10-13　主要通用塑料成型条件

塑 料 名 称	料筒温度/℃	注射压力/Pa	模具温度/℃	成型收缩率/%
聚苯乙烯(PS)	170～300	(490～1960)×10⁵	40～70	0.002～0.008
耐冲击聚苯乙烯	170～300	(490～1960)×10⁵	40～70	0.002～0.010
低密度聚乙烯	140～300	(290～980)×10⁵	35～65	约 0.03
高密度聚乙烯	150～300	(780～1960)×10⁵	50～70	0.02～0.03
聚丙烯	180～300	(780～1960)×10⁵	40～80	0.01～0.025
丙烯腈丁二烯-苯乙烯	180～260	(490～1960)×10⁵	70～90	0.003～0.008

表 10-14 主要工程塑料成型条件

塑料名称	料筒温度/℃	注射压力/Pa	成型收缩率/%	注意事项
PVC(硬)	150~190	(980~2254)×10⁵	0.001~0.004	过热分解(不得超过200℃)
PVC(软)	150~190	(588~1764)×10⁵	0.010~0.050	过热分解(不得超过200℃)
SAN	170~260	(686~1960)×10⁵	0.002~0.006	
PMMA	180~260	(686~1470)×10⁵	0.002~0.008	
EVA	120~220	(294~1470)×10⁵	0.007~0.020	有时过热分解
POM	180~230	(686~1470)×10⁵	0.015~0.035	过热分解(200℃就分解)
PAb	220~280	(686~1764)×10⁵	0.006~0.020	注意预先干燥、吸水性大
PC	280~320	(980~2254)×10⁵	0.005~0.008	需特别当心预先干燥
CA	170~265	(588~2254)×10⁵	0.002~0.007	吸水性大
PS(ERTP)	170~300	(784~2254)×10⁵	0.001~0.005	
SAN(FRTP)	180~300	(784~2254)×10⁵	0.001~0.003	
PC(FRTP)	285~340	(980~2254)×10⁵	0.0005~0.003	需特别当心预先干燥
PET(FRTP)	275~295	(784~2254)×10⁵	0.002~0.009	注意模具温度(70℃以下或130℃以上)

表 10-15 部分塑料成型条件

塑料名称		注射机类型	预热和干燥		料筒温度/℃			模具温度/℃	注射压力/MPa	成型时间/s			
			温度/℃	时间/h	后段	中段	前段			注射时间	保压时间	冷却时间	总时间
硬PVC		螺杆式	70~90	4~6	160~170	165~180	170~190	30~60	80~130	15~60	0~5	15~60	40~130
低压PVC		柱塞式	70~80	1~2	140~160		170~200	60~70 高密度 35~55 低密度	60~100	15~60	0~3	15~60	40~130
PP	纯	螺杆式	80~100	1~2	160~180	180~200	200~220	80~90	70~100	20~60	0~3	20~90	50~160
	增强		成型温度 230~290						70~140				
ABS	通用	螺杆式	80~85	2~3	150~170	165~180	180~220	50~80	60~100	20~90	0~5	20~120	50~220
	增强		成型温度 260~290					75	106~281				
聚苯乙烯		柱塞式	60~75	2		140~160	170~190	32~65	60~110	15~65	0~3	15~60	40~120
尼龙1010		螺杆式	100~110	12~16	190~210	200~220	210~230	40~80	40~100	20~90	0~5	20~120	45~220

10.3.5 塑件质量问题分析

注射模在试模过程中,制件上常会出现各种缺陷。产生缺陷的原因是多方面的,因此需要按成型条件、成型设备、模具结构和制造装配精度等因素,对其进行全面分析,找出产生的原因,采取必要的调整措施,使试模时获得合格的制品零件。

试模时,常见的制品质量缺陷有缺料、脱模困难、有气泡、明显的熔接痕、变形、开裂、飞边以及达不到图样要求的精度等,查找原因时,采取的是排除法。首先从注射工艺参数调整入手,由于注射量、料温和模温、注射压力、时间等参数相互关联,调整时相互兼顾,要有耐心。若能排除注射条件问题,再考虑模具设计和制造问题。具体分析及解决办法见表 10-16。

表 10-16　塑料注射常见缺陷及解决办法

序号	质量问题现象	主要原因分析	解决问题办法
1	塑件充填不足	1. 注射量不足 2. 料温或模温低 3. 浇注系统设计不当 4. 注射压力低 5. 型腔壁薄,流程长;塑料流动性差 6. 型腔憋气	1. 加大注射量 2. 提高熔料和模具温度 3. 增大分流道或主流道截面,增加进浇点或冷料穴 4. 提高注射压力 5. 增加局部壁厚等 6. 开排气槽,提高排气效果 7. 多腔非平衡浇注系统,增大局部浇口 8. 加大喷嘴直径
2	塑件尺寸变化不稳定	1. 注射机工作参数不稳定 2. 模具温度不稳定 3. 注射机液压系统受温度影响工作不稳 4. 模具导向、定位精度低 5. 塑料原料质量差	1. 严格控制压力机工艺参数 2. 提高模具刚性和精度 3. 保证模具工作温度恒定 4. 更换原料
3	塑件产生气泡	1. 原料——塑料含水分太大 2. 成型工艺参数选择不当——料温过高、注射压力过低、注射速度太快及柱塞或螺杆回程太早 3. 模温低、模具排气不良;模具型腔内有水、油污等原因造成的	1. 充分干燥原料 2. 调整工艺参数 3. 提高模具温度、改进模具排气、清洗干净模具
4	塑件表面产生凹痕或塌坑	1. 原料注射不足 2. 成型工艺:注射压力低、保压时间短 3. 模具模温低、浇口位置选择不当或截面尺寸太小 4. 塑件壁厚不均,刚性差	1. 加大注射量 2. 调整注射压力和保压时间 3. 调整模温、浇口尺寸等 4. 改进塑件

续表

序号	质量问题现象	主要原因分析	解决问题办法
5	塑件飞边过大	塑料流动性太好就极易出现飞边。 1. 成型工艺：料温过高、注射压力过大、锁模力不足、模具合模行程调节不当 2. 模具方面：模具温度过高、分型面不平整、密封性不好、模具零件滑动件间隙不好	1. 根据塑料流动性来确定料温、注射压力、锁模力，微调锁模行程 2. 调节模具温度 3. 修磨分型面、模具零件配合间隙或更换部分零件
6	熔接痕	熔接痕明显时就会影响塑件外观质量，熔接痕明显的原因如下。 1. 成型工艺：料温低、注射压力低、注射速度低 2. 模具方面：模温低、排气不良，熔料流程过长，进浇口选择不当等 3. 塑料流动性差	1. 调整成型工艺参数温度、压力速度等 2. 提高模温；开设冷料穴、排气槽；改善和增设进浇口 3. 更换塑料
7	塑件表面出现波纹	1. 模具、熔料温度低 2. 注射压力低、速度慢 3. 模具成型零件粗糙	1. 调整成型工艺参数温度、压力、速度等 2. 抛光模具成型零件
8	塑件翘曲变形	1. 冷却时间不够，塑件出模过早 2. 模温或料温过高 3. 模温不均匀 4. 脱模阻力过大，推出机构设计不当	1. 增加冷却时间 2. 调节模具、熔料温度 3. 改善模具温度调节系统，使模温均匀 4. 修整型芯脱模斜度 5. 改善推出着力点，使塑件受推出力均匀 6. 修改塑件结构，增加其刚性
9	粘模、脱模困难	1. 塑料：收缩率大 2. 塑件：脱模斜度小 3. 模具：成型零件不光滑、模温高 4. 成型工艺：温高、注射压力大 5. 冷却过度	1. 加大脱模斜度 2. 抛光模具 3. 调整成型工艺参数 4. 调整模具冷却系统。
10	制件尺寸不符合要求	1. 模具成型尺寸不对 2. 模具精度低 3. 成型参数不当	1. 修整模具尺寸，提高模具精度 2. 修整成型参数

10.3.6 试模后模具的调修

试模期间，要针对出现的问题，反复调整工艺参数，确认是模具的问题后，再修整模具暴露出的问题。修模时，要找准问题的原因，切忌盲目下手或断言模具报废。在讨论模具修改问题时,要假设试模的工艺条件是基本合理的。对模具存在的问题修模主要有以下几个方面。

1. 模具结构和尺寸不合理

(1) 浇注系统的问题

① 进浇点位置不当或数量不够。要重新对模具进行 CAE 分析,模拟分析出最佳方案,然后拆模对浇口进行再加工。

② 浇口尺寸小。点浇口、潜伏式浇口往往对截面尺寸要求比较严,初加工时,往往把浇口尺寸做小,为调整进料平衡留有修整余地。修浇口是很正常的修正工作。钳工要根据试模现象,逐步锉修浇口。

③ 主浇道、横浇道尺寸小。机加工加大尺寸。

(2) 排气不畅

中小型模具是靠分型面和推杆间隙排气,大型模具则要开设排气槽。注意排气槽的深度和宽度以不出现飞边为原则,修整时要逐步加工。

(3) 脱模困难

针对试模时出现的脱模困难现象和原因,修模主要工作是:

① 加大主流道直径、锥度,并进行抛光。

② 调整型芯、型腔的脱模斜度,控制留模,保证制件从型芯上推出。

③ 对成型收缩大的塑料要加大型芯的脱模斜度和表面光滑程度。

2. 制件精度不达标

(1) 型腔尺寸精度超差

加工模具成型零件时,为给修模留有余量,对成型制件非配合尺寸的部分可按设计尺寸加工。而配合尺寸要留有一定的修正余量,以便在塑件完全试模后,组装验收后再确认尺寸公差,进行二次加工。因而外圆尺寸留正公差,内孔尺寸留负公差,孔距尺寸限制在一定的公差带范围内。

(2) 导向精度不佳

模具的导柱、导套、回程杆、止口等件在模板上的位置加工精度低,致使试模时常见导杆拉伤、型腔错位、制件壁厚不均、开闭模困难等,直接影响了模具寿命。此类问题较难处理,往往需要修补、加大尺寸镗孔、更换零件来校正。

3. 错腔

错腔是模具加工中常见的问题,主要原因是模具加工时动、定模的定位不可靠或定位基准不统一。修正方法是:

(1) 单面错腔。在允许情况下,可将一侧壁厚加大,使上下型对齐。

(2) 单腔错腔。可将单个型腔全部切除,再镶上镶块重新加工。

(3) 多腔错腔。更换模仁重新加工。

试模后,技术人员对所发现的问题提出修改意见,要形成文字。模具钳工要逐条落实,逐件修正,防止下一次试模时还发生类似问题,并将预计发生的问题也加以解决,力争减少试模次数,修模水平的高低,不仅直接影响模具的质量,同时也影响模具的生产周期。

任务 10.4　模具的验收

模具试模后,要对模具进行全面的验收,验收合格后,方能交付使用。随着模具设计与制造水平的提高,企业越来越重视对模具验收标准的研究和制定,以保证用户的利益。

10.4.1　模具验收的目的及内容

1. 目的

建立从模具结构、制件质量及成型工艺要求三方面认可模具的标准,据此对模具质量进行评估、打分,不断提高模具质量,确保模具能正常投入生产,并生产出质量合格的制件,满足产品设计的要求。

2. 验收的内容

（1）制件的验收与检验

① 制件的尺寸及精度。

② 制件的装配。

（2）模具的检验与验收

① 模具的外观检查。

② 模具的结构。

③ 模具的材料及热处理。

④ 模具稳定性检查。

⑤ 模具易损件的备件。

（3）生产成型工艺

① 生产工艺过程及成型参数。

② 生产工艺稳定性。

10.4.2　验收的程序

模具经反复调试,能连续稳定地生产制品后,就要进入模具的验收和交付使用阶段。验收的程序是:

（1）订货甲乙双方到商定的试模地点进行模具的验收和交付;对该模具设计、装配、试模、使用的主要技术人员和操作工必须到场。

（2）首先对供方提供的试模合格样件进行检验和验收。制件若有装配要求的,一定要带上与之配合的其他件,现场装配验证其配合性能。

（3）将模具安装在指定设备上,进行模具零部件运动质量的检验和验收。

（4）试模出件,对生产工艺参数进行验证。

（5）双方在商定的试生产范围内,对模具进行连续生产稳定性检验。

（6）双方对《模具验收报告》进行讨论,认可后双方代表签字。

10.4.3 塑料模具的验收

1. 制件验收

最能够全面反映模具水平的是最后一次试模所制作的样件,验收交付模具时,作为重要的验收依据,样件要交付收货方。样件基本尺寸的正确与否反映了模具的型腔制作正确与否。样件与相应件装配后的配合状态反映了模具的制造精度。因此在交付模具时,首先要对样件进行验收。

(1) 样件——塑件验收时的状态

为了使样件能在稳定下进行检验,需在下述条件下验收。

① 验收制件至少在塑件成型或所要求的后处理 16 小时之后进行。

② 验收的环境温度为 (23 ± 2)℃,相对湿度为 $50\%\pm6\%$,露点温度为 12℃,大气压力为 $(890\sim1060)\times10^2$Pa,空气流速≤1m/s。

③ 双方协商环境下验收。

(2) 制品基本尺寸的检验

① 模具部件决定的尺寸。模具部件决定的尺寸始终与模具零件尺寸有关,它直接反映了模具零件的精度,见图 10-13。

② 非模具部件决定的尺寸。该尺寸是由模具活动零部件共同作用形成的尺寸,例如壁厚尺寸和底厚尺寸,见图 10-14。此类尺寸受附件或滑动影响的尺寸。

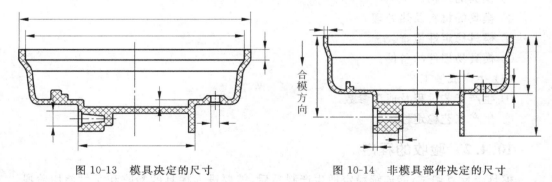

图 10-13　模具决定的尺寸　　　　　　图 10-14　非模具部件决定的尺寸

③ 制件外观质量的检查。制件直观可见的圆角、曲线、曲面等部位是否连贯、一致、平滑过渡,尽管在功能上没有什么直接作用,但是会直接影响整体外观,是制件外观质量检查的一个重要部分,应认真进行。

(3) 制品配合尺寸的检验

制件的配合尺寸是指与其他件装配在一起的配合尺寸,包括局部配合尺寸和整体相对位置尺寸,位置尺寸在产品图上通常标有公差要求。制件配合尺寸在模具设计时要用收缩率计算尺寸,实际制品是否符合设计思想,需要通过检测样件进行验证,这类尺寸的检测最为重要。为了保险,在加工时,要留有余量,在公差范围内,型芯的尺寸应尽量做到最大,型腔的尺寸尽量做到最小。由有经验的钳工试模后修正。

（4）试装配检验

基本尺寸、外形尺寸、配合尺寸经检查认定基本符合设计要求时，就可进行试装配，这是制件检查中极为重要的一环。它可以对配合尺寸和空间曲面进行验证，同时也是对产品设计的重要检验。

2. 模具的验收

制件通过全面检查验收后，下一步就要对模具进行验收。

能够提供完整的样件的模具，可以视为整体结构基本合理。但是并不代表模具就完全达到验收标准，还要从以下诸方面进行检验。

（1）模具的外观质量

主要通过目测，检查以下事项。

① 模具的整体外观是否整洁，模板四边是否有倒角。

② 模具表面刷漆是否均匀。颜色由订货方确认。

③ 模具侧面的标牌是否醒目，内容是否有利于模具的管理。

④ 模具是否备有起吊装置，大中型模具要有锁紧板，以利于吊装。

⑤ 热流道模具的接线是否安全快捷等。

（2）模具主要运动结构的检验

① 导向机构：导向动作灵活不允许有干涉和擦伤。

② 侧抽芯机构：侧滑块、斜导柱动作灵活、正常，并附有自锁装置。

③ 推出机构：模具开闭过程中，无明显摩擦声音，动作平滑，无别劲现象。

④ 模具结构：基本动作同步，液压、气动动作正常，开启距离符合设计要求。

⑤ 分型面检验：打开模具，检验分型面应平整度好，无擦伤和划痕。

（3）模具主要零件材料及热处理的检验

模具主要零件的材料及热处理的选用是保证模具使用寿命的重要因素，在模具设计时，除了根据用户的特殊要求外，还要参照有关国家标准选材，见表 10-17。

表 10-17　塑料模具主要零件材料参考

部 件 名 称	材　料	热　处　理
型腔板	55、P20	T215
斜导柱、导柱、导套、顶杆、回程杆	T8、T10	50～55HRC
侧滑块、耐磨块 耐磨板、导板	55	T235

模具验收检验内容详见表 10-18。

3. 易损件及备件

模具验收交付使用时，要同时交付部分备品备件，模具的备品备件主要包括耐磨件、易损件、加热元件等。其中，成型芯等耐磨件须备一件，可留研合磨量；顶杆为 30% 备件；顶针顶管 50% 备件；加热器为 30%～50% 备件。拉钩、行程开关等标准件可各备一件，以确保意外事故发生时，能在短时间内迅速恢复生产。

表 10-18   模具验收检验一览表

分　类		检　查　事　项
成型机械		1. 确认模具在选定的成型设备上的正确安装方法,紧固螺钉位置,定位圆直径、喷嘴 R、浇口套孔径、推杆孔位置及大小 2. 模具尺寸和厚度等是否适合 3. 成型设备注射量、注射压力、合模力是否充分
基本结构	分型面	分型面研合着点 70% 以上,制品达无毛刺
	浇道和浇口	1. 浇口位置及大小是否适当 2. 进料口和浇道的大小是否合适 3. 浇口形式是否适当
	侧面抽芯机构	1. 抽芯机构设计是否合理,有无卡紧现象 2. 抽芯上型芯材料、热处理,有无备件
	温度控制	1. 模具预热和冷却,采用的水循环合理与否 2. 冷却水孔的大小位置、数量是否合适
	推顶方式	1. 所选择的推杆、成型件方式是否适当 2. 推杆和卸料板的位置及数量是否适当
质量		1. 对模具使用的材料、硬度、加工黏度是否符合图样要求和国家标准 2. 技术协议中的各项条款要逐条落实,有无遗漏
整体配套		1. 吊环孔及规格大小合理,能够一次平衡起吊 2. 大中型模具要有锁紧板 3. 液压、电气元件配套安装方便、整齐、便于运输和使用 4. 易损件、备品备件数量齐全,对物验货
其他		1. 整体所需全部技术资料、图样 2. 关键部件材料化验单、证明 3. 备件、易损件图样及半成品图样 4. 配套元件生产厂家名称、通信地址、供货期

10.4.4   冲压模具的验收

1. 冲件质量

(1) 冲件尺寸精度、表面粗糙度一定要符合图样规定的要求。

(2) 冲件应结构完整、表面形状光洁平滑,不得产生各种缺陷和弊病。

(3) 毛刺不能超过规定的数值,且毛刺要均匀。

(4) 保证制件质量稳定。

(5) 制件与其他件装配在一起,能达到尺寸、精度、功能等要求。

(6) 试模后的制品零件,一般应不少于 20 件,并妥善保存,以便作为交付模具的依据。

2. 模具验收检验

(1) 模具各系统牢固、可靠,活动部位要灵活、平稳,动作要互相协调,定位要准确。

(2) 卸件出件要正常,容易退出废料,条料送进方便。

（3）冲裁凸、凹模零件刃口要锋利，表面粗糙度等级要高。弯曲、拉深等成型零件口部圆角要符合设计要求，不允许有划痕，表面质量要好。

（4）导向系统导向良好，导柱表面不得划伤。

（5）各主要受力零件要有足够的强度和韧性。

（6）模具安装平稳性要好，调整方便，操作安全。

（7）消耗材料要少，配件要齐全

（8）便于安装于机床，并能保证稳定正常上作，满足批量生产的需要。

3. 模具稳定性验收

为确保模具能连续稳定地正常投入生产，验收模具时，往往对初次生产制件数量有要求。例如一般冲模在指定的速度连续冲压不低于 1000 次，模具没有不良现象，并且不良制品不能超过 10 件。

10.4.5　模具的交付

模具验收合格后，要将模具正式移交给用户，移交的内容包括：模具及封存的试模样件；必要的易损件、备件、附件等；《试模报告书》；《模具验收报告》。

至此，一副模具的制造全过程方可告结束。如不发生意外，除了保修期内的维修任务外，模具制造方已完成自己的任务。

课外实践任务及思考

1. 三人合作组装、调试一副冷冲压模具并撰写试模报告。

2. 三人合作组装、调试一副塑料注射模具并撰写试模报告。

3. 对他人试模结果进行评价并撰写模具验收报告。

4. 思考。

（1）模具验收目的及标准有哪些？

（2）冷冲模试模步骤如何进行？

（3）注塑模具试模如何进行？

（4）模具验收的重点内容是什么？

（5）如何根据试模结果判断模具调整修磨重点部位。

（6）模具间隙不合理有哪些现象？钳工如何调修？

附录 A　国内外常用钢钢号对照表

序号	中国 GB	美国 AISI	苏联 ГОСТ	日本 JIS	德国 DIN	英国 BS	法国 NF
1	20	1020	20	S20C	X22	En2c	C20
2	20Cr	5120	20X	SCK22	20Cr4	En207	18C3
3	12CrN13	E3310	12XH3A	SNC22H	14NiCr14	655A12	14NC2
4	T7	W1 和 W2	У7	SK6	C70W1		
5	9Mn2V	O2	9Г2Ф	SKT6	90MnV8	B02	80M8
6	GCr15	L3	Ⅲ X15		105Cr5	BL3	100C2
7	7CrSiMnMoV			SX105			
8	4Cr13		4X13	SUN420J2	X40Cr13	En56D	240Cr13
9	06Ni6CrMoVTiAl						
10	25Cr Ni3MoAl						
11	Cr12Mn5Ni4Mo3Al						
12	3Cr2Mo	P20					
13	38CrMoAl		38XMЮOA				
14	40Cr	5140	40X	SCr4H	41Cr4	530A40	38Cr4
15	5CrNiMnMoVSCa						
16	5CrNiMnMoVs						
17	T10	W1 和 W2	У10	SKS94	100V1	BW1B	Y2105
18	CrWMn	O7	XBГ	SKS31	105WCr6		
19	Cr5MoV	A2				～BA2	2100CDV5
20	Cr12MoV		X12M				
21	Cr12Mo1V1	D2		SKD11	X165CrMoV12	BD2	Z200C12
22	Cr12	D3	X12	SKD1	X210Cr12	BD3	Z200C12
23	Cr4W2MoV						
24	W6Mo5Cr4V2	M2	P6M5	SKH9	S6-5-2	BM2	285WD06-06
25	W12Cr4Mo3V3N						
26	5CrW2Si1	S1	5XB2C	SKS41	45WCrV7		
27	6W6Mo5Cr4V	H42					
28	6Cr4W3Mo2VNb						
29	7Cr7Mo3V2Si						
30	5CrMnMo	VIG(ASM)	5XГM	SKT5	～40CrMnMo7		
31	5CrNiMo	L6	5XHM	～SKT4	55NiCrMoV6	PLMB/1	60NCDV06-02
32	5Cr2NiMoVSi		5X2MHФ			(ESC)	
33	4Cr5MoSiV	H11	4X5МФC	SKD6	X38CrMoV51	BH11	Z35CD05
34	4Cr5MoSiV1	H13	4X5МФ1C	SKD61	X40CrMoV51	BH13	
35	4Cr5W2SiV	～H11	4X5B2ФC				

续表

序号	中国 GB	美国 AISI	苏联 ГОСТ	日本 JIS	德国 DIN	英国 BS	法国 NF
36	3Cr2W8V	H21	3X2B8Ф	SKD5	X30WCrV93	BH21A	Z30WCV9
37	3Cr3Mo3W2V	～H10			X32CrMoV33	BH10	320CV28
38	3Cr3Mo3SiV	H10					
39	5Cr4W5Mo2V	～VascoMA					
40	8Cr3		8X3				

附录 B　国内模具企业常用进口模具钢与国内标准模具钢牌号的比较

产　地	钢　号	类似中国标准的模具钢牌号
冷作模具钢		
美国合金钢	A2	Cr5Mo1V1
美国合金钢	D2	Cr12Mo1V1
美国合金钢	D3	C12
日本大同	DC11	Cr12Mo1V1
瑞典—胜百	DF-2	9Mn2V
瑞典—胜百	DF-3	9CrWMn
日本大同	GOA	9CrWMn
德国德威	CSW-2379	Cr12Mo1V1
德国德威	CSW-2510	CrMnV
奥地利百禄	K100	Cr12
奥地利百禄	K110	Cr12Mo1V1
奥地利百禄	K460	MnCrWV
美国合金钢	L3	Cr2/Cr15
美国合金钢	L6	5CrNiMo
美国合金钢	M2	W6Mo5Cr4V2
美国合金钢	O1	MnCrWV
美国合金钢	O2	9Mn2V
韩国	STD11	Cr12Mo1V1
瑞典—胜百	XW-10	Cr5Mo1V1
瑞典—胜百	XW-42	Cr12Mo1V1
韩国	YK30	9Mn
热做模具钢		
瑞典—胜百	8407	4Cr5MoSiV1
日本大同	DH21	4Cr5MoV
日本大同	DH2F	4Cr5MoSiVS
日本大同	DH42	4Cr3W2Co2Mo
日本大同	DHA1	4Cr5MoSiV1
热做模具钢		
日本大同	GFA	5CrNiMo
德国德威	GSW-2344	4Cr5MoSiV1
美国合金钢	H10	4Cr3Mo3SiV
美国合金钢	H11	4Cr5MoSiV1
美国合金钢	H13	4Cr5MoSiV1
美国合金钢	H21	3Cr2W8V
韩国	STD61	4Cr5MoSiV1
奥地利百禄	W302	4Cr5MoSiV1